LE DICTIONNAIRE DES MOTS ET EXPRESSIONS DE COULEUR XXe - XXIe SIÈCLE

LE DICTIONNAIRE DES MOTS ET EXPRESSIONS DE COULEUR XXe-XXIe SIÈCLE

Le Bleu

Annie Mollard-Desfour

Préface de Michel Pastoureau

Nouvelle édition

CNRS EDITIONS

CNRS DICTIONNAIRES

Déja parus :

Pierre RÉZEAU, *Le Dictionnaire des noms de cépages de France*, 1997.
Annie MOLLARD-DESFOUR, *Le Dictionnaire des mots et expressions de couleur du XXe siècle. LE ROUGE*, Préface de Sonia RYKIEL, 2000.
Antoine DA LAGE, Georges MÉTAILIÉ (coord.), *Dictionnaire de biogéographie végétale*, 2000.
Pierre ENCKELL, *Le Dictionnaire des façons de parler du XVIe siècle. La lune avec les dents*, 2000.
Eve GRAN-AYMERICH, *Dictionnaire biographique d'archéologie. 1798-1945*, 2001.
Annie MOLLARD-DESFOUR, *Le Dictionnaire des mots et expressions de couleur du XXe siècle. LE ROSE*, Préface de Bernard CERQUIGLINI, 2002.
Marie CORNU, Isabelle de LAMBERTERIE, Pierre SIRINELLI, Catherine WALLAERT (dir.), *Dictionnaire comparé du droit d'auteur et du copyright*, 2003.
Annie GLATTAUER, *Dictionnaire du répertoire de la harpe*, 2003.

Page de titre :
Composition d'Annie Mollard-Desfour

ISBN : 2-271-06228-4

À la barque bleue
et à la barque rouge
À l'« Île Singulière »
Du Quartier haut à la Pointe courte...

Et toujours

À Bénédicte et Laurence Mollard

À Jacques Soustre

Avec mon amicale reconnaissance à Philippe Fagot

pour sa participation à la première édition de ce dictionnaire.

« Était-il possible de dire ce qu'était ce bleu indéfinissable ? Car ce n'était pas le franc azur. Et ce n'était pas le cobalt. C'était beaucoup plus nuancé, beaucoup plus frais, beaucoup plus délicat que le cobalt. Le lapis, alors ? Non certes et pas davantage le turquin. Cela n'avait pas l'innocence de la bourrache, ni l'ingénuité du myosotis, ni la candeur virginale de la véronique. On était quelque peu tenté de songer à la pervenche (...) »
(G. Duhamel, *La Passion de Joseph Pasquier,* in *Chronique des Pasquier*, t. 10, 1945, p. 28).

« - Bleue, oui, dit-elle fermement. Une des sept couleurs du spectre. (...). Mais elle avait dû le piquer au vif dans sa conscience professionnelle car alors, avec une véhémence qui rendait son sabir plus cafouillant encore, et bafouillant, il se mit à lui expliquer que bleu, bleu, c'était vite dit, mais quel bleu d'abord ? Car, madame l'ignorait peut-être, on recensait le bleu clair, le bleu ciel, le bleu horizon, le bleu lavande, le bleu Nattier, le bleu pervenche, le bleu roi, le bleu marine, le gros bleu, le bleu ardoise, le bleu pétrole, le bleu turquoise, le bleu canard,(...) le bleu pastel, le bleu nuit, le bleu de cobalt, le bleu d'outremer, le bleu de lessive, le bleu de Bresse, le bleu de méthylène (...) le... - Le bleu de Prusse, dit-elle ».
(J.-L. Benoziglio, *Tableaux d'une ex.*, 1989, p. 64).

« Toute description, toute notation de couleur est étroitement culturelle et plus ou moins idéologique, même lorsqu'il s'agit du plus anodin des inventaires après-décès ou du plus stéréotypé des documents notariés. Le fait même de mentionner ou de ne pas mentionner la couleur d'un objet est un choix fortement signifiant, reflétant des enjeux économiques, politiques, sociaux, symboliques, etc., et s'inscrivant dans un contexte précis. Comme est également signifiant le choix du mot qui, plutôt que tel autre, sert à énoncer la nature et la qualité de cette couleur. »

(M. Pastoureau, « La Couleur et l'historien », in *Pigments et colorants de l'Antiquité et du Moyen Âge,* 1990, p. 33).

SOMMAIRE

REMERCIEMENTS ... 11

PRÉFACE de Michel PASTOUREAU ... 13

INTRODUCTION ... 17

I. Le domaine des couleurs et son lexique ... 18
I. 1. La classification des couleurs ... 18
I. 1. 1. Le spectre lumineux ... 18
I. 1. 2. La classification spatiale des couleurs ... 18
1. 1. 3. Les divers champs chromatiques et champs lexicaux ... 20
* Les champs chromatiques et les termes génériques de base ... 20
* Les zones limitrophes entre plusieurs champs chromatiques : les nuances marginales ... 21
I. 2. Le lexique des couleurs ... 23
I. 2. 1. Les dénominations directes ou référentielles ... 23
* Les dénominations directes ... 23
* Les dénominations indirectes ou référentielles ... 24
* Les emprunts ... 24
I. 2. 2. Valeur descriptive ou valeur symbolique ? Dénotation ou connotation ? ... 25

II. Le *Dictionnaire des mots et expressions de couleur, XXe-XXIe siècle.*
Finalités et principales options ... 25
II. 1. Un double constat ... 25
II. 1. 1. Lacunes des dictionnaires généraux ... 25
II. 1. 2. Intérêt pour le sujet ... 26
II. 2. Principales options ... 26
II. 2. 1. Un dictionnaire de corpus diversifié des XXe et XXIe siècles ... 27
* Un corpus «strict» ... 27
Un corpus de dictionnaires et d'ouvrages de références ... 27
Un corpus textuel, évolutif, constitué de textes diversifiés ... 27
* Un corpus de comparaison ... 27
Un corpus de catalogue VPC 1985-2003 ... 27
The Pantone® Book of Color ... 28
II. 2. 2. Une méthode de travail par «champ» de couleur et par volume ... 28
II. 2. 3. Le contenu du dictionnaire : valeur chromatique, usages de la couleur, associations symboliques ... 29
II. 2. 4. Le volume *Le Bleu* ... 31
* Aux sources du bleu ... 31
* Le bleu au XXe siècle et le bleu contemporain ... 31

PRÉSENTATION ... 35

DICTIONNAIRE. *LE BLEU*

BLEU 51

DÉRIVÉS DE *BLEU-BITE* À *BLUESWOMAN* EN PASSANT PAR *BLEU* ET *BLUE* 115

DE *ACIER* À *VOLUBILIS.*
VARIATIONS SUR LE BLEU 145

ABRÉVIATIONS ET SIGNES CONVENTIONNELS 223

BIBLIOGRAPHIE 229

INDEX DES TERMES ET LOCUTIONS DE COULEUR 261

Remerciements

Je voudrais exprimer mes remerciements très chaleureux à tous ceux qui, par leur participation, leurs conseils et l'intérêt qu'ils ont apportés à mes travaux, ont contribué à la publication de cette nouvelle édition du volume *Le Bleu* du *Dictionnaire des mots et expressions de couleur. XXe-XXIe siècle.*

Michel PASTOUREAU, Directeur d'études à l'École pratique des hautes études (Sorbonne, IVe section), spécialiste des emblèmes, des couleurs et des codes sociaux, en particulier au Moyen Âge, et auteur, notamment, du *Dictionnaire des couleurs de notre temps. Symbolique et société* et de *Histoire d'une couleur. Bleu.* Je lui suis infiniment reconnaissante d'avoir bien voulu rédiger la préface du volume consacré à cette couleur. On trouvera aussi, au fil des pages qui suivent, maintes citations extraites de ses travaux. Qu'il voie, dans la reprise de certains passages de ses ouvrages, qui font référence, un hommage et le témoignage de mon admiration.

Mes responsables au CNRS :

Jean PRUVOST, Directeur du laboratoire de recherches METADIF (Métalexicographie et Dictionnairique francophone – UMR 8127, Cergy-Pontoise) auquel je suis rattachée,

Bernard CERQUIGLINI - Délégué général à la langue française et aux langues de France, Directeur de l'Institut national de la langue française (INaLF) de 1997 à 2002 – auquel je dois la publication des premiers volumes du *Dictionnaire des mots et expressions de couleur : Le Bleu* (1998), *le Rouge* (2000) et *Le Rose* (2002).

Je suis particulièrement sensible à l'intérêt qu'ils portent à mes recherches sur le lexique des couleurs, aux moyens mis à ma disposition pour leur réalisation et à leur soutien sans faille.

Mes remerciements vont aussi aux artistes et plasticiens qui ont bien voulu participer à cette nouvelle édition du *Bleu* en nous faisant partager leur approche artistique de cette couleur : Yves MILLECAMPS, membre de l'Académie des Beaux-Arts pour ses bleus contemporains et futuristes, Joel HUBAUT pour ses «installations vives» monochromes bleues et Claude LAROSA pour les bleus intemporels au cœur de son œuvre, ainsi que Henri LAMBERT, créateur de la société *Bleu de Lectoure*, pour les photos qu'il a bien voulu mettre à ma disposition.

Je remercie encore Martine LAFON et Giselle GRAMMARE pour nos longues discussions sur les couleurs dans l'art et nos collaborations sur les couleurs à travers expositions et conférences.

Merci aussi à Jean-Pierre HANNIET – poète et président des «Ateliers d'Expressions» – pour ses *Paroles bleues* qu'il m'a permis de citer dans cet ouvrage.

Je voudrais également remercier Guy LECERF – président du Centre Français de la couleur, professeur d'art à l'Université Toulouse-le-Mirail, responsable du DESS « Projet Couleur » – pour m'avoir ouvert les pages de sa revue, *SEPPIA. Couleur, Art et Design,* ainsi que Olivier GUILLEMIN – créateur et styliste, président du Comité français de la couleur pour nos collaborations.

Je n'oublie pas non plus à Philippe FAGOT, consultant en management de la couleur, pour sa collaboration à la première édition du *Bleu* qui avait été enrichie de ses remarques, des schémas d'introduction sur le positionnement de certaines nuances de couleur dans un système à trois dimensions, ainsi que de ses réflexions sur le lexique des couleurs du *Pantone® Book of Color*...

J'adresse aussi mes remerciements à Danielle SAFFAR, Directeur général de CNRS Editions et à tous les membres de l'équipe pour notre étroite, longue et amicale collaboration au fil des différents volumes du dictionnaire, de la fabrication à la promotion.

Un grand merci aux membres de la photothèque du CNRS pour les photos mises à ma disposition et, tout particulièrement à Marie BACQUET pour son aide efficace dans leur sélection.

Sans oublier mes collègues de METADIF et de l'ATILF (ex. INaLF) de Nancy qui m'ont fourni des références bibliographiques ou des attestations, que l'on retrouvera dans les pages qui suivent et dans les pages à venir... Nicole CHOLEWKA, Geneviève FLÉCHON, Odile GUIGNOT, Jacqueline MANDRET, Pierrette MARCHAUDON, Jean-Loup RINGENBACH... et Anne-Marie HETZELL pour sa participation à la mise au point des photos du *Bleu*.

Je ne t'oublie pas, lecteur – en particulier François FIEROBE – qui, par ta lecture, tes commentaires et l'envoi d'exemples, a enrichi ce volume et a permis cette nouvelle édition. Puisses-tu trouver dans ce nouveau dictionnaire une réponse à tes interrogations, un sujet de réflexion et une source de plaisir... J'attends tes nouveaux commentaires !

Préface

Pour les savoirs antiques et médiévaux, la vérité des êtres et des choses doit souvent être cherchée dans les mots qui les désignent plutôt que dans leur réalité biologique ou matérielle. Plusieurs philosophes scolastiques estiment même que les seules réalités universelles existantes sont les noms. D'autres affirment que sans le langage concevoir des idées générales serait impossible. D'autres encore pensent que notre connaissance du monde sensible passe entièrement par la nomination. Même si elles ont été nuancées, complétées ou repensées par les savoirs modernes et contemporains, ces idées fortes ont imprégné la culture occidentale pendant de longs siècles et demeurent aujourd'hui pertinentes dans bien des domaines.

C'est le cas de la couleur. Du moins pour les sciences humaines. Non seulement une couleur que personne ne regarde est une couleur qui n'existe pas, mais une couleur que personne ne peut nommer n'a pas de réalité sociale ni culturelle. La couleur nommée joue un rôle toujours plus important que la couleur perçue car elle est chargée d'un pouvoir sémantique, symbolique, affectif ou onirique beaucoup plus fort. Dire qu'une robe est bleue est un acte bien plus riche et bien plus complexe que de voir simplement le bleu de cette robe. Au reste, ne pas nommer, au moins mentalement, la couleur perçue, est pratiquement impossible. Le nom de la couleur fait partie intégrante de sa perception. Celle-ci ne se réduit pas à un simple processus biologique ou neuro-biologique, mais au contraire met en jeu notre mémoire, notre imagination, nos connaissances, notre culture. C'est pourquoi nous ne pouvons pas nous empêcher de nommer toutes les couleurs qui passent devant nos yeux, même lorsque ce sont des nuances qui nous sont peu familières et que nous ne connaissons pas le vocabulaire qui permettrait de les désigner avec précision. En outre, l'homme ne vit pas seul mais en société : son regard passe toujours par celui des autres, et tous les faits de perception sont nécessairement aussi des faits de société.

Dans mon travail d'historien, je rencontre constamment cette relation nécessaire, ontologique même, entre le lexique, la nomination et les problèmes de la couleur, quels qu'ils soient. Étudier le vocabulaire chromatique d'une société donnée est toujours la première tâche à laquelle doit s'atteler l'historien qui cherche à mieux connaître la place et le rôle de la couleur au sein de celle-ci. D'où la nécessité des enquêtes philologiques et linguistiques et donc l'utilité primordiale des dictionnaires. Le *Trésor de la langue française* fait partie de ceux que je consulte quotidiennement. C'est pourquoi je me réjouis que dans son prolongement soit mis en forme et publié un

Dictionnaire des mots et expressions de couleur du XXe siècle. Et je me réjouis d'autant plus que l'auteur de cette fructueuse entreprise a choisi d'en consacrer le premier volume à la couleur bleue. Non pas tant parce que j'ai moi-même beaucoup travaillé et publié sur cette couleur, mais parce que c'est un choix particulièrement pertinent.

La couleur bleue, en effet, pose un véritable problème historique : pour les peuples de l'Antiquité classique, elle compte peu ; pour les Romains, elle est même désagréable, c'est la couleur des Barbares, celtes et germains, qui aux dires de César et de Tacite ont l'habitude de se teindre le corps en bleu avec de la guède afin d'effrayer leurs adversaires. Or aujourd'hui, en Europe et dans tout le monde occidental, le bleu est la couleur préférée de la population adulte, loin, très loin devant toutes les autres couleurs. Il y a donc eu au fil des siècles un renversement complet des valeurs. Le travail de l'historien est ici de chercher à comprendre pourquoi et comment s'est opéré ce renversement. Pour ce faire, il doit s'efforcer d'interroger des catégories de documents très variées et de croiser les informations ainsi rassemblées. Mais parmi tous ces documents, nul doute que ce sont ceux relevant des faits de lexique qui lui apporteront les témoignages les plus nombreux et les plus riches.

Prenons un exemple qui nous fait revenir à Rome. S'y vêtir de bleu est dévalorisant (surtout sous la République et au début de l'Empire) ou bien signe de deuil. Au reste, cette couleur, disgracieuse quand elle est claire, inquiétante quand elle est sombre, est souvent associée par les Romains à la mort et aux enfers. Quant à avoir les yeux bleus, c'est presque une disgrâce physique : chez la femme, c'est la marque d'une nature peu vertueuse ; chez l'homme, un trait efféminé, barbare ou ridicule. Or le vocabulaire latin confirme pleinement ce discrédit et cette faible place occupée par le bleu dans la culture romaine. Nommer le bleu en latin classique (et encore en latin médiéval) est un exercice difficile : il existe quantité de termes, tous polysémiques, chromatiquement imprécis et d'emploi discordant. À commencer par le moins rare d'entre eux, *caeruleus*, qui, étymologiquement, se rapproche de la couleur de la cire (entre blanc et jaune), puis désigne certaines nuances de vert ou de noir, avant de se spécialiser dans la gamme des bleus. Cette imprécision et cette instabilité du lexique des bleus est en fait le reflet du peu d'intérêt que les auteurs romains, et à leur suite ceux du premier Moyen Âge chrétien, portent à cette couleur. Ce qui plus tard favorisera l'introduction de deux mots nouveaux dans le lexique latin : l'un venu des langues germaniques (*blavus*), l'autre de l'arabe (*azureus*). Ce sont ces mots qui finiront par prendre le pas sur les autres puis par s'imposer dans les langues romanes. Ainsi en français – comme du reste en italien et en espagnol – les deux mots les plus courants pour désigner la couleur bleue ne sont pas hérités du latin mais du germanique et de l'arabe : « bleu » et « azur ».

Ce témoignage du lexique constitue en lui-même un document d'histoire culturelle très important. Il souligne combien les mots se trouvent au cœur des faits de société et des systèmes idéologiques qui les sous-tendent. Mieux que tout autre document, l'étude du vocabulaire des bleus dans les différentes langues européennes, mortes et vivantes, aide l'historien à cerner le rôle et l'évolution de cette couleur dans les sensibilités occidentales : désintérêt pour le bleu dans les sociétés bibliques et dans la culture gréco-romaine ; puis montée et valorisation progressive des tons bleus tout au long du Moyen Âge et de l'époque moderne ; enfin triomphe du bleu à l'époque contemporaine.

Le présent dictionnaire, consacré à la seule langue française, témoigne pleinement de la place qu'occupe aujourd'hui cette couleur dans notre société : la première. Non seulement le bleu est dans l'absolu la couleur préférée, non seulement il est la couleur vestimentaire la plus portée, la couleur chimique la plus diversifiée, la couleur dont le lexique est le plus riche et la palette la plus nuancée, mais il est aussi celle qui entretient avec le rêve et l'imaginaire les rapports les plus étroits, comme l'attestent les pages du présent dictionnaire consacrées aux termes de nuances, aux mots dérivés et aux nombreuses expressions articulées autour de la couleur bleue.

Cela dit, une couleur ne se présente jamais seule, elle n'existe pas isolément. Elle ne prend tout son sens, elle ne « fonctionne » pleinement que pour autant qu'elle est associée ou opposée à une ou plusieurs autres couleurs. Souhaitons donc que ce premier volume soit rapidement suivi de plusieurs autres, notamment de celui qui sera consacré au rouge*, contraire et complice du bleu dans la sensibilité occidentale depuis l'époque médiévale.

Michel Pastoureau
Directeur d'études
à l'École pratique des hautes études

---

* *Le Dictionnaire des mots et expressions de couleur du XXe siècle. Le Rouge*, a été publié en 2000.

INTRODUCTION

> « Furius. – Et vous, là-bas, avez-vous fini de parler de couleurs ? de ces couleurs dont pas plus que des goûts on dit qu'il ne faut discuter.
> Civilis. – Il ne s'agit pas de discussion, mais d'un bain ! Un bain de lumière qui nous entre par tous les pores ! »
> (P. Claudel, *Conversations dans le Loir-et-Cher,* 1935, p. 714).

« Des goûts et des couleurs, il ne faut discuter... » si l'on en croit le vieil adage. Plus que du goût pour telle ou telle couleur, ne serait-ce pas le langage qui serait en cause ? La couleur serait-elle ineffable ? Il est vrai que la couleur semble nous échapper et que parler de couleurs est une inévitable occasion de malentendus. Mais de ces couleurs, nous ne pouvons pas ne pas parler : nous entendons des noms de couleur, nous les rencontrons au fil de nos lectures, parfois lorsque nous nous y attendons le moins...

La couleur, perception sensorielle provoquée par les radiations lumineuses, est un phénomène particulièrement complexe qui met en relation différents paramètres : une source lumineuse, un objet et le récepteur (le couple œil-cerveau). La perception de la couleur et sa nomination sont donc à l'intersection de données non seulement physiques et physiologiques, mais aussi de données psychologiques et culturelles... Entreprendre la rédaction d'un dictionnaire des termes de couleur peut sembler alors une gageure tant est grande la difficulté à « cerner » la couleur, à la définir, non seulement d'un point de vue descriptif (quelle est la teinte exprimée ?) mais aussi d'un point de vue symbolique (quelle est la/les « valeur(s) » de la couleur, dans une société donnée, à une époque donnée ?). Avant d'aborder les finalités et principales options de ce dictionnaire, il convient donc, préalablement, de développer plus en détail la problématique du domaine des couleurs et de son lexique...

I. LE DOMAINE DES COULEURS ET SON LEXIQUE

I.1. LA CLASSIFICATION DES COULEURS

I.1.1. Le spectre lumineux

La lumière du soleil, comme toute autre source lumineuse, est composée de radiations de diverses longueurs d'onde. Ces diverses longueurs d'ondes visibles du spectre lumineux forment un continuum que l'on fragmente, de manière arbitraire et culturelle, en un certain nombre de segments, désignant des espaces de couleur perçus comme des sensations différentes, auxquels on attribue des noms spécifiques : *bleu, rouge, vert,* etc. Le chiffre arbitraire (et symbolique !) de sept couleurs du spectre élaboré par Isaac Newton au XVIIIe siècle, fait encore autorité et est encore vivace dans nombre d'esprits :

rouge, orangé, jaune, vert, bleu, indigo, violet

I.1.2. La classification spatiale des couleurs

La classification de la couleur conduit à diviser celle-ci en deux groupes fondamentaux : les « couleurs pures (saturées) » et les « couleurs neutres » (blanc, gris, noir). Toutes les autres couleurs se situent quelque part entre ces deux extrêmes. Les *couleurs pures* et les *couleurs neutres* peuvent être ordonnées dans des systèmes linéaires (*cercle des tonalités*, *axe de clarté)*. Par contre, la classification de toutes les couleurs n'est possible que dans un système à trois dimensions, prenant en compte trois paramètres : la *tonalité,* la *clarté* et la *saturation*, espace qui, seul, permet de caractériser avec précision d'infimes différences de couleur.

De nombreux modèles tridimensionnels des couleurs, ou « solides des couleurs », ont été proposés. Ils ont tous en commun la position médiane de la ligne des *couleurs neutres.* Leur différence consiste surtout dans la disposition variable des *couleurs pures* autour de cet axe, quant à leur ordre ou aux intervalles entre elles, selon qu'elles sont classées d'après des critères physiques, optiques ou psychologiques.

Un modèle simple, correspondant pour l'essentiel à la systématique des couleurs de Wilheim Ostwald (1853-1932), est ainsi caractérisé : une ligne verticale de *couleurs neutres* (*échelle de gris*) et un cercle de *couleurs pures,* horizontal, forment la charpente d'un système tridimensionnel affectant la forme d'un double cône symétrique dont le *blanc* constitue le sommet du volume et le *noir* la base (voir schéma n° 1)[1].

---

1. Le «solide des couleurs» le plus précis est sans doute celui de Munsell, qui tient compte du fait que les couleurs situées au centre du spectre (le *vert* et le *jaune*) paraissent plus claires, aboutit à un solide asymétrique et met en évidence une donnée psychologique.

Schéma n° 1

SYSTÈME TRIDIMENSIONNEL DE LA COULEUR

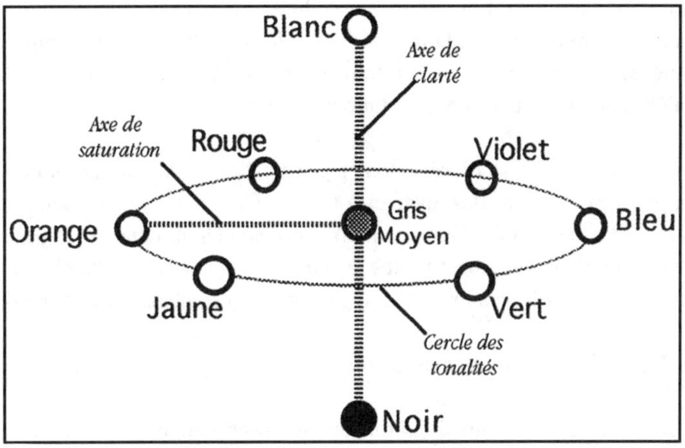

Les trois dimensions de la couleur : *tonalité, clarté* et *saturation* peuvent se définir ainsi :

• La *tonalité* est la catégorisation chromatique d'un stimulus : *violet, bleu, vert, jaune, orange, rouge,* etc. Les diverses tonalités sont représentées, géométriquement, sur le cercle des tonalités (l'ensemble du continuum tonal plus ou moins divisé), et correspondent aux « couleurs saturées », « pures », brillantes, non mélangées de *blanc/gris.*

• La *clarté* détermine le niveau de *luminosité* relative d'une tonalité : clair, moyen, foncé. Ce degré de *luminosité* d'une nuance s'évalue par rapport au *blanc* et au *noir* (*couleurs neutres*), sur l'*axe de la clarté* (échelle des *gris*), axe orthogonal au *cercle des tonalités.* Ainsi, une ligne reliant une des *couleurs pures* au *blanc* permet de classer tous les degrés d'éclaircissement de cette couleur. En se rapprochant du *blanc,* la couleur se modifie : sa *luminosité* augmente, son degré de *saturation* diminue.

• La *saturation*, concept plus délicat à identifier, correspond à l'évaluation du degré de pureté chromatique d'une couleur. Elle s'évalue sur un axe qui relie un point de la périphérie au centre du cercle. La *saturation* décroît lorsqu'on s'éloigne du *cercle des tonalités pures,* en se rapprochant de l'*axe de la clarté,* de la ligne des *couleurs neutres.* Toute couleur située sur l'*axe de la clarté* est totalement *désaturée, achrome.*

La *saturation* échappe à une organisation descriptive simple et conduit à développer des structures lexicales plus élaborées (voir schémas n° 2 et 3).

1.1.3. Les divers champs chromatiques et champs lexicaux

* Les champs chromatiques et les termes génériques, de base

Pour rendre compte du continuum physique du domaine des couleurs, qui exigerait théoriquement un nombre infini de termes, la langue, tout à la fois, structure le champ des couleurs par un nombre limité de grandes divisions arbitraires (*spectre lumineux, cercle des tonalités)* et le nuance, de manière complexe, par une multitude de termes.

Les termes et expressions colorées sont groupés dans la langue en unités d'organisation appelées « champs »[2], expressions des diverses tonalités. Ces champs de couleur, désignés par des termes génériques, de base, termes fondamentaux, correspondent, dans la langue courante, à une zone, un espace chromatique englobant toutes les nuances de la tonalité, du clair au foncé, parfois même des nuances proches d'une autre tonalité[3]. Ils sont, en français, au nombre de onze :

bleu, blanc, brun/marron, gris, jaune, noir, orange, rose, rouge, vert, violet

Il s'agit des diverses dénominations tonales du spectre solaire, dont on a soustrait *indigo,* auxquelles il faut ajouter *blanc* et *noir,* couleurs achromatiques, ainsi que *brun* et *rose*[4].

---

2. Le « champ » chromatique étant un « rayon sémantique de couleur ressenti comme unité dans une langue » [*Kristol-Color1978,* p. 10].

3. Par contre, ces mêmes termes, dans le domaine des sciences et du système tridimensionnel, désignent une teinte précise, *saturée*, *pure*.

4. Les langues ne seraient pas libres d'opérer des découpes arbitraires dans le continuum chromatique et ces découpes seraient conditionnées non par les seules propriétés physiques de la lumière, mais par les facultés neurophysiologiques de l'homme. S'il y a des désaccords sur le nombre et sur les sélections opérées, l'anthropologie contemporaine, toutefois, semble majoritairement considérer, à la suite de Berlin & Kay [*Basic Color Terms. Their Universality and Evolution,* 1969] qu'il existe des catégories universelles et innées de la couleur, communes à tous les êtres humains et qu'une sorte de loi régit, dans toutes les langues du monde, le rapport entre les catégories de couleur appelées par ces deux chercheurs « fondamentales », couleurs focales, couleurs saillantes, et les « basic color terms », termes de base destinés à les nommer. D'après leurs travaux, si une langue a deux termes [Ier stade], ce seront obligatoirement des termes pour désigner le *blanc* et le *noir* ; un troisième terme [IIe stade] nommera ensuite le *rouge* ; le quatrième terme [IIIe stade] sera soit le *vert*, soit le *jaune* ; si une langue distingue cinq couleurs, elle aura le *vert* et le *jaune* ; le sixième terme désignera le *bleu* [Ve stade], le septième le *brun* [VIe stade] ; viendront ensuite, les désignations du *violet*, du *rose*, de l'*orange* et du *gris* [VIIe stade]. Cet universel qui peut être schématisé ainsi : **I : *blanc, noir*** ; **II : *rouge*** ; **III et IV : *vert, jaune*** ou ***jaune, vert*** ; **V : *bleu*** ; **VI : *brun*** ; **VII : *violet, gris, rose, orange*** [*Berlin-Kay 1969*] a été complété et modifié dans *Berlin & Berlin 1975,* puis dans *Kay 1975*, par la création d'un composite *grue* : amalgame de *green* et *blue* [*vert* et *bleu*], en français *blert,* indispensable pour rendre compte de certaines langues – comme l'esquimau – qui introduisent la couleur *bleue* avant le *vert* : **III et IV : *blert*** [*grue*] ou ***jaune, jaune*** ou ***blert*** ; **V : *vert/bleu*** ... Le *noir/blanc /rouge* serait la triade de base que l'on retrouverait dans toutes les parties du globe. Quant au français, il posséderait onze *basic color terms* et correspondrait au stade VII des sociétés dites « évoluées ».

Cette thèse de Berlin & Kay, quoique majoritairement acceptée par l'anthropologie contemporaine, se trouve toutefois au cœur du débat opposant *universalistes* et *culturalistes* et fait l'objet de vives critiques, notamment de la part d'anthropologues francophones dont S. Tornay a réuni des articles dans *Voir et nommer les couleurs*, 1978.

*** Les zones limitrophes entre plusieurs champs chromatiques : les nuances marginales**

Les différents champs de couleur définis ci-dessus n'ont pas de frontière stricte, des passages progressifs se faisant de l'un à l'autre, sur le *cercle des tonalités* ou sur l'*axe de la clarté.*

Ainsi, pour le champ chromatique du bleu, une gradation s'effectue en direction du *violet* (*bleu violet*) ou du *vert* (*bleu vert*), et se désature soit vers le *blanc* (*bleu pastel*), soit vers le *noir* (*bleu marine*) (voir schéma n° 2).

Schéma n° 2

POSITIONNEMENT DE QUELQUES TERMES APPARTENANT EN PARTICULIER AU « CHAMP CHROMATIQUE » DU BLEU

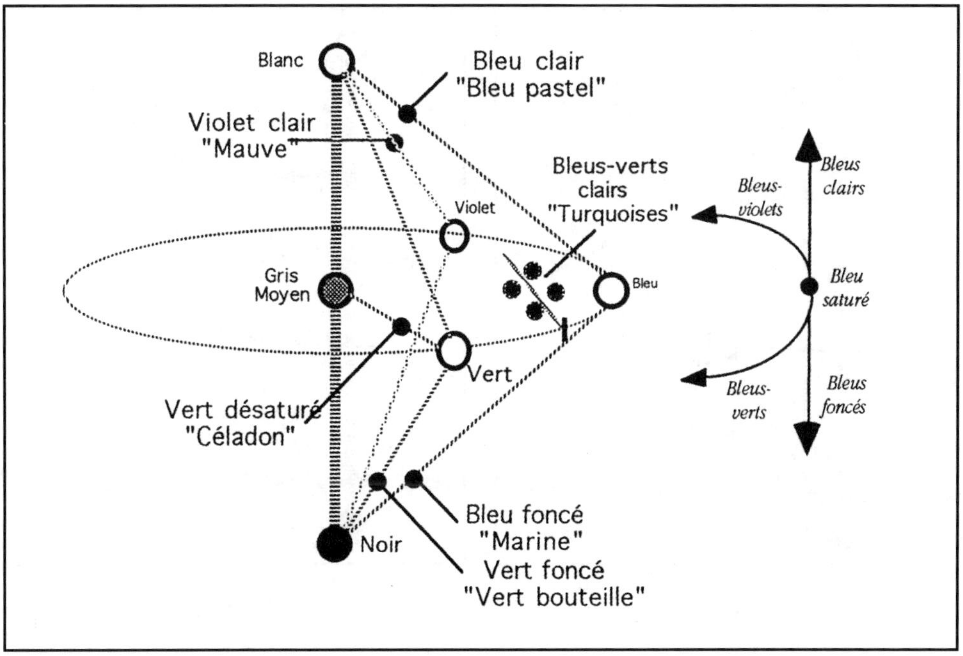

Une délimitation des couleurs ne saurait donc se faire avec trop de précision. Nombreuses sont les dénominations qui essaient de traduire ces passages insensibles d'un champ de couleur à l'autre, d'une tonalité pure à une tonalité désaturée, et certains termes, expressions de ces nuances marginales, ne sont pas classables dans un champ de couleur déterminé, lexicalisé, d'où les contradictions, parfois, de la valeur chromatique d'une dénomination (*glauque, turquoise :* entre le *bleu* et le *vert clairs ; pers :* entre le *bleu,* le *vert* et le *violet,* plus ou moins *clairs*) (voir schémas n° 2 et 3).

Schéma n° 3

POSITIONNEMENT THÉORIQUE DE QUELQUES TERMES DE COULEUR DÉFINISSANT DES ESPACES MARGINAUX ENTRE PLUSIEURS TONALITÉS PURES

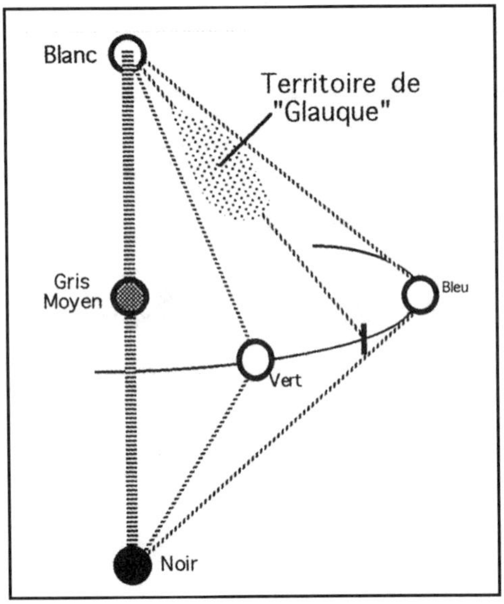

Glauque

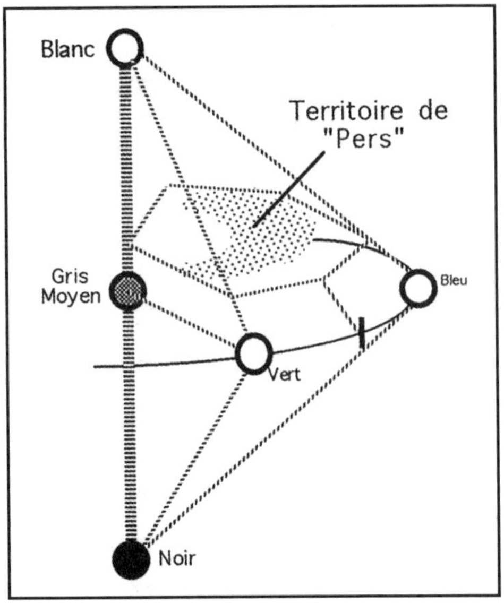

Pers

Entre un *bleu* et un *vert,* entre un *bleu* et un *violet,* combien de gradations sommes-nous capables de discerner et d'identifier ? et comment les nommer ? Quelles sont les stratégies que les locuteurs vont adopter pour traduire les subtiles transitions s'opérant d'une nuance à l'autre ?

I.2. LE LEXIQUE DES COULEURS

I.2.1. Les dénominations directes ou référentielles

Dans son désir de perfectionner l'emprise lexicale sur le phénomène complexe de la couleur, la langue crée un réseau de plus en plus dense de termes chromatiques. Aux termes directs, elle adjoint des termes référentiels, parfois des emprunts.

*** Les dénominations directes**

En nombre très limité, ce sont de véritables termes de couleur, directs et simples, créés spécialement pour désigner une couleur[5].

Il s'agit le plus souvent de termes génériques, termes courants, dits « de base » ou « fondamentaux ». Au nombre de onze, ils traduisent un « champ » chromatique (voir *supra*) : ***bleu, blanc, brun* [*marron*]*, gris, jaune, noir, orange, rose, rouge, vert, violet***[6]. Hypéronymes, leur sens inclut celui d'un ou plusieurs autres termes[7]. Généralement indéfinissables par rapport à une autre couleur, ces dénominations servent à définir les autres termes chromatiques.

À ces termes génériques s'ajoutent quelques termes non génériques comme *beige, glauque,* etc. qui désignent, de nos jours, une simple nuance.

Ces dénominations directes constituent une liste close, susceptible toutefois de certaines créations de dérivés (adjectifs, substantifs, verbes, adverbes) : *blanchâtre, blancheur, blanchi, blanchir, blanchissage, blanchissant, blanchisserie, blanchoyer,* etc. ; *bleuâtre, bleueur, bleui, bleuir, bleuissage, bleuissant,* etc. ; *violâtre,* etc. ; *beigeasse, beigeâtre, glaucerie, glaucescent, glauceur, marronnasse, marronnâtre,* etc.

---

5. Ou perçus de nos jours comme tels. « Dans les langues indo-européennes, en dehors du blanc, du noir et du gris – dont on peut toujours se demander s'ils sont des couleurs – il n'existe guère que quatre vrais noms de couleurs, ne désignant rien d'autre : le rouge, le bleu, le vert, le jaune. Encore n'est-il pas certain que, si l'on remonte aux étymons, il en reste autant. (...) seul le rouge, au fond, descend d'une lignée incontestable de termes de couleur. » (J. Aumont, *Introduction à la couleur : des discours aux images,* 1994, p. 40).

6. *Orange, rose* et *violet* sont des termes d'origine référentielle mais qui sont de nos jours perçus comme de véritables termes de couleur directs et peuvent donc être rattachés à la structure directe.

7. Ainsi *bleu* est un hyperonyme qui inclut le sens de ses diverses nuances (et hyponymes) : *azur, ciel, cobalt, horizon, indigo, lapis(-lazuli),* etc.

* Les dénominations indirectes ou référentielles

Extrêmement variées et nombreuses, ce sont des dénominations chromatiques créées métaphoriquement par analogie avec des référents d'origine très variée. À l'aide de constructions simples ou composées (terme de couleur direct + référent), elles désignent les variétés des couleurs directes et simples à l'intérieur d'un champ de couleur ou dans la zone chromatique entre divers champs de couleur.

Ces dénominations référentielles sont des hyponymes d'une couleur générique et traduisent une nuance particulière d'un champ de couleur, les diverses variétés de cette couleur par rapport à la couleur « pure » [8].

Le plus souvent, ces dénominations sont données par analogie avec des référents matériels, concrets [environnement, milieu naturel] : [ciel] *ciel, bleu azuré, horizon,* etc. ; [végétaux] [fleurs] *barbeau, coquelicot, lin, myosotis,* etc. ; [fruits] *abricot, cerise, citron, marron, pêche,* etc. ; [métaux, minéraux, pierres (généralement précieuses)] *améthyste, ardoise, bronze, émeraude, saphir, smaragdin, turquoise,* etc. ; [animaux] *(bleu, vert–) canard, (gris) souris, serin,* etc. ; [matières tinctoriales] *bleu de prusse, indigo, pastel,* etc. ; [corps humain] *chair, incarnat,* etc. ; [produits fabriqués] *beurre frais, bordeaux, champagne, bleu charrette/charron, faïence, gauloise, gitanes, (bleu–, rose–) layette,* etc. ; [œuvre artistique] *Chardin, Nattier,* etc. ; [lieux plus ou moins lointains] *marengo, nankin,* etc. ; [race, ethnies] *bleu touareg, mordoré, nègre, tête de maure,* etc. ; [époque] *vert empire* ou *vert impérial,* etc. ; [vêtements] (propres à une fonction) *bleu gendarme, bleu roi, brun ramoneur, carmélite, marine, minime,* etc. ; (propres à un personnage réel ou fictif) *céladon, isabelle,* etc.

Parfois, ces dénominations sont données par analogie avec des référents évoquant une certaine chromaticité ou par un phénomène de correspondance entre une couleur et une idée, sans qu'il existe un lien manifeste avec une couleur réelle : *bleu rêve, bleu vacances, bikini, tango,* etc.

Ces termes référentiels sont plus ou moins variables, plus ou moins liés à un moment donné du temps et constituent une liste ouverte comptant un nombre illimité de termes chromatiques.

* Les emprunts

La langue fait aussi appel aux emprunts, en particulier à l'anglais : *(black, blue, pink,* etc. et leurs dérivés), notamment dans le contexte de la mode et de la concurrence commerciale.

Le lexique des couleurs est donc constitué, à la fois, d'une nomenclature close, stabilisée (les termes directs, le plus souvent génériques) et d'une nomenclature instable et évolutive, d'une liste

---

8. Ainsi *azur, ciel, cobalt, horizon, indigo, lapis(-lazuli),* etc. sont des hyponymes qui sont inclus dans le *bleu.*

ouverte de termes chromatiques référentiels, plus ou moins lexicalisés. Reproduction d'un savoir partagé et réorganisation ad hoc reflétant le langage du moment, le vocabulaire de la couleur est avant tout déterminé par des facteurs extra-linguistiques, culturels, il ne peut donc être qu'en perpétuelle évolution. Aussi à chaque époque correspond un grand nombre de dénominations qui lui sont spécifiques. Révélateur d'une époque, le lexique des couleurs renvoie à la société qu'il reflète.

I.2.2. Valeur descriptive ou valeur symbolique ? Dénotation ou connotation ?

Les dénominations chromatiques référentielles tentent de traduire, le plus souvent, les nuances particulières mais restent fréquemment ambiguës. Plus que la traduction d'une nuance extrêmement précise, le véritable but de leur utilisation semble être la recherche de l'originalité, de la fantaisie, l'évocation affective, poétique, symbolique.

Le choix des dénominations chromatiques n'est pas innocent : concret et figuré se trouvent étroitement liés dans des rapports d'interdépendance, le symbolique interférant sur la valeur descriptive.

La terminologie des couleurs, essentiellement référentielle, étroitement liée aux phénomènes de mode, est un reflet privilégié des phénomènes sociaux...

II. LE *DICTIONNAIRE DES MOTS ET EXPRESSIONS DE COULEUR. XXe-XXIe SIÈCLE*. FINALITÉS ET PRINCIPALES OPTIONS

II.1. UN DOUBLE CONSTAT

II.1.1. Lacunes des dictionnaires généraux

Ces mots de couleur, multiples, variés, le lecteur souhaiterait bien souvent savoir la teinte qu'ils désignent. Or, si l'on peut les repérer parfois, au détour d'un article de dictionnaire, la plupart les ignorent ou se contredisent. À ce traitement lexicographique très insuffisant, le *Trésor de la Langue Française* (*TLF*) n'a malheureusement pas toujours échappé, et de nombreuses lacunes persistent, notamment pour la période contemporaine (en particulier après 1965, limite théorique du corpus informatisé du *TLF : Base FRANTEXT*)[9]. D'autre part, il n'existe pas, en français, de dictionnaire des termes de couleur donnant une vue d'ensemble de ce secteur[10]. Beaucoup restait donc à faire.

---

9. Voir A. Mollard-Desfour, « Problèmes rencontrés dans le traitement lexicographique des termes de couleur (valeur descriptive) », in *Dictionnairique et lexicographie. Autour d'un dictionnaire : Le Trésor de la Langue Française, témoignages d'atelier et voies nouvelles* [coordination D. Candel], Didier Érudition, 1, 1990, pp. 69-101.

10. À noter, toutefois, le *Dictionnaire des couleurs de notre temps. Symbolique et société,* de M. Pastoureau (Éditions Bonneton, 1992 – réédité en 1999 et 2003), dont l'accueil auprès d'un large public a été le témoignage d'un intérêt certain de nos contemporains pour la couleur.

Dans le prolongement des recherches entreprises à l'Institut National de la Langue Française à la suite du *TLF* et parallèlement au *Supplément du TLF* (révision et complémentation de la matière des 16 volumes du *TLF*), avaient été mises en chantier diverses recherches, par secteurs ou domaines (*Marges du Français, Vocabulaire Scientifique et Technique*...), destinées à faire une place plus grande que ne l'avait fait le *TLF* à certains aspects de la langue. L'ensemble de ces diverses recherches devant enrichir le *TLF* ainsi que son *Supplément* et constituer la matière du *TLF informatisé* (interrogeable de manière non seulement alphabétique, mais aussi de manière croisée, par domaine, thème, auteur, date, etc.). Le *Dictionnaire des mots et expressions de couleur* a pu ainsi trouver sa place et s'inscrire dans ce projet. Il se poursuit actuellement dans le cadre des recherches de l'Équipe *METADIF (Métalexicographie et Dictionnairique Francophone)* CNRS-UMR 8127, dont les travaux s'attachent à l'analyse des dictionnaires, de leur histoire, ainsi qu'à la constitution de lexiques.

II.1.2. Intérêt pour le sujet

Face aux insuffisances «dictionnairiques» du vocabulaire de la couleur, paradoxalement, on note une attente évidente dans ce domaine et un très fort intérêt pour le sujet, comme en témoigne le nombre impressionnant de publications récentes sur ce thème (voir BIBLIOGRAPHIE).

La couleur est un objet d'étude à l'intersection de deux domaines, celui des sciences «dures» (physique, optique, biologie...) et celui des sciences humaines, domaines sur lesquels vient se greffer un élément symbolique. Le problème de la couleur, dans les théories relatives à la perception, à la cognition et au langage n'a pas quitté la scène, et la dénomination des couleurs s'est imposée, au cours des dernières décennies, comme l'exemple de prédilection étayant toutes les thèses: réalistes, culturalistes, universalistes, et plus récemment cognitivistes [Slodzian 1993] (voir aussi note 4).

Dans ce contexte de recherches, le dictionnaire des termes de couleur voudrait, entre autre, fournir des éléments objectifs, des outils clairs, précis, susceptibles de donner des éléments de réponse à certaines de ces interrogations sur la dénomination[11].

II.2. PRINCIPALES OPTIONS

Élaborer un dictionnaire des termes de couleur, donner une vue d'ensemble du lexique chromatique – lexique instable et évolutif –, établir la nomenclature de ces termes, les définir (d'un

11. Le dictionnaire insistera sur certains aspects du vocabulaire des couleurs : l'aspect fondamental, de base, de certains termes (les «basic color terms»), l'aspect secondaire de certains autres termes, la lexicalisation en cours de certains champs de couleur, l'évolution de certaines dénominations (*beige, brun/marron, mauve, turquoise*), l'évolution des contextes d'emplois, les liens contextuels (*faïence*).

point de vue descriptif ou symbolique), dégager les connotations, les sens figurés, les expressions, les locutions qui leur sont liés... ne peut se faire qu'en se basant sur des corpus bien définis et limités à des tranches chronologiques particulières.

II.2.1. Un dictionnaire de corpus diversifié des XXᵉ et XXIᵉ siècles

Par rapport au *TLF,* qui couvrait les XIXᵉ et XXᵉ siècles, j'ai choisi de me limiter au XXᵉ siècle, en m'attardant plus particulièrement sur la période très contemporaine et le XXIᵉ siècle commençant. À un corpus « strict », base du contenu des articles du dictionnaire, a été ajouté un corpus de comparaison (catalogues de vente par correspondance (VPC), *The Pantone® Book of Color*).

*** Un corpus « strict »**

– Un corpus de dictionnaires et d'ouvrages de référence du XXᵉ et du XXIᵉ siècle[12].

– Un corpus textuel, évolutif, constitué de textes diversifiés

Au corpus de base, le corpus informatisé *FRANTEXT*, sans cesse développé, enrichi de textes très contemporains, j'ai adjoint la base *BORNÉO* (base informatisée de néologismes repérés dans la presse) et un corpus issu de lectures personnelles : ouvrages, romans, journaux et revues. J'ai pu bénéficier aussi de la base informatisée *MARGES DU FRANÇAIS,* établie par l'équipe *Usages et Marges du français,* pour ses recherches sur le français « parlé » contemporain[13].

Ces sources variées ont été choisies pour permettre d'explorer divers aspects de la langue : littéraire, poétique, courante, familière ou argotique...

*** Un corpus de comparaison**

Il m'a semblé intéressant de pouvoir établir une comparaison entre ce corpus « strict » et un corpus particulier qui permet d'élargir la réflexion sur le phénomène de nomination de la couleur et sur les valeurs que cette nomination recouvre. J'ai donc choisi d'explorer un champ linguistique particulier, celui des catalogues de vente par correspondance (VPC) et un répertoire multilingue de termes de couleur.

---

12. Voir Bibliographie I.1.1. Dictionnaires généraux du XXᵉ et XXIᵉ siècle I.1.2. Dictionnaires, articles, ouvrages du XXᵉ et XXIᵉ siècle, traitant d'un aspect ou d'un thème plus particulier. I.2.1. Dictionnaires du XXᵉ et XXIᵉ siècle, ouvrages spécialisés, techniques.

13. Voir Bibliographie. II. Sources textuelles des exemples cités. II.1. Œuvres littéraires, romans, poésies, chansons des XXᵉ et XXIᵉ siècles II.2. Textes (le plus souvent spécialisés) portant sur des thèmes particuliers en rapport avec les termes de couleur. II.3. Journaux et périodiques.

– Un corpus de catalogues de VPC 1985-2003

Corpus constitué des catalogues *La Redoute, Les 3 Suisses, Quelle, Camif* et *Damart*, non seulement parce qu'ils constituent un système de signes iconiques et linguistiques, mais aussi et surtout parce que leur visée commerciale fait de ces catalogues un système qui, soucieux des phénomènes de mode, utilise un vocabulaire souvent très contemporain et représentatif de notre époque. Le locuteur/rédacteur des dénominations colorées cherchant à agir sur le destinataire/consommateur, à le séduire par l'emploi de dénominations chromatiques positives, valorisées, le lexique chromatique de ces catalogues est un véritable répertoire indiciel de faits, d'intérêts sociaux.

Les termes chromatiques répertoriés dans ces documents sont introduits en remarque dans de nombreux articles[14]. Ils font partie de l'index final – signalés toutefois avec un caractère différent.

– *The Pantone® Book of Color*

The Pantone® Book of Color est un répertoire dénominatif multilingue d'origine américaine et une collection d'échantillons. Tous les termes de couleur étant traduits littéralement dans diverses langues, notamment le français, la comparaison entre les dénominations chromatiques du corpus « strict » (typiquement français) et ce corpus de répertoire américain conduit à des constatations particulièrement intéressantes, notamment sur les référents utilisés pour nommer la couleur, sur la similitude de certaines dénominations ou, au contraire, sur l'existence de dénominations spécifiques... Certaines dénominations, typiquement françaises, telles que *Bordeaux, Golfe de Gascogne, bleu Lyon, Limoges...* parfois absentes de notre corpus « strict », notées dans ce répertoire américain, acquièrent de ce fait un statut de référence international.

Les termes chromatiques de *The Pantone®Book of Color,* s'ils sont absents de notre corpus « strict », seront toutefois notés en remarque encyclopédique et rapprochés des rubriques avec lesquelles ils ont un rapport étroit. Ainsi *Limoges* sera rapproché de *Delft, Nevers, Rouen...* termes qui ont pour référence le bleu caractéristique des faïences qui y sont fabriquées. Ces termes sont aussi répertoriés, à part, dans l'index final.

II.2.2. Une méthode de travail par « champ » de couleur et par volume

Le corpus une fois établi, la nécessité de présenter rapidement des résultats de recherches m'a conduite à mettre au point une méthode de travail par « champ » de couleur, méthode qui permet des publications partielles, par volumes ayant une certaine autonomie, l'ensemble étant réuni, et éventuellement complété, ultérieurement.

---

14. Voir *infra* Présentation I.3. Les termes chromatiques en remarque.

Le premier volume, consacré au champ du bleu et intitulé *Le Bleu* dont la 1re édition a été publiée en 1998 (CNRS Éditions), a été le premier d'une série dont l'ensemble constituera le *Dictionnaire des mots et expressions de couleur. XXe-XXIe siècle*. Il a été suivi de la publication de plusieurs volumes : *Le Rouge*, en 2000, et *Le Rose* en 2002[15].

Cette méthode de travail et cette présentation ont l'avantage de mettre en évidence le réseau des relations sémantiques qui rattachent entre eux les mots du système chromatique : les termes génériques, de base (hypéronymes) et les nuances définissables par les précédents (hyponymes). Elle met aussi en relief le fait que certains termes désignent l'espace marginal entre plusieurs termes de base (voir schémas n° 2 et n° 3 : *glauque, pers, turquoise*) ou peuvent être classés dans des champs de couleur différents (ainsi *hyacinthe*1 et 2, *lavande* dans *bleu* ou *violet*)[16].

II.2.3. Le contenu du dictionnaire : valeur chromatique, usages de la couleur, associations symboliques

Le but général de ce dictionnaire est non seulement de répertorier, dans un corpus très diversifié et représentatif des divers niveaux de langue, les termes de couleur des XXe et XXIe siècles – termes anciens ou créations modernes –, de donner une définition de la teinte exprimée[17], mais aussi de dégager les contextes d'emploi de ces différents termes chromatiques, les associations plus ou moins symboliques, les notions, les locutions, les expressions qui leur sont liés. Synchronique, ce dictionnaire est aussi diachronique en s'attachant à l'histoire du mot (étymologie du terme de couleur, précisions sur son référent, première attestation des créations des XXe et XXIe siècles, évolution, vitalité du terme[18] (voir aussi note 11).

La couleur constitue un ensemble de signes élaborés par les hommes. Elle a donné naissance à des symboles variés, parfois particuliers à certaines cultures, parfois universels, permanents ou éphémères. Chaque société, chaque époque crée ses symboles colorés. Ce dictionnaire met en relief les symboles liés aux couleurs, à leurs dénominations au XXe et XXIe siècle, soit qu'ils aient été hérités d'un passé plus ou moins lointain (parfois des pratiques médiévales et héraldiques : emblèmes, armoiries), soit qu'ils aient été créés par notre société contemporaine.

---

15. Les volumes prochains traiteront du champ du ***noir***, puis du ***blanc*** ; les suivants seront consacrés au ***jaune***, au ***vert***, au ***violet*** à l'***orange***, au ***brun / marron*** et au ***gris***. L'ordre de publication des différentes couleurs n'est pas définitivement arrêté.

16. Voir *infra* Présentation. III. Les renvois.

17. Sans vouloir donner un aperçu colorimétrique, la définition s'appuiera sur l'aspect tridimensionnel de la couleur, non seulement la tonalité, mais aussi la clarté, et dans la mesure du possible, la saturation ; l'accent étant mis aussi sur la matité ou la brillance, la transparence ou l'opacité. [Schémas n° 1, 2, 3]

18. Voir pour ces divers éléments, *infra*, PRÉSENTATION : NOMENCLATURE, CONTEXTES D'EMPLOI, SOUS-ENTRÉES : LES LOCUTIONS, RUBRIQUE HISTORIQUE OU RÉFÉRENTIELLE.

On trouve aussi dans ce dictionnaire ce qui concerne l'aspect matériel des couleurs, ses modes de fabrication, ses utilisations sociales, culturelles, symboliques. Les articles de couleur font parfois référence à la couleur-matière, aux pigments et substances colorantes à l'origine de leur nom, à leur composition et à leur histoire, car bien que la plupart de ces matières colorantes soient obtenues de nos jours chimiquement, les dénominations chromatiques auxquelles elles ont donné naissance sont encore souvent liées à des éléments symboliques, hérités d'un passé parfois fort lointain[19].

On peut observer la manière dont les dénominations de couleur rendent compte des progrès de la chimie, de la révolution des couleurs de synthèse qui, depuis la fin du XIXe siècle, a permis des inventions chromatiques pratiquement illimitées. Cette révolution a rompu un rituel de teinture, à base de matières colorantes naturelles, entretenu de siècle en siècle... et a permis des cycles accélérés de mode vestimentaire... On peut aussi observer les enjeux commerciaux : la guerre de la couleur, en particulier la guerre à l'indigo, « teinture du diable », concurrente du pastel (voir *pastel*[17]).

On voit, à travers la couleur-matière et les dénominations qui lui sont liées, se dessiner l'histoire des techniques (*azurage...*), l'histoire de l'art (art céramique : *bleu de Chine, bleu (de) Delft, bleu (de) faïence, bleu de Nevers, bleu persan, bleu de Rouen, bleu de Sèvres...* ; art des vitraux : *bleu de Chartres...* ; histoire de la peinture : *bleu Chardin, bleu(-)Klein / IKB, bleu Nattier, bleu de Vermeer, période bleue* de Picasso)... et comment la coutume associe souvent le symbolique au technique (*bleu charrette / charron*).

La couleur classe, associe, est un signe distinctif... Au fil des pages et des mots de couleur, défilent, entre autres, les couleurs liturgiques, les couleurs ecclésiales (*cardinal, évêque*), les couleurs idéologiques, signes de ralliement (*blanc* monarchique, *rouge* révolutionnaire...). On voit les couleurs militaires passer, au XXe siècle, des couleurs vives (*rouge garance*) aux couleurs de camouflage utilisées dans les tranchées de la première guerre mondiale (*bleu(-)horizon*), puis aux couleurs à l'invisibilité voulue (*beige, moutarde, réséda, kaki...*). On peut aussi observer comment les couleurs peuvent être spécifiques de certains corps de métiers ou milieux socio-professionnels (*bleu* de la gendarmerie, de la police, du travail manuel...), d'un sexe et d'un âge particulier (*bleu* ou *rose*)... sans oublier les couleurs de la mode vestimentaire, sans cesse présentes au cœur des articles et témoins privilégiés de la société, de ses goûts, de ses choix.

Les dénominations de couleur, par leur diversité, sont donc d'un grand intérêt pour la description de la sensibilité sociale d'une époque et d'une culture. L'analyse du lexique des couleurs des XXe et XXIe siècles nous permet de nous interroger sur le classicisme ou l'originalité des termes chromatiques, de mettre en relief les rejets opérés dans le lexique des couleurs des siècles passés, les mots tombés en désuétude, les nouvelles créations... Elle nous permet de consta-

---

19. En effet, le fait que ces pigments et substances colorantes : terres, métaux, minéraux, végétaux, animaux... extraits cueillis, cultivés, pêchés... soient transformés ensuite en colorants à l'aide d'ingrédients issus d'humeurs ou de parties animales ou humaines servant de réactifs chimiques (sang, chairs désséchées des momies égyptiennes, os, urine, bile...), tend à souligner l'aspect symbolique de ces colorants.

ter, à travers les référents chromatiques mis en jeu, l'importance de certaines catégories taxinomiques.

La couleur est un témoin privilégié du passé et feuilleter un dictionnaire des mots de couleur, ce n'est pas seulement comprendre le sens d'un terme, d'une expression colorée, c'est aussi pénétrer au cœur de notre société, voir comment joue la symbolique sociale, religieuse, l'art, les techniques, la vie quotidienne... La couleur est bien, selon la formule de M. Pastoureau, « un art de la mémoire »...

II.2.4. Le volume *Le Bleu*

Comment la langue du XXe siècle et la langue contemporaine nomme-t-elle « les bleus » ? Quels sont leurs contenus, leurs usages, leurs connotations ? Que nous dit le bleu de la société, de ses valeurs, de ses tendances ? Du début du XXe siècle à son déclin, l'appréhension du bleu a-t-elle évolué ? Qu'a retenu le bleu du XXe siècle et le bleu actuel du bleu des siècles passés ?... Répondre à ces interrogations, tel est l'enjeu de ce volume qui, de la poésie à l'argot, des romans et chansons aux articles de presse, d'*acier* à *volubilis*, en passant par *bleu, blue, cyan* et leurs dérivés (de *bleu-bite* à *blueswoman*), nous fait pénétrer dans cette couleur aujourd'hui ressentie comme une couleur douce et apaisante, classique et consensuelle... ce qui n'a pas toujours été le cas comme le révèle le lexique du bleu qui garde parfois les traces de l'aspect négatif et inquiétant de cette couleur...

* Aux sources du bleu...

Le bleu a été longtemps une couleur négligée et mal aimée[20], comme en atteste le lexique. Alors que le champ du rouge était particulièrement riche et précis en latin, celui du bleu était extrêmement restreint et équivoque : *blavus* signifiait « pâle, blanchâtre, livide, bleuâtre », *lividus*, « de couleur plombée, bleuâtre, noirâtre », *persus*, « bleu foncé ou violet »... le champ du bleu français a d'ailleurs puisé dans d'autres cultures la plupart de ses termes essentiels : *cobalt, lapis-lazuli, turquin...*

Ce n'est qu'à la fin du Moyen Âge que le bleu sera valorisé, devenant couleur de représentation de la Vierge et couleur du manteau royal, jusqu'à être, de nos jours, la couleur préférée de l'homme occidental.

* Le bleu au XXe siècle et le bleu contemporain

Multiples et variés sont les référents du bleu au XXe et au XXIe siècle, les référent essentiels étant le ciel et l'eau[21]... *Azur, azuré, azuréen, azurin, céleste, cérulé, céruléen, ciel, horizon, infini...* ; *eau (de mer), fjord, glacier, lagon, marin, méditerranée, mer, mer égée, mers du sud, océan, piscine, ultramarin...* ; fleurs, pierres – généralement précieuses –, animaux aux reflets bleutés, produits fabriqués, fonctions, peintres au bleu caractéristique, lieux de provenance des matières

20. Voir la préface de M. Pastoureau.

21. Ce qui n'a pas été toujours le cas, l'eau ayant été très longtemps codifiée par la couleur verte.

colorantes ou des œuvres artistiques, ou encore dénominations désignant un sentiment ou une idée abstraite : *bleu poème*, *bleu rêve* ou *vacances...*)[22].

Ces dénominations de couleur expriment nuances et idées associées au bleu : du bleu doux, calme, apaisant, couleur de la paix, du bleu liberté et évasion, bonheur idéal, douceur de vivre, joie, sérénité, optimisme, au bleu du rêve, du romantisme, de la sentimentalité, de l'idéal ou de l'illusion : de la *(petite) fleur bleue*, qui désigne la poésie, l'idéal, le romantisme, et la sentimentalité naïve[23] ; à l'*oiseau bleu*, chose ou personne aux qualités exceptionnelles, idéales ; idéal inaccessible[24].

Loin du rouge de l'amour-passion, le bleu est le domaine de la tendresse des sentiments doux, de l'amour fidèle et du souvenir[25]. Il est encore la couleur du vague à l'âme, de la mélancolie, du spleen, du blues exprimé notamment dans une musique particulière, celle de la couleur profonde de la *musique bleue,* cette forme musicale, d'origine populaire noire-américaine, directement à l'origine de la musique de jazz, traduisant un état d'âme mélancolique, couleur de douleur et de révolte des esclaves noirs enchaînés dans les plantations de coton, tout comme l'étaient les esclaves noirs dans les indigoteries des Antilles... Ce *blues* qui, dans le contexte musical, a donné naissance aux dérivés *bluesman / blues-man, blueswoman, bluesy*... et qui a aussi donné son nom, vers 1970, au cafard, à la mélancolie et à un dérivé : *blueser,* synonyme de l'ancien *avoir les bleus...*

Peut-être par référence aux *bleus,* aux marques de coups sur la peau, le bleu peut être le bleu des ennuis, des difficultés, des aventures désagréables. *En voir de(s) bleues* signifie « vivre des choses très surprenantes et désagréables ; passer par de rudes épreuves. » (*Lar. 20e*) ; « subir des mésaventures » (*Rob.1985, 1990*)[26]. Le bleu est aussi la couleur de la mort : la *mère au bleu* désigne la guillotine et le *paradis bleu*, l'au-delà et la mort.

Le bleu est la couleur de l'imprécision, des moments indécis (*crépuscule, soir...*), d'un état psychologique trouble, de l'évasion de l'esprit, du sommeil et du rêve, des paradis artificiels et de

---

22. V. article *Bleu*, pp. 95-96, et nuances du bleu.

23. « (...) comment ne parvenait-elle pas à sympathiser avec cette nouvelle génération de sportifs qui ne s'occupent pas des femmes, n'a que mépris pour la fleur bleue, et brocarde même la volupté. » (H. de Montherlant, *Le Songe*, 1922, p. 20). « Ainsi, ni le temps qui passe, ni les épreuves ne vous transforment, ne détruisent la petite fleur bleue qui reste dans les cœurs. » (R. Sabatier, *David et Olivier*, 1985, p. 168).

24. « Les Strozzi ont toujours été protégés par un ange gardien, un oiseau bleu : c'est une fillette, la petite Rosa, qui se trouve sur le passage du jeune Sténio à tous les événements de sa vie. » (L. Schneider, *Les Maîtres de l'opérette française : Hervé, Charles Lecoq*, 1924, p. 223).

25. Dans le langage des fleurs, le bleu signifie la tendresse, l'estime, la confiance, le souvenir fidèle : « Le bleu est la couleur du tendre, celle des âmes délicates qui planent dans les régions élevées et gardent les souvenirs impérissables. » (*Lar. Univ. 1922*, s.v. *fleur)*. V. aussi → *bleuet, héliotrope, myosotis, pensée, pervenche, véronique*, etc. « Cette journée avait été si bleue, si tendre que je me sentais à bout de douceur. Notre passé n'avait pas trente-six heures, notre horizon se réduisait à un visage, et notre avenir, c'était notre lit (...). » (S. de Beauvoir, *Les Mandarins,* 1954, p. 320).

26. Synonyme → de *en voir de(s) grises, de(s) vertes et des pas mûres, de toutes les couleurs.* À rapprocher des locutions vieillies signifiant « être triste, mélancolique » : *souffrir les diables bleus* et *voir des papillons noirs.*

27. « Le sommeil et le rêve, obscurs paradis bleus, / Où sourit on ne sait quel azur nébuleux ! » (A. Béguin, *Le Rêve et la poésie,* in *L'Âme romantique et le rêve,* 1939, p. 374).

l'illusion[27], de la fumée des cigarettes et de l'ivresse (*peste bleue*: le tabagisme, *Croix(-)bleue,* association contre l'alcoolisme).

Au fil des pages et des mots de couleur défilent encore bien d'autres bleus: le bleu de la guerre, celui des uniformes de l'armée jusqu'à la première guerre mondiale[28], le bleu aristocratique et royal[29] mais aussi populaire (bleu des *bleus de travail* et des travalleurs manuels (*col(-)bleu*) ; bleu de la Vierge, représentée dans l'iconographie chrétienne vêtue d'un manteau *d'azur* ; bleu aristocratique des *sangs bleus*[30] ; bleu des *blue-jeans*, d'une couleur qui ne se fait pas remarquer, d'un bleu universel, d'un bleu délavé, usé par la pierre, vêtements qui expriment un désir de se fondre dans l'anonymat égalitaire, et paradoxalement de faire preuve d'individualisme, d'adhérer à des valeurs de décontraction ; bleu des uniformes de la marine de guerre ou marine marchande (*col bleu)* et de la gendarmerie *(habit bleu)*, bleu des grandes institutions nationales ou internationales (bleu du drapeau du Conseil de l'Europe, de l'ONU ; *casques bleus*) ; bleu de la layette des nouveaux-nés de sexe masculin et, par extension de cette coutume à divers autres objets, notamment aux dragées, aux berceaux, etc.[31] ; bleu idéologique, exprimant le patriotisme (*chambre bleu-horizon, ligne bleue des Vosges*[32]) et associé de nos jours à la droite et au centre droit (*Maison bleue*) ; bleu couleur de prédilection de nombreux peintres, notamment du XXe siècle, dont le nom a donné une nuance de bleu : *bleu Chagall, Chardin, Klein, Matisse, Nattier*… sans oublier Picasso, la *période bleue, Le Cavalier bleu (Der blaue Reiter)*[33], ainsi que Miro qui a donné comme titre à une de ses œuvre bleue: «Ceci est la couleur de mes rêves» ; bleu encore de la solidarité

---

28. «Des morts, il y en avait partout: accrochés dans les ronces de fer, abattus dans l'herbe, entassés dans les trous d'obus. Ici des capotes bleues, là des dos gris. On en voyait d'horribles dont le visage gonflé était comme recouvert d'un masque épais de feutre gris.» (R. Dorgelès, *Les Croix de bois*, 1919, p. 205). «(...) le troupeau bleu des soldats français glisse à la crête des herbes, vers les collines et la fumée. - À l'abattoir !» (J. Giono, *Le Grand troupeau*, 1931, p. 257). V. aussi *bleu()horizon, hussard; capote bleue.*

29. On peut constater que l'association, depuis le XIIIe siècle, du *bleu* à la fonction royale, a persisté de nos jours dans la dénomination *bleu(-)de(-)roi, bleu(-)roi.*

30. Calque de l'espagnol *Sangre azul* locution qualifiant le sang des grandes familles castillanes, qui proclamaient que leur sang était dépourvu de sang maure ou juif. Peut-être aussi parce que les peaux fines et claires, translucides, laissent transparaître le bleu des veines. Le *Dict. des Symb. 1982* ouvre une autre piste. *Sang bleu* serait la déformation des jurons vieillis qui avaient remplacé le terme *Dieu* par *bleu : « « Par dieu » devint « parbleu ». « Par le sang de Dieu » devint « palsambleu », etc... La domesticité, qui entendait fréquemment ce dernier juron n'en retenait que « sang bleu ». Comme l'emploi de ces jurons était un privilège de la noblesse, les valets disaient, pour distinguer un noble d'un roturier : « C'est un sang bleu ! » »* (P. G. Villeneuve Saint-Georges).

31. «(...) les dragées accompagnent toujours la cérémonie du baptême, (...) elles sont en principe offertes par le parrain du nouveau-né, (...) le choix de leur couleur obéit à un code largement observé, à savoir que les dragées roses sont réservées aux bébés de sexe féminin, les bleues aux bébés de sexe masculin, les blanches convenant aussi bien aux filles qu'aux garçons.» (R. Galisson, *Accéder à la culture partagée par l'entremise des mots à CCP,* 1987, p. 131).

32. Expression de Jules Ferry, originaire des Vosges, dans son testament (1893) : « Je désire reposer (...) en face de cette ligne bleue des Vosges d'où monte jusqu'à mon cœur fidèle la plainte touchante des vaincus. »

33. *Der Blaue Reiter*, mouvement artistique, actif à Munich de 1911 à 1914, animé par Wassily Kandinsky, pour lesquels la devise de l'art devait être «ni peuple, ni frontière mais la seule humanité» et qui voyait dans le bleu un symbole d'évasion et d'aspiration vers le spirituel,

(*association bleue, fil bleu*), en particulier envers les personnes âgées *(Semaine bleue)*[34] ; bleu encore de la communication et de l'image : celui des écrans de visualisation sur lesquels sont retransmises les images enregistrées par les appareils vidéo, notamment les écrans de la télévision ou des ordinateurs *(bleu vidéo, bleu IBM),* bleu aussi de l'écran « vide » de nos téléviseurs ou de nos écrans vidéo, espace « intermédiaire » en attente d'être rempli ; et, plus inquiétant encore, bleu de l'écran d'ordinateur, sous Windows-Microsoft, lorsqu'un problème de « bogue » survient, le *Blue Screen Of Death : l'écran bleu de la mort…* Image surprenante du bleu qui fait « tâche » dans l'univers idéal du bleu contemporain.

> « On voudrait dire simplement le monde plus bleu. Croire encore à des petits coins chauds au creux de décembre. Espérer en ce peu de sucre qui reste toujours au fond de la tasse, quand le café est bu ! »
> (P. Autin-Grenier, *Les Radis bleus,* 1990, p. 29).

34. « TROISIÈME ÂGE. "SEMAINE BLEUE" DANS LA VIENNE. Alain Rabot(...) a rappelé les principes d'une manifestation qui, au départ, était une simple quête publique pour améliorer les conditions de vie des personnes âgées. Cette journée s'est transformée au fil des années en semaine, avec une série d'animations, le bleu étant symbole de sérénité et d'espérance. » (*La Nouvelle République du Centre-Ouest,* 12. 10. 1996, p. 7).

PRÉSENTATION[1]

Ce premier volume est un extrait du *Dictionnaire des mots et expressions de couleur. XXe-XXIe siècle* et fait partie d'un ensemble à venir. Il est conçu de manière à présenter des données significatives, organisées autour d'un champ de couleur particulier : le *bleu* – article *bleu* et ses dérivés, nuances du *bleu* ou nuances marginales du *bleu* –[2] le tout formant un ensemble ayant une certaine autonomie et unité.

I. LA NOMENCLATURE

I.1. CRITÈRES DE RETENUE DES TERMES CHROMATIQUES

Fait partie de la nomenclature tout terme ayant rapport à la chromaticité – adjectif, substantif, locution, etc. –, vivant aux XXe et XXIe siècle, présent dans le corpus des XXe et XXIe siècle (corpus de dictionnaires ou corpus textuel)[3] (voir Bibliographie, en fin de volume).

Toutefois, il convient de préciser certains critères de choix :

– Les termes désignant des mélanges de couleurs : *bigarré, chamarré*, etc. ne sont pas retenus à la nomenclature. Par contre, sont retenus les termes désignant un ensemble de plusieurs couleurs juxtaposées : → **bleu(-)blanc(-)rouge, tricolore, pie**, etc.

---

1. Voir aussi Abréviations et signes conventionnels.

2. Un certain arbitraire dans le choix des termes illustrés ne peut toutefois être évité, certaines nuances pouvant être rattachées à plusieurs champs de couleur. Ainsi **hyacinthe[1], lavande,** etc., nuances de *bleu* ou *mauve/violet*, auraient pu être regroupées dans le champ du *violet ;* de même **acier** dans le champ du *gris* et **eau (de mer)** dans le champ du *vert*.

3. Parfois, mais de manière tout à fait exceptionnelle, la simple conscience linguistique sera un critère de maintien. Le corpus ne répondant pas toujours à nos attentes, un terme, une locution, lexicalisée et connue de la majorité des locuteurs, peut, en effet, être absente du corpus textuel (parfois aussi du corpus de dictionnaires). Ainsi, seules des lectures personnelles ont permis de trouver des attestations pour *hommes bleus,* appellation pourtant courante des Touaregs.

– Parmi les termes techniques, sont seulement retenus :

* Les désignations des matières colorantes fonctionnant aussi comme termes de couleur : → **indigo, outremer, pastel,** etc.

* Les termes techniques indispensables à la compréhension et à la définition d'un autre terme faisant partie d'une entrée du dictionnaire. Ainsi, **Nevers** (*bleu de Nevers*)**, Rouen** (*bleu de Rouen*), donnent lieu à un article car ils sont utiles à la définition de **Delft** (*bleu (de) Delft*).

– Parmi les termes cantonnés à des vocabulaires très particuliers et éphémères (cosmétiques, mode), seuls sont retenus ceux qui sont tout à fait lexicalisés dans ce domaine ou qui présentent un intérêt particulier par rapport au terme de base, à ses sens propres ou figurés : **Touareg** → *hommes bleus ;* **poème** (*bleu poème*), **rêve** (*bleu rêve*), **vacances** (*bleu vacances*) : associations figurées ou symboliques du *bleu.*

I.2. LES TERMES CHROMATIQUES EN VEDETTE OU EN DÉRIVÉ

I.2.1. Localisation des termes chromatiques autonomes ou en apposition

Les termes de couleur, de plusieurs types, directs ou référentiels, peuvent fonctionner de plusieurs manières :

– De manière autonome → **bleu, jaune, rose, vert**, etc. ; **beige**, etc. (complété parfois par un modificateur de couleur : terme direct ou référentiel).

– De manière autonome ou en apposition à un terme de couleur de base, comme terme modificateur de cette couleur → **azur, kaki, saphir, turquoise,** etc.

– Seulement en apposition à un terme de couleur de base : → **Chardin** (*bleu Chardin*), **charrette/charron** (*bleu charrette/charron*), **drapeau** (*bleu drapeau*), **fjord** (*bleu fjord*), **France** (*bleu(-)de(-) France*), **gendarme** (*bleu gendarme*), **roi** *(bleu(-)de(-)roi / bleu(-)roi),* etc.

Ces deux derniers cas sont les plus fréquents parmi les termes chromatiques référentiels. La lexicalisation conduisant généralement à leur emploi autonome, par ellipse du terme de couleur dont ils sont le prototype : *bleu/gris acier* ou par ellipse *acier, bleu de cobalt* ou *cobalt, bleu horizon* ou *horizon, bleu Nattier* ou *Nattier, bleu pétrole* ou *pétrole,* etc.

Ces termes chromatiques référentiels, en apposition, sont traités, dans le dictionnaire, sous le deuxième terme, modificateur de couleur et expression de la nuance précise : → **acier, Chardin, cobalt, drapeau, fjord, horizon, Nattier, pétrole, roi,** etc.

I.2.2. L'entrée d'un terme composé

Les termes composés font l'objet d'une entrée dans le dictionnaire. Dans les cas de graphies multiples, la graphie retenue en première position est la plus fréquente.

Tout terme composé de deux parties ou plus [terme de couleur + X], est, d'après une norme purement formelle, nommé locution, à l'exception des très rares cas où celui-ci peut ne former qu'une unité (mot composé), constituée des différents éléments accolés :

Subst. masc. :
Bleu-bite/bleubite, bluesman/bluesman et aussi → **blue(-)jean(s)** (en raison des variantes francisées **bloudgine(s), bloudjinnzes**), etc.

loc. adj. ou *loc. nom. inv. :*
Bleu(-)blanc(-)rouge, etc.

loc. verb. intrans. :
Blue jeaner, etc.

loc. nom. fém. :
Blue(-)note, etc.

I.2.3. Les termes de couleur à entrées multiples

Certains termes, dont la polysémie chromatique est due à des référents multiples, figurent sous des entrées dégroupées :

Hyacinthe¹ [P. réf. à la couleur bleu mauve des fleurs de la plante de ce nom] Bleu mauve ou violet. ((*bleu*) *d'hyacinthe, p. ell. hyacinthe*).

Hyacinthe² [P. réf. à la couleur brun orangé ou rougeâtre de la pierre précieuse de ce nom] Jaune ou brun rougeâtre. ((*d'*) *hyacinthe*).

Lin¹ [P. réf. à la couleur bleue des fleurs de la plante de ce nom] Bleu clair. (*bleu de lin, bleu(–)lin*).

Lin² [P. réf. à la couleur jaune, plus ou moins claire, ou grise, brillante, des fibres de la plante de ce nom ; peut-être aussi p. réf. à la toile de lin écrue] 1. gris. (*gris*) *de lin ;* 2. jaune.

Ces différentes entrées sont traitées, à la suite, dans le même volume. Pour les termes cités : **hyacinthe¹** et ², **lin¹** et ², dans le 1er volume consacré, en théorie, au champ du bleu, bien que la deuxième entrée n'appartienne pas à ce champ. Ce choix, arbitraire, m'a semblé plus logique : ces diverses entrées étant rédigées conjointement.

I.2.4. Les dérivés

Outre les adjectifs, substantifs ou locutions traduisant la chromaticité, les entrées peuvent être des dérivés de ces termes de couleur : adjectifs, substantifs, verbes, etc. : → **azurer, bleuter, blueser, bluesy, blue jeaner**, **blue-noter**, etc. Elles peuvent aussi désigner, par métonymie, une chose, une personne ou un procès qui a rapport à cette couleur, au propre ou au figuré : → **bleuissoir**, **bleusaille, blue(–)jean(s), blue Tonic, bluesman,** etc.

Dans de très rares cas, par souci de clarté, certaines variantes orthographiques peuvent donner lieu à un traitement lexical en dérivé : → **bleuse**, en dérivé, au cœur de l'article **bleu**.

◊ Ce signe introduit les termes traités en dérivés, à la suite de l'article avec lequel ils ont un lien étroit.

Toutes ces entrées du dictionnaire (vedette, dérivé ou variante orthographique) sont signalées en caractère gras.

I.3. LES TERMES CHROMATIQUES EN REMARQUE

Il faut ajouter à cette nomenclature de base, issue du corpus de dictionnaires de référence et du corpus d'auteurs XXe siècle, certains termes chromatiques, extraits du corpus particulier des catalogues de vente par correspondance (VPC) et du corpus de comparaison constitué de la nomenclature du *Pantone Book® of Color.* Ces termes ne sont mentionnés que sous la forme de remarques encyclopédiques, signalées par le signe *, à l'intérieur ou à la fin d'un article de couleur.

→ Bleu

* *Bleu du Danube* est attesté dans *The Pantone Book® of Color* pour désigner un bleu moyen.

→ Eau (de mer)

* Les catalogues-VPC 1985-2003 ont souvent recours au thème de l'eau pour désigner des nuances variant entre le bleu, le vert, parfois le gris. Pour le bleu vert clair à vert clair bleuté : *(bleu) aqua, atoll, cascade ;* ainsi que *vert (d')eau* (vert clair) et *torrent* (bleu clair à bleu gris clair). V. aussi les diverses nuances mentionnées en * sous → **glacier, lagon, mer, océan ;** v. aussi → **marin, marine.**

** De même, *The Pantone Book® of Color* atteste une multitude de termes ayant pour réf. le thème de l'eau pour désigner le bleu, le vert ou les nuances marginales entre ces deux champs de couleur. Pour le bleu clair : *aqua, bleu canal, bleu fluvial, bleu lac argenté, Niagara, Riviera.* Pour le bleu moyen : *Bleu du Danube.* Pour le bleu foncé : *fond de l'eau.* Pour le bleu vert clair ou foncé : *bleu du lac, Golfe de Gascogne, hydro, ruisseau des prés.* Pour le vert clair à vert clair bleuté : *marécage bleu.*

Pour le vert foncé : *lac sombre.* V. aussi les diverses nuances mentionnées en ** sous → **glacier, lagon, mer, océan ;** v. aussi → **marin, marine.**

→ Faïence

*** Dans le champ référentiel de la faïence, de ses caractéristiques, de ses modes ou lieux de fabrication, les catalogues de mode-VPC 1985-2003 attestent *bleu de Saxe* pour désigner un bleu plus ou moins foncé. *The Pantone Book® of Color*, toujours pour le champ du bleu, atteste plusieurs termes de couleur, dont la majeure partie ne sont pas lexicalisés en français. Outre *faïence* et *bleu de Saxe,* on peut noter, pour désigner un bleu moyen, foncé ou très foncé : *bleu Hollandais, bleu Lyon, bleu majolique, bleu mosaïque, cloisonné, Limoges ;* pour désigner un bleu vert : *céramique.*

→ Vierge

* *Bleu madone* est attesté dans les catalogues de VPC 1985-2003.

→ Un index final, en fin de volume, établit la liste des termes de couleur traités en vedette, en dérivé ou en remarque (signalés alors en italiques) et en précise la localisation par le signe : →

II. LES SOUS-ENTRÉES : LES LOCUTIONS

Est qualifié de locution tout groupe d'éléments fonctionnant comme un ensemble :

Loc. adj. ou *loc. nom. :*
Bleu(-)barbeau, bleu gauloise, bleu Chardin, bleu layette, bleu de Vermeer, etc.

Loc. nom. :
• *Bas(-)bleu* • *Casque bleu* • *Ceinture bleue* • *Oiseau bleu* • *Planète bleue* • *Gros bleu (qui tache)* • *Mère au bleu* • *Dos d'azur* • *Numéro azur* • *Eau céleste,* etc.

Loc. verb. :
• *Avoir le bleu* • *Bailler bleu* • *Cracher bleu* • *Faire la bleue* • *Voir bleu,* etc.

Ces locutions, disséminées à l'intérieur des articles de couleur, sont facilement repérables car elles sont mises en relief par un caractère gras et précédées du signe : • (Seules les *loc. adj.* ou *nom.* qui sont seulement l'expression d'une couleur (*bleu(-)barbeau, bleu gauloise,* etc.) ne sont pas signalées par ce dernier signe).

Lorsque la locution est formée de plusieurs termes de couleur : un terme générique de base et un terme référentiel, la locution est toujours traitée sous le terme de couleur référentiel et particulier[4].

---

4. V. *supra* I.2. Les termes chromatiques en vedette ou en dérivé.

Pour une même acception, lorsqu'elles sont multiples, les locutions sont classées par domaine et, à l'intérieur d'un domaine, par ordre alphabétique : → **bleu** [*AMÉNAGEMENT DU TERRITOIRE*] • *Pavillon bleu* • *Plan bleu* • *Route bleue,* [*ÉCONOMIE*] • *Houille bleue* • *Or bleu,* etc.

L'accent à été mis sur les différentes constructions utilisées pour traduire la chromaticité :

Terme de couleur (de) X,	(terme de couleur) X :
bleu de ciel,	*bleu(-)ciel, loc. adj.* ou *loc. nom. inv.*
	bleu(-)glacier, loc. adj. ou *loc. nom. inv.*
bleu de pervenche,	*bleu pervenche, loc. adj.* ou *loc. nom. inv.*

- *P. ell.*
[Par ellipse du nom de couleur dont le référent (relié par la préposition « de » ou accolé) précise la nuance]

a) (couleur) de X :
(couleur) de ciel, (couleur) de pervenche, loc. adj. inv.

b) (couleur) X :
ciel, adj. inv.

(couleur)	*pervenche, loc. adj.* ou *adj. inv.*
	pervenche, subst. masc.

Pour les *loc. nom.* ou les *subst.* désignant une teinte, la mention, évidente, de valeur de neutre et d'invariabilité n'a pas été précisée à chaque fois. De même, pour la formule *loc. adj.* ou *loc. nom. inv., inv.* s'applique aussi à la *loc. adj.*

III. LES RENVOIS

A été utilisé, signalé par divers signes, un système de renvois (au fascicule 1 ou à un fascicule à venir) :

→ à un article
à une partie d'article, à une locution.

V. → à un exemple particulier.

Ce système de renvois analogique et synonymique a pour but de mettre en évidence le réseau de relations qui lient entre eux les termes de couleur, de souligner les liens existant entre les diverses nuances appartenant, d'une part à un même « champ » de couleur, d'autre part à un même champ notionnel.

→ **Bleu**
– [En parlant du ciel diurne, de la lumière solaire (→ **azur, azuré, azuréen, azurin, céleste, cérulé, céruléen, ciel, horizon, infini**)]
– [En parlant d'une fleur (→ **barbeau, bleuet/bluet, bourrache, centaurée, héliotrope, hyacinthe**[1]**, jacinthe, lavande, lin**[1]**, myosotis, pensée, pervenche, véronique, volubilis**)]

IV. LES EXEMPLES

Les listes de syntagmes fréquents, non référencés, sont très rares. Un espace généreux est, au contraire, accordé aux exemples référencés, extraits de notre corpus.

Ces exemples référencés sont classés par ordre chronologique. Ils sont délimités par « ... ». Ils sont soit enchaînés à la suite de la définition et/ou des conditions d'emploi, soit détachés et numérotés, pour faciliter leur localisation ultérieure. Un grand nombre d'exemples détachés serviront en effet d'illustration à de nombreux termes de couleur du dictionnaire, sous forme de renvois à ces exemples. C'est pourquoi les termes de couleur, illustrés dans les exemples détachés, sont mis en relief par des caractères gras.

→ **Bleu**

1. « La proportion d'oxygène dans l'atmosphère (...) est aujourd'hui de 21 % (...) Le propre d'une atmosphère oxygénée est (...) sa couleur **bleue**, en raison d'une diffusion du rayonnement solaire par les molécules d'oxygène. D'où la teinte caractéristique du ciel que l'on contemple depuis la surface de la Terre, cette teinte étant en réalité celle de l'atmosphère, car le ciel lui-même est **noir**, comme ont pu le constater les astronautes (...). Et la Terre elle-même, regardée depuis une grande distance, est **bleue.** Plusieurs couleurs peuvent être discernées – notre planète se traduit par une richesse de teintes sans égale – mais le **bleu** domine : il enveloppe notre globe qui est réellement la **planète bleue** du système solaire comme Mars est la **planète rouge** et Vénus la **planète blanche.** Ou plutôt, il faut dire : la Terre est la **planète** devenue **bleue** avec l'oxygénation de son atmosphère. »
(A. Ducroq, *La Chaîne bleue*, 1979, p. 121).

Dans les exemples, certaines coupures ont dû être effectuées : elles sont signalées par : (...). Le texte noté entre parenthèses retranscrit la version originale et est reproduit tel quel. Par contre, le texte noté entre crochets est une glose ajoutée au texte originel pour en faciliter la compréhension.

Les dates des attestations correspondent à la 1re édition. Voir la bibliographie pour les références complètes des ouvrages cités.

V. LA RUBRIQUE HISTORIQUE OU RÉFÉRENTIELLE

V.1. LE RÉFÉRENT, L'ÉTYMOLOGIE DU TERME

Des précisions sur le référent ou sur l'étymologie du terme sont données, entre [...], en petits caractères, avant la définition, en tête d'article ou à l'intérieur d'un article particulier, pour une locution.

V.1.1. Terme direct

Une courte rubrique étymologique explicite l'origine du terme de couleur et, éventuellement, retrace son évolution.

→ **Cérulé, ée**
[Du lat. *caerulus, a, um :* « bleu (comme le ciel) ». Prob. dér. en *ulus* (*caerulus*) + *eus* de *caelus :* « ciel »]

V.1.2. Terme indirect, référentiel

Des précisions sont données sur le référent ayant donné naissance au terme de couleur.

→ **Chartres**
[P. réf. à la couleur bleue des vitraux (XIIe et XIIIe s.) de la cathédrale de Chartres (Ville de France, département de l'Eure-et-Loir)]

→ **Héliotrope**
[P. réf. à la couleur bleu violet des fleurs de l'espèce la plus commune d'héliotrope (l'*Héliotrope du Pérou*)]

V.1.3. Les locutions (formées avec un terme de couleur direct ou référentiel)

→ **Azur**
• **Dos d'azur**, *loc. nom. masc.* [P. réf. aux couleurs bleuâtres et verdâtres notam. du barbeau et du maquereau, poissons désignant au *fig.*, en *arg.* un proxénète ou souteneur]

→ **Bleu**
• **La ligne bleue (des Vosges)**, *loc. nom. fém.* [*P. allus. hist.* Expression de Jules Ferry, originaire des Vosges, dans son testament (1893) : « Je désire reposer (...) en face de cette ligne bleue des Vosges d'où monte jusqu'à mon cœur fidèle, la plainte touchante des vaincus. »]

• **Train bleu,** *loc. nom. masc., mod.* (v. *infra* *). [P réf. au fait que ce train reliait le Nord de la France à la Méditerranée ; p. réf. aussi à la couleur bleue (rappelant les teintes de la Méditerranée et du ciel provençal) de l'extérieur et de l'intérieur des voitures]

V.2. LES DATATIONS

Le dictionnaire se voulant représentatif du XXe et du XXIe siècle, les datations des créations de cette période ont été précisées et notées entre parenthèses, précédées de la mention : *mod.* pour les créations postérieures à 1950.

Plusieurs cas peuvent se présenter :

– La datation est précise :

* Datation + référence :

→ **Cyan**
Subst. masc. TECHNOLOGIE [*CHIMIE / IMPRIMERIE / PHOTOGRAPHIE,* etc.] (1950, d'après J. Barda, O. Dusanter & J. Notaise, *Dict. du multimédia. Audiovisuel. Informatique. Télécommunications,* 1995).

* Datation + renvoi à un exemple de l'article : (datation X, *infra*) :

→ **Bleu**
→ **Nuit bleue,** *loc. nom. fém...*
P. ext., au fig., fam., mod. (1976, *infra*). [Certainement p. réf. à la clarté, la lumière produite par les explosions] Nuit pendant laquelle plusieurs attentats ont lieu. « Après la deuxième "nuit bleue" (série d'attentats à l'explosif à travers la Corse dans la nuit du 17 au 18 juillet) organisée par le mouvement, les pouvoirs publics sont inquiets. » (*Le Nouvel Observateur,* 26. 7. 1976, p. 33, c. 3).

→ **Bleu-bite / Bleubite**
Bleu-bite / Bleubite de (qqc.). *Fam., mod.* (1984, *infra*). Débutant, novice en quelque chose. « Casses, braquages... Boulot propre. Jamais de rif avec les condés. Pas une cervelle en peau d'fesse d'après c'qu'on dit... – Laisse mourir : on n'en est plus à frayer avec les bleu-bites de la chourave ! à moins que ce soit pour la Banque de France ou chez Van Cleef... Prenant la phrase pour épitaphe de l'incident, Malone remit la tête dans la partie. En deux coups renversés par les bandes, rétablit sa position de force et fonça vers les cent points. » (M. Embareck, *Sur la ligne blanche,* 1984, p. 79).

→ **Blue jeaner**
Loc. verb. intrans., rare, mod. (1987, *infra*) [Le sujet désigne une pers.] Porter des blue(-)jeans ; avoir un mode de vie jeune, décontracté, attribué aux pers. qui portent des blue(-)jeans. « Bref, tout ce qu'il faut savoir pour ne plus blue jeaner bêtement. » (*Télérama,* 21. 1. 1987, p. 37, c. 4 - (O. Cence & C. Sory) in *MNC 1*).

→ **Blue-jeanien, ienne**

Loc. adj., rare, mod. (1970, *infra*). Qui a rapport aux blue(-)jeans. « Dans un bouquin, je lis d'abord l'arrivée, puis le départ. L'arrivée m'avait plu avec cet hommage à Léon Zwingelstein, alpiniste inconnu des grimpeurs de l'ère blue-jeanienne. » (*La Montagne et Alpinisme,* n° 80, déc. 1970, p. 325, in *MNC 1*).

– La datation est imprécise :

* (Vers...) / (Début, Milieu, Fin du XXᵉ siècle). Le corpus de dictionnaires ou le corpus textuel semblent ne fournir que des attestations parfois fort postérieures à la date que la connaissance de la langue ou du phénomène nous fait pressentir comme la plus ancienne.

→ **Bleu**
→ **la bleue**, *subst. fém.*

SPORTS (SKI). Fam. Piste classée dans la catégorie des pistes relativement faciles, matérialisée par la couleur *bleue.* (Vers 1935). *Descendre, faire la bleue.* « Au total, la station [La Plagne] offre 86 remontées mécaniques (...), 185 kilomètres de pistes balisées (7 **noires,** 30 **rouges**, 48 **bleues** et 15 **vertes**) et 35 kilomètres de piste pour le ski de fond. » (*Le Monde Loisirs,* 5. 1. 1985, p. XII, c. 3).

→ **Blue(-)note**, *Loc. nom. fém.*, *MUSIQUE* (Milieu XXᵉ s. 1952, L. Malson, *Les Maîtres du jazz,* p. 10, in *Rob. 1990*).

* Renvoi à un complément encyclopédique, à une explication :

→ **Bleu**
→ **Train bleu**, *loc. nom. masc. mod.* (v. *infra* *).

* Appelé au départ *Calais-Méditerranée-Express*, il ne reçut (officiellement !) son nom coloré qu'en 1949 : « Curieusement, alors que, immédiatement, les responsables, le personnel, les journaux et les voyageurs adoptent la nouvelle expression de *Train bleu*, l'appellation officielle de *Calais-Méditerranée-Express* figurera sur tous les horaires, journaux, indicateurs et plaques de parcours jusqu'en... 1949 ! L'administration, celle du rail comme les autres, n'a pas rapidement l'âme poétique. Pourtant, dès la fin de 1922, la seule couleur du nouveau rapide suffit à l'identifier. Inutile de dire où il va, ni d'où il vient : c'est le train du paradis. » (J. Caracalla et J. des Cars, *Le Train bleu,* 1988, p. 64).

VI. L'USAGE, LES NIVEAUX DE LANGUE

Les divers niveaux de langue, les marques d'usages sont celles du TLF : *vx, vieilli* ou *mod.* [Après 1950] ; *littér., arg., pop.* ou *spéc.* [qui introduit différents domaines scientifiques, techniques : *TECHNOLOGIE* (avec précision du domaine)].

L'appartenance des termes et locutions chromatiques à un domaine scientifique, technique n'est pas toujours évidente. En effet, le terme, la locution de couleur, peut parfois être considéré comme un terme courant, voire familier, employé dans des domaines scientifiques et techniques. Certains syntagmes « colorés » qui ont un synonyme technique semblent l'attester : *maladie bleue.* Synonyme scientifique : *tétralogie de Fallot...* Mais de nombreux termes ou locutions chromatiques employés dans des domaines spécialisés n'ont pas d'équivalent technique. Pour les termes qui ne semblent pas appartenir véritablement au vocabulaire technique, l'intitulé du domaine a été noté entre crochets.

VII. LES CONTEXTES D'EMPLOI

De nombreuses subdivisions sont introduites pour dégager les contextes d'emplois, les liens contextuels et les systèmes de connotations.

– [En parlant d'un aspect d'une pers.]
– [En parlant des yeux, du regard]
– [En parlant du visage, du teint] Signe d'un état phys., d'un état émotionnel.
– [En parlant d'un vêtement, d'un tissu]
– [En parlant du vin]
– [En parlant du syst. pileux, des cheveux, de la barbe]
– [En parlant du poil d'un animal]
etc.

Ces précisions d'emploi mettent en évidence le rendement syntagmatique élevé de certains termes chromatiques[5] et le peu de productivité de certains autres termes, voire leur lien étroit avec un contexte particulier[6]. Elles soulignent aussi la multiplication des contextes d'emploi de certains termes chromatiques et le glissement éventuel d'un contexte à un autre.

VIII. LES SUPPLÉMENTS ENCYCLOPÉDIQUES, LES COMPLÉMENTS D'INFORMATION

De nombreux suppléments encyclopédiques ou compléments d'information, mentionnés par des *, **, etc., sont ajoutés aux articles de base. Leur contenu est très varié et peut porter sur :

5. En particulier les termes de base : **blanc, bleu, rouge,** etc.

6. Notamment **faïence**, limité à la description des yeux, excepté dans le cadre du vocabulaire de la mode, dans les catalogues de vente par correspondance.

– Le lexique chromatique du corpus de comparaison : catalogues-VPC et *The Pantone® Book of Color*[7],

– Les datations[8],

– Les contextes d'emploi, leur évolution.

* *Faïence* comme terme de couleur, limité à la description des yeux, s'étend de nos jours au domaine de la mode pour qualifier les tissus et les vêtements : *bleu faïence* fait partie du lexique des couleurs des catalogues-VPC 1985-2003.

– Une précision sur le référent de couleur.

* « (...) l'eau (et surtout les comparaisons avec l'eau de mer) est une des métaphores principalement chargées d'exprimer les nuances de la zone située entre le bleu et le vert. » (*Kristol-Color 1978*, p. 287).

– Un sens particulier, rare.

** La faïence, comme la porcelaine (→ **porcelaine**) peut aussi, mais exceptionnellement, traduire le blanc éclatant : « – Macache ! répond le noir, et son rire exhibe ses longues dents de faïence dans la maroquinerie havane de sa bouche. » (H. Barbusse, *Le Feu,* 1916, p. 220).

– Une information historique.

→ Horizon
→ Bleu(-)horizon
* La couleur bleu(-)horizon des uniformes militaires fr. fut remplacée par la couleur kaki. Pour l'évolution de la couleur des uniformes militaires fr. v. notam. → **écarlate, garance, hussard, kaki, vert-de-gris ;** v. aussi *infra* ex. 5 et ex. 6.

→ Gitane
** La célèbre silhouette de la gitane fut dessinée par le publicitaire Max Ponty en 1947.

– Le langage des fleurs, les utilisations symboliques des pierres de couleur.

→ Héliotrope
* L'héliotrope et son bleu violet a pour signification emblématique : « Attachement » et pour lang. symb. : « Je demeure confiant. » (*Lar. Univ. 1922,* s. v. *fleur*).

7. V. *supra* I.3. Les termes chromatiques en remarque.
8. V. *supra* V. La rubrique historique ou référentielle. Les datations.

→ Saphir

*** « Pierre céleste par excellence, le saphir reconduit toute la symbolique de l'Azur. Selon le Lapidaire de Louis IX la méditation sur cette pierre amène l'âme à la contemplation des cieux (...). La justice divine étant en lui, on lui attribuera des pouvoirs aussi variés que de prévenir la pauvreté, de protéger de la colère des Grands, de la trahison et des mauvais jugements, (...). » (*Dict. des Symb. 1982)*, etc.

DICTIONNAIRE

LE BLEU

BLEU

BLEU, BLEUE

[De l'ancien bas francique *blao*. Du bas. lat. *blavus*. De signification imprécise à l'origine, le sens le plus ancien semblant être « pâle, blanchâtre » et « livide, bleuâtre » en parlant, en particulier, du teint d'une personne ou de la peau contusionnée]

Adj., adv. et subst.

1re SECTION. *ADJECTIF*

* *Bleu, adj.*, qualifié par un autre terme, *adj.* ou *subst.* qui en précise la nuance, est considéré comme *subst.*, mais l'ensemble de la *loc.* fonctionne souvent comme *loc. adj.* (v. *infra* 3e SECTION. 1. *SUBST. MASC.* I.).

I. – [P. réf. au *bleu pur* qui, parmi les couleurs visibles du spectre solaire, se situe entre l'*indigo* et le *vert* et rappelle notamment la couleur diurne du ciel sans nuages. Le terme *bleu* englobe les nuances pouvant varier, sur l'axe de la clarté, du *bleu clair* au *bleu foncé* et, sur l'axe des tonalités, pouvant se prolonger aux nuances limitrophes. Dans certains contextes d'emplois, *bleu* étend sa signification vers diverses autres teintes sortant de son champ chromatique, en particulier le *noir*, le *rouge*, le *blanc* et le *violet* (*clair* ou *foncé*)]

A. – [Le terme *bleu* englobe les nuances pouvant varier, sur l'axe de la clarté, du *bleu clair* au *bleu foncé* et, sur l'axe des tonalités, pouvant se prolonger aux nuances limitrophes]

Couleur, teinte bleue. « De même taille et de même âge, ils étaient jolis, avec des yeux pareils, très clairs, d'une nuance grise chez le garçon, plus bleue chez la fille. » (P. Adam, *L'Enfant d'Austerlitz*, 1902, p. 155).

– [En parlant d'une couleur ; *postposé ; le plus souvent avec un trait d'union*] Qui tire sur le bleu (→ **blanc-bleu**). *Vert(-)bleu.* « (...) je pénétrai, battant des cils, dans le jour blanc-bleu de la classe. » (G. Duhamel, *Le Notaire du Havre*, in *Chronique des Pasquier*, t. 1, 1933, p. 74). « Il pleuvait un crachin gris-bleu couleur de lointain. » (H. Queffélec, *Un Recteur de l'île de Sein*, 1944, p. 50).

1. – [En parlant d'un élément concret naturel, appartenant généralement au domaine de la nature]

a) Qui produit une lumière bleue, qui est baigné d'une lumière bleue.

α) [En parlant des astres (→ **lune**)] *Lune bleue.* « Un signe de mon cœur s'étend jusqu'à la mer Personne d'assez grand pour arrêter la terre Et ce mouvement qui nous lasse Quand une étoile bleue là-haut tourne à l'envers. » (P. Reverdy, *La Plupart du temps, Poèmes* (1915-1922), 1945, p. 231).

• **La planète bleue**, *loc. nom. fém., mod.* (v.**) [Dans un système d'opposition. à → **planète blanche, rouge**] La terre. « Le bruit des vagues était le même depuis des millions d'années, j'ai trouvé ça reposant, je dirais encourageant, rassurant, étourdissant. Ma planète bleue, ô ma petite planète bleue, putain que Dieu te bénisse ! Je suis resté assis un moment, essayant de refaire connaissance avec la solitude et méditant sur la douleur. » (Ph. Djian, *37°2 le matin*, 1985, p. 352). « En se séparant, en migrant, en peuplant la Terre, les groupes humains ont peu à peu accumulé (...) des mutations différentes (...) petites coquetteries insignifiantes à côté des grands traits génétiques qui nous font tous membres d'une seule et même espèce *Sapiens sapiens* (...). Pour les généticiens des populations, cette variabilité génétique est pain bénit. À l'aide de simples prises de sang, ils peuvent (...) reconstituer l'histoire de la conquête par l'humain de son berceau, la planète bleue. » (*Le Point*, 10. 6. 1995, p. 52, c. 2-3, *Le passé recomposé* - H. Ponchelet).

1. « La proportion d'oxygène dans l'atmosphère (...) est aujourd'hui de 21 % (...). Le propre d'une atmo-

sphère oxygénée est (...) sa couleur **bleue**, en raison d'une diffusion du rayonnement solaire par les molécules d'oxygène. D'où la teinte caractéristique du ciel que l'on contemple depuis la surface de la Terre, cette teinte étant en réalité celle de l'atmosphère, car le ciel lui-même est **noir**, comme ont pu le constater les astronautes (...). Et la Terre elle-même, regardée depuis une grande distance, est **bleue.** Plusieurs couleurs peuvent être discernées – notre planète se traduit par une richesse de teintes sans égale – mais le **bleu** domine : il enveloppe notre globe qui est réellement la **planète bleue** du système solaire comme Mars est la **planète rouge** et Vénus la **planète blanche.** Ou plutôt, il faut dire : la Terre est la **planète** devenue **bleue** avec l'oxygénation de son atmosphère. »
(A. Ducroq, *La Chaîne bleue,* 1979, p. 121).

* Chez certains locuteurs *planète bleue* semble faire allusion aux étendues marines bleues, représentant les 3/4 du globe terrestre. V. *supra* ex. Djian.
** La *loc. planète bleue* pour désigner la Terre, est née à partir de la conquête spatiale et des divers témoignages des cosmonautes et astronautes qui expérimentèrent cette vision distanciée de la Terre, depuis l'espace. Le premier de ces témoignages fut celui du cosmonaute soviétique Youri Gagarine, premier homme, en 1961, à avoir voyagé dans l'espace. Les citations extraites des rapports, commentaires ou interviews des voyageurs de l'espace soulignent la forte émotion ressentie au spectacle de la *planète bleue* : « Je ne puis plus penser à rien d'autre qu'à ce que l'on ressent lorsque l'on voit notre planète depuis l'espace pour la première fois. » (Byron Lichtenberg, astronaute américain, mission Columbia, 6 nov. 1983, in *Clairs de Terre* de K. W. Kelley, 1988, p. 134). Ces témoignages confirmèrent ce que les habitants de la Terre concevaient avec une certaine poésie, sans toutefois avoir pu le vérifier par le sens visuel. Ainsi Paul Éluard, dès 1929, composait-il, dans *L'Amour la poésie*, *Premièrement,* un poème intitulé : *La Terre est bleue* « La terre est bleue comme une orange Jamais une erreur les mots ne mentent pas Ils ne vous donnent plus à chanter Au tour des baisers de s'entendre (...) ». (*Premièrement*, VII, in *Capitale de la douleur*, suivi de *Premièrement*, 1993, p. 153). De même, Yves Klein avait déclaré : « La Terre est bleue » et avait conçu, dès le début de son itinéraire artistique, en 1957, « Le globe terrestre bleu » (d'après H. Weitemeier, *Yves Klein. 1928-1962,* 1995, p. 82).
*** V. aussi *infra pays bleu* *
**** Les peintres, à la suite de Léonard de Vinci, ont associé le bleu à la représentation picturale de la terre, au lointain. En observant la coloration de l'horizon, rendant la perspective visuelle indépendante de la construction géométrique, Léonard de Vinci – qui avait exposé cette notion dans son *Traité de la Peinture* – élaborait un bleuissement terrestre, jusque-là réservé à la représentation de l'espace céleste. Le lointain, enveloppé dans un voile bleuté, aux tons plus rares et plus subtilement adoucis, produit une impression de mystère et permet d'accroître la valeur dramatique du thème en concentrant l'attention du spectateur sur les personnages autour desquels rayonne l'horizon infini. L'enseignement traditionnel de la peinture, s'appuyant sur le texte de Léonard de Vinci, a généré dans la culture chromatique des peintres un ensemble de connotations associant la bleuité à la perception terrestre distanciée. V. aussi *infra, horizon bleu.*

β) [En parlant de la ligne d'horizon séparant le ciel et la terre (→ **horizon**)] *Horizon bleu ; collines, montagnes bleues.*

• **Ligne bleue de** + *subst.* (*concret*), *loc. nom. fém.* « (...) une ligne bleue de collines flottant au fond de l'horizon. » (R. Rolland, *Antoinette,* in *Jean-Christophe,* 1908, p. 905).

2. « (...) c'était toujours le même immense horizon, doux à l'œil, flexible et bondissant, dont l'âme restait toute saisie, ce bel enchevêtrement de dunes, cet inextricable écheveau, ces passages infiniment subtils d'une couleur dans une autre, et sur la droite, interrompant la **ligne bleue de l'horizon,** le même petit escarpement rocheux, où les sables en volutes semblaient des pétales de roses. »
(J. et J. Tharaud, *La Fête arabe,* 1912, p. 118).

3. « (...) il avait traversé le matin, pour monter vers un bois de cyprès d'où l'on découvrait au loin la **ligne bleue des montagnes**, un de ces champs toscans de **trèfle incarnat** au milieu desquels les coquelicots semblent pâles. »
(E. Faure, *Histoire de l'art. L'Art renaissant,* 1914, p. 375).

• **La ligne bleue (des Vosges)**, *loc. nom. fém.* [*P. allusion hist.* Expression de Jules Ferry, originaire des Vosges, dans son testament (1893) : « Je désire reposer (...) en face de cette ligne bleue des Vosges d'où monte jusqu'à mon cœur fidèle la plainte touchante des vaincus. »] *Parfois avec maj.* Frontière franco-allemande sur les Vosges (entre 1871 et 1918) ; *p. ext.*, montagnes vosgiennes vers l'Est. « Il articula en regardant la Ligne Bleue : – Inspecteur, mes hommes viennent de trouver un cadavre. » (J. Vautrin, *Billy-Ze-Kick,* 1974, p. 111). « Bensoussan Story Zwei-Paris, sur fond bleu-horizon, juste au-dessus de la ligne tout aussi bleue des Vosges, la Morale avait sauté en parachute. Sus à l'imagination. » (A. Page, *Tchao Pantin,* 1982, p. 16). « Mais avant même de me glisser dans un réseau de l'OCM (Organisation Civile et Militaire, mouvement clandestin de résistance), j'avais des sentiments anti-boches comme ma grand-mère dont les convictions avaient été forgées bien avant 1914, au temps de la ligne bleue des Vosges, de la Sainte Revanche. Je cherchais une combine pour aller en Angleterre rejoindre de Gaulle. » (A. Boudard, *Mourir d'enfance,* 1995, p. 125). V. ex. 70.

4. « Barrière dérisoire entre l'Est et l'Ouest, au cœur de la Lotharingie, les Vosges ne cessent d'être tout au long de leur histoire cette **ligne bleue** tant surveillée, tant convoitée, obstacle éminemment franchissable, ligne de partage des empires. Barrière dans un sens, les Vosges sont passage dans l'autre, et les nombreuses vallées nord-sud qui les traversent constituent le prolongement naturel de la vallée de la Saône et du Rhône. »
(*Pays et Gens de France,* 28. 4. 1993, *Les Vosges,* p. 2, lég. d'ill. - N. Gardin).

• **L'œil / le regard / les yeux fixé (s) / braqué (s) sur la ligne bleue de (qqc.)**, *loc. adj., p. anal.* et *p. plaisant., mod.* (1968, *infra*). [P. réf. à la ligne bleue de l'horizon, peut-être aussi p. réf. à la ligne bleue des Vosges] *Dans un contexte métaph.* Qui a des visées sur (qqc.), qui est intéressé particulièrement par (qqc.) ; qui est obsédé (par qqc.). [*Le compl. est un subst. concret*] « L'œil fixé sur la ligne bleue des chèques, Fromageot. » (Fr. Nourissier, *Le Maître de maison,* 1968, p. 118). « En quelque temps, l'œil fixé sur la ligne bleue des képis, Poniatowski a réinventé l'îlotage, créé des brigades antigang et anti-hold-up (...) organisé des opérations "coup de poing", "sécurité-citoyens" et "tranquillité vacances", lancé des plans de "dissuasion" et de "protection du troisième âge". » (*Le Nouvel Observateur,* 16. 2. 1976, p. 38, c. 3). « Gustavo Leigh prend ses distances. Probablement moins par idéalisme que parce que les autres généraux ont l'œil un peu trop braqué sur la ligne bleue de la Cordillère et ne se soucient pas assez de la mauvaise réputation internationale du Chili. » (*Le Point,* 31. 7. 1978, p. 31, c. 3). [*Le compl. est un subst. abstrait*] « Le regard fixé sur la ligne bleue des prix et des taux de change, VGE et son nouveau Premier ministre vont avoir à reconquérir le terrain perdu par le franc. » (*Le Point,* 30. 8. 1976, p. 30, c. 1).

5. « Lorsque trois arrondissements au moins ont les **yeux fixés sur la ligne bleue** des prix littéraires, placer auprès de son rédacteur en chef un article sur des nouvelles exigerait la souplesse de Mazarin, la fermeté d'âme de Caton d'Utique et l'éloquence de Jaurès. »
(*L'Express,* 7. 10. 1978, p. 73, c. 1).

γ) [En parlant du ciel, de la lumière solaire (→ **azur, azuré, azuréen, azurin, céleste, cérulé, céruléen, ciel, horizon, infini**)] *Clarté, lueur, lumière bleue ; azur, ciel, firmament bleu.* « Sur ces hauteurs, avec tant d'air bleu devant eux, ils se sentaient comme les rois du monde. » (H. Pourrat, *Les Vaillances, forces et gentillesses de Gaspard des Montagnes,* t. 3, *Le Pavillon des amourettes,* 1930, p. 283).

6. « Et le croissant d'or fin, qui monte dans l'azur,
Rayonne par degrés plus limpide et plus pur.
Sur la ville brûlante un instant apaisée,
On dirait qu'une main de femme s'est posée ;
Les couleurs, les rumeurs s'éteignent peu à peu ;
L'enchantement du soir s'achève... et tout est **bleu** !
Ineffable minute où l'âme de la foule
Se sent mourir un peu dans le jour qui s'écoule...
Et le cœur va flottant vers de tendres hasards
Dans l'ombre qui s'étoile aux lanternes des chars. »
(A. Samain, *Les Roses dans la coupe*, in *Le Chariot d'or*, 1900, p. 20).

* *PHYSIQUE*. « Le ciel paraît bleu parce que la lumière solaire est diffusée par l'atmosphère terrestre. Vu de la lune, il paraîtrait noir (sauf dans la direction des astres lumineux, naturellement). » (*Sc. 1962*). V. aussi ex. 1.
** V. *infra* 1re SECTION. *ADJECTIF*. I. A. b) α) [En parlant de l'eau] ** (un des quatre éléments).

– [En parlant d'un élément atmosphérique (de la brume, du brouillard) qui voile la lumière bleue du ciel] *Brouillard bleu ; vapeur bleue.* « L'écho de ces dernières paroles se prolongea longtemps (...) parut s'éteindre pour se ranimer encore, jusqu'à se confondre dans une autre rumeur plus vaste, où finit bientôt par ne plus tinter qu'une seule note, une vibration un peu monotone (...) qui acheva de se perdre elle-même dans la réelle lumière du matin... La chambre toute entière venait d'émerger d'une brume bleue, pareille à une eau impalpable, aérienne (...). » (G. Bernanos, *L'Imposture*, 1927, p. 523).

* *Brouillard bleu* est attesté dans *The Pantone® Book of Color* pour désigner un bleu très clair.

– [*P. méton.*, en parlant d'un moment du jour pendant lequel règne une lumière bleue (pâle ou foncée) (→ **crépuscule, nuit, soir**)] *Crépuscule bleu ; aube bleue.* « Les aéroplanes que j'avais vus quelques heures plus tôt faire comme des insectes des taches brunes sur le soir bleu, passaient maintenant dans la nuit qu'approfondissait encore l'extinction partielle des réverbères, comme de lumineux brûlots. » (M. Proust, *Le Temps retrouvé*, in *À la Recherche du temps perdu*, 1922, p. 801). « Dans le matin bleu, de rares étoiles brillaient encore par brefs sursauts. À droite l'espace blanc s'allongeait, moelleux et monotone, coupé seulement par la silhouette sévère des phares et des brise-glace. » (G. Guèvremont, *Le Survenant*, 1945, p. 110).

* *Crépuscule, nuit* et *soir* sont lexicalisés, en fr. comme termes de couleur. Il ne semble pas en être de même pour un autre moment du jour : le matin (et sa brume bleutée !). *The Pantone® Book of Color* atteste *bleu matinal, matin gris* qui désignent un bleu très clair ; *matin velouté* qui désigne un bleu foncé et *vapeur matinale* qui désigne un bleu très clair, légèrement bleuté.

– *En partic.*

* [Le plus souvent p. opposition à *gris*, *bleu* connote le beau temps et qualifie un ciel sans nuages] « Un coin de ciel bleu sourit à la fenêtre. » (R. Rolland, *L'Aube*, in *Jean-Christophe*, 1904, p. 13). « On lui a rendu son ciel bleu, son soleil, une vie de vacances. » (R. Martin du Gard, *Les Thibault, Épilogue*, 1940, p. 957). « Le ciel est bleu et gai, l'air frais. » (J.-P. Sartre, *La Mort dans l'âme*, 1949, p. 230).

♦ [*P. méton.*, en parlant d'un espace de temps, d'un lieu pendant lequel / où domine le ciel bleu, le beau temps] « Ce fut un beau jour bleu de la fin d'avril ou du commencement de mai (...) » (J. Guéhenno, *Jean-Jacques*, t. 2, 1950, p. 179).

• **Pays bleu**, *loc. nom. masc.* « Pays où le ciel est toujours bleu. Le Midi. » (*France 1907*). « Chaque dimanche apportait quelque plat nouveau pour Olivier : potée somptueuse, cul de veau en cocotte, civet à l'auvergnate (...) chefs-d'œuvre de cuisine rustique, en accord avec le pays et le climat, généreux et forts comme le pays bleu. » (R. Sabatier, *Les Noisettes sauvages*, 1974, p. 193).

* Pour conforter les remarques indiquées sur la couleur de la terre (v. *supra planète bleue*), et en liaison avec la notion territoriale suggérée par la *loc. pays bleu* il est à noter que, lors du concours de dessins d'enfants et

d'adolescents, lancé le 12 avril 1991, à l'initiative de la station de radio *Europe 1*, de *L'Express* et de la revue *Air Cosmos*, sur le thème du *drapeau de la terre* (les propositions devant « symboliser tant la beauté de la merveilleuse planète qui nous porte, que la nécessité de la gérer ensemble harmonieusement »), la couleur prégnante retenue par la majorité des candidats a été le bleu, non seulement pour ses connotations pacifistes, mais également p. réf. à l'expérience récente de la vision de la Terre par les astronautes, depuis l'espace. Le dessin primé « représente un cercle à fond bleu, entouré de quatre faisceaux de couleur blanche, noire, jaune et rouge, symboles de notre planète bleue, de la noirceur du cosmos, de la clarté du jour et des rayons du soleil. » (Dossier de presse *Europe 1*). Faisant suite à ce concours de dessins, à l'exposition universelle de Séville, les résultats d'une consultation internationale de graphistes ayant pour thème le drapeau de la Terre, ont été exposés dans le pavillon polonais. *Earth Flag Design*, le catalogue de cette exposition, témoigne de l'association particulière fréquente entre la couleur bleue et notre planète.

♦ *P. anal.* [Le vent étant associé à l'air, *bleu* qualifie un vent froid de beau temps] « (...) j'avoue qu'ici la peur me prend, comme aussi elle commence à prendre Nadja. Quelle horreur ! Vois-tu ce qui se passe dans les arbres ? le bleu et le vent, le vent bleu. Une seule autre fois j'ai vu sur ces mêmes arbres passer ce vent bleu. C'était là, d'une fenêtre de l'hôtel Henri IV, et mon ami, le second dont je t'ai parlé, allait partir. Il y avait aussi une voix qui disait : "tu mourras, tu mourras". » (A. Breton, *Nadja*, 1928, p. 82). « (...) il faisait un froid de canard dehors et un vent bleu soufflait dans les rues. Noël approchait. Un matin, on s'était réveillés sous une tempête de neige. » (Ph. Djian, *37°2 le matin*, 1985, p. 110).

* *Souffle* et *bleu zéphir* sont attestés dans *The Pantone® Book of Color* pour désigner un bleu très clair.

* [P. opposition à *noir*]

• **Nuit bleue,** *loc. nom. fém.* ♦ Nuit claire de beau temps, éclairée par la lune et les étoiles. « (...) les cancres qui attrapent des mouches, ou qui regardent tristement vers les fenêtres où le ciel de nacre s'approfondit en nuit bleue. » (V. Larbaud, *Fermina Marquez*, 1911, p. 49). « (...) après la messe, les gens du chenal revinrent à la suite. Toute une file de traîneaux s'égrenaient sur la route, dans la nuit bleue argentant le hameau. » (G. Guèvremont, *Le Survenant*, 1945, p. 106). « La nuit bleue du bleu des greniers de midi, du bleu des friperies fripées. » (R. Fallet, *Carnets de jeunesse*, 1947, p. 139). ♦ ♦ *P. ext., au fig., fam., mod.* (1976, *infra*). [Certainement p. réf. à la clarté, la lumière produite par les explosions] Nuit pendant laquelle plusieurs attentats ont lieu. « Après la deuxième "nuit bleue" (série d'attentats à l'explosif à travers la Corse dans la nuit du 17 au 18 juillet) organisée par le mouvement, les pouvoirs publics sont inquiets. » (*Le Nouvel Observateur*, 26. 7. 1976, p. 33, c. 3). [P. allusion aux attentats en Corse] « (...) après l'été noir du terrorisme et les nuits "bleu de Corse", se profile un automne incertain dans lequel le pouvoir jouera, une nouvelle fois, beaucoup de son crédit. » (*Le Point*, 23. 8. 1982, p. 15, c. 1).

b) Qui est naturellement bleu (en tout ou en partie) ou d'une couleur très proche du bleu ; qui paraît bleu ou d'une couleur proche du bleu.

α) [En parlant de l'eau, du feu, de la fumée]

– [En parlant de l'eau (→ **eau (de mer), fjord, glacier, lagon, marin, mer, océan, piscine, ultramarin / ultra-marin**)] *Fleuve, lac, océan, torrent bleu ; mer, onde bleue.* « Un large ruisseau bleu, alimenté par une cascade, aboutissait à un lac. » (P. Benoît, *L'Atlantide*, 1919, p. 123).

7. « Les grands parlent toujours et puis ils changent d'idée. Pourquoi pensa-t-il à ce moment-là à la piscine de la rue des Amiraux, à toute cette **eau bleue** porteuse d'oubli ? Il était devenu un poisson et nageait sans fin dans cette transparence sans autre souci que celui de sentir la caresse de l'eau contre son corps qui glissait, qui glissait... »
(R. Sabatier, *Les Allumettes suédoises*, 1969, p. 191).

* Les termes de couleur ayant pour réf. l'eau (des fleuves, de la mer...) sont fréquemment des termes exprimant une nuance intermédiaire entre le bleu et le vert (→ **eau (de mer)**).
** « (...) l'eau véritable n'est jamais bleue. (...) Et pourtant, dans notre imaginaire, dans nos systèmes de représentation, dans tous les codes occidentaux de la couleur, l'eau est toujours associée à la couleur bleue, non seulement l'eau froide des robinets de nos cuisines et de nos salles de bain, mais toutes les formes d'eau, y compris celles, nombreuses, qui dans la réalité sont grises, brunes ou jaunes. Tous les dessins d'enfants, toutes les cartes de géographie, toutes les images qui mettent en scène la mer, les lacs, les fleuves et même la pluie, associent l'eau et le bleu. Cela n'a pas été toujours le cas. Dans les images du Moyen Âge, l'eau est rarement bleue. Elle est au contraire presque toujours verte. C'est le ciel qui est bleu, donc l'air, un des « quatre éléments ». L'eau étant aussi un des quatre éléments de quoi se composent toutes choses (les deux autres étant la terre et le feu), la même couleur ne peut convenir pour deux éléments différents. L'eau est donc verte, l'air bleu, la terre noire et le feu rouge. C'est, me semble-t-il, entre le XVe et le XVIIe siècle que s'est opéré le passage du vert au bleu pour coder la couleur de l'eau. » (*Pastoureau-Dict. des couleurs 1992*, pp. 79-80).
*** Le développement et la démocratisation des voyages aériens, au cours de la seconde partie du XXe s., ont certainement contribué à nuancer la connaissance commune que nous avions de la couleur de la mer. L'observation de celle-ci, en altitude, de la lunette monoculaire du hublot, a probablement enrichi une perception quelque peu nivelée à des représentations trop archétypiques. La mer bleue acquérant toutefois une prépondérance sur la mer verte. Le tourisme exotique, de son côté, a enrichi l'expérience sensorielle et a généré de nouveaux termes chromatiques par lesquels le bleu est magnifié au moyen d'une terminologie presque essentiellement issue d'une taxinomie géographique extrêmement fertile (notamment dans les catalogues de VPC ; v. Ph. Fagot et A. Mollard-Desfour (1993, pp. 273-287) ; v. aussi → **eau (de mer)**)

* [*GÉOGRAPHIE.* Nom donné à divers fleuves aux eaux qualifiées de bleutées]

• **Le Danube bleu**, *loc. nom. masc.* Fleuve d'Europe, qui naît dans la Forêt-Noire et se jette dans la Mer Noire (en traversant la RFA, l'Autriche, la Tchécoslovaquie, la Hongrie, la Yougoslavie, la Roumanie, la Bulgarie et l'URSS). *MUSIQUE.* **Le beau Danube bleu**, Titre d'une valse de Johann Strauss. « – Ah ! dit Vévé, quelqu'un dans le genre de... qui donc déjà a fait une vie de Jésus en allemand ? Voyons ! Voyons ! Une idée de beau Danube bleu ? sa main vissa en l'air une spirale de valse. – Strauss, sans doute ? – Oui, c'est ça. » (J. Malègue, *Augustin ou le Maître est là*, t. 1, 1933, p. 278).

* *Bleu du Danube* est attesté dans *The Pantone® Book of Color* pour désigner un bleu moyen.

• **Le fleuve Bleu**, *loc. nom. masc.* [Dans un système d'opposition à → **fleuve Jaune, Rouge**] Le Yang-Tsé-Kiang. « La voie qui, par Batang et Ta-Tsien-Lou, traverse les escarpements parallèles du Fleuve Bleu, du Mékong et du Salouen, n'est souvent qu'un sentier grimpant ou en corniche au-dessus d'abîmes ; ce n'est pas moins le lien historique qui rattache la Chine au Tibet, la grande civilisation orientale aux sanctuaires bouddhistes. » (P. Vidal de la Blache, *Principes de Géographie humaine*, 1921, p. 232).

—

* *P. méton.* Qui a rapport à la mer. [Dans des *loc. nom.*, le plus souvent *mod.* et dans divers domaines]

♦ [*AMÉNAGEMENT DU TERRITOIRE / ENVIRONNEMENT*]

• **Pavillon Bleu**, *loc. nom. masc., mod.* (1985, *infra*). [P. réf. à la couleur bleue associée à l'eau (avec association du bleu à la pureté, la non-pollution)] Pavillon éco-label, de couleur bleue, attribué aux plages et aux ports « propres » ; « Ce label est l'invention de la FEEE (Fondation pour l'éducation à l'environnement en Europe), une association créée par le Conseil de l'Europe. Depuis 1985, il récompense les stations balnéaires et les ports de plaisance qui respectent les trois critères suivants : qualité irréprochable des eaux de baignade, taux de dépollution de la station d'épuration supérieur à la moyenne nationale, qualité de l'environnement (pas de décharges, plages propres). » (V.-A. Giscard d'Estaing, *Le Livre mondial des inventions,* 1990, p. 70). « BOYCOTT DU PAVILLON BLEU. Les maires de la Côte d'Azur ont décidé de "boycotter" le label Pavillon Bleu qui consacre chaque année un certain nombre de plages. Réunis à Villeneuve-Loubet, entre Nice et Antibes, ils ont jugé le Pavillon Bleu « comme un leurre et une supercherie qui pénalise l'ensemble des communes du littoral, engendre un déficit d'image et entretient de fausses idées dans l'esprit du public ». Le Pavillon Bleu est un éco-label délivré par la fondation pour l'éducation à l'environnement en Europe dont le siège est à Copenhague. Sur 1101 communes du littoral français, seules 200 étaient candidates au Pavillon Bleu en 1996 et 77 ont été retenues. » (*Midi Libre,* 21. 2. 1997, p. 21, c. 1).

* Après le vert autorisant la baignade, l'orange indiquant qu'elle est dangereuse mais surveillée, et le rouge qui en signale le danger et l'interdiction, le bleu, plus qualitatif, n'est attribué que sélectivement à certaines plages ainsi honorées (à rapprocher de *ruban bleu*). Ce drapeau peut être arboré par les plaisanciers qui ont signé une charte de préservation de qualité de l'eau de mer.

• **Plan Bleu**, *loc. nom. masc., mod.* (1989, *infra*). Plan d'aménagement du littoral Méditerranéen ; *p. méton.,* Centre d'Activités Régionales chargé de ce plan.

8. « LA MÉDITERRANÉE EN L'AN 2000 ET 2005 : UN RAPPORT DU "**PLAN BLEU**". Le Centre d'Activités Régionales du **Plan Bleu** (CAR/PB) a été installé à Sophia Antipolis il y a dix ans par Monsieur Tolba, directeur du Programme des Nations Unies pour l'Environnement. (...) le **Plan Bleu** vient de faire paraître un ouvrage : *Le **Plan Bleu** : avenir du Bassin méditerranéen.* Ce livre est le résultat des études effectuées en liaison avec plus de 300 experts de l'ensemble du Bassin méditerranéen. Lancé en 1976 par 17 Etats riverains (...). » (*Nouvelles de Sophia Antipolis,* déc. 1989, p. 1 de couverture - S. Antoine).

• **Route bleue**, *loc. nom. fém.* (1947, *infra*) [Dans un système d'opposition à → **route blanche, route verte, route d'or**] Route nationale n° 7, conduisant de Paris à la Méditerranée (Paris - Nevers - Moulins - Roanne - Lyon - Valence - Aix - Avignon - Nice). « Pour éviter l'invraisemblable encombrement de bagnoles de la route bleue, nous passons par Vigneux. » (R. Fallet, *Carnets de jeunesse,* 1947, p. 115). « Paris - Lyon - Aix - Nice - Gênes, la route bleue actuelle. » (Pineau, *La SNCF et les transports français,* 1950, p. 108).

9. « La doyenne (des routes) est la "**route bleue**" [Paris-Côte D'Azur], suivie de près par la route des Pyrénées et la "**route blanche**" [Paris-Genève]. Les dernières venues sont la "**route d'or**" [Dunkerque-Hendaye, via Le Mans et Royan] et la "route buissonnière" [Auxerre-Lyon, via Clamecy et les monts du Lyonnais]. »
(L.-M. Jocard, *Le Tourisme et l'action de l'État,* 1966, p. 67).

♦ [*ÉCONOMIE*]

• **Houille bleue**, *loc. nom. fém.* (1926, *infra*) [Dans un système d'opposition à → **houille blanche, noire, verte, houille d'or**] Énergie tirée de la force des marées et des courants. « Ils amassaient, sans les divulguer (...) des albums de mouvements généreux, surhumains, trop terrestres, bas, qui sans eux se seraient dilués en ne laissant pas plus de trace que les forces de la houille bleue. Le résidu le plus palpable de la vie mondaine, de tant d'amours, de haines, d'infamies et d'abandons, de disputes de préséance et de querelles de plagiats, de même que toute la houille bleue ne sert en ce début de siècle qu'à alimenter une petite usine et occuper une famille en Oranie, servait seulement à unir dans leur affection les trois frères. » (J. Giraudoux, *Bella,* 1926, p. 132).

10. « Après la "**houille blanche**", la "**houille verte**" des fleuves. Après la "**houille verte**", voici venir la

"**houille bleue**", celle de la mer et des marées : un total annuel d'un million de chevaux procurés par la mer correspondrait à une économie nationale d'au moins 10 millions de tonnes de houille. »
(J. Brunhes, *La Géographie humaine,* 1942, p. 36).

11. « C'est au début de ce siècle que virent le jour les premiers projets destinés à capter la formidable énergie de la mer. Les variations de niveau, sous le jeu des marées, ont été les premiers à tenter les inventeurs : la **houille bleue** était née. Elle fut suivie de projets, puis de réalisations, dans le domaine de l'énergie thermique des mers. »
(V. Romanovsky, *La Mer, source d'énergie,* 1950, p. 7).

• **Or bleu**, *loc. nom. masc., mod.* (1981, *infra*) [Dans un système d'opposition à → **or blanc, gris, jaune, noir, rouge, vert**] Source de richesse représentée par la mer et le tourisme qui lui est lié. « Les pros de l'or bleu. » *(Le Point,* 6. 7. 1981, p. 67, c. 1).

♦ [*ÉCONOMIE POLITIQUE*]

• **Europe bleue**, *loc. nom. fém., mod.* (1976, *infra*). [P. opposition à → **Europe verte**] Marché commun européen traitant des problèmes maritimes ou de l'espace aérien. « Côté français, ayant réalisé que l'Europe bleue des airs n'avait jamais dépassé le stade de la baudruche, on a fini par accepter de pactiser avec le diable. » (*Le Nouvel Observateur,* 19. 4. 1976, p. 36, c. 2). « Avec une satisfaction non feinte, Le Pensec ajoute : "Après l'accord du 23 janvier 1983 sur l'Europe bleue, le président a déclaré au conseil des ministres : Voila le type même de négociation bien menée. J'en félicite les artisans." » (*Le Nouvel Observateur,* 6. 5. 1983, p. 43, c. 3).

* V. aussi *Europe violette.*

♦ [*TRANSPORTS* (*SNCF*)]

• **Train bleu**, *loc. nom. masc., mod.* (v. *infra* *). [P. réf. au fait que ce train reliait le Nord de la France à la Méditerranée ; p. réf. aussi à la couleur bleue (rappelant les teintes de la Méditerranée et du ciel provençal) de l'extérieur et de l'intérieur des voitures] *Parfois avec maj.* Train de nuit, rapide et luxueux, composé au départ exclusivement de voitures de 1re classe, mis en service en 1922 pour relier Calais à la Méditerranée, à la Côte d'Azur. « (...) je prends quelques jours pour ne penser à rien, je prends le train bleu, je... Mais sans cesse je tourne, je me retourne, je reviens me heurter là où mon cœur est enfermé : regarde, Julien, regarde la mer grise qui perce l'aube et sens comme j'ai froid, malgré l'approche de la baignade. Hier soir, le train était bondé de gens animés, affamés, bruyants (...) ». (A. Sarrazin, *L'Astragale,* 1965, p. 197). « Aux antipodes immédiats du Train Bleu, le gastos ferroviaire, rupin et peinturé tout court. Celui qu'on voit dans les guides et où j'ai graillé dans le temps... » (J.-L. Degaudenzi, *Zone,* 1987, p. 170). *P. ell., avec maj.* • **Le Bleu**. « Le nouvel art du voyage s'accompagne d'une panoplie, les bagages et leurs étiquettes, ces preuves colorées que l'on fréquente les meilleures adresses. Le Bleu a son étiquette, apparue en 1925. Bordée d'un filet rouge sur fond bleu barré de blanc, ses lettres sont blanches à l'exception de celles, en grosses capitales, de TRAIN-BLEU curieusement écrit avec un trait d'union. » (J. Caracalla et G. des Cars, *Le Train bleu,* 1988, p. 72).

* Appelé au départ *Calais-Méditerranée-Express*, il ne reçut (officiellement !) son nom coloré qu'en 1949 : « Curieusement, alors que, immédiatement, les responsables, le personnel, les journaux et les voyageurs adoptent la nouvelle expression de *Train bleu*, l'appellation officielle de *Calais-Méditerranée-Express* figurera sur tous les horaires, journaux, indicateurs et plaques de parcours jusqu'en... 1949 ! L'administration, celle du rail comme les autres, n'a pas rapidement l'âme poétique. Pourtant, dès la fin de 1922, la seule couleur du nouveau rapide suffit à l'identifier. Inutile de dire où il va, ni d'où il vient : c'est le train du paradis. » (J. Caracalla et J. des Cars, *Le Train bleu,* 1988, p. 64).

** Si le *Train bleu* a pris une retraite anticipée, certaines de ses voitures, magnifiquement restaurées, circulent à nouveau lors de voyages prestigieux.

– [En parlant du feu (→ **fanal**)] *Étincelle, flamme bleue.* « Et l'avion piqua du nez dans un fracas sans limites, au-dessus d'un globe couleur de foudre. Contre ce feu bleu qui les engloutissait, Leclerc tira furieusement sur le manche ; l'avion rebondit jusqu'à l'indifférente sérénité des étoiles (...) ». (A. Malraux, *L'Espoir*, 1937, p. 618).

– [En parlant de la fumée, *en particulier,* de la fumée de cigarettes, de la pipe (→ **fumée**)] « (...) quand il tira, sans se presser, les premières bouffées bleues, la satisfaction se répandit sur son visage. » (R. Sabatier, *Les Allumettes suédoises*, 1969, p. 58). « Fumée bleue de gauloise bleue dans la chaleur » (B. Blier, *Les Valseuses*, 1972, p. 359).

* *P. méton.*

• **Peste bleue**, *loc. nom. fém., mod.* (1987, *infra*). [Dans un système d'opposition à → **peste blanche, brune, noire, rose, verte**] Le tabagisme. « L'Amérique s'est découvert après le sida, une nouvelle peste : la peste bleue. Fumer est devenu un acte socialement répréhensible. Il ne reste plus que 25 % des cadres supérieurs qui osent encore avouer fumer. » (*Le Nouvel Observateur*, 1. 5. 1987, p. 50, c. 3).

* Lors de l'application de la loi réglementant le tabagisme dans les lieux publics, dans les années 1990, des pictogrammes ont été conçus par le groupement professionnel des débiteurs de boissons, obligés par un alinéa de cette loi d'identifier des espaces fumeurs et non fumeurs. Le bleu a été attribué à l'*Espace fumeur* et le vert à l'*Espace non fumeur !* Cette association : « bleu = fumeur/tabac » était déja utilisée par la SNCF sur ses panneaux d'information : « Vous êtes en 2e classe dans une salle FUMEURS (plafond bleu). Un cendrier coulissant se trouve à l'extrémité de l'accoudoir. »

β) *En partic.* [Généralement p. opposition à d'autres variétés, d'autres espèces, d'une autre couleur] Qui est caractérisé par la couleur bleue ou une couleur proche du bleu ; dont une variété, une espèce est de cette couleur.

– [*BOTANIQUE*. En parlant d'une fleur (→ **barbeau, bleuet / bluet, bourrache, centaurée, héliotrope, hyacinthe[1], jacinthe, lavande, lin[1], myosotis, pensée, pervenche, véronique, volubilis** (termes de couleur appartenant au champ chromatique du bleu ou termes – appartenant à un autre champ de couleur – modificateurs de *bleu*)] *Aconit, chardon, iris, lupin bleu ; anémone bleue.* « Tout ce que j'ai lu, tout ce que j'ai pensé, tous mes paradoxes forcés, ma haine du convenu, mon mépris du banal, ne m'empêchent pas de m'attendrir au premier jour du printemps, de chercher des violettes au pied des haies (...), de rapporter une petite fleur bleue à ma femme. » (J. Renard, *Journal*, 1910, p. 24). « (...) le lys n'est pas plus blanc que cette frange d'écume ; le myosotis n'est pas plus bleu que ce reflet du ciel sur cette facette de la vague. Mais la vague se roule et se déroule, prenant ici la couleur dorée du sable, laissant plus loin sur le sable humide comme une rose sombre, qui aussitôt pâlit. » (Alain, *Propos*, 1936, pp. 713-714). « Avant de partir, elle cueillait toujours, dans un champ délaissé derrière la maison, deux ou trois chardons bleus, ou des narcisses, qui trempaient dans un verre d'eau limpide, devant mon bol. » (H. Bosco, *Le Mas Théotime*, 1945, p. 68).

12. « La grande **fleur bleue** dit : n'ai-je
pas réussi à sortir
du jour et du plus **noir** saphir
ce feu plus pur que la neige ?
Dans le clair matin de Dieu
la grande fleur a frissonné
de la gloire d'être née,
de l'ivresse d'être **bleue** !
Si jamais Dieu s'ennuyait,
qu'il te regarde, créature
aussi fraîche que le lait, énorme épi de millet,
folle fille de juillet,
madrépore de l'azur ! »
(P. Claudel, *Le Delphinium*, in *Poésies diverses*, 1952, pp. 863-864).

* Les fleurs dites *bleues* le sont rarement et ce qualificatif englobe des nuances plus ou moins proches, notamment du gris et du violet. Rares sont les termes désignant une fleur qui donnent un terme de couleur appartenant véritablement au champ du bleu. Le plus souvent, ceux-ci n'entrent dans le vocabulaire chromatique, pour le champ du bleu, qu'*en appos.* au terme *bleu,* comme termes modificateurs de *bleu,* pour en préciser une nuance particulière (vers le gris, le violet). Ce phénomène s'explique par la rareté des fleurs réellement bleues. Cette rareté des fleurs bleues est certainement un des éléments – associé à la notion d'idéal – à l'origine des expressions liées à *fleur bleue : chercher, cueillir. (...) la (petite) fleur bleue.*
** *Chardon* fait partie du lexique des couleurs des catalogues-VPC 1985-2003 pour désigner un bleu plus ou moins gris.

– [*MÉTALLURGIE / MINÉRALOGIE.* En parlant d'un métal, d'une pierre (le plus souvent fine ou précieuse) (→ **acier, aigue-marine, ardoise, argent, blanc-bleu, lapis (-lazuli), minéral, opale, outremer / outre-mer, saphir, turquoise, zinc** (termes de couleur appartenant au champ chromatique du bleu ou termes – appartenant à un autre champ de couleur – modificateurs de *bleu*))] *Calcaire bleu; pierre bleue.* « Il dit, en la regardant de tout près : – "Dans le plein jour, vos prunelles ont vraiment l'éclat de deux petites pierres bleues, deux saphirs clairs...." » (R. Martin du Gard, *Les Thibault, L'Été 1914*, 1936, p. 366).

– [*ZOOLOGIE.* En parlant d'un animal (tirant sur le) bleu ou qui présente des reflets bleutés; généralement p. opposition à d'autres animaux d'une autre couleur dans la même espèce (→ **canard, corbeau, éléphant, hirondelle, paon, perroquet, sarcelle** (termes de couleur modificateurs de *bleu,* appartenant à un autre champ de couleur))] *Héron, persan, requin bleu; mouche, perruche bleue.* « Toute une nuit, j'ai vu (...) voltiger sur l'Oronte un beau martin-pêcheur... un oiseau bleu sous les étoiles, c'est impossible ? » (M. Barrès, *Un Jardin sur l'Oronte,* 1922, p. 11). « À l'horizon (...) une chaîne de montagnes me fait facilement songer à un renard bleu. » (R. Char, *Le Marteau sans maître, Moulin,* 1945, p. 50). « C'était à Baltimore. Il y avait un geai bleu qui logeait dans un coin de la fenêtre de ma cousine. » (J. Green, *Journal,* t. 5, 1950, p. 172). V. *oiseau bleu, infra* 1re SECTION. *ADJECTIF.* II. *Au fig.* A).

13. « On considère que la population mondiale de baleines est tombée à 5 % de ce qu'elle était en 1900. Sur les dix espèces de grosses baleines, neuf ont été quasi exterminées. Et aujourd'hui encore, la Commission baleinière internationale (CBI) vient de revoir à la baisse son estimation du nombre de **baleines bleues** de l'hémisphère Sud. Il n'en resterait que 900, contre 7000 selon le précédent décompte. (...). Selon la CBI, l'hémisphère Sud n'abriterait plus que 1000 baleines franches, 4000 rorquals communs et de Rudolph, 12000 baleines à bosse. Pour le reste, on est dans le brouillard. Côté hémisphère Nord, la situation est encore plus floue. Malgré tout, les troupeaux de **baleines grises** de Californie, de baleines à bosse et de **baleines bleues** s'étofferaient. »
(*Le Point,* 4. 6. 1994, p. 54, c. 1-2 - F. Lewind).

* *CYNOLOGIE.* [En parlant du pelage de certains chiens ; *p. méton.,* en parlant d'une race de chiens] (Race de chiens) Qui présente des reflets bleutés (sur fond blanc, gris ou noir, ou sur fond bicolore blanc et noir) (v. *infra.* 3e SECTION. 1. *SUBST. MASC.* 5. *CYNOLOGIE*). « La robe bleue est le résultat de la dilution du noir. La totalité des poils et la truffe sont bleus, ces caractères étant visibles dès la naissance (...). Le dogue allemand bleu est génétiquement bleu, de même que le whippet (...). » (R. Triquet, *Dict. encyclopédique des termes canins,* 1990, p. 48).

* *Bleu* qualifiant un animal, une espèce particulière désigne le plus souvent une nuance à reflets bleutés. Aucun terme désignant un animal n'a donné de terme de couleur appartenant véritablement au champ du bleu. Les espèces animales n'entrent, dans le vocabulaire chromatique, pour le champ du bleu, qu'en *appos.*

au terme *bleu*, comme termes modificateurs d'une nuance particulière de ce bleu, en particulier vers le vert (→ **canard, paon, perroquet, sarcelle**), vers le gris (→ **éléphant**) ou comme modificateurs d'un autre champ de couleur : le noir, dont ils précisent une nuance particulière, à reflets bleutés (→ **corbeau, hirondelle**).
** *Geai* et *renard bleu* sont attestés dans *The Pantone® Book of Color* pour désigner un bleu clair.

2. – [En parlant d'un produit de l'industrie humaine (objet fabriqué, matière première transformée, élément de la décoration, emblème, vêtement, etc.)] Qui est *bleu* ou d'une couleur très proche du *bleu ; p. méton.*, personne, groupe de personnes vêtu(e) (s) de *bleu* (en tout ou en partie) ; institution représentée par la couleur *bleue.*

a) α) [En parlant d'un objet fabriqué, d'une matière première transformée, d'un élément de la décoration, etc.] *Encre bleue* (→ **encre**) ; *charrette bleue* (→ **charrette, charron**) ; *faïence, porcelaine, vaisselle bleue* (→ **Chine, Delft, faïence, Ming, Nevers, porcelaine, Rouen, Sèvres**) ; *gitane bleue* (→ **gauloise, gitanes**) ; « J'ai cherché dans ses poches pour voir s'il n'y avait pas un souvenir mais il y avait seulement un paquet de cigarettes, de gauloises bleues. » (E. Ajar, *La Vie devant soi*, 1975, p. 201) ; *canapé, rideau, velours bleu ; moquette bleue ; volets bleus ; vitraux bleus* (→ **Chartres**).

* *Bleu Cadillac* fait partie du lexique des couleurs des catalogues-VPC 1985-1996 pour traduire un bleu moyen.
** P. réf. à l'art de la tapisserie, *The Pantone® Book of Color* atteste *bleu Gobelin* pour désigner un bleu très foncé et *tapisserie* pour désigner un bleu saturé.

– [*P. méton.*, en parlant d'un lieu, d'une pièce où cette couleur domine] *Boudoir bleu ; pièce bleue.* « On vous aura mis dans le salon bleu, dit-il. » (M. Proust, *Le Côté de Guermantes 2*, in *À la recherche du temps perdu*, 1921, p. 561). « Le bleu ne donne pas faim, ne rend pas voluptueux. Une chambre bleue est inhabitable... – Depuis quand ? – Depuis que je l'ai dit ! à moins que tu n'espères plus rien, dans ce cas tu peux habiter une chambre bleue (...). » (Colette, *La Naissance du jour*, 1928, p. 30).

β) [Dans des *domaines spéc.* ; la couleur bleue a, le plus souvent, une fonction et un rôle]

– *ART* [*PEINTURE*]

• **Le Cavalier bleu**, *loc. nom. masc.* [Trad. de *Der Blaue Reiter ;* du titre d'un tableau de Kandinsky représentant un cheval et son cavalier, thème repris dans des tonalités bleues, pour illustrer la couverture d'un recueil de textes sur l'art moderne, *L'Almanach* (paru chez Piper, à Munich en mai 1912) qui précisait les idées du groupe et en présentait la première exposition. Cette œuvre ayant été prise pour emblème a donné son nom au mouvement] Mouvement artistique, actif à Munich de 1911 à 1914 qui a fait de l'éclectisme une doctrine et de l'internationalisme culturel une exigence, en présentant un inventaire presque exhaustif de tous les styles existants, de l'expressionnisme au cubisme, en renonçant seulement à l'académisme et à la représentation réaliste de la nature.

* Ce mouvement artistique réunissait un petit groupe d'artistes (Franz Marc, Alfred Kubin, Gabriele Münter...), animé par Wassily Kandinsky, pour lesquels la devise de l'art devait être « ni peuple, ni frontière mais la seule humanité ». Franz Marc et Wassily Kandinsky, passionnés de thèmes équestres et partageant une même prédilection pour la couleur bleue, voyaient dans cette représentation du *Cavalier bleu* un symbole d'évasion et d'aspiration vers le spirituel. (D'après *Les Muses*, t. 3, 1970, s. v. *Blaue Reiter (der)).*

14. « Entre la fin 1901 et 1904, le **bleu** envahit toute la peinture de Picasso. Le **bleu,** c'est la couleur de la mer et du ciel, de la nuit, de ce qui est lointain, profond. Mais c'est aussi la couleur de la glace, du

froid, de la solitude et de la mort. "C'est en pensant que Casagemas était mort que je me suis mis à peindre en **bleu**", confie un jour Picasso à l'historien Pierre Daix. Le 17 février 1901, le peintre espagnol Casagemas, un ami proche de Picasso, se suicide à Paris, par chagrin d'amour. Picasso, très affecté, consacre cinq tableaux à la mort de son ami. Picasso n'est pas le seul à donner un sens particulier au **bleu.** À la même époque, un groupe de peintres "expressionnistes" allemands, ***Le Cavalier bleu (Der Blaue Reiter)***, se sert de cette couleur pour exprimer ce que le peintre russe Kandinsky appelle "le spirituel dans l'art". Les recherches chromatiques autour du **bleu** ont continué tout au long du XXe siècle, surtout avec le Français Yves Klein qui ira jusqu'à la totale monochromie. » (A. Robinson, *Tableaux choisis. Picasso au musée Picasso*, 1991, pp. 92-93).

• **Époque / période bleue**, *loc. nom. fém.* (Début XXe s., appliqué d'abord à Picasso). Époque, période d'un peintre caractérisée par des tonalités à dominante bleue. « Elle passait au loin très embellie (...) un peu comme dans ce qu'on a appelé pour un peintre [Picasso] qui fut de vos tout premiers amis, l'époque bleue. » (A. Breton, *L'Amour fou*, 1937, p. 69). « (...) à partir de la fin 1901, une tonalité bleue commence à s'imposer, *bleue comme le fond humide de l'abîme et pitoyable* (Apollinaire), tandis que les figures apparaissent solitaires et tristes (*Arlequin et sa compagne* (...)). À Barcelone en 1903, les camaïeux de bleu atteignent toute leur intensité dans *la Vie* (...) et *la Célestine*: réalisme froid et symbolisme y sont unifiés. Définitivement revenu à Paris en 1904, Picasso s'installe au Bateau-Lavoir, où la période bleue s'achève durant l'été. » (G. Durozoi, *Dict. de l'art moderne et contemporain*, 1992, s. v. *Picasso*). V. *infra*, ex. 65.

* V. *période rose*.
** *L'époque bleue* fut aussi le nom donné par Yves Klein à l'œuvre, constituée exclusivement de monochromes bleus, qu'il exposa, en 1957, dans diverses villes (Paris et villes d'Europe): « (...) la première "proclamation de l'époque bleue" ("Proposte monochrome, epoca blue") à la Galleria Apollinaire à Milan fut un extraordinaire succès. (...). Yves Klein réalisait onze monochromes bleus – de facture et de format totalement identiques – et attribuait un prix différent à chaque tableau. Pour la première fois, Yves Klein remplissait un espace d'exposition avec des œuvres peintes dans une seule et unique couleur, et, qui plus est, à l'étranger. (...). "L'époque bleue" fut présentée successivement à Paris, à Dusseldorf et à Londres, et les réactions à son art oscilleront entre le rejet radical, outré, et une héroïsante mystification. » (H. Weitemeier, *Yves Klein. 1928-1962*, 1995, pp. 19-20). (→ **Klein**). V. aussi → **Chagall**, **Matisse**.

– [*BANQUE, FINANCE*]

• **Billet bleu**, *loc. nom. masc.*, *fam.* [Dans un système d'opposition à → **billet vert**] Billet de banque français. « Sa main crispée froissait des billets bleus. – Heureusement, je viens de toucher des fermages. » (A. Gide, *Les Caves du Vatican*, 1914, p. 755). « Elle rentrait dans d'horribles souffrances, mais heureuse d'apporter à sa fille les billets bleus (...). Malheureusement ces billets ne faisaient que permettre au gendre et à la fille de nouveaux embellissements de leur hôtel, contigu à celui de leur mère: d'où d'incessants coups de marteau qui interrompaient le sommeil dont la grande tragédienne aurait tant eu besoin. » (M. Proust, *Le Temps retrouvé*, in *À la recherche du temps perdu*, 1922, p. 996). « Je me baisse et ramasse dans le caniveau un billet bleu. » (Fr. Caradec, *La Compagnie des zincs*, 1986, p. 24). « Des billets verts, rouges ou bleus – toutes les couleurs, comme autant de maillots – qui ont changé le monde sportif. » (*Le Point*, 7. 5. 1994, p. 94, c. 2 - Fr. Rousselle).

* Locution réactualisée par la diffusion du 50 F Saint-Exupéry, inaugurant une nouvelle génération de billets de banque.

• **Carte bleue**, *loc. nom. fém.*, *mod.* (1976, *infra*, s.v. *Crédit bleu*). [P. réf. à la couleur bleue des premières cartes (couleur représentative des Postes et Télécommunications qui, les premiers, la mirent en service] Carte bancaire de crédit ou de paiement « – Te bile pas! Ma rombière, d'abord, elle touche jamais à son crédit de carte bleue. » (J.-L. Degaudenzi, *Zone*, 1987, p. 144). « (...) il a voulu tirer du blé d'un distributeur automatique mais sa carte bleue est périmée (...). » (D. Belloc, *Kepas*, 1989, p. 61). « L'autre... vérifiant d'un sourcil sombre le grignotement métallique de la carte Bleue d'une femme permanentée qui avait acheté trois paires de mocassins pour ses deux enfants. » (J.-P. Amette, *Province*, 1995, p. 207). • **Avoir / posséder la carte bleue de (qqc.)**, *loc. verb., p. ext., fig., rare, mod.* (1983, *infra*). Avoir l'autorisation de (qqc.). « Au total, toutes professions confondues, l'Europe compte environ 1,6 million de ces "nouveaux immigrés" qui possèdent la carte bleue de travailleur européen. C'est que, malgré la montée du chômage, il existe de réels besoins sur le marché du travail européen. » (*Le Point*, 8. 8. 1983, p. 26, c. 3). V. *infra*, ex. *Crédit bleu.*

• **Crédit bleu**, *loc. nom. masc., mod.* (1976, *infra*). Crédit accordé aux détenteurs de la carte bleue, sur les achats effectués au moyen de cette carte. « La Carte bleue, par exemple – on l'ignore souvent –, peut, sur demande, se transformer en Crédit bleu. Mais dans ce cas votre signature sur la facture de l'achat réalisé n'implique pas que vous devez régler la note dans le mois qui suit. On vous accorde tous les délais : trois mois, six mois, un an, deux et même plus. » (*Le Nouvel Observateur*, 5. 7. 1976, p. 35, c. 2).

• **Livret bleu**, *loc. nom. masc., mod.* (Vers 1990). Compte bancaire de dépôt sur livret rapportant des intérêts. « Malgré la baisse de leur taux de rémunération, passé en mars de 4,5 % à 3,5 % exonérés d'impôt, les traditionnels livrets A et livret bleu (avec un plafond de 100 000 francs par adulte et par enfant) et le codevi (30 000 francs par adulte) restent donc le moyen le plus simple et le plus rentable de placer une trésorerie courante (les jeunes de douze à vingt-cinq ans ont droit à 4,75 % pour une épargne de 10 000 francs, et les ménages ne payant pas plus de 4 000 francs d'impôt sur le revenu (...)). » (*Le Monde*, 27. 6. 1996, p. 1, c. 4-5 - A. Vernot).

– [*CINÉMA / TÉLÉVISION*]

• **Écran bleu,** *loc. nom. masc.* Couleur bleutée des écrans de télévision ou des ordinateurs. « Prime time. Temps premier ou premier temps, heure fatidique à laquelle le monde tourne autour de l'écran bleu de la télévision, c'est-à-dire entre 20 et 21 h, le moment de la journée où les familles sont censées se réunir pour manger et apprendre les mauvaises nouvelles de la planète. » (Chawki Amari, in *www.elwatan.com/journal/html/2002/11/25/dernier e.htm*). « *Loft story* : acrylique sur bois – 2001. La première fois que j'ai vu des adolescents qui regardaient l'émission de réality show "Loft story", je n'ai pas pu m'empêcher de faire un rapprochement. C'est ce qui a donné ce tableau qui exprime le coté "primate" et la fascination exercée par le "zoo humain" au travers du petit écran bleu de la télévision. » (in *artgonotre.chez.tiscali.fr/loft-story.htm, 2003*). « Il est clair que nous vivons à l'époque de l'image et que celle-ci sous-tend la notoriété et le spectaculaire. Notre capacité d'abstraction n'a peut-être pas totalement disparu, mais comment ne pas voir que la prolifération des "étranges lucarnes" a bel et bien affecté notre capacité de réflexion ? A peine rentrées du travail, des millions de personnes n'ont qu'une priorité : s'étaler sur leur canapé et jouer avec leur télécommande. D'autres passent des heures assises, comme envoûtées, face à l'écran bleu de leur ordinateur et surfent au gré de leurs rêves et de leurs fantasmes.». *(De l'homo sapiens à l'homo videns* M. Pereyra, in *http://dialogue.adventist.org/ articles/ 11_3_pereyra_fp.htm).*

— *Spéc.* Fond de couleur bleue devant lequel sont tournées les émissions ou les films, ce qui permettra de sur-imprimer les images sur n'importe quel décor souhaité. «Normalement, dans les studios virtuels de télévision, pour incruster l'image vidéo d'un présentateur sur un fond de mer paradisiaque avec palmiers et sable blanc, il faut d'abord filmer l'intervenant placé devant un écran bleu (blue screen), détourer son image puis la placer devant le fond souhaité.» (*Le cirque, modèle d'interactivité ?* – C. Bardiot - in *http://www.apresvillenoise.free.fr/plateaux/04revue/4clarisse.htm*).

– [*DROIT, JUSTICE*]

• **Papier bleu**, *loc. nom. masc.* [P. réf. à la couleur bleue du papier dont se servent les huissiers pour enjoindre un débiteur de payer ce qu'il doit ou d'accomplir ce à quoi il s'est engagé] Sommation. *Recevoir du papier bleu. En appos. à valeur d'adj.* « J'ai beau faire, toucher du bois, me signer, éviter l'échelle par en-dessous, j'arrive pas à l'exorciser. Elle me sourit en code pénal, me roule des patins aux bacilles, me fait des caresses au bistouri, m'envoie pour ma fête des bouquets de flicailles, d'huissiers, des billets doux papier bleu. » (A. Boudard, *La Cerise*, 1963, p.14).

– [*DIPLOMATIE / DROIT INTERNATIONAL / ÉCONOMIE POLITIQUE* [P. réf. à la couleur bleue des anciennes couvertures]]

• **Livre bleu**, *loc. nom. masc.* [Dans un système d'opposition notamment à → **livre blanc, jaune, rouge**] ♦ Recueil de documents officiels (diplomatiques, politiques, économiques) relatifs aux affaires étrangères, publié par le gouvernement français. (*Dict. XXe s.*) ♦ ♦ *P. ext.* Recueil de documents publié par un groupe politique, professionnel, etc., ou un individu, pour faire le point sur une question donnée, informer l'opinion publique sur une question d'actualité. « Avant de vous jeter à la mer, consultez le petit livre bleu de la mer Volvo-Penta. » (*Le Point*, 11. 4. 1977, p. 143, c. 2).

– [*ÉNERGIE, ÉLECTRICITÉ, EDF*]

• **Compteur bleu**, *loc. nom. masc., mod.* (Vers 1955). Compteur d'électricité (matérialisé parfois par la couleur bleue, représentative de l'EDF (Électricité de France), plus puissant qu'un compteur normal. « Moune a définitivement perdu le sens et la raison des choses... Elle ne sait plus tout à fait pourquoi l'on vit... ou plutôt, comment l'on vit... Elle avait la notice, mais elle l'a égarée... Alors elle fait appel à moi en toutes circonstances : "Le monsieur de l'électricité est là... et je ne trouve plus mon compteur bleu... ?" » (B. et Fl. Groult, *Il était deux fois*, 1968, p. 48). « J'ai allumé le chauffe-eau d'un coup de briquet. Mais quand Pierrot s'est approché du compteur bleu : – Non, j'ai fait. Pas d'électricité ! » (B. Blier, *Les Valseuses*, 1972, p. 103). *P. métaph.* « Des fois quand y avait trop d'eau dans le gaz et des parasites dans le compteur bleu je traversais le boulevard Raspail (...) et je déboulais en chialant dans les bras de Framboise. » (E. Hanska, *J'arrête pas de t'aimer*, 1981, p. 53).

* *P. méton.*

• **Plan bleu**, *loc. nom. masc., mod.* [Dans un système d'opposition à → **plan rouge, vert, violet**] Plan qui, durant la guerre de 1940-1945, fut mis au point par les Alliés et la Résistance française pour détruire les sources d'énergie (en particulier électriques) sur le territoire français. « "[Le] plan bleu", en vertu duquel seront neutralisées les centrales électriques. Mais il faudra, d'autre part, que les actions locales des clandestins revêtent, au moment voulu, le caractère d'un effort national (...). » (Ch. de Gaulle, *Mémoires de guerre*, t. 2, *L'Unité*, 1956, p. 255).

15. « Les Alliés ont cependant prévu une série d'actions de la Résistance échelonnées dans le temps : le **plan vert**, qui organisait le sabotage des voies de communications routières et ferroviaires ; le **plan violet**, celui des transmissions ; le **plan bleu**, qui s'efforçait de priver l'ennemi de ses sources d'énergie, carburant ou courant électrique ; le plan Bibendum ou "**plan rouge**", qui consistait à harceler les renforts allemands montant vers la tête de pont allié ou, plus simplement, mais avec efficacité, à brouiller les panneaux indicateurs français ou posés par les avant-gardes allemandes sur les itinéraires. » (*Le Monde*, 4. 6. 1994, p. V, c. 2 – J. Planchais).

– [*HISTOIRE DE LA LITTÉRATURE*]

• **Livre bleu**, *loc. nom. masc.* Petit livre broché sous couverture bleue (parfois imprimé sur papier bleu), destiné en particulier à la jeunesse (roman d'aventure, de chevalerie, conte de fées, etc.) et autrefois vendu le plus souvent par colportage. « (...) il acheta à un porte-balle deux de ces petits livres bleus qu'on vendait dans les campagnes : *Le Trésor des laboureurs* et *L'Histoire des quatre fils Aymon.* » (H. Pourrat, *Les Vaillances, forces et gentillesses de Gaspard des Montagnes*, t. 1, *Le Château des sept portes*, 1922, p. 158).

16. « **LES PETITS LIVRES BLEUS DE TROYES.** Ces petits livres fabriqués à Troyes, à la couverture **bleue,** imprimés sur un mauvais papier et mal brochés, sont tirés à 4 000 exemplaires en moyenne. Ils ne coûtent qu'un ou deux sols et sont vendus par colportage. Rédigés par des auteurs anonymes, ils proposent aux lecteurs populaires des sujets très divers qui font une grande part au merveilleux et au surnaturel. Les manuels de la vie pratique, les livres de piété y côtoient les romans de chevalerie, les vies des saints, les contes et aussi des extraits des grands auteurs. Souvent lus à la veillée, ils constituent pour les paysans, artisans et commerçants, le principal accès à la culture écrite. »
(J. Legrand, *Chroniques de la France*, 1987, p. 585).

* *P. méton.* [P. réf. à ces petits livres brochés sous couverture bleue]

• **Bibliothèque bleue**, *loc. nom. fém.* Célèbre collection constituée de ces petits livres bleus. (*Dict. XX*[e] *s.*).

* V. aussi *bibliothèque rose, verte.*

• **Conte bleu**, *loc. nom. masc., vieilli,* Conte pour enfant, récit fabuleux, invraisemblable, à heureux dénouement ; conte de fées (contenu dans les livres bleus, comme ceux de la *Bibliothèque bleue*) ; *p. ext., fig. péj.* discours en l'air ; récit mensonger, sornette. *Synon. plus rare* → **conte violet**. « Mais ce n'est qu'un rêve, médiocre en lui-même et, par ses conséquences, fou. Personne n'a le droit d'exposer la patrie pour un conte bleu. » (Ch. Maurras, *Kiel et Tanger*, 1914, p. CXVI). « Si charmants soient-ils, l'homme croirait déchoir à se nourrir de contes de fées, et j'accorde que ceux-ci ne sont pas tous de son âge. Le tissu des invraisemblances adorables demande à être un peu plus fin, à mesure qu'on avance (...). Il y a des contes à écrire pour les grandes personnes, des contes encore presque bleus. Le merveilleux n'est pas le même à toutes les époques ; il participe obscurément d'une sorte de révélation générale dont le détail seul nous parvient : ce sont les ruines romantiques, le mannequin moderne ou tout autre symbole propre à remuer la sensibilité humaine durant un temps. » (A. Breton, *Premier Manifeste*, 1924, in *Les Manifestes du Surréalisme*, 1942, p. 31). « Qui refera l'histoire À son usage Pour que la vie reparte En contes bleus ? » (H. Cadou, *Pourquoi la vie ?*, in *En ce visage l'avenir*, 1977, p. 52).

— [*INFORMATIQUE*] « *BLEU*. Se dit des produits d'IBM, d'après la couleur du logo de cette entreprise. Se dit aussi des produits conçus pour les systèmes IBM par des sociétés tierces ». (in *http://www.tout-savoir.net/lexique.php?rub=definition&code=1011*).

• **Écran bleu,** *loc. nom. masc.* Couleur de l'écran d'ordinateur [sous Windows-Microsoft] lorsqu'un problème de « bogue » survient. «C'est quand même incroyable ces écrans bleus... Imaginez si votre voiture se comportait de la sorte, et s'arrêtait brutalement de fonctionner de temps en temps...). (in *http://perso.club-internet.fr/victorg/ameliore.w9x/stopbleu.htm*, 2001).»Salut a tous, depuis quelques temps, depuis changement de config en fait, j'ai des ecrans bleus avec IRQL NOT LESS OR EQUAL et vidage memoire et tout le toutim !!!!!!!!!» *(http://www.hifocus.net/phpBB /Viewp100729.html*,17.11. 2003). « Comment ne plus avoir le fatal écran bleu ("the BSOD") quand Windows plante ? Ca ressemble à une blague : en changeant la couleur !! Plus sérieusement, éditez le fichier system.ini et sous la rubrique [386Enh] tapez les deux lignes suivantes :nMessageBackColor = * MessageTextColor= * (in *http://www.linux-france.org/prj/jargonf/E/eaccran_bleu.html.*).

* On dit encore *Blue Screen Of Death. L'écran bleu de la mort* qui indique que votre Windows vient probablement de « planter ».
** On dit aussi, en «version française» *écran Citroën* pour *écran bleu.*

– *PHARMACIE*

• **Vignette bleue**, *loc. nom. fém.* (v.*) [P. opposition à → **vignette blanche**] Vignette de la sécurité sociale, concernant les médicaments dits « de confort », non remboursés en totalité par la Caisse Primaire d'Assurances Maladie (CPAM) (à 35 % depuis le 1er août 1993, à 40 % auparavant), la part complémentaire étant remboursée seulement à certains assurés selon leur niveau de revenus.

17. « **Vignette bleue, carton rouge** (...). Les technocrates, les énarques, les politiques, ceux qui gouvernent en général (...) un produit comme celui-là (un vasodilatateur), ils appellent ça plutôt un "médicament de confort". Le joli nom ! (...) Les médicaments à **vignette bleue** sont remboursés à 40 % mais ils peuvent être pris en charge à 100 % à la demande de l'assuré si ses ressources annuelles n'ont pas dépassé 82.430 F en 1986 pour une personne seule ou 123.645 F pour un couple et si ces médicaments sont bien prescrits pour le traitement d'une affection de longue durée. »
(*L'Est Républicain,* 4. 5. 1987, p. 416, c. 4).

* Instauré à la Libération, dès les débuts de la Sécurité Sociale.

– [*POSTES / TÉLÉCOMMUNICATIONS*]

• **Papier bleu**, *loc. nom. masc.* [P. réf. à la couleur bleue du papier utilisé pour les télégrammes] Dépêche, pneumatique, télégramme. *Synon. cour.* → **(petit) bleu**. « Avant de leur donner le papier bleu, tu leur dirais en patois : "Père Godard, il y a une mauvaise nouvelle pour vous". Puis tu attendrais un peu... tu attendrais qu'ils te questionnent, et tu leur donnerais le papier bleu le plus tard possible. » (J. Romains, *Mort de quelqu'un,* 1911, p. 40). « En lisant le télégramme, je croyais à une farce. Je tenais le récepteur d'une main, j'entendais Tantz qui continuait de coasser dans l'appareil, je tournais le papier bleu dans tous les sens : "Père malade, vous réclame". Je déchiffrais les inscriptions de la poste, Strasbourg, hôpital. » (R. Vrigny, *La Nuit de Mougins,* 1963, p. 34).

– [*POSTES / TÉLÉCOMMUNICATIONS / TRANSPORTS* (*AVIATION, SNCF,* etc.)] [P. réf. à la couleur bleue de leur représentation visuelle sur les dépliants tarifaires, les calendriers voyageurs, etc.] [Dans un système d'opposition notamment à → **rouge** (plein tarif) ; en parlant d'une période de temps, d'un voyage] *Mod.* (Vers 1970). Pendant laquelle/lequel les usagers peuvent bénéficier de tarifs réduits maximum. *Jour, trajet bleu ; heure bleue.*

18. « Contrairement aux compagnies de ferries, qui proposent une myriade de tarifs différents chaque jour (...) *Eurotunnel* (...) va privilégier la simplicité. À savoir : quatre **périodes tarifaires** dans l'année (**bleue**, **blanche, rouge** et **o**r), pendant lesquelles le coût de la traversée reste inchangé, de jour comme de nuit, quel que soit le nombre de passagers à bord du véhicule (de 1 à 16). Deux concessions à cette règle : une réduction de quelque 35 % en automne et en hiver pour une excursion de cinq jours maximum et un tarif spécial découverte (1 100 francs) en juin et juillet pour une escapade de deux jours. »
(*Le Point,* 15. 1. 1994, p. 42, c. 1-2).

19. « Le calendrier comporte trois **périodes : bleue, blanche** et **rouge.** Choisissez de préférence les **jours bleus** pour voyager plus confortablement et à des prix particulièrement avantageux. »
(*Calendrier Voyageurs, SNCF, Grandes lignes,* sept. 1993-mai 1994).

* [*AVIATION* (*AIR-INTER*)]

• **Vol bleu**, *loc. nom. masc.* [Dans un système d'opposition notamment à → **vol blanc, rouge**] Vol durant lequel sont accordés aux usagers des tarifs et des conditions particulièrement avantageuses. « Par les vols bleus, avec un billet "week-end à Paris", vous vivrez l'événement sportif, culturel, ou même personnel de votre choix en étant l'invité d'*Air Inter* pour deux nuits d'hôtel, petit déjeuner compris. » (*Le Point*, 26. 4. 1976, p. 98, c. 1). « L'un de vous deux (dans un couple) doit se déplacer pour des raisons professionnelles et a réservé sa place sur un vol bleu d'*Air Inter.* Sur le même vol bleu, l'autre ne paiera que la moitié du tarif normal. » (*Le Nouvel Observateur*, 26. 2. 1979, p. 23, c. 1).

20. « Et de la même façon qu'*Air Inter* offre à ses clients des **vols bleus**, **blancs** ou **rouges** (plus ou moins chers selon l'heure des avions et leur fréquentation), la *SNCF* a mis à l'étude la possibilité de tarifs différenciés pour les trains particulièrement recherchés ou, au contraire, délaissés par les voyageurs. » (*Le Point,* 29. 1. 1979, p. 49, c. 1).

– [*SIGNALISATION ROUTIÈRE.* Dans un système d'opposition à d'autres couleurs, notamment à → **blanc, jaune, orange, rouge, vert ;** *bleu* a une simple valeur de signalisation ou connote une autorisation dans certaines conditions]

• **Zone bleue**, *loc. nom. fém., mod.* (1957, *infra*). Quartier d'une ville où le stationnement est autorisé pendant une durée déterminée (généralement 1 heure) signalé par un panneau bleu. « Dans quelques jours à Paris, le "Disque" de stationnement dans la "zone bleue". » (*L'Aurore*, 9. 10. 1957, in *DDL. 20*) « Quand elle a acheté sa première voiture, une Simca décapotable d'occasion, elle avait si peur que c'est moi qui la lui ai sortie du garage. Par la suite, je la lui changeais de place quatre ou cinq fois par jour en zone bleue. » (S. Japrisot, *La Dame dans l'auto avec des lunettes et un fusil*, 1966, p. 44).

– [*SPORTS*]

* *FOOTBALL*

• **Carton bleu**, *loc. nom. masc., mod.* (1995, *infra*). [Dans un système d'opposition à → **carton rouge, jaune** (couleurs des fautes et des sanctions)] Carton (de couleur bleue) correspondant à un certain nombre de points, attribué à un joueur, un dirigeant, etc., en récompense d'un jeu fair-play et donnant à l'équipe, au club, des avantages sportifs et financiers.

21. « POUR FAVORISER LE "BEAU JEU". NAISSANCE DU **"CARTON BLEU".** Après les **cartons rouge** et **jaune**, le **carton bleu** va faire son apparition ce week-end sur les terrains, lors du septième tour de la Coupe de France, afin de promouvoir le "beau jeu et le beau geste". À chaque match de cette compétition, l'arbitre, les deux juges de touches et le délégué principal accorderont des points pour le comportement des joueurs, du banc de touche et des dirigeants. Les fautes sanctionnées pendant le match (avertissements et exclusion) viendront diminuer ce score. À chaque tour, un classement sera établi. Pour inciter les équipes à adopter une attitude "fair-play", le président de la Fédération française de football, Claude Simonet, a annoncé hier, (...) que (...) le club qui devance l'autre à ce classement obtiendra le bénéfice du terrain (...). À cette récompense sportive viendront s'ajouter des dotations (50 000 F pour le premier, 30 000 F pour le deuxième) au profit des équipes de jeunes ou des centres de formation des clubs. De plus, un prix spécial **"carton bleu"** récompensera à la fin de cette compétition le club amateur ayant obtenu le plus grand nombre de points. Celui-ci recevra une dotation de 50 000 F et sera exempté des quatre premiers tours de la Coupe de France la saison prochaine. LE SYSTÈME DE COTATION. Lors de chaque rencontre de Coupe de France (jusqu'aux quarts de finale), chaque équipe se verra attribuer des notes selon le barème suivant : comportements des joueurs, de 0 à 15 points ; – comportement du banc de touche, de 0 à 10 points ; – comportement des dirigeants, de 0 à 5 points. Pour les championnats des moins de 15 ans et moins de 17 ans, la notation est la suivante : – acceptation des règles de l'arbitrage, de 0 à 8 points ; – comportement du banc de touche et de l'encadrement, de 0 à 7 points ;– respect de l'arbitre, de 0 à 4 points ; –

respect de l'adversaire, de 0 à 3 points ; – beau geste sportif, de 0 à 3 points. Dans les trois cas, les sanctions infligées viendront diminuer le total de chaque équipe selon le tarif suivant : – **carton rouge**, 5 points ; – **carton jaune**, 2 points. » (*La Nouvelle République du Centre-Ouest,* 1. 12. 1995, p. A. Sports, c. 4, 5, 6).

* *SKI*

• **Piste bleue**, *loc. nom. fém.* (1932, *infra*). [Dans un système d'opposition notamment à → **piste noire, rouge, verte ;** *bleu* connote une moindre difficulté, voire la facilité.] Piste classée dans la catégorie des pistes à la portée des personnes peu expérimentées. « La piste des Bossons (bleue) qui, en une excursion de 3 h. environ combinera, pour le skieur moyen, les plaisirs du ski en forêt et les joies du ski de glacier (...). » (*La Revue du ski,* n° 1, janv. 1932, p. 6, in *DDL 36*).

22. « Long parcours nouveau qui emprunte la **piste verte** jusqu'à la sortie de la Combe, puis un raccourci original qui constitue le passage le plus difficile, point critique de la course, rejoint la **piste bleue** que l'on suit jusqu'au bout, jusqu'à la route. »
(*La Montagne,* n° 336, avr.-juin 1947, p. 28, in *DDL 36*).

– [*TOURISME*]

• **Guide (s) bleu (s)**, *loc. nom. masc.* [P. réf. à la couleur de la couverture] ♦ [Dans un système d'opposition à → **guide rouge**, **guide vert**] Nom déposé (par Hachette) d'une série de guides, d'ouvrages descriptifs d'une région, d'un pays, à l'usage des voyageurs, des touristes. *Au sing.* ou *au plur., avec* ou *sans maj.* Ouvrage appartenant à cette série. « L'émotion le gêna au lieu de l'aider. Il hésita pour les premiers mots, qui furent plaisantins, ou banalement lyriques, ou non moins banalement extraits des "guides bleus". – Cela me paraît drôle de t'appeler "Mon révérend père"... As-tu aisément trouvé le sanatorium ?... Tu es venu par Sion, Martigny, Aigle ? (...) » (J. Malègue, *Augustin ou le Maître est là,* 1933, p. 455). « 4 janvier. – Lu avec plaisir mêlé d'une indicible tristesse quelques pages d'un guide de Paris, un "guide bleu". Il y a des noms qui semblent nous arracher à ce continent où nous sommes et nous transporter là-bas, sur les rives de la Seine. » (J. Green, *Journal,* t. 3, 1943, p. 182). « (...) les lecteurs des Guides bleus (...) voyagent bien sûr par goût de l'aventure, du dépaysement (...). » (*Le Monde,* 2. 4. 1983, p. 11, c. 6). ♦ ♦ *Au fig., fam.* **Guide bleu de** + *subst.* (*abstrait*), *mod.* (1976, *infra*). *Le plus souvent dans un contexte littér.* « S'agit-il d'un roman (*Les déclassés* de J.-Fr. Bizot) ou du Guide bleu de la révolte tous azimuts ? » (*Le Point,* 27. 9. 1976, p. 156, c. 3 - Fr. Nourissier). « Pour Saint Bris, "Notre société sécrète le romantisme aussi naturellement que le poirier donne des poires". Son livre est le "Guide bleu" du romantisme absolu. Une "forêt de symboles" : son "lac des signes". » (*Le Point,* 18. 12. 1978, p. 116, c. 3 - S. Mignon). « À l'heure où les grandes utopies battent de l'aile, c'est donc le guide bleu de l'innovation sociale que nous vous proposons ici. La ville est le meilleur terrain d'expérimentation possible. » (*Le Nouvel Observateur,* 18. 2. 1983, p. 53, c. 1 - Fr.-O. Giesbert).

b) [En parlant d'un emblème, d'un élément vestimentaire, d'un vêtement, etc. ; *p. méton.,* en parlant d'une personne, d'un groupe de personnes, d'une institution]

α) *Drapeau bleu ; manteau, pantalon bleu* (→ **blue(-)jean, jean)** *robe, layette bleue* (→ **layette**).

– [*P. méton.,* en parlant d'une personne, d'un groupe de personnes, vêtue(s) de bleu en tout ou partie]

• **Les hommes bleus**, *loc. nom. masc. plur.* [P. réf. aux voiles en coton bleu, teints à l'indigo (qui, neufs, luisent et déteignent comme du papier carbone) dont les populations du Mali, du Niger et du Sahara, s'enveloppent couramment la tête et le corps ; p. réf. aussi à la couleur bleutée de leur peau due à l'empreinte déteinte de ces voiles]. Les Touaregs, population de langue berbère, autrefois nomades, tendant, de nos jours, à se sédentariser (→ **touareg**). « Sans chèche, le targui est un homme nu. Il le porte à plein temps, cache encore plus son visage en marque de respect. Si sa coiffure et sa large robe sont habituellement bleus c'est parce que l'indigo, qui déteint sur la peau et vaut aux Touaregs le surnom d'hommes bleus, les protège du soleil. Mais il y a aussi, affaire de goût, de circonstances ou de régions, des Touaregs au chèche blanc, noir, brun, violet, vert sombre. » (*Grands Reportages,* mai 1992, n° 124, *Touareg. De la méharée à l'ordinateur,* p. 154, c. 2-3).

* Les voyageurs arabes les désignent sous le nom de *Ahl al-lithâm :* « Les gens du voile ».
** V. aussi *infra* 1re SECTION. *ADJECTIF.* I. B. 2. *P. ext.* [En parlant du teint d'une personne]

– *P. méton.*

• **Bas(-)bleu**, *loc. nom. masc.* [Calque de l'angl. *Blue Stocking.* Le terme a pris naissance dans l'entourage de Mme Montague, femme de lettres dont le salon était fréquenté, vers 1750, par un certain B. Stillingfleet, auteur à succès qui portait des chaussettes de laine bleue au lieu des bas de soie noire de rigueur à l'époque et qui fut bientôt imité par les personnes des deux sexes fréquentant ce salon. D'où le nom de *Blue Stocking Club, Club des Bas Bleus* donné *par iron.* à ce salon et celui de *Bas (-) Bleus* à ses habitués. En fr., *bas (-) bleus* s'est d'abord employé dans un contexte angl. Qualifiant à l'origine, tous les habitués des salons littéraires, toutes personnes se piquant de littérature, le terme s'est peu à peu cantonné à une population exclusivement féminine !] *Péj.* Femme de lettres, ridicule et pédante. « Elle avait protesté et elle s'était piquée : elle ne voulait pas que sa meilleure amie eût l'air d'un bas-bleu disgracié (...). » (S. de Beauvoir, *Mémoires d'une jeune fille rangée,* 1958, p. 288).

23. « Dans certains mémoires écrits par une femme et considérés comme un chef-d'œuvre, telle phrase qu'on cite comme un modèle de grâce légère m'a toujours fait supposer que pour arriver à une telle légèreté l'auteur avait dû posséder autrefois une science un peu lourde, une culture rébarbative, et que jeune fille, elle semblait probablement à ses amies un insupportable **bas bleu**. »
(M. Proust, *Le Côté de Guermantes 1,* in *À la recherche du temps perdu,* 1920, p. 186).

24. « (...) un panier percé qui donne des leçons de pyrogravure, de piano et de diction pour ne pas mourir de faim aura beau chercher par tous les moyens à redoubler de dignité (...) lire les encyclopédistes, déclamer du Victor Hugo, susurrer du Lamartine, en un mot, se donner des airs de **bas-bleu**, comme si elle était à elle seule à la fois Cléopâtre, la Sainte Vierge, Jeanne d'Arc, Mme de Genlis, George Sand et Sarah Bernhardt, comment veux-tu que des parents dignes de ce nom confient leurs enfants à la mère d'un meurtrier. »
(R. Crevel, *Le Roman cassé,* 1935, p. 40).

♦ *En appos. à valeur d'adj. Femme bas (-)bleu.* « Et à côté de cet idéal de rongeur intellectuel, une sensualité de fille, mais de fille bas-bleu : car chez lui, tout était ou devenait littéraire. » (R. Rolland, *La Foire sur la place,* in *Jean-Christophe,* 1908, p. 746). « (...) ces dames bas-bleu, "esthétiques", artistes-amateurs, qui donnent des thés, bâclent des bouquins, et dont les filles composent des poèmes, forment un album d'autographes ! » (J.-E. Blanche, *Mes modèles,* 1928, p. 176).

β) *En partic.* [Le bleu, clair ou foncé (des emblèmes, des vêtements, des décorations, etc.) comme couleur caractéristique ou symbolique]

– [de l'histoire de la religion catholique ; le bleu lumineux (intense ou pâle) étant la couleur (en association avec le blanc) des vêtements de la Vierge Marie et du Christ dans leur représentation, notamment picturale (→ **blanc, (Sainte) vierge** ; v. aussi *infra* 3e SECTION. 1. *SUBST. MASC.* I. B. 2. b) ß) la couleur bleue comme marque de la dévotion à la Vierge Marie] *Ceinture, voile bleu de Marie, manteau bleu du Christ.* « La grotte de Lourdes fut longtemps ce qu'Armand imagina de plus beau sur la terre, avec sa vierge au manteau bleu. » (L. Aragon, *Les Beaux quartiers,* 1936, p. 54).

25. « Et pourquoi, je vous prie
Ne dormirais-je pas
Quand la vierge Marie
M'ombrage de son bras ?
Les pauvres sont ses hôtes
Dont la mère de Dieu
Ensevelit les fautes
Sous son grand **manteau bleu**. »
(P. Claudel, *Une nuit de novembre,* in *Visages radieux,* 1947, p. 820).

* L'azurite, appellée encore *lapis-lazuli* ou *outremer,* pierre fine, très rare, d'un bleu d'azur, qui, broyée, produit une matière colorante d'un bleu intense, fut longtemps réservée à la représentation picturale du manteau de la Vierge. V. ce mot et → **lapis (-lazuli), outremer / outre-mer**.

** Le bleu était autrefois associé au deuil et, pour M. Pastoureau, le manteau bleu de la Vierge est la marque du deuil christique.

*** Le bleu est la couleur associée à d'autres êtres d'essence divine, les anges, dont les ailes sont fréquemment représentées en bleu, concuremment au blanc, comme en attestent les divers arts : peinture, littérature et cinéma : « La dévotion semblait plus douce et renouvelée. Sœur Perpetua de sa fenêtre voyait passer le ciel, ce grand ange bleu, sur la cour des cloîtres dans laquelle le silence a élu sa demeure, et plus loin sur les arbres du jardin de buis, de fleurs du Seigneur, de fruits et de légumes, où la lumière est gaie, claire, sans personne. » (P.-J. Jouve, *Paulina 1880,* 1925, pp. 181-182).

L'Ange bleu est le titre d'un film allemand (1930) de Sternberg, mettant en scène le type parfait de la vamp, interprétée par Marlène Dietrich ; il est aussi le surnom donné à son interprète. « Sternberg dans l'Ange bleu, l'avait rendue originale [Marlène], l'avait aidée à amplifier sa personnalité, la faisant jouer de tout son être, des jambes comme des yeux. » (*Arts et littératures dans la société contemporaine,* t. 2, 1936, p. 3406). « En face de lui, posée sur le bord de la commode aux cartes, une brunette au nez pointu, jambes croisées, mains sur les hanches, la pose de Marlène dans l'Ange bleu, exécutait quelques numéros comiques. » (J.-P. Chabrol, *Je t'aimerai sans vergogne,* 1967, p. 131). « Du premier au dernier plan, "Morocco" est aussi rond, aussi parfait qu'une perle. Comme celles que Marlène laisse glisser au soir de ses fiançailles. Elle vient d'être l'Ange bleu et fera encore cinq films avec ce même réalisateur [Josef von Sternberg]. » (*Télé Obs.*, 7. 3. 1996, p. 8).

Ange bleu fait partie du lexique des couleurs des catalogues-VPC, antérieurs à notre corpus 1985-2003. Vivace encore en 1978, notamment dans *La Redoute,* pour traduire le bleu clair. *Bleu des anges* est attesté dans *The Pantone® Book of Color* pour désigner aussi le bleu clair, ainsi qu'un autre terme à réf. religieuse, pour traduire le bleu : *bleu de crèche*, qui fait certainement référence au manteau bleu qui enveloppe Marie, après la nativité.

– [de la royauté ; le bleu saturé, lumineux étant la couleur des armoiries des rois de France (fleurs de lis sur champ d'azur), puis des vêtements royaux (→ **roi**)] *Manteau bleu de sacre, du roi.* « Le bleu devient rapidement, entre la fin du XIIe siècle et la fin du XIIIe, couleur royale d'abord en France, puis dans une large partie de l'Occident. (...). La résistance vient surtout des pays germaniques où le rouge, couleur de l'empereur, fait pendant quelques siècles encore concurrence au bleu dans le rôle de couleur du pouvoir monarchique. Aujourd'hui cependant le rouge semble être définitivement vaincu : comme l'ont montré différents tests, la plupart des enfants européens devant dessiner un roi le dotent d'une couronne jaune et d'un vêtement bleu. » (M. Pastoureau, *Et puis vint le bleu,* in *Figures et Couleurs,* 1986, p. 18).

– [de la France ; le bleu étant la couleur des anciens emblèmes et vêtements monarchiques français et l'une des composantes du drapeau tricolore national (→ **bleu(-)blanc(-)rouge**) ; le bleu est, dans le domaine du *sport,* la couleur des vêtements de l'équipe de France (Football, rugby, etc.) (v. *infra* 3e SECTION. 1. *SUBST. MASC.* I. B. 3. a)) (→ **France**)] *Maillot bleu de footballeur, de rugbyman.*

• **Drapeau bleu-blanc-rouge**, *loc. nom. masc. Synon.* **drapeau tricolore** (→ **bleu(-) blanc(-)rouge, tricolore**).

* *Trois couleurs. Bleu.* Film de Kieslovski, sorti en 1993, faisant partie d'une trilogie – les deux autres films étant *Blanc* et *Rouge* – par réf. aux trois couleurs du drapeau français, le bleu symbolisant, pour Kieslovski, la liberté, le blanc l'égalité, le rouge la fraternité « Kieslovski (...) était dans un nouveau projet fou : l'écriture, avec son coscénariste habituel, l'avocat Krzystof Piesiewicz, d'une trilogie "autour, dit-il (...) de ces trois idées dont on parle beaucoup, la liberté, l'égalité, la fraternité, symbolisées par les trois couleurs du drapeau français" ». Aujourd'hui sort le premier volet de ce triptyque : « "TROIS COULEURS BLEU ". (...) Dix versions de "BLANC" ont été montées. Pour "ROUGE", tout est ouvert. On verra les deux films au printemps prochain. » (*Le Point*, 11. 9. 1993, pp. 88-89 - M.-P. Leclère).

– [de grandes institutions internationales : Conseil de l'Europe, O.N.U., etc. [P. réf. au drapeau bleu clair pris pour emblème de ces institutions, cette nuance, considérée comme la plus neutre et la plus pacifique, étant prise comme symbole de la paix] « Les drapeaux de l'O.N.U. et de la Communauté européenne sont bleus, couleur reconnue par toutes les nations comme dénuée de toute nuance agressive et acceptée pour sa parfaite neutralité. » (Cl. Gagnière, *Des Mots et Merveilles,* 1994, p. 200).

* Le choix du drapeau de la Communauté Européenne s'est effectué, après de nombreuses années de réflexions (de 1948 à 1955), où de multiples propositions (un fonds d'une centaine de dessins a été constitué pour l'occasion) ont été élaborées et soumises à approbation des plus hautes autorités (du Conseil des Ministres au Conseil de l'Europe) et fut annoncé le 8 déc. 1955. « Dans *Le Monde* du 19/02, le rédacteur de la rubrique *Philatélie* décrivait le timbre consacré à l'Europe, ajoutant « le drapeau bleu aux douze étoiles – autant que d'États membres » ce qui laisse supposer qu'un lien existe entre le nombre d'États et le nombre d'étoiles. Il ne s'agit là que d'une coïncidence toute provisoire d'ailleurs. En effet, le choix du drapeau actuel date du 25 octobre 1955. Ce jour là, l'Assemblée Consultative du Conseil de l'Europe vota un contre-projet recommandant l'adoption du drapeau dont héritèrent la CEE, puis l'Union Européenne, drapeau à douze étoiles d'or en cercle. Bien avant l'Europe des Douze et même des Six, ce nombre apparut comme le symbole de la « plénitude et de la perfection ». Les douze étoiles resteront donc douze lorsque les trois prochains candidats auront rejoint le peloton pour former l'Union des Quinze. » (*Le Monde*, 12. 3. 1994, p. 2, Rubrique *Courrier* - J. Waser, Noisy le Roi (Yvelines)). « Pour compléter le courrier de M. Jo Waser de Noisy Le Roi, au sujet du drapeau européen, je tiens à vous donner une précision supplémentaire. Le visiteur de la cathédrale de Strasbourg peut voir, dans l'abside du chœur, un vitrail du maître-verrier Max Lugrand, offert par le Conseil de l'Europe. Il représente la Vierge de Helkenheim, protectrice de la ville. Elle est vêtue du manteau bleu azur et porte la couronne aux douze étoiles d'or, symbole de plénitude et de perfection. Le Conseil décida donc que le symbole de l'Europe de l'Ouest serait : "d'azur aux douze étoiles d'or posées en couronne"... Par opposition aux symboles de l'Europe de l'Est : drapeau rouge, étoile rouge, faucille et marteau. (Nous étions en 1955 !). » *(Le Monde*, 19. 3. 1994, p. 2, Rubrique *Courrier* - P. Marvyle, Hérouville-Saint-Clair (Calvados)).

♦ [le bleu représente aussi l'Europe en emblématique sportive, dans la série des anneaux olympiques] « La série des cinq anneaux, symbolisant les cinq continents et donc l'universalité du mouvement olympique, fut définitivement adoptée entre 1912 et 1914 et flotta pour la première fois sur le drapeau olympique aux jeux d'Anvers, en 1920. Trois couleurs semblent avoir été choisies en vertu de considérations ethniques (faut-il dire "racistes" ?) : le noir pour l'Afrique, le jaune pour l'Asie, le rouge pour l'Amérique. Deux autres sont plus délicates à interpréter. Le bleu, qui est associé à l'Europe – choisir le blanc, selon le principe ayant prévalu pour les trois anneaux précédents, aurait peut-être été perçu comme une provocation – est sans doute un bleu historique et culturel : c'est celui de la civilisation occidentale, celui dont les Musulmans (depuis le Moyen Âge) et les Extrême-Orientaux (depuis le XVIe siècle) ont fait la couleur symbolique des Chrétiens ; c'est aussi celui dont la culture européenne a progressivement fait sa couleur préférée et la première des couleurs (depuis le XVIIIe siècle au moins) dans bon nombre de codes et de systèmes sociaux ; c'est enfin celui qui, plus tard, prendra place dans le drapeau du Conseil de l'Europe et dans les emblèmes de la plupart des institutions européennes. Il ne faut donc pas s'étonner que, dès avant la Première Guerre mondiale, l'Europe soit associée à la couleur bleue. » (*Pastoureau-Dict. des couleurs 1992*, pp. 137-138).

* *P. méton., langue journalistique*

♦ [*Bleu* connote l'Europe. *ÉCONOMIE / GÉOPOLITIQUE*]

• **La banane bleue**, *loc. nom. fém., mod.* (Vers 1990). Zone internationale regroupant des régions appartenant à divers pays européens de la C.E.E. (Communauté Économique Européenne – appelée depuis 1996 Union Européenne (U.E.)). « La métropole lilloise est sur les franges de la "banane bleue", cette constellation urbaine des grandes agglomérations européennes. » (*Le Point*, 18. 9. 1993, p. 76, c. 1 - M. Lambron.).

26. « *Le mystère de* ***la banane bleue*** (...). Rares sont ceux qui voient le côté prioritaire et urgent d'un TGV reliant la capitale de la France à l'une des capitales de la CEE. Strasbourg, Bruxelles, Luxembourg. Trois villes qui appartiennent à **la** fameuse **banane bleue** des géographes et des économistes. **Bleue,** on ne sait trop pourquoi. Mais elle a bien la forme d'une banane, l'immense région qui part du Sud-Ouest de l'Angleterre, se joue de la Manche comme des Alpes et des frontières, englobant Lille, Bruxelles, Luxembourg, les Pays-Bas, la Ruhr et le Rhin, la Suisse et le nord de l'Italie. »
(*La Vie du rail*, 6-12. 2.1992, p. 17, c. 2 - Fr. Dumont et M. Lomazzin).

* La langue française se plait parfois à associer de manière surprenante une couleur et un référent de couleur différente (bleu / jaune ; bleu / orange. Outre *banane bleue* associant le bleu et le jaune, on note encore *bleu citron*. « En haut d'une tour métallique, les yeux bleu citron d'un monstre s'allument. plusieurs machines subalternes communiquent entre elles par signaux électroniques. » (J. Vautrin, *La Vie ripolin*, 1986, p. 138). *Bleu Citron* a été donné comme nom à plusieurs associations, entreprises et sites internet (*Textes et nouvelles littéraires, agence conseil en communication graphique*, site d'une émission de jazz à la radio, hotel à Marrakech...). Sans oublier, bien sûr, la formule magique de Éluard : « la terre est bleue comme une orange ».

♦ [*Bleu* connote l'O.N.U. ; *p. méton.*, en parlant d'une personne, d'un groupe de personnes [*GÉOPOLITIQUE*]]

• **Casque (s) bleu (s)**, *loc. nom. masc., mod.* (15. 7. 1960, *Le Monde*, in *DDL 25*) [P. réf. au casque de couleur bleu clair porté par les soldats des contingents ainsi dénommés] *Généralement avec une maj.* ♦ *Au plur.* Force d'intervention de l'*Organisation des Nations Unies* (O.N.U., créée le 24 oct. 1945 pour remplacer la *Société des Nations*), constituée par des contingents nationaux (appartenant aux diverses nations qui ont accepté de remplir les obligations prévues par la Charte des Nations Unies – 1960) qui ont pour mission de sauvegarder la paix et la sécurité mondiale et ont des fonctions d'observation et d'interposition entre adversaires potentiels. *Synon. force de maintien de la paix, force de paix (onusienne), force de protection de l'O.N.U., Forpronu.* « Selon le nouveau programme, les casques bleus compteraient douze bataillons d'infanterie, un bataillon de soutien logistique et 500 policiers. (...) » (*L'Est Républicain*, 15. 2. 1992, p. 640, c. 4-5). ♦ ♦ *Au sing.* ou *au plur.* Soldat(s) appartenant à ces forces d'intervention. *Synon. fam. soldat(s) de la paix.* *Mort d'un Casque bleu à Sarajevo.* « Après l'annonce que le secrétaire général de l'ONU, Boutros Boutros-Ghali avait l'intention de recommander au Conseil de Sécurité le déploiement de quelque 10 000 "casques bleus" en Yougoslavie, trente et un pays ont été contactés pour fournir les contingents de la force de maintien de la paix. » (*L'Est Républicain*, 15. 2. 1992, p. 640, c. 3). « Trente trois officiers serviront à l'état-major général du contingent de Casques bleus à Sarajevo, la capitale de la Bosnie-Herzégovine. » (*La Nouvelle République du Centre-Ouest*, 11. 3. 1992, p. C, c. 7). ♦ ♦ ♦ *P. ext.* **Casque bleu de (qqc.)**, *mod.* (1981, *infra*). *Avec ou sans maj. Le plus souvent au plur.* Défenseur de la paix n'appartenant pas à l'O.N.U. ; défenseur de (qqc.), dans un domaine quelconque. « Quant aux négociations soviético-américaines sur la limitation des armes anti-satellites, elles sont interrompues depuis plus de deux ans. Reste la proposition française (...). Mais que feraient les "casques bleus de l'espace", désarmés, contre les satellites tueurs des deux superpuissances ? » (*Le Point*, 18. 4. 1981, p. 95, c. 3).

27. « Mais comment acheminer les vêtements, les vivres et les médicaments dans les pays pauvres lorsqu'on sait que le blé pourrit sur les quais des grandes métropoles du quart monde ? Encore une idée bizarre des radicaux italiens, apparemment impossible à réaliser, et pourtant simple : "Pourquoi ne pas organiser une opération militaire avec des sortes de **Casques bleus de la faim ?**". Décidément, cet homme [Marco Pannella] déraisonne. »
(*Le Nouvel Observateur*, 5. 9. 1981, p. 30, c. 4).

28. « Mots venus de l'armée : "briefing du client" ou la descendance de la fusée porteuse : "projet porteur, créneau porteur, mère porteuse" et autres vecteurs plus ou moins smart ("porteur sain"). Sans oublier les **"casques blancs" des manifestations** ou les **"casques bleus" de l'audiovisuel** (Jack Lang). »
(*Le Nouvel Observateur*, 23. 1. 1987, p. 80, c.1).

– [de diverses institutions]

* [de divers corps de l'armée française (notamment des Poilus de 1914-1918 dont l'uniforme était de couleur bleu clair (*bleu (-) horizon*) et des hussards dont l'uniforme était bleu très foncé, presque noir (→ **horizon** (**bleu (-) horizon**), **hussard**) ; en parlant d'un uniforme et *p. méton.*, en parlant d'un soldat, d'un groupe de soldats, vêtu(s) de l'uniforme bleu de ces corps d'armée] *Habit, uniforme bleu de l'infanterie ; hussard, soldat bleu.* « (...) rues éclairées par un pâle soleil d'hiver et tachées par les capotes bleues des soldats qui ne sont pas encore démobilisés (....) ». (A. Malraux, *Les Conquérants*, 1928, p. 49). « (...) le troupeau bleu des soldats français glisse à la crête des herbes, vers les collines et la fumée. – À l'abattoir ! » (J. Giono, *Le Grand troupeau*, 1931, p. 257). « C'est trop court, trop long, usé, poisseux, humide, troué... ça sent le rance, l'urine, la crasse... On réalisera tout à l'heure. L'homme en uniforme bleu est pressé, faut faire fissa, enfiler sans discussion l'habit qu'on vous donne. L'auxiliaire déploie votre paquetage qui arrive de la division. » (A. Boudard, *La Cerise*, 1963, p. 324).

29. « Un grouillement de **capotes bleues,** de **pantalons rouges,** de **tuniques feldgrau** (...). »
(R. Martin du Gard, *Les Thibault, L'Été 1914*, 1936, p. 685).

♦ *P. méton., fam.*

• **Capote bleue**, *loc. nom. fém.* Soldat ; Poilu de 1914-1918.

30. « Des morts, il y en avait partout : accrochés dans les ronces de fer, abattus dans l'herbe, entassés dans les trous d'obus. Ici des **capotes bleues**, là des **dos gris.** On en voyait d'horribles dont le visage gonflé était comme recouvert d'un masque épais de feutre **gris**. »
(R. Dorgelès, *Les Croix de bois*, 1919, p. 205).

♦ [de la marine de guerre ou marine marchande ; en parlant d'un vêtement, et *p. méton.*, d'un marin vêtu de bleu foncé (→ **marine**)] *Costume, tenue, uniforme bleu de marin ; marin bleu.* « (...) deux matelots en tricot bleu. » (P. Mille, *Barnavaux et quelques femmes*, 1908, p. 273). « Elle (...) s'en alla valser aux bras du matelot bleu, qui dansait comme font les garçons ici, c'est-à-dire sans paroles, lié à sa danseuse d'une étreinte étroite et impersonnelle (...). » (Colette, *La Naissance du jour,* 1928, p. 61).

• **Col bleu**, *loc. nom. masc.* ♦ Col de l'uniforme de la marine nationale à large rabat bleu et à galon blanc (uniforme d'hiver), à large rabat blanc et à galon bleu (uniforme d'été). « (...) un soir de régates : ciel bleu, mer bleue, col bleu et les yeux bleus du capitaine. » (A. de Saint-Exupéry, *Courrier Sud,* 1928, p. 14). « C'est joli matelot. On a de jolis pantalons et des cols bleus. Et on voit du pays. » (Y. Queffélec, *Les Noces barbares,* 1985, p. 102). ♦ ♦ *P. anal.* **Col (marin) bleu**, Partie de vêtement imitant ce col. « (...) en robe de toile écrue à col marin bleu, la jeune fille me parut aussi belle que la veille. » (A. Maurois, *Climats,* 1928, p. 31). ♦ ♦ ♦ *P. méton., fam.* Matelot, marin. « Il approuve : « Ce serait charmant. Nos chers petits cols bleus sont si mal chaussés (...) ». Je fais pince sans rire et assure mon glorieux interlocuteur que, si je veux le bien-être des matelots, jamais je n'ai songé pour leurs orteils à ces délices de Capoue qui finissent toujours par tourner en délices de Kaput. » (R. Crevel, *Le Roman cassé,* 1935, p. 42). « Le train plein de marins et de soldats. Peu de civils et, pour les civils, peu de nourriture, les vivres étant engloutis par les militaires et les cols bleus. Quand il y avait un arrêt dans une gare, nous nous ruions tous au buffet mais (...) les garçons en uniforme nous battaient invariablement, nous les civils ! » (J. Green, *Journal,* t. 4, 1946, p. 121).

* [de certains ordres religieux, de l'assistance publique, des orphelinats ; le bleu foncé a été la couleur de l'uniforme du personnel ou des personnes prises en charge par la société, des pensionnaires des orphelinats, des élèves des écoles privées, etc. (→ **marine**)] *Béret bleu ; manteau bleu de l'Assistance publique.* « La mère de Cambry, dit-il, vêtue d'une robe de laine naturelle, grise, et accompagnée de deux de ses religieuses, tenant, l'une un manteau bleu, l'autre un voile noir et un scapulaire violet, les couleurs de son ordre, se prosterna aux pieds de l'évêque de Tournai qui l'attendait sur le seuil de l'église. » (J.-K. Huysmans, *L'Oblat,* 1903, p. 178).

* *L'Homme au petit manteau bleu ; p. méton., le petit manteau bleu.* Surnom donné au philanthrope Edme Champion (1764-1852), qui, après avoir acquis une fortune considérable dans le commerce de la bijouterie, se voua aux pauvres, distribuant lui-même la soupe populaire, revêtu de son manteau bleu devenu historique Cette appellation persista jusqu'au début du XXe s. avec le sens *fig.* de « bienfaiteur désintéressé » : « Un étalagiste, à Gentilly, en 1903, refusant de rabattre quatre sous sur des ciseaux, s'écrie : "C'est dix sous, nous ne sommes pas des petits manteaux bleus !" » (*ESN 1965*).

– [de certains corps de métiers ou milieux socio-professionnels]

* [de la gendarmerie, de la police ; en parlant d'un vêtement et *p. méton.*, d'une personne vêtue de bleu ; → **gendarme**] *Uniforme, képi bleu.*

31. « Sur les bords de l'étang **bleu**
Il y avait un âne... **bleu**
Et cet âne là rêvait
Qu'il était gendarme (...)
Sur les bords de l'étang **bleu**
Y avait un **gendarme**... **bleu** (...) »
(Ch. Trenet, *L'Âne et le gendarme,* 1955, in *Tombé du ciel,* 1993, p. 36).

♦ *P. méton., fam.*

• **Habit bleu**, *loc. nom. masc., vieilli.* Gendarme. « Me voilà frais avec celle-ci qui pleure encore ! C'est bon : quand les habits bleus viendront, tu te jetteras à leurs genoux et tu leur demanderas pitié ! Si je vais jamais en prison, je saurai bien à qui je le devrai ! » (M. Genevoix, *Raboliot,* 1925, p. 60).

* [du travail manuel ; le bleu plus ou moins désaturé, délavé, étant réservé aux vêtements de travail] *Coutil bleu ; grosse toile bleue ; cotte, salopette bleue ; tablier bleu de fermier, de jardinier, de maquignon, de mécano, de paysan, de servante.* « (...) j'obtins l'emploi de femme de service à l'école maternelle de la rue des Plâtriers, 20e arrondissement. Un matin d'octobre, mes

diplômes celés à tout jamais au fond d'une malle, je pris le tablier bleu et le balai. » (L. Frapié, *La Maternelle*, 1904, p. 6). « (...) Chandelier, un "rustique", en effet, qu'on se représentait vêtu de la blouse bleue ; mal rasé, fort en couleur, avec des bouclettes drues et courtes comme les frisons sur le frontal des bœufs. » (H. de Montherlant, *Les Célibataires*, 1934, p. 889).

♦ *P. méton., fam.*

• **Col (–) bleu**, *loc. nom. masc., mod.* (1957, in *Rey-Hist. 1992*. Calque de l'angl. *blue collar*). [P. opposition à → **col blanc**] ♦ Travailleur manuel, ouvrier de l'industrie ; *p. ext.* [P. opposition aux cadres] Employé de bureau. « Le nombre des salariés dont l'activité relève du secteur tertiaire a dépassé celui des salariés du secteur secondaire (...). Pour la première fois également, dans une société post-industrielle, celle des USA, le pourcentage des "cols bleus" décroît, et cela depuis 1957. Mais nous pensons que l'étude de la classe ouvrière en tant que telle s'impose encore en France où la situation reste très différente. » (*Loisir et culture*, 1966, p. 57 - Dumazedier-Ripert). « Entre les rémunérations "moyennes" des cadres et des employés français d'une part, et de leurs homologues allemands, la différence est minuscule : 5 % environ. Mais entre les "cols bleus" des deux pays, l'écart (défavorable aux ouvriers français) est dix fois supérieur : 50 %. » (*Le Point*, 3. 10. 1977, p. 71, c. 3). « (...) toutes les récentes enquêtes ou études, privées ou publiques, sur la "révolution des microprocesseurs", concluent que l'automatisation réduira le nombre des "cols blancs" au moins aussi fortement que celui des "cols bleus". » (*Le Nouvel Observateur*, 4. 12. 1978, p. 80, c. 2). ♦ ♦ *En appos. à valeur d'adj.* [En parlant d'une personne] Qui fait partie de la classe ouvrière ; travailleur manuel. « Décidément, heureusement pour le sud qu'il reste encore ça et là quelques péquenauds cols-bleus pour cultiver les traditions » (*Libération*, 25. 10. 1985, p. 39, c. 3). ♦ ♦ ♦ *P. métaph.* **En col bleu**, *hapax*. [En parlant d'une chose] « Avec le laser "en col bleu", celui que l'on trouve à l'usine, à l'atelier, c'est d'autres avantages qu'il s'agit. Avec lui, finis le bruit, les halètements mécaniques, les crissements, finies les lumières aveuglantes. Avec ce collaborateur d'une grande discrétion, le grésillement de la matière fondue accompagne la découpe, le perçage, le soudage. » (*Le Point*, 4. 7. 1983, p. 55, c. 1).

– [d'un sexe et d'un âge particulier ; le bleu clair étant la couleur de la layette des nouveaux-nés de sexe masculin ; p. opposition au rose, couleur réservée à la layette des nouveaux-nés de sexe féminin ; v. aussi → **blanc, rose, layette**)] *Brassière, layette bleue ; chaussons bleus* « On y revint encore [à "L'Aide au Foyer"] pour quelques bavoirs bleus ou roses brodés d'oiseaux et bordés de dentelle. » (M. Rouanet, *Nous les filles*, 1990, p. 131).

32. « Celui-ci porte un bouquet de fleurs artificielles **blanches** si c'est un garçon, une petite couronne de roses épinglées à la robe, si c'est une fille [Bourgogne] ; plus généralement, on distingue les garçons des filles par la couleur des nœuds de ruban : en général **roses** pour les filles, **bleus** pour les garçons, parfois le contraire. Suivent immédiatement après, "demandés" longtemps avant la naissance, le parrain et la marraine se donnant le bras (...). »
(P.-L. Menon et R. Lecotté, *Au village de France*, t. 1, *De la Chandeleur à la Saint-Jean*, 1954, p. 80)..

* [*P. ext.* de cette coutume à divers autres objets, notamment aux dragées, aux berceaux, etc.]

33. « (...) les dragées accompagnent toujours la cérémonie du baptême, (...) elles sont en principe offertes par le parrain du nouveau-né, (...) le choix de leur couleur obéit à un code largement observé, à savoir que les **dragées roses** sont réservées aux bébés de sexe féminin, les **bleues** aux bébés de sexe masculin, les **blanches** convenant aussi bien aux filles qu'aux garçons. »
(R. Galisson, *Accéder à la culture partagée par l'entremise des mots à CCP*, 1987, p. 131).

* *Au fig. P. euphémisme.*

• **Ballet bleu**, *loc. nom. masc., mod.* (Vers 1960). [Sur le modèle de → **ballet rose**] Débauche sexuelle avec de jeunes garçons. « Bien vite, à sa réputation d'expert en meubles de haute époque, il [Jean-Louis Cassagne] en avait joint une encore plus solide d'organisateur de ballets bleus. De fait, il était devenu la cheville ouvrière d'une petite société aussi secrète que choisie comptant un notaire fort respectable, (...) un gros industriel dans la bonneterie, sans oublier un concertiste, virtuose du clavecin, ainsi que quelques affiliés aux *Vieilles Demeures Françaises*. Tous liés par une même dévotion pour la jeunesse, laquelle requérait de leur part une sorte d'apostolat. » (P. Combescot, *La Sainte Famille*, 1996, pp. 283-284).

– [d'une distinction et reconnaissance d'un mérite ; en parlant de certains emblèmes, éléments vestimentaires, décorations, etc., remises parfois au cours de cérémonies officielles]

• **Cordon bleu**, *loc. nom. masc.* ♦ *Autrefois.* Nom de diverses décorations accordées à des personnes ♦ Cordon bleu de l'Ordre de la Jarretière. « (...) à Osborne, à genoux devant la reine, il reçut d'elle le cordon bleu de l'ordre de la jarretière. » (A. Maurois, *La Vie de Disraeli,* 1927, p. 308). ♦ ♦ Ruban bleu portant une croix, signe distintif des chevaliers de l'Ordre du St-Esprit, « institué en 1578 par Henri III pendant les guerres de Religion afin de regrouper les principaux chefs du parti catholique contre les protestants. Aboli à la Révolution, le cordon bleu constitua pendant deux siècles la distinction suprême dans l'aristocratie française, quelque chose comme les plus hauts grades de l'actuelle Légion d'honneur, qui n'a fait d'ailleurs que lui succéder. La locution pouvait donc s'appliquer par métaphore à tout ce qui est d'une rare élévation (...) » (Cl. Duneton, *La Puce à l'oreille,* 1990, pp. 380-381). *Être décoré du cordon bleu ; porter le cordon bleu.* « (...) le père Ronsin, revêtu de la chasuble, s'avança, précédé de quatre gentilshommes à cordon bleu (...). » (P. Adam, *L'Enfant d'Austerlitz,* 1902, p. 420). *P. méton., parfois avec un trait d'union.* Chevalier de cet ordre. *Synon.* **ruban bleu** (v. *infra*). *Être cordon(-)bleu.* « L'inutile fureur du cordon bleu ne réjouissait pas moins Omer que celle de Galimafré recevant, aux tréteaux du boulevard, à Paris, la claque invisible de Bobèche. » (P. Adam, *L'Enfant d'Austerlitz,* 1902, p. 54). ♦ ♦ *De nos jours. P. ext., au fig., fam.* [P. réf. à ces décorations et à l'ancien tablier bleu traditionnellement porté par les servantes] Excellente cuisinière, *p. ext.*, excellent cuisinier. « Elle savait des recettes de cuisine et cela lui valait dans le village la réputation d'un cordon bleu. » (E. Moselly, *Terres lorraines*, 1907, p. 62). « – Certainement, docteur, s'empressa l'avocat, qui n'y comprenait que dalle, son réfrigérateur n'ayant jamais contenu que des boissons, puisque c'était maître Firsthoffaul, cordon bleu de première, qui assurait leur double ravitaillement. » (A. Vergne, *L'Innocence du boucher,* 1984, p. 158). *ART CULINAIRE.* [Pour qualifier diverses préparations culinaires constituées d'un ingrédient principal (viande ou poisson) placé entre deux couches de fromage et deux tranches d'un autre ingrédient (viande ou poisson), parfois roulé dans la chapelure avant cuisson] *En emploi subst.* ou *en appos. à valeur d'adj. Escalope cordon bleu.* « CORDONS-BLEUS D'EMPEREUR À LA CRÈME DE PERSIL. (...) Intercaler 2 tranches de saumon fumé et 1 tranche de gruyère entre 2 escalopes d'empereur. (...) Préparer 8 papillotes en papier sulfurisé. (...) Disposer les cordons-bleus d'empereur, arroser de vin blanc, parsemer de julienne de poireaux (...) » (A. Baratto et P. Jacquemin, *Les Papillotes*, 1993, p. 48).

• **Ruban bleu**, *loc. nom. masc.* Décoration accordée à une personne ♦ *Autrefois. Synon.* de → **cordon bleu**. « Pierrot noir, orné du ruban bleu de l'ordre du Saint-Esprit, pareil à un mignon d'Henri III, au pied d'un portique, voyant la rue encombrée de socles et de statues, se demande si tel piédestal vide n'est pas pour la sienne. » (M. Jacob, *Le Cornet à dés,* 1923, p. 207). ♦ ♦ *De nos jours.* ♦ Insigne de l'ordre national du mérite. « Il savait par expérience que, dans l'administration, le seul secret est d'insister, et ne désespérait pas de recevoir au bout du compte une promotion ou un ruban bleu :

déja M. Grosso se rappelait son nom, c'était toujours cela de gagné. » (V. Volkoff, *Le Bouclage,* 1990, p. 519). ♦♦ *MARINE. Avec ou sans maj.* Trophée attribué au paquebot le plus rapide dans la traversée de l'Atlantique Nord et matérialisé par une « flamme » bleue arborée par le navire vainqueur; record de vitesse de cette traversée. *Conquérir, détenir, gagner le ruban bleu.* « En 1892, le paquebot français "La Touraine" gagne le "Ruban Bleu" (...). » (Benoist-Pettier, *Les Transports maritimes,* 1961, p. 207). « On sait que le record de la vitesse transatlantique est symbolisé par le ruban bleu, épreuve qui se dispute sur 2938 milles (...). Ce trophée est détenu, depuis 1952, par le transatlantique américain United States, qui pulvérisa tous les records précédents avec une durée de traversée de 3 jours 10 heures à la vitesse moyenne de 35,6 nœuds (...). » (P. Rousseau, *Histoire des techniques et des inventions,* 1967, p. 249). ♦♦♦ *P. ext., au fig., mod.* (Milieu XXe s.) Performance, supériorité dans un domaine quelconque; record de qqc. « L'électronique, "ruban bleu" du dynamisme industriel japonais. » (*L'Information,* 12. 2. 1973, in *Gilb. Mots contemp.,* 1980). *Le plus souvent en loc. verb.* • **Détenir (Tenir) le ruban bleu en / de (qqc.)**. Avoir la supériorité dans un domaine quelconque; être le premier, le meilleur en/pour (qqc). « Des millions de logements neufs ont été construits, des villes nouvelles sont nées, la France détient le "ruban bleu" de la construction. » (*L'Express,* 24. 5. 1976, p. 26, c. 2). « (...) le journal (France-Soir) dont Pierre Lazareff avait fait après la guerre (...) le champion (...) de la grande information (...) et qui tint le "Ruban bleu", dans ses beaux jours, aussi bien en politique intérieure et internationale que pour les faits divers. » (*Le Point,* 5. 7. 1976, p. 43, c. 1 - J.-P. Adine). *Dans un contexte négatif, rare.* « Dans la construction navale, c'est le temps des coupes claires. Et Marseille paie. La région détenait déjà le "ruban bleu" du chômage : 9 pour cent de la population active est sans emploi. En cinq mois, de janvier à juin, 10 pour cent de chômeurs supplémentaires. Et ce n'est pas fini ! » (*Le Nouvel Observateur,* 26. 8. 1978, p. 25, c. 1 - Fr.-O. Giesbert & L. Rioux).

∗ V. aussi *ruban rouge, violet.*

∗ *SPORTS* [*DE COMBAT* (*Judo, karaté* et autres arts martiaux)]

• **Ceinture bleue**, *loc. nom. fém.* (v. ∗). [Dans un système d'opposition à (dans un ordre croissant :) → **ceinture blanche, jaune, orange, verte**, **marron, noire** (et → **violette** pour les juniors)] Bande d'étoffe bleue, qui sert à retenir la tenue de combat d'un sportif pratiquant un art martial et marque le 3e niveau supérieur (après le noir et le marron); *p. méton.*, ce grade. « Régis tait qu'il a nagé en compétition et qu'au judo il a le grade de ceinture bleue. » (I. Monesi, *Nature morte devant la fenêtre,* 1966, p. 47). « Judoka ceinture bleue, torse nu caramel et trapu sous le soleil, le visage toujours goguenard sous la paillasse de poils noirs bouclés (...), Dominique le champion était mon modèle en épate et ami choisi. » (Bayon, *Le Lycéen,* 1987, p. 132).

∗ Les différentes ceintures de couleur sont dues à Kawaishi (Mikonosuke), un Japonais qui s'installa à Paris en 1935, comprit très vite la mentalité française et créa les diverses ceintures de couleur, « correspondant aux grades intermédiaires entre le débutant et la ceinture noire, qui n'existaient pas dans le judo japonais (...) ». (R. Haberdetzer, *Judo pratique,* 1987, p. 19).

| 3. – [En parlant des yeux]

a) D'un bleu plus ou moins clair. *Blonde aux yeux bleus.*

34. « Rêves d'angoisse et rêves heureux sont souvent visités par une présence divine. Après les terreurs et les cauchemars, l'atmosphère s'éclaircit autour de personnages radieux : l'enfant Jésus, le Christ et sa sainte mère, la vierge aux **yeux bleus**, dont le visage est si beau qu'à le contempler on s'éveille. »
(A. Béguin, *L'Âme romantique et le rêve,* 1939, p. 173).

∗ La classification chromatique de la couleur de l'iris oculaire s'élabore à partir d'un répertoire chromatique relativement pauvre sur le plan administratif et médical, et beaucoup plus riche dans la langue commune. Sur le plan purement statistique, des études récentes ont montré que la coloration claire (bleu, jaune, vert) des iris avait tendance à décroître au profit des colorations foncées (noir, brun) (d'après Ph. Cibois, *Une méthode post-factorielle : tri-Deux. Application à l'évolution de la couleur des yeux de 1810 à 1940,* 1986).

b) *En particulier* [les yeux, le regard exprimant la personnalité, au sens concret de *bleu* s'ajoutent souvent des connotations]

α) [de douceur ; le plus souvent, *p. méton.*, en parlant du regard] D'un bleu clair, doux, tendre. « Quand elle reçut la caresse bleue de son regard, où se lisait un peu de surprise, elle se troubla si fort qu'elle ne put retrouver ce qu'elle avait imaginé pour rendre plausible sa visite (...). » (R. Martin du Gard, *Les Thibault, La Mort du père,* 1929, p. 1348).

35. « À Arles où roule le Rhône...
Un homme de phosphore et de sang
Pousse une obsédante plainte (...)
Il a le **regard bleu** et doux
Le vrai regard lucide et fou
De ceux qui donnent tout à la vie
De ceux qui ne sont pas jaloux
Et montre à la pauvre enfant
Son oreille couchée dans le linge. »
(J. Prévert, *Complainte de Vincent,* in *Paroles,* 1946, p. 230).

* Les yeux bleus sont souvent associés à la douceur, à la pureté. Ainsi, la Vierge est-elle souvent représentée, dans l'art et la littérature, avec des yeux bleus (v. notamment *supra,* ex. 34). Les yeux bleus peuvent aussi être associés à des inanimés abstraits : âme, esprit. « Toute la douceur profonde du ciel et l'harmonie des mondes se reposeront dans l'éternité de l'instant qui a uni nos mains (quand elle me parle d'un peu loin en baissant le ton, il me semble qu'il y a un banc de myosotis dans sa voix... il a fallu beaucoup et longtemps l'aimer pour connaître que son âme avait les yeux bleus... et la voici, enfin, elle... car mon amour, ce n'était jamais que moi, tant que je n'avais pas vu son silence se déchirer dans ses yeux. » (J. Bousquet, *Traduit du Silence,* 1936, p. 212).

β) **Bleu de** + *subst.* (indiquant une caractéristique psychologique, un sentiment).

– [de candeur] « Je me rappelle des récréations où le courant est de jouer au papa et à la maman : cela tourne toujours de telle sorte que, malgré les remontrances antérieures, Adam embauche une bande pour faire la noce. Des chérubins roses, des fillettes aux yeux bleus hallucinants d'infinie candeur, des innocents de deux ans, savent déjà la règle du jeu. » (L. Frapié, *La Maternelle,* 1904, p. 115). « Avec ses yeux bleus de candeur, le maréchal ferrant paraissait très jeune. » (R. Sabatier, *Les Fillettes chantantes,* 1980, p. 274).

– [de timidité] « Marguerite est morte. On ne l'entendra plus réciter la passion (...), on ne verra plus ces grands yeux bleus de timidité, qui n'étaient qu'à elle. » (H. Pourrat, *Les vaillances, forces et gentillesses de Gaspard des Montagnes,* t. 4, *La Tour du Levant,* 1931, p. 190).

– [de bienveillance, de tendresse, d'amour envers autrui]

36. « Sur la pente fatale, le voyageur profite
De la faveur du jour, verglas et sans cailloux,
Et les yeux **bleus d'amour**, découvre sa saison
Qui porte à tous les doigts de grands astres en bague. »
(P. Éluard, *Nouveaux poèmes,* in *Capitale de la douleur,* 1926, p. 110).

* *Au fig., littér., p. méton.* [En parlant du sourire] Qui exprime la bienveillance, le bonheur ou l'optimisme. (v. aussi → **azurin, véronique**). « Ce mauve si doux, trop brillant, trop neuf, dont se veloutait la cravate gonflée de la jeune duchesse, et, comme une pervenche incueillissable et refleurie, ses yeux ensoleillés d'un sourire bleu. » (M. Proust, *Le Côté de Guermantes 2,* in *À la recherche du temps perdu,* 1921, p. 12). « Cela rappe-

lait Paris et effaçait la mauvaise humeur de Victor qui reprenait son sourire bleu (...). » (R. Sabatier, *Les Noisettes sauvages,* 1974, p. 255).

– [parfois, de dureté, de froideur (→ **acier, métallique, métallisé, polaire**)]. « (...) un regard généralement bleu, toujours de la froideur d'un acier (...). » (M. Proust, *Le Côté de Guermantes 2,* in *À la recherche du temps perdu,* 1921, p. 441). « On aurait pu croire qu'il se donnait des airs de petit monsieur avec son chapeau mou et ses cols à bouffer de la tarte, s'il n'y avait eu ses yeux – Un regard terrible, bleu et froid – Un regard qu'on n'oublie pas de sitôt... Des yeux d'aveugle. Certains jours, il vous fixait et c'était comme si vous n'existiez pas. » (P. Combescot, *Les Filles du calvaire,* 1991, p. 224).

37. « (...) il portait en lui une sorte de gaieté jaillissante comme une eau de torrent, un esprit plein de franchise et de générosité, le goût de la farce, mais, soudainement, ses **yeux bleus** passaient de l'**azur** candide au dur **acier** et il sombrait dans des phases de mélancolie. »
(R. Sabatier, *Les Noisettes sauvages,* 1974, p. 197).

4. – [Le sang étant traditionnellement considéré comme porteur des caractères héréditaires et raciaux ; p. opposition au *rouge*, couleur habituelle du sang ; *bleu* qualifie le sang noble, aristocratique ; le plus souvent en *loc. figée :* • **Sang bleu**]

[Calque de l'espagnol *Sangre azul;* qualifiant le sang des grandes familles castillanes, qui le proclamaient dépourvu de sang maure ou juif. Peut-être aussi parce que les peaux fines et claires, translucides, laissent transparaître le bleu des veines. Le *Dict. des Symboles 1982,* (*s.v. bleu*, p. 130) ouvre une autre piste, due à un lecteur. *Sang bleu* serait la déformation des jurons vieillis qui avaient remplacé le terme *Dieu* par *bleu :* « “Par dieu” devint “parbleu”. “Par le sang de Dieu” devint “palsambleu ”, etc... La domesticité, qui entendait fréquemment ce dernier juron n'en retenait que “sang bleu”. Comme l'emploi de ces jurons était un privilège de la noblesse, les valets disaient, pour distinguer un noble d'un roturier : “C'est un sang bleu !” » (P. G. Villeneuve Saint-Georges). V. aussi *infra* 4e SECTION]

a) Sang noble, aristocratique (que l'on proclamait de couleur bleue). « C'est le jeu le plus merveilleusement esthétique qu'on ait jamais trouvé, les guerres du XVIIe siècle, les croisades, en cravates de dentelles, en armures d'argent, jeux de nobles qui font vibrer des cœurs ardents, s'exalter des âmes distinguées, couler du sang bleu. » (Alain-Fournier, *Correspondance avec J. Rivière,* 1914, p. 173-174). « Le Comte de Paris est aux abois. Alors, il vend : un secrétaire en acajou, les bijoux de la reine Marie-Amélie... Mais ses héritiers ont le sang bleu qui bouillonne. L'affaire est entre les mains de la justice républicaine. » (*Le Point,* 10. 7. 1993, p. 58, c. 1-3).

38. « Alexis Slavsky, artiste-peintre, était français à la deuxième génération, croisement du **sang bleu** d'un nobliau polonais et du **sang vermeil** d'une belle juive russe, qui étaient venus à Paris voilà un siècle, pour mieux dilapider leurs fortunes conjuguées, produits de la terre et de la finance. »
(E. Triolet, *Le Premier accroc coûte deux cents francs*, 1945, p. 99).

b) *Le plus souvent en loc. figées* (ressenties de nos jours comme *fig.*).

• **Avoir du sang bleu / Être de sang bleu**, *loc. verb.* **De sang bleu**, *loc. adj.* (Être) D'origine aristocratique, noble. « (...) Gestes de menuet et cœur de biscuit fin ; Et ces grâces que l'on disait autrichiennes... Princesses de sang bleu, dont l'âme d'apparat, Des siècles, au plus pur des castes macéra. » (A. Samain, *Les Roses dans la coupe*, in *Le Chariot d'or*, 1900, p. 35). « (...) Jacques L'Aumône se trouvait être de sang non seulement bleu mais royal. » (R. Queneau, *Loin de Rueil*, 1944, p. 35).

– *P. méton.* [En parlant d'une personne]

• **Sang bleu,** *loc. nom. masc.* Aristocrate, noble. « Racine, monsieur, c'est un pervers et un raffiné, un homme comme nous, un sang bleu. » (Cl. Farrère, *L'Homme qui assassina*, 1907, p. 66).

5. – *P. anal., littér.* [En parlant d'un son]

a) Doux, atténué, voilé, rauque. « (...) et pendant qu'on respire leurs parfums emmêlés [des liserons], un rauque ramier gémit soudain, la gorge serrée, d'une voix grise et bleue aussi douce que son plumage. » (G. Roud, *Cueilleurs de cerises, Le Langage des Fleurs,* 1945, in *Les Fleurs et les Saisons,* 1991, p. 45).

b) Pur, cristallin (v. aussi → **azur** I. A. 4). *Cri, son bleu.* [Le plus souvent en parlant d'un éclat de rire ; chez Claudel, avec allusion à la couleur bleue réelle d'un bouquet de fleurs]

39. « À la plaisanterie du Dieu
Ocre rauque et **pourpre** barbare
Flore chatouillée répond par
Un **éclat de rire bleu.** »
(P. Claudel, *Sur un bouquet,* in *Poésies diverses,* 1952, p. 857).

c) Froid, glacial, aigu, strident.

40. « Il jaillissait, dans le silence de la grande ville étouffée de **neige blanche,** un cri long, droit, un **cri bleu**, un cri de glace, indifférent, froid, transparent... Un cri de locomotive venant d'une des gares immenses de la ville, mais pour moi c'était l'espace qui criait. (...) Le cri isolé de mon enfance n'atteignait que moi seule, l'espace criait pour moi seule, pour me prévenir que le monde était immense et que j'y étais seule. »
(E. Triolet, *Le Premier accroc coûte deux cents francs,* 1945, p. 276).

41. « Il nous faut de l'abstrait et du métaphysique
Le siècle veut dormir et rêver à sa roue
Donnez-lui le concert atonal de l'oubli
Mettez vos souvenirs à pourrir dans un trou
Je retourne ma face au **cri bleu** des courlis. »
(L. Aragon, *Le Téméraire,* in *Le Roman inachevé,* 1956, p. 29).

B. – *P. ext.* [Dans certains contextes d'emplois, *bleu* étend sa signification vers diverses autres teintes sortant de son champ chromatique, en particulier le *noir*, le *rouge*, le *blanc* et le *violet* (*clair* ou *foncé*)]

1. – D'un *noir* intense aux reflets *bleutés.*

a) α) [En parlant du système pileux, des cheveux, de la barbe] « – Dis-leur comme ils sont doux à voir Mes cheveux bleus comme des prunes, Mes pieds pareils à des miroirs Et mes deux yeux couleur de lune. » (A. de Noailles, *Le Cœur innombrable,* 1901, p. 99) « (...) tête de chanteur de romance, le cheveu presque bleu, le blanc de l'œil idem. » (Ch. de Rivoyre, *Les Sultans,* 1964, p. 31). « (...) pommettes hautes, la peau jaune et le poil bleu au menton. » (M. Bataille, *L'Arbre de noël,* 1967, p. 50). « La pléiade des tarés de ma génération (...) cabans lourdauds, duffles élimés (...), un type à barbe bleue (...), un véritable véroleux sinistré de la séborrhée, communément surnommé "Crunch" (...). » (Bayon, *Le Lycéen,* 1987, p. 371).

42. « Le cœur de Paris, c'est une histoire
Toujours présente à nos mémoires
C'est la barbe du roi Henri
Barbe bleue ou **barbe noire** (...). »
(Ch. Trénet, *Le Cœur de Paris,* 1952, in *Tombé du ciel,* 1993, p. 100).

• **Barbe-bleue / Barbe-Bleue,** *loc. nom. masc.* Personnage principal du conte de Perrault ayant pour titre ce nom ; *p. anal.,* personne cruelle. *Être un véritable Barbe-bleue.* « La recette était simple, on faisait le choix d'une légende, ou d'un conte d'enfant, et on leur faisait dire juste le contraire de ce qu'ils voulaient dire. On obtenait ainsi Barbe-bleue battu par ses femmes, ou Polyphème qui se crève l'œil, par bonté, afin de se sacrifier au bonheur d'Acis ou de Galatée. » (R. Rolland, *La Foire sur place,* in *Jean-Christophe,* 1908, p. 713).

β) *P. ext.* [En parlant du visage, des joues] Assombri par les marques d'une barbe drue et très noire ; mal rasé. « Il pouvait rester plusieurs jours sans se montrer ; mais souvent, par de mystérieux beau-temps, comme le capucin hygrométrique, il mettait le nez dehors. J'apercevais son visage blafard et ses joues bleues. » (J.-P. Sartre, *La Nausée*, 1938, p. 126). « C'était un petit homme vif, au masque romain, brun de peau et de poil, avec des joues bleues de larbin et un nez fouineur sous lequel grimaçait parfois un sourire trop aimable. » (R. Guérin, *L'Apprenti*, 1946, p. 57).

– [Le plus souvent en parlant du menton et à propos d'un acteur de théâtre] « Il se rase la barbe, mais avec négligence, en sorte qu'il a le menton bleu. » (G. Duhamel, *Les Maîtres*, in *Chronique des Pasquier*, t. 6, 1937, pp. 122-123). « Avec ses cheveux trop longs, ce menton bleu, il faisait songer, ce matin, à quelque tragédien de province qui se néglige à la ville, mais qui, le soir, à la rampe, fait encore de l'effet en empereur romain. » (R. Martin du Gard, *Les Thibault, Épilogue*, 1940, p. 825). « Cela ressemble à la loge d'un cabotin de province. Pepe Sotto, qui me reçoit, la main tendue, a le visage tout fait et le menton bleu d'un acteur. Je pense qu'il s'agit d'un de ces comédiens qui partagent avec les matadores l'amour du populaire, et j'ai envie de m'en aller. » (A. T'Serstevens, *L'Itinéraire espagnol*, 1933, p. 79).

♦ *P. ell.*

• **Avoir le bleu,** *loc. verb., vieilli.* [Le sujet désigne une personne ; en particulier un acteur de théâtre] Avoir le menton bleu, mal rasé, laissant deviner une barbe drue et très noire. « Quand on arrivait (...) on était reçu par une sorte de valet en habit assez élimé, et qui n'avait jamais l'air très bien rasé, par nature, parce qu'il avait le bleu, vous savez, ce genre de barbe qui laisse un reflet (...). » (L. Aragon, *Les Beaux Quartiers*, 1936, p. 393).

* *P. méton.* [En parlant d'une personne]

• **Menton bleu**, *loc. nom. masc., fam., vieilli.* Homme mûr, dont le menton, rasé mais sombre, laisse soupçonner une barbe drue et très noire. *Anton.* → **blanc-bec**. « On ne peut pas ressembler au premier Ramollot venu ! – bref, ces joues rasées sont encore assez fraîches, et, parole d'honneur, on me prendrait plutôt pour un blondin que pour un menton bleu. Quarante six ans, tout de même ! » (Cl. Farrère, *L'Homme qui assassina*, 1907, p. 17).

b) [En parlant de la peau, du teint d'une personne appartenant le plus souvent à la race noire, *p. méton.*, en parlant d'une personne] « Un nègre noir à en être bleu, aux lèvres épaisses (...) nous surveille et puis aussi une enfant, la petite fille du marchand. » (M. Barrès, *Mes Cahiers*, 1908, t. 6, p. 194). « Bettina est apparue (...) à cette heure du soir, sa peau est bleue à force de soleil. » (Fr. Nourissier, *Le Maître de maison*, 1968, p. 144). « Mais dans les buissons et les futaies du désert, le tapir était coriace à débusquer. La jonque fut amarrée à la nuit, arrachée aux flots paisibles (...) par des hommes enfouis dans l'eau, traînée par des cordes qui entravaient leurs épaules, les hommes à la peau bleue, les pieds brassant les poulpes fuyants, les hommes fouettés qui le jour reposent. » (H. Guibert, *Voyage avec deux enfants*, 1982, p. 45).

2. – [En parlant de la couleur de la peau, du teint ; *p. méton.*, en parlant d'une personne] D'une nuance *bleuâtre* ou *violâtre*, plus ou moins *claire* ou *foncée*.

a) [Avec une connotation de finesse de la texture de la peau qui laisse transparaître la couleur bleutée des veines] D'une nuance très claire, translucide. « (...) il distinguait autour des yeux, le grain fin et bleu de la peau transparente, et le tracé sinueux d'une petite veine. » (Daniel-Rops, *Mort, où est ta victoire ?*, 1934, p. 530).

* V. *supra sang bleu.*

b) [Dans certaines circonstances]

α) [Sous l'effet d'une cause physique ou physiologique] D'une teinte bleuâtre ou violâtre plus ou moins claire ou foncée.

– [Sous l'effet de contusions, de coups, de meurtrissures ; à cause d'un épanchement sanguin superficiel]. *Synon.* → **noir**. *Plaque bleue au front.* « Ils m'ont connu aux bleus stigmates Apparus sur ma pauvre peau ; Ils m'assoupirent d'aromates Laineux et doux comme un troupeau (...). » (P. Valéry, *Œuvres,* 1922, p. 133). « Les chairs sont bleues et noires, déchirées, parce qu'il y a eu lutte, mais curieusement disposées, en particulier sur le front. » (R. Char, *Le Marteau sans maître. Moulin,* 1945, p. 51).

– [Sous l'effet de la privation d'oxygène, du froid, de la fatigue, de la maladie, de l'alcool, etc., en parlant le plus souvent du visage, du teint] *Peau bleue ; lèvres bleues ; noyé tout bleu.* « Elle regardait le profil détourné d'Antoine, son cou, la barbe qui poussait sur ses joues, le cerne bleu sous ses yeux et il lui semblait inconcevable qu'elle eût pu jamais s'éveiller ailleurs qu'à ses côtés. » (Fr. Sagan, *La Chamade,* 1965, p. 124).

43. « Le patron d'une barque laisse faire, les hommes rassasiés de vin n'en absorbant pas plus qu'ils ne peuvent en supporter et finissent par cesser de boire. Ainsi, le bulgare, embarqué depuis la veille, et qui après ses cris de jouissance poussait maintenant des gémissements d'enfant malade, couché sur le dos, raide, immobile, vomissait, son **visage bleu** tourné vers moi. Il était ignoble. »
(Bl. Cendrars, *Bourlinguer,* 1948, p. 172).

♦ **Bleu de** + *subst.* (indiquant la cause de cet aspect). *Être bleu de froid.* « (...) les deux mains bleues de froid d'un arlequin errant qui regarde la mer et ses grands chevaux dormant dans le soleil couchant et puis qui se réveillent les naseaux écumants (...). » (J. Prévert, *La Lanterne magique de Picasso,* in *Paroles,* 1946, p. 284).

* [*PATHOLOGIE*]

• **Maladie bleue**, *loc. nom. fém., mod.* (1953, in *Nouv. Dict. Etymol. Lar.*). Maladie due à une malformation cardio-vasculaire congénitale, entraînant une mauvaise oxygénation du sang et se traduisant par une coloration bleuâtre de la peau (cyanose), « en rapport avec le passage du sang veineux « bleu » (sang à réoxygéner) dans le sang artériel « rouge » (sang réoxygéné) et un rétrécissement sur la circulation du sang veineux. » (*Méd. 1966*).

44. « Ce que l'on nomme la **maladie bleue** s'appelle de son nom technique la *tétralogie de Fallot.* C'est une malformation cardiaque parfaitement connue depuis que Fallot, médecin à Marseille, la décrivit en 1888. En réalité, comme son nom l'indique, il ne s'agit pas d'une malformation simple, mais de quatre anomalies groupées. (...)
– une communication anormale entre les deux ventricules ;
– un rétrécissement de l'origine de l'artère pulmonaire ;
– une aorte naissant à cheval sur les deux ventricules. (...) Le sang qui part par l'aorte est donc un **sang** mélangé et insuffisamment chargé en oxygène, il est **bleu**, ce qui explique non seulement la couleur des téguments de l'enfant, mais aussi tous les troubles qu'il présente et qui sont dus à l'insuffisance d'apport de l'oxygène à tous les tissus de l'organisme. Helen Tausig (...) dirigeait le Centre Harriet Lanc de Baltimore aux États-Unis. Ses fonctions l'amenèrent à examiner beaucoup d'enfants atteints de cardiopathies congénitales, et beaucoup d'**enfants bleus** en particulier. (...) En cet automne 1944, il y avait de nombreux **enfants bleus** hospitalisés au John Hopkins Hospital. (...) Le 29 novembre 1944, Blalock et son équipe opéraient. (...) Le 25 janvier 1945, deux mois après l'opération, l'enfant sortait de l'hôpital, à la joie unanime de l'équipe médico-chirurgicale. Non seulement elle était complètement guérie de son opération, mais visiblement elle en bénéficiait. Elle était plus **rose**,

mangeait sans difficulté, et regagnait rapidement son poids et sa taille normaux. »
(Cl. d'Allaines, *La Chirurgie du cœur,* 1967, pp. 48-50 et 53-54).

• **Sang bleu**, *loc. nom. masc.* Sang mal oxygéné, d'une couleur violâtre. V. ex. 44.

45. « La raison pour laquelle un canal artériel soulage les **enfants bleus** est la suivante : le sang qui circule dans l'aorte est insuffisamment oxygéné ; rencontrant le canal artériel, une partie de ce **sang** trop **bleu** s'y engage. Il trouve là un régime de pression basse, puisque l'artère pulmonaire contient très peu de sang. Il y pénètre donc aisément et part dans le poumon se faire réoxygéner. C'est autant de **sang** plus **rouge** qui regagnera l'aorte, d'où profit pour l'organisme entier. »
(Cl. d'Allaines, *La Chirurgie du cœur,* 1967, p. 51).

♦ *P. méton.*

• **Enfant bleu**, *loc. nom. masc.* Enfant atteint de la maladie bleue. V. ex. 44, 45.

46. « Au désert d'agonie, sans pleurs au retour,
La pendule bloquée et la fenêtre lente,
Moi debout en sueur et vous secs en dedans,
Ni meilleurs ni pires, nous murerons le four
Et ouvrirons la chambre où guérit l'**enfant bleu**. »
(R. Char, *Chants de la Balandrane,* 1977, p. 558).

* *Enfant bleu*, par réf. aux bleus des coups et aux bleus à l'âme, est le nom donné à une association qui vient en aide aux enfants maltraités.

β) [Sous l'effet d'une cause psychologique, d'une vive émotion, de la surprise, en parlant du visage, du teint] *Fam.*

– [Sous l'effet d'une émotion, d'un sentiment vif, en particulier de colère ou de peur ; *bleu* connote un état émotionnel négatif, se traduisant par une altération de la circulation sanguine] D'un ton livide tirant sur le bleu (→ **blafard, blanc, blême, livide, pâle**). V. ex. 58.

47. « Quand la furie lui gonflait les veines on aurait dit qu'il allait éclater. D'apoplexie, **visage rouge**, **visage bleu.** Il en passait par toutes les couleurs. »
(Bayon, *Le Lycéen,* 1987, p. 20).

* À noter que le 1er sens de *livide* est « de couleur plombée, bleuâtre ou verdâtre, tirant sur le noir » (*TLF*). Du lat. classique *lividus :* « bleuâtre, noirâtre ».

♦ **Bleu de** + *subst.* (indiquant la cause de cet aspect). *Être bleu de colère, de peur.* « Sous l'étouffoir de plumes, je deviens fou. De terreur panique et de colère. Comme bloqué la tête sous l'eau dans les bouillons de la piscine... Enfin, d'un coup de pied quelconque dans le ventre, je le fais dégager in extremis, j'émerge, asphyxié, bleu de haine, il rit. Je le fais rire ? Je vais le tuer, ouais ! » (Bayon, *Le Lycéen,* 1987, p. 145).

* [*P. méton.,* en parlant d'une émotion, d'un sentiment] Qui est très vif, intense (au point de rendre le teint livide). *Colère bleue.* « Jamais il n'a été aussi anormalement calme. Oui, c'est ça, il a une frousse bleue. » (C. Paysan, *Les Feux de la Chandeleur,* 1966, p. 77). « Bensoussan pénétra dans le couloir avec une peur bleue qui lui glaçait les fesses. » (A. Page, *Tchao Pantin,* 1982, p. 57).

48. « Jonathan Farren, critique cinéma du journal hésitait entre l'immense satisfaction de passer enfin devant les rocks critics, et la **terreur bleue** de rater l'interview. Il arrive au bureau un après-midi, tremblant, **livide** et pas trop rassuré. »
(Ph. Manœuvre, *L'Enfant du rock,* 1985, p. 197).

– *En partic.* [Sous l'effet de la surprise]

• **Devenir / être / rester bleu (de qqc.)**, *loc. verb., fam., fig.* [Le sujet désigne une personne] Être extrêmement étonné, surpris, stupéfait (par qqc.) ; être ébahi, estomaqué, figé, glacé, interloqué, médusé, sidéré (par qqc.). *Synon. avoir les jambes / le souffle coupé ; être saisi de stupeur.* « Moi, je m'appelle Cernuwicz, vous savez ; il y a eu cinq rois dans ma famille. Belle conclusion, et digne de l'exorde. Je gage que Racine, tout le premier, en resterait bleu. » (Cl. Farrère, *L'Homme qui assassina*, 1907, p. 66). « Son impudence dépasse les bornes : j'en suis tout bleu. » *(Dub-1967)*. « Ils disaient que c'était la faute aux parents, qui n'avaient pas assez corrigé Daniel. J'en restais bleue de voir comme ils étaient tous d'accord, qu'ils pensaient tous de la même façon là-dessus. » (A. Ernaux, *Ce qu'ils disent ou rien*, 1977, p. 81). V. aussi *bailler bleu.*

* *P. ext., p. méton.* [En parlant d'une chose] *Fig., vieilli, fam.* Très excessif, difficile à croire, invraisemblable, surprenant ou mensonger. « Je la trouve bleue. » (*France 1907*). « C'est bleu ! » (*La Rue 1954*). « Elle est bleue celle là ! il y a de quoi vous décontenancer. » (*Lar. 20e*).

* Lorsque *bleu* qualifie le teint, sous l'effet d'une vive émotion, la frontière entre sens *concret* et sens *fig.* est très floue. La plupart des emplois de *bleu* – couleur du teint/émotion – connotent une intensité de l'émotion et non une teinte réelle du visage, mais ces emplois ont toutefois une origine *concret*

3. – [Domaine de la *GASTRONOMIE*] *Fam.*

a) [*ART CULINAIRE ;* en parlant de la viande] *Mod.* (1950, d'après *Rey-Hist. 1992 : bifteck bleu*). Très rapidement grillée et cuite seulement en surface ; presque crue. *Synon. intensif* de *saignant. Bifteck bleu ; viande bleue.* « Le gros mangeur, qui désire un steak saignant, le commande bleu, peut-être pour oublier sa vraie couleur de sang. » (J. Prévert, *Choses et autres*, 1972, p. 260).

– *P. plaisant.* et *p. métaph.*

49. « Bonsoir. Tu me plais taoua. T'en as mis un temps mon printemps.
Mais toi t'es le premier
Mais toi t'es le dernier
Avant toi y avait rien
Avec toi je suis bien.
Saisir l'instant. Vous le préférez **bleu** ou saignant ? »
(E. Hanska, *J'arrête pas de t'aimer*, 1981, p. 176).

b) [*ŒNOLOGIE ;* en parlant de la couleur du vin ; dans un système d'opposition à → **vin blanc, gris, jaune, rosé** ; → **gros bleu, petit bleu** ; v. aussi → **noir**)]

• **(Gros) Vin bleu**, *loc. nom. masc.* Vin rouge de mauvaise qualité. « Le bon sens lui indique que du vin à un franc, un franc vingt la bouteille (...) est plus digne qu'un gros vin bleu pour charretier d'accompagner son gigot d'agneau ou sa poularde cocotte. » (J. Romain, *Verdun*, 1938, p. 246). « Cela se terminait devant un bon canon de vin bleu. » (R. Sabatier, *Les Noisettes sauvages*, 1974, p. 109).

II. – ***Au fig.*** **[P. réf. à la couleur** ***bleu intense*** **du ciel diurne sans nuage. (Parfois par réf. au** ***bleu de lessive*****).]**

A. – [*Bleu* connote l'imaginaire, le rêve, l'idéal, l'absolu, le romantisme, la sentimentalité ou l'illusion]

Songe bleu ; mots bleus. « Il la regarda fixement, et il la reconnut à peine : elle souriait, des yeux plus que des lèvres, à ses rêves bleus qu'André trouva tout à coup puérils (...). Une pensée nette, foudroyante, cingla en coup de fouet l'esprit lucide d'André : "Elle est bête !" » (R. Martin du Gard, *Devenir*, 1909, p. 170). « Cette foi en moi impatiente et assurée, cette figure abstraite et bleue de l'amour, cet orgueil, tout cela meurt dans le sable de la plage. » (A. Sarrazin, *L'Astragale*, 1965, p. 241).

• **(Petite) Fleur bleue**, *loc. nom. fém., fam.* [Par. réf. au roman *Heinrich Von Ofterdingen*, du baron Friedrich Von Hardenberg ou Novalis, qui conte la lég. d'un trouvère médiéval, parti à la recherche de l'idéal – selon l'esthétique romantique – et qui trouve une petite fleur bleue, symbole de la poésie ; « (...) d'après, selon Robert, le langage conventionnel des fleurs, où le "bleu pâle" exprime une tendresse inavouée, discrète et idéale.» (*Rheims 1969*, p. 256)] *Le plus souvent dans un contexte métaph.* ♦ Poésie, idéal, romantisme. « Non... Tu sais... c'est rasant... j'en ai soupé de la poésie... la petite fleur bleue... faut laisser ça à papa. » (O. Mirbeau, *Le Journal d'une femme de chambre*, 1900, p. 243). « Il porte encore dans son imagination une espèce de petite fleur bleue, assez mal poussée, fort niaise j'en conviens, mais qu'il est amusant de photographier avant que le pouvoir achève de pervertir l'ancien anarchiste. » (M. Barrès, *Mes Cahiers*, t. 7, 1909, p. 252). « (...) comment ne parvenait-elle pas à sympathiser avec cette nouvelle génération de sportifs qui ne s'occupent pas des femmes, n'a que mépris pour la fleur bleue, et brocarde même la volupté. » (H. de Montherlant, *Le Songe*, 1922, p. 20). ♦ ♦ *P. ext.* [Avec une nuance d'ironie] Sentimentalité naïve. « Ainsi, ni le temps qui passe, ni les épreuves ne vous transforment, ne détruisent la petite fleur bleue qui reste dans les cœurs. » (R. Sabatier, *David et Olivier*, 1985, p. 168). *En appos. à valeur d'adj.* [En parlant d'une personne, d'un aspect de la personnalité] Idéaliste, d'une sentimentalité naïve. *Attitude fleur bleue.* « Maman, malgré son métier et ses airs désabusés, était très fleur bleue. » (Chr. Aventin, *Le Cœur en poche*, 1988, p. 213). ♦ ♦ ♦ • **Chercher / cueillir / cultiver la (petite) fleur bleue**, *loc. verb.* [Le sujet désigne une personne] Être idéaliste, sentimental ; conter fleurette. « Rachel, je pris ta main Et sans souci du lendemain Nous sommes tous deux partis Cueillir la Fleur Bleue sans orties (...) ». (Ch. Trénet, *Rachel, dans ta maison*, 1966, in *Tombé du ciel*, 1993, p. 438).

• **Oiseau bleu**, *loc. nom. masc. Le plus souvent dans un contexte métaph., parfois iron.* Chose, personne, aux qualités exceptionnelles, idéales, et donc rare, très difficile à trouver ; idéal inaccessible ; oiseau rare. « Les Strozzi ont toujours été protégés par un ange gardien, un oiseau bleu : c'est une fillette, la petite Rosa, qui se trouve sur le passage du jeune Sténio à tous les événements de sa vie. » (L. Schneider, *Les Maîtres de l'opérette française : Hervé, Charles Lecoq*, 1924, p. 223). V. ex. 75.

50. « La tzigane savait d'avance
Nos deux vies barrées par les nuits
Nous lui dîmes adieu et puis
De ce puits sortit l'espérance
L'amour lourd comme un ours privé
Dansa debout quand nous voulûmes
Et l'**oiseau bleu** perdit ses plumes
Et les mendiants leur ave »
(G. Apollinaire, *La Tzigane*, in *Alcools*, 1913, p. 99).

* *Oiseau rare* et *merle blanc* ne connotent pas l'idéal et ne sont donc que des synon. partiels de *oiseau bleu*.
** V. aussi *supra conte bleu*.
*** *Oiseau bleu* est attesté dans *The Pantone® Book of Color* pour traduire un bleu légèrement vert.

– Var.

◊ BLEUSE

[Corruption de *bleu*]
Adj. fém., fig., vieilli. [Sous la forme *bleuse vue*] (Idée, manière de voir) D'un optimisme illusoire. « Nos braves suivront leur Léonidas. – Léonidas ! Peuh !... vous allez compromettre de braves gens, pour les bleuses vues de vos adeptes... – Corbleu, je sais mon affaire ! » (P. Adam, *L'Enfant d'Austerlitz*, 1907, p. 70).

* Pour Doillon, vol. 1, t. 4, fasc. 26, 1980, cette forme et ses var. : *bleu(e)-vue / bleuse-vue* sont des *région.* [de Picardie] *vieillis* : « Erreur, illusion, hallucination ».

B. – [*Bleu* connote la douceur des sentiments, la tendresse, l'amour fidèle ; p. opposition à *rouge* : l'amour-passion]

« Cette journée avait été si bleue, si tendre que je me sentais à bout de douceur. Notre passé n'avait pas trente-six heures, notre horizon se réduisait à un visage, et notre avenir, c'était notre lit (...). » (S. de Beauvoir, *Les Mandarins*, 1954, p. 320).

* Dans le langage des fleurs, le bleu signifie la tendresse, l'estime, la confiance, le souvenir fidèle :

« Le bleu est la couleur du tendre, celle des âmes délicates qui planent dans les régions élevées et gardent les souvenirs impérissables. » (*Lar. Univ. 1922,* s.v. *fleur).* V. aussi → **bleuet, héliotrope, myosotis, pensée, pervenche, véronique**, etc.
** *The Pantone® Book of Color* atteste *herbe d'amour* pour désigner le bleu clair.

C. – [*Bleu* connote la douceur de vivre, la joie, le bonheur, la sérénité, l'espoir, l'optimisme et recoupe la symbolique de *rose ;* p. opposition à *gris, noir*]

« Maçonné par la contiguïté des souvenirs qui se suivent l'un l'autre, le noir tunnel sous lequel ma pensée rêvassait depuis trop longtemps pour qu'elle prît même plus garde à lui, s'interrompait brusquement d'un intervalle de soleil, berçant au loin un univers souriant et bleu où Albertine n'était plus qu'un souvenir indifférent et plein de charme. » (M. Proust, *La Fugitive,* in *À la recherche du temps perdu*, 1922, p. 534). « C'était l'heure bleue, pendant laquelle le jour se suspendait dans l'or de ses accomplissements. Tous les travaux, toutes les joies, toutes les peines accumulés depuis le matin, se résolvaient dans cette heure bleue. » (H. Bonnier, *L'Enfant du Mont-Salvat,* 1980, p. 218). « On voudrait dire simplement le monde plus bleu. Croire encore à des petits coins chauds au creux de décembre. Espérer en ce peu de sucre qui reste toujours au fond de la tasse, quand le café est bu ! » (P. Autin-Grenier, *Les Radis bleus*, 1990, p. 29).

51. « **Bleue**, **bleue,** notre enfance
Fut un paradis
On s'en aperçoit bien trop tard aujourd'hui
On vivait sans souci, sans la moindre méfiance
N'ayant qu'un seul désir
Quitter la classe par plaisir (...) :
Bleue, **bleue** notre vie
Est un triste sort
Toujours enfermé, on voudrait voir dehors
Ce qu'il y a de charmant sur la route éblouie (...). »
(Ch. Trénet, *L'École buissonnière*, 1933, in *Tombé du ciel*, 1993, p. 144).

52. « Avec Vacances 2000, tous les côtés "**gris**" du soleil, la paperasse, les réservations, les formalités sont pris en charge. Il vous reste les côtés **bleus :** la confortable détente dans les meilleures conditions, la liberté de faire ce que vous voulez, d'être qui vous êtes, actif ou nonchalant, artiste ou sportif, de résider comme vous l'entendez et avec qui vous le désirez. Et où vous voulez. »
(*Le Nouvel Observateur,* 1. 3. 1976, p. 97, c. 2).

* *Joie* est attesté dans *The Pantone® Book of Color* pour désigner un bleu moyen.

– Dans des *loc. nom., mod.* [*Bleu* en qualifiant un système, une association d'intérêt général (culturel, sportif, humanitaire, etc.), une période de temps pendant laquelle a lieu l'action d'une association, une action, tend à connoter la solidarité, en particulier envers les personnes âgées]

• **Association bleue**, *loc. nom. fém., mod.* (1993, *infra*). Association de la Française des Jeux ayant pour but le soutien et la promotion de diverses activités d'intérêt général. « 60 MILLIONS POUR L'ASSOCIATION BLEUE ? La Française des jeux a créé en son sein une association de la loi de 1901, appelée l'Association Bleue, et les projets de comptes pour 1991 prévoient pour elle une provision de 60 millions de francs, dont l'objet est "d'encourager, de soutenir et de promouvoir des activités d'intérêt général à caractère sportif, culturel et artistique" [extrait du rapport de Michel Bégon, 21. 11. 1993]. Cette initiative avait été dérobée à la vigilance et a fortiori à l'autorisation de la tutelle comme du Contrôle d'État. » (*Le Point,* 4. 2. 1995, p. 52, c. 3).

• **Fil bleu**, *loc. nom. masc., mod.* (1987, *infra*). [Sur le modèle de → **fil rouge**]. « Au côté du "fil bleu", système de téléalarme destiné aux personnes âgées, (...) la multirisque "Nouveau voisin" promet les dépannages au quotidien (serrurerie, dépannage auto, transmission de messages...) comme en cas de sinistre (transport à l'hôpital, garde des enfants ou des animaux, frais d'hotel ou de garde-robe...). » (*Le Point*, 21. 9. 1987, p. 37, c. 2).

• **Semaine bleue,** *loc. nom. fém., mod.* (1996, *infra*). Opération d'initiative nationale, d'une durée d'une semaine, consistant en une série de manifestations organisées pour ou par les personnes âgées. « TROISIÈME ÂGE. "SEMAINE BLEUE" DANS LA VIENNE. Alain Rabot, au nom du comité départemental des retraités et personnes âgées de la Vienne, a rappelé les principes d'une manifestation qui, au départ, était une simple quête publique pour améliorer les conditions de vie des personnes âgées. Cette journée s'est transformée au fil des années en semaine, avec une série d'animations, le bleu étant symbole de sérénité et d'espérance. Un seul slogan pour cette "Semaine Bleue" : "365 jours pour agir, sept pour le dire." Alain Rabot a rappelé que les retraités étaient des acteurs et des témoins, qu'il était nécessaire de faire évoluer une image parfois négative, liée à la retraite : "Les retraités sont des consommateurs de biens et de services, des acteurs de transformation sociale. Les aînés sont une force utile pour la communauté". » (*La Nouvelle République du Centre-Ouest*, 12. 10. 1996, p. 7, c. 2-3).

D. – [*Bleu* connote l'au-delà, le paradis – la couleur *bleue* étant la couleur de la représentation du paradis que l'on situait dans les cieux, dans l'imagerie religieuse ; p. opposition à *rouge* et *noir* (l'enfer, les ténèbres) – ; *p. ext.* la mort]

1. – [*Bleu* connote le paradis (parfois sous la *loc. nom. masc. paradis bleu)*]

« Pendant que le prêtre accomplissait les gestes consacrés et que son murmure se mêlait aux soupirs de la mourante, Samuel Chapdelaine et ses enfants priaient sans relever la tête, presque consolés, exempts de doute et d'inquiétude, sûrs que ce qui se passait là était un pacte conclu avec la divinité, qui faisait du paradis bleu semé d'étoiles d'or un bien légitime. » (L. Hémon, *Maria Chapdelaine*, 1916, p. 228).

53. « Que le Seigneur, le Seigneur Dieu
Avant qu'en son **paradis bleu**
Il ne rappelle à lui ce sage,
Pour trinquer avec ses élus,
Nous le garde cent ans et plus,
Et davantage. »
(R. Ponchon, *La Muse au cabaret*, 1920, p. 15).

• **Tapis bleu**, *loc. nom. masc., arg., vx.* Le paradis. « La langue populaire a appelé le paradis le tapis bleu (1866, Delvau : argot des faubouriens, qui voient par avance le dedans du ciel semblable au dehors). » (J.-P. Colin, *Les Mots de la mort,* 1993, p. 270).

2. – *P. ext.*

• **Pays bleu**, *loc. nom. masc.* Pays imaginaire et merveilleux ; au-delà ; *p. ext.*, mort. « Elle pensait aux traversées de Paris, la nuit, en ambulance après ses "tentatives" ratées. (...) Une fois, Charlie lui avait proposé de partir ensemble au pays bleu. Il l'imaginait bleu. Mais cette nuit-là, ils eurent beau se technicolorer la gueule au whisky, avaler ce qu'il restait de pilules à rêver, le grand départ leur échappa comme pas mal de choses. » (E. Hanska, *Fascination*, 1986, p. 137).

E. – [*Bleu* connote l'évasion de l'esprit, l'illusion, un état psychologique trouble, notamment l'ivresse]

1. – [*Bleu* connote l'évasion de l'esprit, l'état de sommeil, de rêve, les paradis artificiels]

« Quelle évasion terrestre peut-elle être plus profonde, plus totale que celle du sommeil ? Les chambres d'hôpitaux sont peintes de bleu et les enseignes de chaînes d'hôtel bleuissent la nuit de leur promesse de calme et de repos. Bleus sont aussi souvent les emballages de somnifères qui vous expédient "dans les prés bleus où les astres vont paître". Bleu était déjà le flacon de fleurs d'oranger, ce "tranquillisant" de nos sommeils d'enfants. » (Cl. Gagnière, *Des Mots et Merveilles*, 1994, p. 199).

54. « Ne pas mourir, ne pas dormir.
Voilà mon sort.
C'est assez...
Voir toujours fuir, ainsi qu'une île inabordable,
Le sommeil et le rêve, obscurs **paradis bleus**,
Où sourit on ne sait quel azur nébuleux ! »
(A. Béguin, *Le Rêve et la poésie*, in *L'Âme romantique et le rêve*, 1939, p. 374).

2. – [*Bleu* connote un état psychologique trouble, notamment l'ivresse]

* Cette association *bleu/ivresse* n'est pas nouvelle et se retrouve dans d'autres langues : « (...) en allemand (argotique), on ne dit pas *être gris*, ni *être noir* [pour être ivre] mais "être bleu" (*blau sein*). En anglais, cette même expression, *to be blue*, évoque moins l'ivresse que la mélancolie, le cafard, les "idées noires". Quoiqu'aux États-Unis, on qualifie d' "heure bleue" (*blue hour*), non pas un parfum, comme en France, mais l'heure de sortie des bureaux, qui voit les citadins mâles ne pas rentrer directement chez eux mais éponger dans les bars leur coup de *blues*, en écoutant de la musique du même nom, ou bien en cherchant dans l'alcool une griserie leur permettant d'oublier momentanément les ennuis de la journée (...). Ce lien entre l'ivresse et les couleurs froides ou sombres est ancien. En latin déjà, l'adjectif *lividus* (...) peut désigner un homme ivre... » (*Pastoureau-Dict. des couleurs 1992*, p. 103).

• **Croix(-)bleue**, *loc. nom. fém., mod.* (1992, *infra*, v. aussi *). [Sur le modèle de → **croix rouge**] Association contre l'alcoolisme. « CROIX BLEUE. La section de Nancy de la Croix-Bleue organise une permanence d'information sur les problèmes de l'alcoolisme, le mardi 10 mars prochain, de 15h à 19h, au foyer, 6 bis rue Sainte Anne. » (*L'Est Républicain*, 9. 3. 1992, p. 606, c. 1).

* Ce mouvement anti-alcoolique fut fondé, en Suisse, dès 1877, par Louis-Lucien Rochat, pasteur à Cossonay. (D'après A. Nicollier, *Dict. des mots suisses de la langue française*, 1990). Ce syntagme serait donc né en Suisse et aurait été repris récemment, dans notre hexagone.

F. – [*Bleu* connote la mélancolie, le spleen, la tristesse, le vague à l'âme, recoupe la symbolique de *noir* et calque l'angl. *blues*. *Bleu* connote parfois la simple nostalgie du passé]

1. – [*Bleu* connote la mélancolie, le spleen, la tristesse, le vague à l'âme, recoupe la symbolique de *noir* et calque l'angl. *blues*]

55. « J'ai la vie qui m'pique les yeux
j'ai mon p'tit cœur qu'est tout **bleu.**
Dans ma tête, j'crois bien qu'y pleut,
pas beaucoup, mais un p'tit peu.
J'm'intéresse plus à grand chose,
même pas fatigué, j'me repose.
J'bois la vie à toute petite dose,
j'vois plus la couleur des roses.
Dans ma guitare, y'a plus rien,
plus une note, plus un refrain.
Dans mes doigts, y'a rien qui tient. »
(Renaud, *Sans déc.*, 1978, in *Mistral gagnant*, 1985, p. 127).

* À noter la *loc. verb. vieillie souffrir les diables bleus*, être triste, mélancolique ; « être atteint d'une sorte de mélancolie, le spleen, typiquement anglaise » (M. Lis, *Dict. du gai parler*, 1980).

– [*MUSIQUE*]

• **Musique bleue**, *loc. nom. fém., mod.* (1977, *infra*), *rare. Synon. cour.* → **blues**. « Le hoot du Centre Américain affiche de la musique bleue, qu'on appelle outre-atlantique du blues (...). » (*Le Sauvage*, 1. 1. 1977, p. 114, c. 2).

• **Note bleue**, *loc. nom. fém., mod.* (Milieu XXe s.). *Synon. francisé* et *rare* de l'américain *blue* *note* (→ **blue(-)note**). « JAZZ. LA NOTE BLEUE DU PETIT FAUCHEUX. Qualifié d'"épicentre essentiel du jazz en France", le club tourangeau se voit confier une mission de formation, de production et d'édition, unique dans l'hexagone. (...) Le jazz, terre de mission. Chorus inattendu : celui formé par la région Centre, le département d'Indre et Loire, la ville de Tours, le ministère de la Culture et de la D.R.A.C. (Direction régionale des affaires culturelles) pour proposer au Petit Faucheux, depuis la rentrée dernière, une expérience unique en France dans les domaines du jazz et de la musique improvisée. » (*La Nouvelle République du Centre-Ouest,* 6. 12. 1995, p. H., c. 1, 2, 3 - A. Dutasta).

2. – [*Bleu* connote parfois la simple nostalgie du passé]

56. « LES MOUSQUETAIRES **BLEUS**. Berthet, Tillinac, Neuhoff... sont des hussards sans mess ni état-major. Leur trait commun : un parfum de mélancolie rieuse. (...) Les années d'enfance (...) sont baignées de la même nostalgie : chez les écrivains que nous évoquons, elle est la musique qui résume et colore tout, l'air qu'on retient, qu'il s'agisse du passé vécu, du passé rêvé ou de la vie à venir. Oui, même l'avenir offre des pentes à la mélancolie ! De la nostalgie comme art de vivre et d'écrire. (...) Si Tillinac a intitulé son livre "**Rugby Blues**", c'est qu'il a bien compris le rythme et la tonalité de cette littérature qu'il aime : non pas une sonnerie de cavalerie, ni un menuet, ni une abstraite musique de chambre, mais le doux lamento nocturne des voyages sans retour. »
(*Le Point,* 3. 4. 1993, p. 84-85 - Fr. Nourissier).

• **Radio Bleue**, *loc. nom. fém., mod.* (v. *). Nom déposé d'une station de radio (plus particulièrement destinée aux personnes du troisième âge et au-delà), spécialisée dans la diffusion de variétés d'autrefois : chansons anciennes, musiques populaires, accordéon, etc. « Tandis que Pierre Valray interprétera, mercredi, sur Radio Bleue (1) (1. « Notre Mémoire a cent ans », émission de Jean-Louis Beaucarnot, le mercredi de 10 h 05 à 11 h sur Radio Bleue) « Toute une nuit », d'autres appels seront lancés. Ainsi les lecteurs de *L'Est Républicain* vont-ils devoir se mobiliser pour (...) Mme Tardiveau (...) qui recherche une chanson enfantine que lui chantait sa mère (...) pour Mme Gody (...), une chanson dont voici quelques paroles : "Petit panier blanc, petit panier rose, vous êtes la cause de tous mes tourments (...)" » (*L'Est Républicain,* 9. 3. 92, p. III, c. 2).

* Dépendante de la société nationale *Radio France*, *Radio Bleue* a été créée à l'initiative des fondateurs de FIP (Jean Garreto et Pierre Codou), en 1980.

G. – [*Bleu* connote les ennuis, les difficultés, les aventures désagréables. Peut-être p. réf. aussi aux *bleus,* aux marques de coups sur la peau] *Vieilli.*

57. « Les blagues ! (...). En avons-nous joué à nos camarades dégourdis, des **bleues** et des **vertes** et **de toutes les couleurs** ! »
(L. Daudet, *Au Temps de Judas,* 1920, p. 139).

• **En voir de(s) bleues**, *loc. verb., fam.* [Le sujet désigne une personne] « Vivre des choses très surprenantes et désagréables ; Passer par de rudes épreuves. » (*Lar. 20e*) ; « Subir des mésaventures. » (*Rob. 1985, 1990*). *Synon.* **en voir de (s) grises, de (s) vertes et des pas mûres, de toutes les couleurs.** (→ **gris, vert**).

* À rapprocher des *loc. verb., vx* et *synon. : souffrir les diables bleus, voir des papillons noirs.*

H. – *Région.* (*Est*) • **Danse bleue**, *loc. nom. fém.*

[Calque de l'all. *blauer Tanz*] Dans les bals populaires, à certains jours et contrairement à la coutume, danse au cours de laquelle la femme choisit son cavalier.

* Attesté dans Fr. Martin, *Le Parler de chez nous en Lorraine,* 1995, p. 150. Oralement très répandu parmi la population des 40-50 ans, surtout sous la formule *tango bleu.*

2e SECTION. *ADVERBE*

I. – En couleur *bleue.*

A.

« (...) sur la ligne des toits du village, à moitié aperçue dans l'encadrement des branches pendantes, rien qu'une ligne là, avec les cheminées qui fumaient bleu parmi le ciel (...). » (Ch.-F. Ramuz, *Aimé Pache. Peintre vaudois,* 1911, p. 50). « Bientôt, le vin fumant parfumé de cannelle, se mit à flamber bleu et l'on but à petites gorgées qui ajoutaient du chaud au-dedans. » (R. Sabatier, *Les Noisettes sauvages,* 1974, p. 284).

B. – *En partic.*

1. – [P. réf. à la couleur *bleue* du ciel]

a) *Fam.* [*P. ell.* du *subst. ciel*]

• **Il fait bleu**, *loc. verb., vieilli.* Il fait beau ; le ciel est dégagé et bleu. *Anton.* **il fait gris** (→ **gris**). « (...) il faisait bleu, la montagne du Pozzo était belle. » (P.-J. Jouve, *Paulina 1880,* 1925, p. 93). « Il fait très beau, très bleu et très vert sous un soleil d'or. » (E. Triolet, *Le Premier accroc coûte deux cents francs,* 1945, p. 387).

b) *Arg. (mines du Nord).*

• **Faire bleu**, *loc. verb.* Remonter à la surface, à l'air libre. « C'est une expression des mineurs du Nord – des gens qui travaillent dans les mines, sous terre. Ils vont “faire bleu” quand ils remontent à la surface du sol, dans la lumière du ciel, pour aspirer une goulée d'air frais. Faire bleu, c'est ça : plonger, le temps d'un entracte, dans le soleil et l'oxygène. » (*Le Nouvel Observateur,* 7. 3. 1977, p. 81, c. 1).

2. – [P. réf. à la couleur *bleue* des billets de banque] *Arg., vx.*

• **Cracher bleu.** *loc. verb.* « Être riche » (*ESN 1965*) ; « Littéralement, verser des billets de banque bleus. » (*Doillon,* vol. 1, t. 4, fasc. 19, 1979, p. 199).

II. – *P. ext.*

A. – [En parlant d'une personne ; à propos du teint] *Fam.*

58. « (...) mon père était sur le pas de la porte... évidemment, il m'attendait... la façon qu'il m'a dit de monter ça m'a enlevé tous les doutes... (...) il se gonflait encore toute la bouille... absolument **cramoisi**... avec des sillons **livides**... il changeait de couleur. Il **tournait violet**... ça me fascinait qu'il **tourne bleu**... ou **jaune** après coup. Il me recouvrait d'une telle furie, que je sentais plus rien... »
(L.-F. Céline, *Mort à crédit,* 1936, p. 228).

• **Bailler bleu**, *loc. verb. fig., vieilli.* [P. réf. à la couleur du teint] Le sujet désigne une personne] Être très surpris, décontenancé, stupéfait (par qqc.) ; rester coi, interdit, bouche-bée. « C'est M. Paulin, un ancien ingénieur du service de la construction. Je baillais bleu. Il ajouta : – Et c'est un saint-simonien ! Je restai coi. Ainsi j'avais devant moi un saint-simonien ? j'en eus le vertige. (...). Ce fut comme paralysé de stupeur que je quittai le “Café des Abattoirs et du Chemin de Fer réunis”. » (H. Vincenot, *Mémoires d'un enfant du rail,* 1980, p. 65).

B. – [*ART CULINAIRE*]

• **Au bleu**, *loc. adv.* Mode de cuisson de certains poissons d'eau douce, jetés vivants ou très frais, dans un court-bouillon bouillant, aromatisé et vinaigré, leur peau noire prenant ainsi une teinte bleutée. *Brochet, carpe au bleu ;*

cuire au bleu. « ... et maintenant, chère Eugénie, va me chercher ma truite au bleu... elle va trop cuire ! » (J. Giraudoux, *Ondine*, 1939, p. 26).

III. – *Au fig.*

• **Voir bleu**, *loc. verb., vieilli, fam.* [Le sujet désigne une personne] Être rêveur, idéaliste ; être optimiste ; « Ne voir que le bon côté des choses » (*Lar. 20e, Quillet 1965*).

3e SECTION. *SUBSTANTIF*

3e SECTION. 1. *SUBST. MASC.*

I. – A. – La couleur *bleue ;* caractère de ce qui est *bleu.*

– *PHYSIQUE* [*OPTIQUE*]. Une des couleurs fondamentales du spectre visible, située entre l'*indigo* et le *vert.* « LA COULEUR BLEUE. Dans la décomposition de la lumière blanche, le bleu est la SENSATION éprouvée par l'œil à l'égard des corps absorbant les radiations dont la longueur d'onde se situe au-delà de 5000 angströms, environ, vers le jaune, et en deçà de 4500 angströms environ, vers le violet, ne réfléchissant donc que les bleus. (...) Dans la théorie trichromatique, le bleu est l'une des trois couleurs FONDAMENTALES auxquelles l'œil est sensible avec le vert et le rouge, afin de pouvoir reconstituer toutes les couleurs de la lumière blanche. Dans la SYNTHÈSE ADDITIVE, le bleu est l'une des trois couleurs fondamentales, avec le rouge et le vert, qui, projetées sous forme de lumière colorée sur un écran blanc permettent d'annuler toutes les couleurs et de reconstituer la lumière blanche ; sa COMPLÉMENTAIRE est l'addition des lumières vertes et rouges, c'est-à-dire le jaune. En SYNTHÈSE SOUSTRACTIVE, on obtient le bleu par superposition des filtres colorés rouge magenta et cyan (bleu vert). (...) Les bleus se situent, dans la gamme, du côté des couleurs FROIDES. » (*Beg-Peinture,* fasc. A-B, 1978, p. 124, s. v. *bleu*).

– *Cour.* [Le bleu dans l'art ; symbolisme du bleu ; nuances du bleu, etc.] Le bleu de → **Chagall**, **Chardin**, **Klein**, **Matisse**, **Nattier**, **Vermeer**. V. → ***azur*** ex. 6.

59. « FLORENCE. – (...) la Mer de verre dont parle l'Écriture, ce fleuve de ténèbres et d'eau, cette inondation de **bleu,** un horizon de déluge, la montée de l'élément théophanique !
PALMYRE. – L'Éternité dans ce coin en bas commence à **blanchir** à cause de la génération du Verbe.
FLORENCE – C'est le **bleu** qui presque partout aux deux étages de cette arche d'adoration sert d'excipient à l'immobile vocifération de la couleur.
ACER. – Je demande comme au catéchisme : Qu'est-ce que le **bleu** ?
PALMYRE. – Immobile, n'est pas tout à fait le mot, ça fait lourd, il n'y a pas de couleur immobile. Mais l'une est cependant plus que les autres stable. Tout le monde voit que le **jaune** et le **rouge** par exemple ont quelque chose d'aigu et de violent, le **violet** quelque chose d'incertain et de précaire, à quoi l'œil ne peut longtemps s'arrêter. Tandis que le **bleu** et le **vert** durent.
FLORENCE. – Le **bleu** est l'obscurité devenue visible. En effet nous ne voyons pas le **noir**, nous en sommes simplement exclus, nous ne le comprenons que par ses contours. Tandis qu'avec le **bleu** la matière de la nuit est pénétrée.
PALMYRE. – Ne pourrait-on pas dire au lieu de visible consciente d'elle-même ?
CIVILIS. – L'**azur** entre le jour et la nuit indique un équilibre, comme le prouve ce moment ténu où le navigateur dans le ciel d'Orient, voit les étoiles disparaître toutes à la fois.
FLORENCE. – Le **bleu** de toutes manières est quelque chose d'élémentaire et de général, de frais et de pur, d'antérieur au mot. Il convient à tout ce qui enveloppe et baigne. Ce rapport du **noir** avec la lumière est comme une âme respirante. Il est le vêtement de la *Purissima.*

PALMYRE. – ... Marie, que l'on voit précisément dans une des grandes planches du bas apparaître dans une auréole de **pervenche**.
CIVILIS. – Quand la lumière au sein de la nuit croît ou qu'elle décroît, cela ne fait pas le même **bleu.** Il y a aussi un certain **bleu** morne et triste.
PALMYRE. – Je sais ce que vous voulez dire ! Et aussi vers les régions de l'**indigo**, une espèce de **bleu** compact et granuleux. Un **bleu** luisant et offensant, une espèce de papier qui au lieu d'ouvrir repousse. Et un autre **bleu** aussi, à l'amidon, un **bleu** froid et comme sucré.
ACER. – Passons à une autre couleur. »
(P. Claudel, *Conversations dans le Loir-et-Cher,* 1935, p. 710-711).

60. « Le **vert** passe communément pour être une couleur "reposante". "Il me renferme en moi-même et me met en paix" dit un malade. "Il ne nous demande rien et ne nous appelle à rien", dit Kandinsky. Le **bleu** semble "céder à notre regard" dit Goethe. Au contraire, le **rouge** "s'enfonce dans l'œil" dit encore Goethe. Le **rouge** "déchire", le **jaune** est "piquant" dit un malade de Goldstein. D'une manière générale on a d'un côté avec le **rouge** et le **jaune** "l'expérience d'un arrachement, d'un mouvement qui s'éloigne du centre", d'un autre côté avec le **bleu** et le **vert** celle du "repos et de la concentration". On peut mettre à nu le fond végétatif et moteur, la signification vitale des qualités en employant des stimuli faibles ou brefs. La couleur, avant d'être vue, s'annonce alors par l'expérience d'une certaine attitude du corps qui ne convient qu'à elle et la détermine avec précision : "Il y a un glissement de haut en bas dans mon corps, ce ne peut donc pas être du **vert**, ce ne peut être que du **bleu** ; mais en fait je ne vois pas de **bleu**" dit un sujet. (...) La couleur réelle produit chez le sujet une "concentration de l'expérience colorée" qui lui permet de "rassembler les couleurs dans son œil". Ainsi avant d'être un spectacle objectif, la qualité se laisse reconnaître par un type de comportement qui la vise dans son essence, et c'est pourquoi, dès que mon corps adopte l'attitude du **bleu**, j'obtiens une quasi-présence du **bleu.** Il ne faut donc pas se demander pourquoi le **rouge** signifie l'effort ou la violence, le **vert** le repos ou la paix, il faut réapprendre à vivre ces couleurs comme les vit notre corps, c'est-à-dire comme des concrétions de paix ou de violence. »
(M. Merleau-Ponty, *Phénoménologie de la perception,* 1945, p. 244- 245).

61. « Une couleur n'est jamais simplement une couleur, mais couleur d'un certain objet, et le **bleu** d'un tapis ne serait pas le même **bleu** s'il n'était un **bleu** laineux. Les couleurs du champ visuel (...) forment un système ordonné autour d'une dominante qui est l'éclairage pris pour niveau. Nous entrevoyons maintenant un sens plus profond de l'organisation du champ : ce ne sont pas seulement les couleurs, mais encore les caractères géométriques, toutes les données sensorielles, et la signification des objets, qui forment un système, notre perception tout entière est animée d'une logique qui assigne à chaque objet toutes ses déterminations en fonction de celles des autres et qui "barre" comme irréelle toute donnée aberrante, elle est tout entière sous-tendue par la certitude du monde. »
(M. Merleau-Ponty, *Phénoménologie de la perception,* 1945, p. 361).

62. « Leur symbolique traditionnelle et singulièrement constante [des couleurs] ne fait que ratifier et codifier les rapports qui se sont presque fatalement établis à l'origine entre elles et l'élément dont elles semblaient la manifestation : le **bleu** avec le ciel ou l'eau, le **vert** avec la végétation au plein de son épanouissement, le **jaune** avec le feu et la lumière. La signification des couleurs s'explique ainsi aisément, sans qu'il soit besoin de faire intervenir un ésotérisme suspect. S'étonnera-t-on que la couleur de Mars ait été le **rouge** et l'**orangé,** celle de Vénus genitrix le **vert clair**, celle de Jupiter, le **bleu** et le **pourpre** ? Les vêtements de Jésus durant sa prédication, le manteau de la vierge sont d'**azur**. Et ainsi à l'infini... Les couleurs expressives de la lumière et du ciel seront toujours solidaires des idées de pureté, de vertu, de sagesse divine. Ce symbolisme

a des bases si profondes et universelles qu'on le retrouvera, à peu de variantes près, identique en tous les lieux du monde et à toutes les époques. »
(R. Huygues, *Dialogue avec le visible*, 1955, p. 270).

63. « Que de **bleus :** le **bleu** de la berlue, de l'éblouissement, de la stupéfaction (rester **bleu**) (...) et le **bleu** de la stase veineuse qui colore discrètement le **blanc** de la peur ou de la colère ("on **rougit** de honte, on **pâlit** de colère"). On pourrait dire, aussi, le **bleu livide** de la mort car si le **livide** est aujourd'hui **blanc,** il était autrefois **bleu,** parfois très foncé, celui de la chair des cadavres. Tout n'est qu'affaire de mode. Le **blanc** de ces expressions est resté **bleu** ».
(Ph. Brenot, *Les Mots du corps*, 1987, p. 147).

* *Au plur.* Nuances de cette couleur. *Les bleus du ciel.* « Au bas du coteau se bossuait le vieux toit roux de la Charvinière. Par-dessus, au loin, les moulins de Saint-Michel, de Fouchaut, des Aiglionnaires, tournaient ensemble, minuscules et tout blancs, dans les bleus étagés de l'horizon. » (A. de Chateaubriant, *Monsieur des Lourdines*, 1911, p. 288). V. ex. 63.

REM. Une nuance particulière de la couleur peut être précisée (dans tous ces cas *bleu* est *inv.* et fonctionne comme *subst.*) par :

1. ***Un adj.*** **:**

a) [Pour traduire une nuance de bleu plus ou moins claire, éclatante ou terne, plus ou moins pure ; souvent dans un système de connotations] α) [Pour traduire le bleu clair] *Bleu aérien, clair, délavé, délié, doux, frais, froid, léger, pâle, tendre.* « J'ai noté à la présentation de Biorapid, les nouvelles gammes de couleurs pour les repas du matin : bleu glacial pour les boissons, vert d'eau pour les "compacts fruits", rose marbre pour les pains protidiques. » (*L'Express*, 29. 12. 1979, p. 59, c. 3 - H. Strohl). V. aussi → **pastel²** β) [Pour traduire le bleu intense ou foncé] *Bleu ardent, chaud, cru, éclatant, fluo, fluorescent, foncé, fort, franc, intense, profond, sombre, sourd, soutenu, vif, violent.* « La nuit a le même bleu profond qu'a le manteau de la vierge. » (H. de Montherlant, *Les Bestiaires*, 1926, p. 479). « Un bleu dur et transparent qui annonçait l'hiver. » (J. Green, *Moïra*, 1950, p. 167). V. aussi → **électrique** [*Avec antéposition de l'adj. qualifiant bleu*] V. → **gros (-)bleu**. γ) [Pour traduire la pureté du bleu] *Bleu immaculé, limpide, pur, transparent.* δ) [Pour traduire un bleu terne, altéré] *Bleu délavé, cassé, déteint, éteint, mort, mourant, passé.*

b) Un *adj. de couleur*, précédé le plus souvent d'un trait d'union, pour indiquer une nuance intermédiaire entre ces deux teintes. **Bleu(-)gris, noir, vert.** « Il avait ce regard bleu-blanc qui n'est pas un regard humain, mais bien plutôt celui de quelque bête cruelle. » (G. Duhamel, *Les Maîtres*, in *Chronique des Pasquier*, t. 6, 1937, p. 254). « Tel écossais, aux larges dessins, où ont été apprivoisés les orangés du couchant ou des tournesols et les bleus violets de l'iris et des profondes eaux, se recouvre dans les parties où joue le revers, d'un brun ou d'un gris nocturnes. » (A. Lhote, *Peinture d'abord*, 1942, p. 70). V. aussi *bleu livide, supra* ex. 63. [Parfois un *adj. de couleur* dér., sans trait d'union] **Bleu → grisâtre, verdâtre**.

2. ***Un subst.*** – nom commun ou nom propre – (précédé parfois d'un trait d'union) ou un *subst. complétif* relié à *bleu* par la prép. *de* pour désigner une teinte particulière : un bleu caractéristique du *subst.* nommé ou un bleu tirant sur une couleur voisine (précisée par le *subst.* appartenant normalement à un autre champ de couleur : gris, vert, violet, etc.). [Parfois un *adj.* référentiel dér. du *subst.*]

a) [Terme appartenant au domaine de la nature] [Ciel, horizon] **Bleu (-) (d'/de) → azur, ciel, horizon, infini ; bleu (-) azuré, azurin, céleste, cérulé, céruléen.** [Astre] **Bleu (-) (d'/de) → lune** [Espace de temps] **Bleu (-) (de) → crépuscule, nuit,**

soir. [Eau] **Bleu (-) (de) → eau (de mer), fjord, glacier, lagon, Méditerranée, mer, mer Egée, mers du Sud, océan, piscine ; bleu marin.** [Végétal] **Bleu (-) (d'/de) → barbeau, bleuet / bluet, bourrache, héliotrope, hyacinthe[1], jacinthe, lavande, lin[1], myosotis, pensée, pervenche, véronique, volubilis.** [Métal, minéral, pierre – généralement précieuse – (produisant parfois une matière colorante bleue)] **Bleu (-) (d'/de) → acier, aigue-marine, ardoise, ardoisé, argent, argenté, cobalt, lapis (-lazuli), opale, outremer, saphir, turquoise, zinc ; bleu métallique, métallisé** [Autre] **Bleu (-) (de) → cendre, fumée ; bleu → cendré, cendreux, laiteux.**

b) [Terme du domaine animal] **Bleu (-) (de) → canard, corbeau, éléphant, hirondelle, paon, perroquet, sarcelle**.

c) [Terme du domaine de la technique, de l'artisanat, de l'industrie, etc.] **Bleu (-) (d'/de) → charrette, drapeau, encre, faïence, gauloise, gitane(s), IBM, javel, jean, layette, lessive, pétrole, porcelaine, vidéo.** (matière colorante, obtenue d'une plante, d'un minéral) **Bleu (-) (d'/de) → cobalt, indigo, lapis (-lazuli), outremer, pastel[1].**

d) [Terme désignant une fonction (généralement p. réf. aux vêtements portés)] **Bleu (-) (de) → charron, gendarme, hussard, marine, roi.**

e) [Terme désignant un nom propre ou dérivé d'un nom propre] [Personne] **Bleu (-) → (Sainte-) vierge**. [Artiste peintre, p. réf. à son œuvre] **Bleu (-) (de) → Chagall, Chardin, Klein, Matisse, Nattier, Vermeer**. [Lieu géographique] **Bleu (de) → Californie, France, bleu polaire.** (Lieu où se trouve (ou d'où provient) une œuvre artistique, une matière colorante) **Bleu (d'/de) → Chartres, Chine, Delft, Inde, Nevers, Prusse, Rouen, Sèvres ; bleu → persan, prussien, turquin,** [Période artistique] **Bleu Ming**.

f) [Terme désignant un sentiment ou une idée abstraite] **Bleu (-) → poème, rêve, vacances.**

64. « "– **Bleue**, oui, dit-elle fermement. Une des sept couleurs du spectre". N'était pas pour rien spécialiste de l'histoire de l'art. Mais elle avait dû le piquer au vif dans sa conscience professionnelle car alors, avec une véhémence qui rendait son sabir plus cafouillant encore, et bafouillant, il se mit à lui expliquer que **bleu**, **bleu,** c'était vite dit, mais quel **bleu** d'abord ? Car, madame l'ignorait peut-être, on recensait le **bleu clair**, le **bleu ciel,** le **bleu horizon,** le **bleu lavande**, le **bleu Nattier**, le **bleu pervenche**, le **bleu roi**, le **bleu marine**, le **gros bleu,** le **bleu ardoise**, le **bleu pétrole**, le **bleu turquoise**, le **bleu canard,** (...) le **bleu pastel,** le **bleu nuit**, le **bleu de cobalt**, le **bleu d'outremer**, le **bleu de lessive**, le **bleu de Bresse**, le **bleu de méthylène** (...) le... – Le **bleu de Prusse**, dit-elle ».
(J.-L. Benoziglio, *Tableaux d'une ex.*, 1989, p. 64).

65. « ENVIE DE **BLEU.** Ciel **bleu.** Vague **bleue. Bleu** au cœur de l'été **jaune** comme le soleil. Infinités des **bleus** des îles. **Bleu** simple, naïf, multiple. **Bleu lavande**, **bleu turquoise**, **bleu canard, bleu gitane**, **bleu pervenche**, **bleu grec. Aigue marine.** Azulejos et coques de bateaux. **Bleu à l'âme. Indigo**, **cobalt**, **saphir. Bleu de Sèvres**, **bleu Nattier**, (...) **bleu porcelaine**, couleur de la vie quotidienne. **Bleu horizon** où se rejoignent l'azur et la "**grande bleue**", **ligne bleue** des montagnes, **bleu** mystique, voûte céleste. **Bleu** (...) **Picasso** et son **époque bleue**, (...) **bleu** des artistes, "chemin de l'infini où le réel se transforme en imaginaire". »
(*Midi Libre*, 31. 7. 1993, p. M).

* Même en contextes particuliers (v. *bleu* 1re, 2e, 3e section. *P. ext.*) le fr. mod. a établi une frontière nette entre les termes *bleu* et *vert* et a recours à des procédés de compos. (*bleu-vert*) ou de compar. (*bleu (-)paon, bleu (-)turquoise*, etc.) pour exprimer les nuances entre le *bleu* et le *vert*. (v. *Kristol-Color 1978*, p. 260) ou à la

création de termes spécifiques exprimant ces nuances de l'espace marginal entre le bleu et le vert (→ **cyan, glauque, jade, pers, pétrole, turquoise,** etc.).

B. – *P. méton.*

1. *ART / TECHNOLOGIE*

a) *ART* [*PEINTURE / TEINTURE*, etc.] Matière colorante servant à peindre ou à teindre en bleu. *Bleu animal, minéral, végétal ; bleu de teinturier ; passer une couche de bleu ; bleu de cobalt, d'indigo, de lapis (-lazuli), d'outremer, de pastel [1], de Prusse.*

66. « (...) ce **blanc** un peu pâteux que vous voyez là, est du blanc d'os, celui-ci plus léger est de la céruse : ce **noir** provient du charbon pulvérisé d'un sarment de vigne ; ce **bleu** est du lapis ; ces **jaunes** sont de l'herbe à foulon et du safran ; ce **rouge vif** du minium et ce **brun rouge** qui correspond à notre **ocre** est de la terre maigre, de la macra de Naples ; ce **vert** est tiré de la fleur de l'iris ou de la baie de nerprun (...) ».
(J.-K. Huysmans, *L'Oblat*, 1903, p. 96).

b) *TECHNOLOGIE*

α) *BIOLOGIE / PHARMACIE*, etc.

• **Bleu de méthylène**, *loc. nom. masc.* Poudre d'un bleu sombre à reflets cuivrés, qui, soluble dans l'eau (qu'elle colore en bleu outremer), et dans l'alcool (qu'elle colore en vert), produit une solution employée notamment en pharmacie comme analgésique et antiseptique et en biologie comme colorant. *Se badigeonner la gorge au bleu de méthylène.* « Le bleu de méthylène a été proposé comme colorant culinaire. Cet usage n'est pas à recommander (...) parce que le bleu de méthylène peut devenir toxique même à faibles doses (10cg.) chez les personnes particulièrement sensibles (...). » (*Mont. 1967*). V. *supra*, ex. 64. ♦ *P. anal.* → **méthylène** (modificateur de *bleu : bleu de méthylène*).

β) *BLANCHISSAGE*

• **Bleu (de lessive)**, *loc. nom. masc.* ou *subst. masc.* ♦ Produit chimique, de couleur bleue, contenant des particules d'azurant, que l'on mêle à l'eau dans laquelle on fait tremper le linge blanc, après l'avoir lavé et rincé, pour lui donner de l'éclat et effacer les traces jaunâtres. *Synon.* → **azurant**. *Boule de bleu ; faire son bleu ; mettre trop de bleu ; bleu à azurer.* « Il est préférable d'acheter le bleu en boule, qu'on place dans un petit nouet de toile fine, lequel est manié dans le bain jusqu'à coloration suffisante de ce dernier. On plonge une à une les pièces à mettre au bleu dans le bain tenu constamment remué. On doit presser avant et après pour que l'azurage soit très régulier. » (*Lar. mén. 1926*, p. 194). « Le plafond restait jaune. Alain voulait prendre chez lui un peu de bleu de lessive pour le mêler à son lait de chaux. » (M. Van der Meersch, *Invasion 14*, 1935, p. 160). V. → **bleuter** ex. 1. ♦ *P. anal.* → **lessive** (modificateur de *bleu : bleu de lessive*, ou *absol. lessive* (terme de couleur du champ du bleu)). ♦♦ • **Passer (le linge) au bleu (de lessive)**, *loc. verb.* Tremper le linge dans une eau dans laquelle on a dilué du *bleu de lessive*. *Synon.* → **azurer, bleuter.** « (...) couvrez la lessiveuse et laissez tremper de 3 à 12 heures, selon l'état du linge. Il suffit alors de frotter celui-ci entre les mains dans l'eau savonneuse, puis de le rincer à l'eau claire et de le passer au bleu après essorage. » (*Lar. mén. 1926*, p. 199). *Au passif.* [En parlant du linge] « (...) elles restent debout pour ne pas chiffonner leurs robes de mousseline, trop passées au bleu, qui se boursouflent, rigides, nouées à la taille par des ceintures groseille ou indigo ; et leurs figures hâlées paraissent toutes noires dans ce blanc. » (Colette, *Claudine à l'école*, 1900, p. 285). ♦♦ *Au fig., fam.* ou *arg.* ♦ • **Passer (qqc.) au bleu**, *loc. verb.* Faire disparaître (qqc.) ; annuler, supprimer, escamoter (qqc.) ; dissimuler, passer sous silence, ne pas mentionner volontairement (qqc.). *Synon. passer à l'as. Passer une histoire au bleu.* « (...) par la suite, le copain envoyé sur les roses, le chant abandonné, la chanteuse métamorphosée en proie débonnaire, il avait cessé de rire. Au point de passer au bleu la nuit d'amour qu'il avait projeté de lui offrir et d'inventer au dernier moment une excuse, la plus grosse, pour ramener tambour battant ailleurs, n'importe où, chez elle, une Kim alanguie par un dîner qui n'en finissait plus... Pas ce soir, ma petite, non pas ce soir, tu ne sais pas ce que tu as bu et mangé, mangé surtout, j'ai peur que tu ne sois malade... » (Ch. de Rivoyre, *Les Sultans,* 1964, p. 189). « Absolument dépaysé, je passais au bleu la prière du matin – dans une cure, seigneur ! – et, sur le coup de dix heures, je rejoignis Frédie, qui se gavait de fraises des quatre-saisons, dans un jardin bon enfant où les fleurs côtoyaient les légumes. » (H. Bazin, *Vipère au poing,* 1948, p. 152). *Au passif.* • **Qqc. passe au bleu**, Disparaître, être annulé, être dissimulé, passé sous silence. « L'affaire fut (...) comme tant d'autres du même ordre, passée au bleu. Mais aux gens avertis elle avait levé un coin du voile sur le rôle dégradant de la prostitution à Paris. » (L. Daudet, *Bréviaire du journalisme,* 1936, p. 96). « – D'ailleurs avec toi toujours nue sous tes tricots, le problème du cache-corset passe au bleu, alors il faut bien le remplacer par autre chose, non ? il faut bien se calmer les nerfs d'une autre façon, non ? » (Ch. de Rivoyre, *Les Sultans,* 1964, p. 34). ♦ ♦ *En partic.* [À propos d'une somme d'argent] • **Faire passer au bleu**, *loc. verb.* Dissimuler frauduleusement. *Passer au bleu des pièces d'argent, un revenu.* « Le caissier indélicat a fait passer au bleu plusieurs millions. » (*Dub.* 1967). [Le sujet désigne une somme d'argent] Disparaître frauduleusement ; être gaspillé. « Cette somme a passé au bleu. » (*Lar. 20e*). « Mon argent est passé au bleu. » (*France 1907*). ♦ ♦ ♦ *Arg. (des voleurs)* • **Qqn passe au bleu / Passer (qqn) au bleu**, *loc. verb.* Disparaître, mourir / Faire disparaître, tuer. V. *infra,* ex. 80.

2. – [*Bleu* sert à désigner un produit de l'industrie humaine (objet fabriqué, vêtement, etc.) caractérisé par la couleur *bleue* ou une couleur très proche du *bleu*]

a) [Dans des *domaines spéciaux*] Le plus souvent *cour.* ou *fam.*

α) *ART* [*CÉRAMIQUE*]

• **Bleu et blanc**, *loc. nom. masc.* [P. réf. aux couleurs traditionnelles et caractéristiques des porcelaines anciennes chinoises (→ **Chine**, **Ming**)] Porcelaine chinoise ancienne – réalisée à l'origine dans une manufacture impériale, sous la dynastie Ming (1368-1644) et jusqu'au XVe s. – caractérisée par sa couleur bleue sur fond blanc (« bleu qui valait trois fois son poids d'or et ne servait qu'à l'exécution des ouvrages destinés à l'Empereur »). (G. Janneau, *Les Arts du feu,* 1965, p. 28). « Mais la production caractéristique de l'époque Tsing est celle des pièces à décor peint, polychrome, posé soit sous couverte, soit sur le biscuit, c'est-à-dire sur la pâte de porcelaine cuite sans couverte au grand feu. Si les bleu et blanc, si les bleus à fleurs de prunier, qui s'offraient en présent le premier jour de l'an, lequel était aussi le jour du printemps, perpétuent la tradition Ming, les trois grandes "familles" à fond noir, à dominante verte, à dominante rose, constituent un apport nouveau. » (G. Janneau, *Les Arts du feu,* 1965, p. 30). « La création d'une fabrique à King-Te-Tchan (Kiang-si) par l'empereur Hong-won (1368-1398) donne un vif essor à la céramique chinoise, qui deviendra très renommée en Europe. Le "bleu et blanc", porcelaine peinte en bleu de cobalt avant la pose en couverte, qui est apparu sous les Yuan, connaît une vogue croissante. » (*Les Muses,* vol. 10, 1973, s. v. *Ming – Art des –*). V. → ***Chine*** ex. 1.

β) [*COMMERCE.* [P. réf. à la couleur bleue du paquet]] *Fam.*

• **(Gros) bleu**, *loc. nom. masc.* ou *subst. masc.* Marque de tabac (grossièrement broyé ; → **gris**), roulé dans du papier bleu. *Fumer du (gros) bleu.* « (...) mais M. De Coëtquidan ne savait pas seulement comment on charge un fusil, et la gibecière n'avait jamais contenu que les paquets de gros bleu. » (H. de Montherlant, *Les Célibataires,* 1934, p. 743). « Il [Kéroual] montait à bord (...) pour manger et boire ; fumer du bleu, bavarder, se retremper dans l'ambiance du pays (...). » (Bl. Cendrars, *Bourlinguer,* 1948, p. 48).

γ) *DESSIN INDUSTRIEL, PHOTOGRAPHIE.* Épreuve photographique de plans, de documents, de dessins, obtenue sur papier au ferro-prussiate, par simple insolation suivie d'un lavage à l'eau et produisant des dessins en traits blancs sur fond bleu. (D'après *Lar. comm. 1930*). *Bleu d'architecte, d'ingénieur ; tirage des bleus.* « Après avoir sorti un dossier cartonné, Étienne revint à sa table et nous fit signe de nous approcher. – Je ne vais pas vous parler de la banque tout de suite, fit-il en tirant un bleu d'architecte de son dossier. » (J. Risser, *Casse, cavale et bascule*, 1969, p. 33). « Une grande table de vingt mètres de long ; des maquettes en abondance, des plans d'architecte, des "bleus" et des croquis ; ici ou là des pièces de mécanique, nœuds de métal (...) : l'exposition de Renzo Piano veut d'abord parler de métier, de matériaux. » (*Le Nouvel Observateur*, 20. 11. 1987, p. 114, c. 1).

δ) *FINANCES PUBLIQUES*. Projet de loi des finances, broché sous couverture bleue. *Bleu de Bercy, bleu du budget.* « (...) la simple lecture des "bleus", les fascicules budgétaires ainsi baptisés parce que leur couverture est turquoise, fournit, en dehors des grands chapitres, traditionnellement discutés à la tribune, de surprenantes informations. » (*L'Express*, 20. 10. 1979, p. 113, c. 1).

* En *HAUTE ADMINISTRATION*, la couleur bleue est aussi associée au caractère officiel d'un document, à la loi. Ainsi le **bleu (de Matignon)** est la version définitive (consignée sur papier bleu) préparée par le Secrétariat Général du Gouvernement ; version qui s'impose à l'Administsration. Ce **bleu (de Matignon)** a donné le *dér.* **bleuir :** arrêter la version définitive d'un compte rendu de Conseil ministériel. *Bleuir une décision. Je vais bleuir demain.* À rapprocher de → *papier bleu* (*des huissiers*) et → *livre bleu.*

ε) *FROMAGERIE* et *cour.* (1928, in *Rob. 1985, 1990*). Fromage fermenté à moisissures internes bleues (pénicillium), préparé à partir du lait de vache. ♦ **Bleu de** + *subst.* (indiquant la provenance de ces fromages). *Bleu d'Auvergne, de Bresse, des Causses, du Quercy. V. supra*, ex. 64, et infra, ex. 88.

ζ) *JEUX* [*BILLARD*] Craie qu'utilisent les joueurs de billard pour frotter le procédé de la queue. « Ils (...) admirèrent les joueurs passant du bleu sur l'embout de la queue de billard ou tirant avec art sur la boule blanche pour toucher les deux autres. » (R. Sabatier, *David et Olivier*, 1985, p. 300).

η) [*POSTES, TÉLÉCOMMUNICATIONS*] *Fam., vieilli, région.* [*Paris*]

• **(Petit) bleu**, *loc. nom. masc.* ou *subst. masc.* Carte lettre de couleur bleue, servant à la correspondance pneumatique ; télégramme. (v. → *papier bleu*). *Envoyer, recevoir un (petit) bleu ; remettre un (petit) bleu à qqn.* « Elle se fit donner un petit bleu, et tout d'un trait, elle écrivit : "Maman chérie, j'étais folle, je ne me pardonnerai jamais la peine que je t'ai faite". » (R. Martin du Gard, *Les Thibault, L'été 1914*, 1936, p. 671).

67. « Mais dans l'adresse de ce pneumatique – qui hier encore n'était rien, n'était qu'un **petit bleu** que j'avais écrit, et qui, depuis qu'un télégraphiste l'avait remis au concierge de Gilberte et qu'un domestique l'avait porté jusqu'à sa chambre, était devenu cette chose sans prix, un des **petits bleus** qu'elle avait reçus ce jour-là – j'eus peine à reconnaître les lignes vaines et solitaires de mon écriture sous les cercles imprimés qu'y avait apposés la poste, sous les inscriptions qu'y avait ajoutées au crayon un des facteurs, signes de réalisation effective, cachets du monde extérieur, **violettes** ceintures symboliques de la vie, qui pour la première fois venaient épouser, maintenir, relever, réjouir mon rêve. »
(M. Proust, *Du côté de chez Swann*, in *À la recherche du temps perdu*, 1913, p. 403).

θ)[*TOURISME*]

• **Petit bleu**, *loc. nom. masc., Fam., mod.* (1984, *infra*). Guide touristique (sous couverture bleue) destiné aux enfants. (v. *guide bleu*). « Quant à "la patronne" (des Guides bleus Hachette, A. Barbey), elle ne pense plus aujourd'hui qu'aux petits derniers : les "petits bleus", des guides réservés aux enfants de 8 à 12 ans. Le premier, consacré à Paris, sortira à la fin du mois. » (*Le Point*, 21. 5. 1984, p. 95, c. 3).

b) Vêtement, accessoire vestimentaire de couleur bleue.

α) *Être habillé, vêtu de bleu ; être en bleu ; porter du bleu.* « Elle était mise tout en bleu dont on trouvait toutes les nuances : ardoise, saphir, azur, jusqu'au mauve et au lavande. » (R. Sabatier, *Les Fillettes chantantes*, 1980, p. 77).

β) *En partic.* [la couleur bleue, claire ou foncée, comme couleur caractéristique et symbolique notamment pour marquer]

– [la dévotion à la Vierge Marie – le bleu lumineux, généralement pâle (en association avec le blanc) étant la couleur de la Vierge Marie – (→ **blanc ;** v. aussi *supra,* 1re SECTION *ADJECTIF*. I. A. 2. b) β) ; en parlant d'un enfant] « (...) Judette et Jaquette, les deux jumelles. (...) on les avait vouées à la Vierge et on ne les habillait que de bleu et de blanc. » (M. Rouanet, *Nous les filles*, 1990, p. 12). *Le plus souvent en loc.* • **Vouer au bleu / Être voué au bleu**, *loc. verb. / loc. adj.* Habiller / Être habillé de bleu (et de blanc) en vertu d'un vœu fait à la Vierge Marie « – Un dictionnaire vivant de toutes ces expressions qui chaque jour s'oublient davantage ; *des cravates à la Saint-Joseph, des enfants voués au bleu,* etc., et qu'on ne trouve plus que chez ceux qui se font les aimables et bénévoles conservateurs du passé. » (M. Proust, *Le Côté de Guermantes* 2, in *À la recherche du temps perdu,* 1921, p. 551).

68. « Les enfants que l'on **voue au bleu** et **au blanc** sont impubères, c'est-à-dire non encore sexués, non encore pleinement matérialisés : ils ne sont pas tout à fait de ce monde ; et c'est pourquoi ils répondront plus aisément à l'appel **bleu** de la Vierge. »
(*Dict. des Symboles 1982,* s.v. *Bleu*).

– [la masculinité du nouveau-né (→ **layette**) et *p. ext., fig.,* la masculinité] *Habiller en bleu un nouveau-né ; bébé en bleu.* V. → ***layette*** ex. 1.

69. « Ma mère espérait une fille. (...) Cette fille indubitable, on la baptiserait Denise. Ma mère, habitée de ce têtard qui allait devenir moi, rêvait, les doigts dans du **ruban rose.** Il fallut virer soudain du **rose** au **bleu.** Changement de dragées, plutôt brutal. Le chiendent, c'est qu'il est resté du **rose** en moi. Caché profond, au plus obscur, dans cette nuit tiède où l'incertitude entre le **bleu** et le **rose** se prépare à jouer les plus vilains tours. »
(J.-L. Bory, *Ma moitié d'orange,* 1973, p. 9).

* « D'où vient l'usage qui consiste à vêtir les nouveaux nés et les très jeunes enfants de bleu si ce sont des garçons et de rose si ce sont des filles ? (...). Historiquement on peut observer que cette pratique est en France déjà attestée à la fin du XIXe siècle et qu'elle est encore courante aujourd'hui (...). Géographiquement, on peut souligner qu'elle concerne une large partie de l'Europe et des pays relevant de la civilisation occidentale, notamment les États-Unis (...). En outre il y a parfois des variantes (rouge au lieu de rose dans certaines provinces d'Espagne et d'Italie), parfois des inversions (en Bretagne par exemple, ce peuvent être les garçons qui sont vêtus de rose et les filles de bleu !). Enfin, socialement, il faut souligner combien une telle habitude est longtemps restée une pratique bourgeoise, avant de se diffuser vers le bas de l'échelle sociale. Aujourd'hui elle concerne surtout la petite bourgeoisie et les classes défavorisées (...). Pour ma part, je serais tenté de voir dans le couple bleu / rose une déclinaison du couple bleu / rouge. Le bleu des nouveaux-nés est en effet presque toujours un bleu ciel très pâle ; son intensité et sa saturation sont proches du rose. Tous deux représentent des couleurs pastel, des couleurs hygiéniques, des blancs légèrement colorés. Il y a d'abord une idée de pureté et d'innocence dans le choix de ces deux couleurs. Il y a ensuite – mais ensuite seulement – une distribution qui reprend une distinction relativement ancienne dans la culture occi-

dentale : le bleu est masculin et le rouge est féminin. Cette opposition des sexes par le bleu et par le rouge se met en effet en place à la fin du Moyen Âge (...) et se développe à l'époque moderne. Elle s'appuie sur des considérations symboliques à la fois diverses et floues, et ne fonctionne vraiment que par rapport au couple : le bleu n'est masculin qu'en tant qu'il s'oppose au rouge (...). » (*Pastoureau-Dict. des couleurs 1992*, pp. 25- 26).

– [L'appartenance à certains corps d'armées, corps de métiers ou milieux socio-professionnels] *Bleu hussard, marine.* (→ **hussard, marine**).

* *Spéc.* [Domaine de l'*HABILLEMENT*] *Fam.* Vêtement de travail, en toile épaisse, généralement bleue (marquant le plus souvent l'appartenance à un mileu socio-professionnel). *Un bleu de travail ; un bleu de mécanicien ; enfiler un bleu.* « Deux heures plus tard, (...) un bleu d'ouvrier sur le râble et perché au sommet d'une escabelle, Sénac badigeonnait les croisées en fumaillant des cigarettes. » (G. Duhamel, *Le Désert de Bièvres*, in *Chronique des Pasquier,* t. 5, 1937, p. 97). « Eh oui, les ratons sont toujours là aussi ; (...) et les petits et les grands vieux, les types sapés et ceux en bleus. » (A. Sarrazin, *L'Astragale,* 1965, p. 153). « Pour la plupart en bleus de travail et en casquette, ils restaient jusqu'à la dernière seconde sur le trottoir devant l'entrée de l'imprimerie, pour profiter du soleil (...). » (R. Sabatier, *Les Fillettes chantantes,* 1980, p. 40).

♦ [*MARINE / SNCF*]

• **Bleu (de chauffe)**, *loc. nom. masc.* ou *subst. masc.* Combinaison bleue des chauffeurs (ouvriers alimentant en charbon les foyers de chaudières, fixes ou sur navires et locomotives). « En sortant de la chaufferie, Davis alla trouver Grayson, qui, en bleu de chauffe, était mêlé à ses mécaniciens (...). » (E. Peisson, *Parti de Liverpool,* 1932, pp. 75-76). « Au petit caïd de l'équipe, un mouflet à casquette torpédo, bleu de chauffe et pompes vernies, la môme venait d'affirmer qu'elle me frimait seulement pour le bon motif, pour me soulager de mes cent sacs. » (A. Simonin, *Touchez pas au grisbi,* 1953, p. 257). « (...) une fille en bleu de chauffe, une blonde avec des nattes, seize ans, couverte de suie (...). » (B. Blier, *Les Valseuses,* 1972, p. 80). *P. anal.* → **chauffe** (modificateur de *bleu* : *bleu de chauffe*).

– [*INFORMATIQUE*]

• **Grand Bleu / Gros Bleu** *loc. nom. masc. Synon.* de → **Big Blue** ou IBM. (v. → **bleu IBM**). « Non content du gros ratage du PC Junior, IBM retente le coup avec le PS/1, un système clairement identifié PS/2sous dimensionné pour le peuple. (...) Pour le même prix, la concurrence propose des machines plus standards et moins cher. Bien sûr, quelques naïfs se laisseront séduire par les sirènes ibéhèmes. Mais les résultats des ventes ne sont pas à la mesure de l'espérance de Gros Bleu. » *"Un consommateur 'satisfait' commente le PS/1."* (in *http://www.csdm.qc.ca/pec/codes /ibm.html).* « Au sein de la multinationale, le conservatisme est érigé au rang de vertu suprême. La clientèle traditionnelle du Grand Bleu affectionne ce trait et assimile le nom d'IBM au charme discret et tranquille de la bourgeoisie. Pourtant, la même compagnie se tient à l'écoute des évolutions du secteur et peut, du fait de sa taille – elle emploie des centaines de milliers d'individus – se permettre des recherches avancées dans des secteurs de pointe. Au début des années 80, la force du géant a été de pressentir qu'un important phénomène était en train d'émerger : la micro-informatique.» (in *http://ichbiah.online.fr/extraits/gates /gates7.htm,* 2003).

3. – *Parfois subst. fém.* Personne, groupe de personnes (généralement) vêtue(s) de *bleu,* en tout ou partie. [la couleur *bleue*, *claire* ou *foncée*, étant souvent une couleur caractéristique et symbolique, représentative notamment]

a) [de la France. (*SPORTS*). [P. réf. à la couleur bleue de leur maillot, représentative de la France]] *Au plur., avec maj.* Membres de l'équipe de France de football, de rugby, etc. « Ce fut petit, étriqué, sans panache. Une victoire de comptable. Un match vraiment "nul" a permis aux Bleus de se qualifier pour le second tour du Mundial. » (*Le Nouvel Observateur,* 26. 6. 1982, p. 62, c. 2). « Les Bleus ont forcé le destin. En mettant fin brillamment à cinq ans d'invincibilité roumaine à Bucarest, les Français ont (presque) assuré leur qualification pour l'Angleterre. » (*La Nouvelle République du Centre-Ouest,* 4. 12. 1995, p. A). *Plus rare au fém.* « La France peut y croire (...). Encore un effort dimanche en Ukraine (où les bleues peuvent s'autoriser une défaite, mais pas plus de quatre buts) et bonjour l'Allemagne et le Mondial (du 30 novembre au 14 décembre) ! » (*L'Équipe*, Handball, 24. 04. 1997, p. 6).

– *P. méton.* [En parlant d'un inanimé concret] Qui a rapport aux Bleus, à l'équipe de France. « (...) après l'or par équipes arraché dimanche dernier aux Italiens par le quatuor Couperie-Jouanneteau-Rozier-Robert, c'est une autre victoire "bleue", celle de Michel Robert, qui a marqué l'épreuve individuelle d'avant-hier mardi. » (*L'Équipe*, Équitation, « Robert, doublé en or », 19. 06. 1997, p. 7).

* Le bleu est aussi la couleur représentative des équipes sportives (en particulier football, rugby) de certaines villes de France.

b) [de certains partis politiques, *HISTOIRE*]

α) [[P. réf. à la couleur bleue de leur uniforme] P. opposition aux blancs (Chouans, Vendéens, royalistes)] Soldats de la République pendant la guerre de Vendée. *Combat entre bleus et blancs.* « Je me coulai jusqu'à la promenade et vis les Vendéens enfoncer leurs baïonnettes dans les murs pour s'en faire des échelons. Mais les bleus tiraient du haut des remparts et faisaient tomber les pauvres assaillants qui se brisaient sur les rochers. » (A. France, *Le Petit Pierre*, 1918, p. 148).

β) *P. ext., au fig.* [Dans un système d'opposition à → **blanc** (monarchiste, puis extrémiste de droite), → **rouge** (communiste) et plus récemment à → **rose** (socialiste) et → **vert** (écologiste)] Républicain ; membre ou adepte de la droite républicaine, conservatrice, modérée. « Autant que la guerre éternelle entre "bleus" et "blancs", ce qui aujourd'hui mobilise les foules, c'est peut-être, tout bonnement, une certaine *idée de la France.* » (*Le Point*, 15. 1. 1994, p. 25, c. 1).

70. « Vers 1830, apparaît dans la presse politique une idée plus raffinée. Un **Bleu** est un ami de la Révolution, puisque c'est un ennemi irréductible des **Blancs,** mais ce n'est pas nécessairement, à d'autres égards, un révolutionnaire extrémiste. Un **Bleu** est moins avancé qu'un **Rouge,** à partir du moment où il y a des **Rouges**.

En 1848, on peut rencontrer dans la presse des textes qui, jouant sur les trois couleurs du drapeau national, considèrent la France politique comme divisée en trois,

– les **Blancs :** à droite (Contre-Révolution, Église, etc.),

– les **Bleus :** gauche modérée, de Bonaparte à Cavaignac,

– les **Rouges :** extrême gauche, de Ledru Rollin à Blanqui.

Mais ce tripartisme intelligent n'aura pas grande fortune. Sous la Troisième République, selon les régions, on opposera "**Blancs**" et "**Bleus**" ou bien "**Blancs**" et "**Rouges**". Et là où il y aura des "**Bleus**", opposés aux "**Rouges**", la tendance sera (abusivement peut-être) à considérer ces "**Bleus**" comme des presque "**Blancs**"...

Plus intéressant parce que plus répandu est un autre avatar du **bleu** politique, celui qui s'est accroché à la notoriété vite acquise du testament de Jules Ferry. Il demandait à reposer avec les siens, au cimetière, "en face de cette ligne bleue des Vosges d'où monte jusqu'à mon cœur fidèle la plainte touchante des vaincus" (les Alsaciens). Rien ne prouve vraiment que Jules Ferry ait voulu (...) faire de la symbolique politicienne (...) Mais personne après lui n'a jamais plus cité la ligne des Vosges sans la qualifier de "**bleue**", comme si le nom de couleur, perçu (à tort, en ce cas précis) comme symbolique, avait voulu souligner le patriotisme du propos : je n'ai pas oublié l'Alsace. Au XXe siècle, le "**bleu**" en symbolique politique ne désigne donc plus tout à fait le républicanisme raisonnable, mais le patriotisme. Pour nommer la majorité issue des élections législatives de 1919 (Clemenceau, Bloc national, Anciens combattants) le mot de "**Chambre bleu horizon**" fera fortune. Référence aussi, bien sûr, à la vareuse d'uniforme que bien des nouveaux députés, rescapés de la guerre, portaient encore. Le **bleu** est donc la couleur la plus solidement liée à la nation.

En revanche, son emploi en terme de politique intérieure (contre les **Blancs** et contre les **Rouges** à la fois) n'est plus que résiduel. Le général de Gaulle qui fut à la fois **anti-Blanc** (contre Vichy) et **anti-Rouge** (contre le communisme), aurait rempli les conditions idéales pour incarner le **parti bleu.** Or personne, à notre connaissance, n'a songé à exhumer pour la lui appliquer cette vieille catégorie. »
(M. Agulhon, *Les couleurs dans la politique française*, 1990, p. 393, c. 1-2).

* *Le plus souvent en emploi adj. et dans un contexte métaphorique.* Qui appartient à la droite républicaine, conservatrice, modérée. « C'est à moyen terme le plus grand danger pour l'écologie politique, son marigot se décante rapidement entre gauche et droite. Comme il joua le jeu de l'ouverture rocardo-mitterrandienne, Lalonde accorde à Balladur le bénéfice du doute, entre critique et satisfecit, sourcil froncé et œil de velours (...). Dans cette grande "électrolyse" qui répartit les écolos entre la borne bleue et la borne rose, ne laissant qu'un limon vert foncé au fond du flacon, on voit mal comment pourrait se cristalliser une liste unique aux européennes. » (*Le Point*, 9. 10. 1993, pp. 46-47).

* Dans le système des couleurs de l'échiquier politique français, le bleu tend à être associé (depuis les années 1999-2002) à la droite plus ou moins modérée. Ainsi les résultats des élections présidentielles de 2002 ont donné lieu à des pourcentages de voix représentés respectivement par le rouge pour la gauche extrémiste, le rose pour les socialistes, le vert pour les écologistes, et le bleu pour la majorité présidentielle. L'UMP (Union Majorité Présidentielle, créée le 23 avril 2002 pour soutenir la candidature de Jacques Chirac aux élections présidentielles de 2002) reprenant à son compte cette association, a envisagé un moment de se rebaptiser *« Maison bleue »*, mais ce nom étant trop évocateur de la chanson de Maxime Le Forestier *San Francisco* et des années hippies (« C'est une maison bleue Adossée à la colline On y vient à pied On ne frappe pas Ceux qui vivent là ont jeté la clé (...) C'est une maison bleue Accrochée à ma mémoire On y vient à pied On ne frappe pas Ceux qui vivent là Ont jeté la clé Peuplée de cheveux longs De grands lits et de musique Peuplée de lumière Et peuplée de fous Elle sera dernière A rester debout») ce projet, devant les critiques, a dû être abandonné (provisoirement ?). « *C'est une maison bleue...* Alain Juppé, le schroumpf farceur, a proposé de renommer l'UMP la *« maison bleue »*. Cependant, devant le tollé que cela a suscité, il semble évident que personne ne lui a crié : « gare ! Gamelle ! ». (in *http://lecaustique.chez.tiscali.fr/maison bleue.html*). « –Vous aviez dit en prenant vos fonctions que le bleu-marine reviendrait à la mode, en parlant de la police qui allait être plus nombreuse. Aujourd'hui, on reparle de la Maison bleue pour l'UMP... – « Cela n'a pas grand-chose à voir avec la police !» Je sais, mais le bleu est à la mode en France ? – « Oui, le bleu a une forte connotation symbolique. J'encourage d'ailleurs à aller voir l'exposition de Matisse, parce que le bleu Matisse est très évocateur.» – Ce bleu Matisse serait le bleu de la Maison bleue ? – « Nous cherchons un nom qui parle, la Maison bleue est une piste qui a été donnée et qui n'est pas inintéressante d'ailleurs, même si par ailleurs, elle peut donner lieu à critique.» – Elle n'a pas votre faveur ? – « Je ne sais pas, je réfléchis.» («L'unité n'est pas l'uniformité !», Interview de Patrick Devedjian sur LCI, par Anita Hausser, 25.09.2002, in *http://www.interieur.gouv.fr/rubriques/c/c8_decentralisation/c86_revue_de_presse/2002_09_25_LCI.*)

– [*Bleu* connote parfois le patriotisme] V. ex. 70 ; → **Horizon :** *Chambre bleu horizon.*

c) [de certains corps d'armées, corps de métiers ou milieux socio-professionnels] *Fam., pop.* ou *arg.*

α) [de l'armée [P. réf. à la blouse bleue des recrues venant de la campagne ou aux premiers uniformes de l'infanterie sous la République, les nouveaux soldats ayant porté les premiers la nouvelle tenue]] *Arg. milit.* ou *pop. Souvent avec une nuance péj.* Soldat nouvellement incorporé, nouveau venu dans une caserne ; jeune recrue, conscrit. *Synon. plus rare* → **bleuet**, **bleubite / bleubit(t)e, bleusaille**. « Pour séduire les filles, pour épater les bleus, on parlait fort, on crânait, et lorsqu'on croisait les hommes d'un régiment relevé qui descendait au repos, on les regardait de haut, un peu gouailleurs. » (R. Dorgelès, *Les Croix de bois,* 1919, p. 182). « Je n'étais peut-être qu'un bleu mais, plus qu'à moi, il leur restait à apprendre. Je les ai laissés se montrer, s'avancer avant de tirer à mon tour (...). » (R. Valet., *Personne pour pleurer,* 1959, p. 158). « Regardez un peu ce qui se passe dans l'armée britannique. (...) Des bataillons entiers aux arrêts, des officiers traduits en cour martiale pour torture, coups, blessures, sévices en tous genres infligés à des bleus, sous prétexte de bizutage. On les tabasse, on les sodomise, on les taillade, on les jette par la fenêtre. Certains en viennent à se supprimer. D'autres arrivent à s'en sortir dans un fauteuil. Roulant. » (*Le Monde,* 14. 11. 1987, p. 32, c. 5 - Cl. Sarraute).

– *P. ext.* [Dans un milieu autre que militaire] *fig., fam., subst. masc.* ou *fém.*

* Nouveau ou nouvelle venu(e) dans une école, un lycée ou un établissement quelconque (atelier, usine, etc.). Bizut. *Synon. plus rare* → **bleuet, bleusaille.** *Les bleus et les anciens.* « – Vous aviez ce jour-là, me dit plus tard Marie-Aude, l'air inquiet d'une petite fille qui arrive pour la première fois dans un nouveau collège dont elle ne connaît ni les rites ni le code. Une bleue, quoi ! » (A. Francos, *Sauve-toi, Lola !,* 1983, p. 21). « UN BIZUTAGE ÉCOLOGIQUE ! Les jeunes "**bleus**" de l'Institut supérieur de gestion ont, les 12 et 14 octobre, porté à l'actif de leur bizutage l'entretien de 300 hectares de forêts et le nettoyage de 3 kilomètres de plage à Saint-Jean-de-Monts (Vendée). L'année dernière, à Saint-Malo et à Saint-Brieuc, les "bizuts" avaient planté 2000 arbres, réhabilité 33 logements et nettoyé plusieurs hectares d'**espaces verts** ! Un intelligent prélude à la formation de gestionnaire : on aimerait que les autres grandes écoles en prennent de la graine. » (*Le Point,* 16. 10. 1993, p. 30, c. 1).

* Débutant, novice en quelque chose. *Synon. plus rare* → **bleuet**. *Être encore un bleu dans le métier. Se faire avoir comme un bleu.* « (...) elle m'attire, elle m'accapare. Je ne crois pas qu'il soit utile de cacher la connerie, je suis mordu comme un bleu, comme un gosse. Mais je ne me vois pas articuler des mots qui jusqu'alors m'ont toujours fait marrer comme une baleine. » (R. Fallet, *Banlieue sud-est,* 1947, p. 160). « Après les visions d'Escoubet, dernière épreuve du feu : le plateau météo. C'était au tour d'Isabelle Périlloux de faire sa maline devant la "bleue". Mauvaise copine, elle n'a rien fait pour se tromper plus d'une fois comme elle sait si bien le faire... Et c'est la fin. La caméra recule... Scoop du soir ménagé par TF1 : Marie-France Cubada a aussi des mains. » (*Libération,* 14. 1. 1986. p. 13, c. 2). « Ouais, bien sûr, c'était évident. Je me suis fait avoir comme un bleu ! » (E. Rochant, *Un Monde sans pitié,* 1990, p. 13, c. 2).

β) [de la gendarmerie, de la police] Gendarme ; agent de police (→ **gendarme, hirondelle**). « Et voilà que je vois, sur l'étage de la montagne, en dessous de moi, deux hommes bleus qui marchaient en plein foin, en plein, au beau milieu du plus gras, comme ceux qui s'en foutent. Ça, je me dis, ça, ça c'est les bleus de la gendarmerie de Saint-André (...). » (J. Giono, *Le Grand troupeau,* 1931, p. 32).

– *Au fém., mod.* (1987, *infra*). Agent féminin de surveillance de la police nationale. « La fin des "Bleues". (...) On a donc eu recours [pour la sortie des écoles] là aussi aux appelés qui se sont joints aux trois cent soixante treize gardiens de la paix et cent soixante-sept ASPN (agents de surveillance de la police nationale), autrement dit les "bleues", ces femmes qu'on peut voir à la sortie des écoles dans leur tenue bleu sombre. (...) Les "bleues" seront bientôt toutes gardiens de la paix. Agent de surveillance, un métier en voie de disparition. » (*Le Figaro,* 11. 12. 1987, p. 4, c. 5).

* V. les différentes appellations données aux contractuelles d'après la couleur de leur uniforme : bleu clair (→ **pervenche**), bleu légèrement mauve (→ **gauloise**), bleu foncé (→ **marinette**) ou violet (→ **aubergine**).

– *Arg.*

• **Bleu (de Nanterre)**, *loc. nom. masc.* ou *subst. masc. ; le plus souvent au plur., mod.* (1970, d'après *Doillon,* vol. 1, t. 4, fasc. 1979, p. 200 ; 1977, in *Car.-argot 1988,* cité dans *Colin-Mével 1990*). Policier faisant partie d'une escouade chargée de la rafle des clochards et assimilés afin de les conduire de force au centre d'accueil de Nanterre. « C'est avec les "bleus" de la Brigade d'assistance aux personnes sans abri (BAPSA), dépendant de la Préfecture de Police, qu'on prend le mieux toute la mesure de l'univers clochard. » (*Le Point,* 13. 2. 1984, p. 124, c. 3). « Dans la périphérie des gares, t'as beau être toute une chiée, tu crains. Il y a les cars de flics ordinaires, les bleus, qui draguent les cloches pour les conduire épouiller à Nanterre, et ces tiercés de petites frappes qui te poinçonneraient pour une tune, un futal, un paquet de tiges entamées. » (J.-L. Degaudenzi, *Zone,* 1987, p. 83).

72. « Le grand divertissement du square, c'était la partie de chasse clameuse à laquelle se livraient les "hygiénistes" de Nanterre dont la harde éructante des clochards était l'unique gibier. Les pauvres gallefretiers plaçaient des guetteurs, et au cri panique : "les **bleus** !" tout le monde, en tous sens, se carapatait. Ils fuyaient les délices rigoureuses de l'hospice, la douche, l'épouillage, la cruche d'eau plate, la fraîcheur rapeuse des draps. Mais bien peu, parmi ces misérables tout flageolants de **gros rouge** et d'inanition, échappaient au coup de filet. » (R. Jorif, *Le Navire Argo,* 1987, p. 96).

4. – *MICROBIOLOGIE*

– « Altération du lait, due à un microbe (bacille cyanogène) qui communique au liquide une teinte bleuâtre, et dont la propagation est favorisée par la malpropreté des vases et ustensiles employés dans la laiterie. » (*Lar. 20ᵉ*).

– « Maladie des vins qui se manifeste par la présence dans le liquide d'un dépôt opalescent (...) et qui serait particulière aux vins blancs pauvres en alcool et riches en matières albuminoïdes. » (*Lar. 20ᵉ*).

5. – *ZOOLOGIE.* Nom de divers animaux à reflets *bleutés*, notamment :

a) *CYNOLOGIE.* Races de chiens à pelage présentant des reflets bleutés. ♦ **Bleu de** + *subst.* (indiquant l'origine géographique de ces races). « Le bleu de Gascogne a une robe mouchetée. Le bleu d'Auvergne est le braque d'Auvergne. Sa robe est à fond blanc avec plaques d'un bleu noir, mouchetures noires assez nombreuses. (...). Le bleu de Picardie ou bleu picard est une variété d'épagneul picard de couleur gris noir moucheté formant une teinte bleutée avec taches noires. » (R. Triquet, *Dict. encyclopédique des termes canins,* 1990, p. 48).

b) *ÉLEVAGE.* **Bleu (du Maine)**. Race de bovins et d'ovins à pelage présentant des reflets bleutés. « Parmi les trente-six races exposées, le bleu du Maine et le rouge de l'Ouest font figure de fidèles. Douze éleveurs de rouge, en majorité picto-charentais, se mesurent entre eux lors d'un concours qui aiguise une certaine volonté d'en découdre. Car pour vendre au meilleur prix, il faut être le premier dans ce type de compétition. Les bleus paraissent moins en verve. (...) Fin XIXᵉ, on raconte que le bleu et le rouge ont eu les mêmes parents. En zone d'élevage, on croise à cette époque les races d'origine anglaise avec les locales. En bovins, cela donnera la Maine-Anjou, en moutons deux rameaux à la pigmentation différenciée : tête bleuâtre pour les bleus, gueule cuivrée pour les rouges, chacune de ces deux familles va développer ses propres caractères. Un siècle plus tard, les bleus sont davantage doués pour l'élevage pendant que les rouges développent mieux la conformation sur leur descendance. » (*La Nouvelle République du Centre-Ouest,* 27. 2. 1996, p. E, c. 7).

c) [*ICHTYOLOGIE*] *Synon. région.* et *fam.* du cagnot, appelé aussi → **roussette**. (*Dict. XX*^e^).

II. – *P. ext.*

A. – [Le plus souvent en parlant des cheveux, de la barbe. *Bleu* est suivi d'un *subst.* à valeur d'*adj.* désignant un oiseau au plumage *noir* à reflets *bleutés*] *Noir* intense aux reflets *bleutés*. *Bleu corbeau, hirondelle* (→ **corbeau, hirondelle**).

B. – [À propos de la peau] *Fam.*

1. – Marque *bleutée* ou *violacée* (plus ou moins *foncée*), laissée sur la peau par une contusion, un coup, un traumatisme *Synon. ecchymose* (→ **noir**).

Se faire un bleu ; avoir des bleus ; être couvert de bleus. « Alors, là, c'est grave, et les secours doivent faire vite, car il coince sa pauvre femme et lui en met plein la tronche. De quoi se cloîtrer pendant une bonne quinzaine, en attendant que les bleus disparaissent du visage. Et même à ses gosses, qu'il fout des trempes pas possibles. » (M. Charef, *Le Thé au harem,* 1983, p. 19). « (...) le corps à peine atteint. À part les bleus. À poil, en pied, là dans la glace du vestibule, c'était impressionnant : indigo du bas en haut, d'oedèmes, du fait des coups. » (Bayon, *Le Lycéen,* 1987, pp. 404-405).

– *Au fig.*

• **Bleus à l'âme / au cœur**, *loc. nom. masc., mod.* (Milieu XXe s.) Blessures, souffrances psychologiques. « À quoi bon traîner sa carcasse derrière des passions éteintes ? ça faisait mal et ne rapportait que des bleus au cœur. On l'avait déposé six pieds sous glaise et nous, nous retournerions à nos petites cuisines avec la consolation d'écouter les informations du lendemain. » (M. Embareck, *Sur la ligne blanche,* 1984, p. 158). « Faut-il, en effet, que le personnage [Michel Rocard] soit à ce point tendu pour garder intacte la foi dans un destin qui l'aura fait, ces trente dernières années, caracoler sur la crête de bien des utopies, en s'efforçant de masquer les "bleus à l'âme" que laisse le choc répété des réalités. » (*L'Express,* 23. 10. 1987, p. 42, c. 1). V. *supra,* ex. 65.

73. « Vous flottez autour de minuit, l'heure des **bleus à l'âme**, et au tournant de deux décennies, celles de votre adolescence, fifties-sixties. Vous avez la tête prise et les tripes tordues par l'ambiguïté de cette tierce à demi bémolisée qui hésite entre le majeur et le mineur, cette satanée "**blue note**" qui vous arrache une émotion sans égale. Vous swinguez sur les harmonies sauvages et les rythmiques savantes du be-bop (...). »
(*Le Nouvel Observateur,* 24. 10. 1986, p. 94, c. 1).

2. – *Mod., rare.* Cerne.

« (...) pour les poches c'est un gel ultra-frais qui s'utilise en cure d'un mois ; pour les cernes, c'est une crème dotée d'une plante "anti-bleu" et pour apaiser c'est un baume très fluide et particulièrement "reposant" (...). » (*Biba,* déc. 1986, p. 140, c. 2).

C. – [*ŒNOLOGIE*] *Fam.* Vin rouge de mauvaise qualité.

• **Gros bleu (qui tache)**, *loc. nom. masc.* ou *absol.*, **bleu,** *subst. masc.* (1916, *infra*). Vin rouge de qualité médiocre (laissant sur la table des taches bleuâtres). *Synon.* → **(gros)**

rouge (qui tache). *Commander un bleu.* « Et il arrive que Fouillade s'émotionne à ces souvenirs de vin où il se plonge et qui lui rappellent aussi la lumineuse odeur d'ail de sa table lointaine. Les émanations du gros bleu et des vins de liqueur délicatement nuancés lui montent à la tête, parmi la lente et triste tempête qui sévit dans la grange. » (H. Barbusse, *Le Feu*, 1916, p. 153). « (...) Tu t'la soûles au bleu. Tout seul dans ta piaule, comme un honnête homme, c'est du propre ! La ligue anti-alcoolique alors... ! » (R. Sabatier, *Boulevard*, 1956, p. 193). « Boire un bleu en peignoir éponge dans un lit pas refait depuis des jours ça vaut pas le jus ni la couleur ni le verre à pied pour faire jolie la p'tite ivresse. Qu'importe le flacon tiens mon cul. » (E. Hanska, *J'arrête pas de t'aimer*, 1981, p. 127).

• **Petit bleu**, *loc. nom. masc.* Vin rouge, de qualité médiocre, plus léger que le gros bleu. « Ce salaud a forcé ma serrure. Est entré comme chez lui. Sous prétexte de boire un p'tit bleu en habitués. » (E. Hanska, *J'arrête pas de t'aimer*, 1981, p. 140).

74. « Quel temps fait-il
Chez les gentils
De l'au-delà
Les musiciens
Ont-ils enfin
Trouvé le *la*
Et le **p'tit bleu**
Est-c'que ça n'le
Rend pas meilleur
D'être servi
Au sein des vignes du Seigneur (...). »
(G. Brassens, *Le vieux Léon*, 1958, in *Poèmes et chansons*, 1981, p. 101).

D. – *Arg. milit.* [*Chez les Chasseurs alpins* (ce corps de troupe n'admettant que deux termes de couleur : *bleu* et *jonquille*, ces deux termes, combinés de manière variée servent à désigner diverses autres couleurs)]

Bleu cerise, *loc. adj.* ou *loc. nom. masc.* Rouge. V. → **cerise** (→ ***Le Rouge***).

Bleu jonquille, *loc. adj.* ou *loc. nom. masc.* Bleu et jaune. V. → **jonquille** (→ ***Le Jaune***).

III. – ***Au fig.***

A. – [*Bleu* connote l'imaginaire, le rêve, l'idéal, l'absolu, le romantisme, la sentimentalité ou l'illusion] (→ **poème, rêve**).

75. « Immatériel en lui-même, le **bleu** dématérialise tout ce qui se prend en lui. Il est le chemin de l'infini, où le réel se transforme en imaginaire. N'est-il pas la couleur de l'oiseau du bonheur, l'**oiseau bleu,** inaccessible et pourtant si proche ? Entrer dans le **bleu** c'est un peu, comme Alice au pays des merveilles, passer de l'autre côté du miroir. Clair, le **bleu** est le chemin de la rêverie, et quand il s'assombrit, ce qui est conforme à sa tendance naturelle, il devient celui du rêve. La pensée consciente y laisse peu à peu la place à l'inconsciente, de même que la lumière du jour y devient insensiblement lumière de nuit. Bleu de nuit. »
(*Dict. des symboles, 1982*, s.v. *bleu*).

76. « On mise sur l'éternité de l'instant, on charpente ses rêves de **bleu** massif, l'insouciance et l'ardeur nous tiennent debout toutes les nuits et le jour jamais ne nous éblouit. Et puis, petite boule de nord-ouest, éclipse de lune ou courant d'air et c'en est tôt fait du rudimentaire insecte. »
(P. Autin-Grenier, *Les Radis bleus*, 1990, p. 36).

• **Entrer / Être / Nager / Voyager dans le bleu,** *loc. verb., vieilli* [Le sujet désigne une personne] « Se dit de quelqu'un qui vit dans le rêve, dans l'irréel » (*Ac. 1932-1935*).

B. – [*Bleu* connote la douceur des sentiments, la tendresse, l'amour fidèle ; p. opposition à *rouge :* l'amour-passion]

77. « (...) il faut renoncer au **bleu** de la tendresse, au **rouge** du désir, au **jaune** de la joie, et même au **mauve** de la fatigue. »
(R. Crevel, *Babylone*, 1927, p. 183).

C. – [*Bleu* connote la douceur de vivre, la joie, le bonheur, la sérénité, l'espoir, l'optimisme et recoupe la symbolique de *rose ;* p. opposition à *gris, noir*]

78. « Août : **bleu** farniente, **bleu** détente, **bleu** vacances, sous un ciel de la même couleur. »
(*Elle*, 8. 8. 1983, p. 2, c. 1).

79. « Qui a dit que le **bleu** est la couleur des garçons ? Pour nous les couturiers misent sur les **bleus** profonds, francs et éclatants. Accessoires **bleus** "**anti-blues**" pour voir la vie comme un ciel **azur**. **Bleu** comme l'Eden ! Comme la fidélité ! Comme l'éternité ! En tête du hit-parade de nos couleurs préférées, depuis longtemps, le **bleu** fait aujourd'hui flasher les créateurs. Une eau pétillante, un cocktail frappé... le **bleu** évoque le frais, le froid, le glacé pour nous raviver. »
(*Vital*, mars 1993, *Shopping*, p. 49).

• **Voir la vie en bleu / Voir tout en bleu**, *loc. verb., vieilli, fam.* « Être optimiste, utopiste » (*Rob. 1960*) ; « Ne voir que le bon côté des choses » (*Quillet 1965*). *Synon. cour.* → **voir la vie en rose / voir tout en rose** (→ **rose**). *Anton.* → **voir tout en noir** (→ **noir**).

* À noter la *loc. nom. : La vie en bleu,* dans un contexte sociopolitique : « Pour raconter l'histoire de la classe ouvrière, Patrick Rotman et Jérôme Kanapa ont eu la bonne idée de la centrer sur les usines Renault, même si le choix d'une forteresse CGT leur faisait courir le risque d'habiller de rouge la vie en bleu (...) et de laisser échapper d'autres aspects. Ainsi mai 68 est surtout décrit, à juste titre, comme la fin d'une aventure, celle du prolétariat classique, aux prises avec le monde moderne, alors que les "événements" furent aussi, à certains égards, l'annonce d'une nouvelle aventure, l'irruption de nouvelles couches sociales, de nouveaux problèmes et d'une mentalité nouvelle. »
(*Télé Obs.*, 8. 6. 1996, p. 8, c. 2 - J. Julliard).

D. – [*Bleu* connote l'au-delà, la mort] *Arg. (des voleurs)*

• **Mère au bleu**, *loc. nom. fém.* Guillotine.

80. « *Lessiver* a dans l'argot d'aujourd'hui le sens de "supprimer, tuer" – d'où *lessiveuse*, "mitraillette"–, et propose une variante de *nettoyer* (1844), comme en anglais *to clean up. Déteindre* (fin XIXe s.), "mourir", combine l'image de la lessive et celle de la pâleur mortelle. Le nom de la guillotine, ***la mère au bleu*** (...) pourrait aussi se justifier comme une allusion à la lessive : ***passer au bleu***, c'est-à-dire au **bleu de lessive,** signifie secondairement "(faire) disparaître, (s')effacer". Robert Sabatier cite une complainte du siècle dernier, à propos de l'assassinat d'une femme par un certain Billoir, où la métaphore est filée :
Comme elle était sale, on comprend
Qu'il l'ait *nettoyée* proprement
Ce teinturier sera un peu
Caus'qu'on ***pass'ra*** *Billoir* ***au bleu.***
Dans le même registre, *réchauder*, "assassiner" (1905, à présent hors d'usage), fait allusion à la vaisselle qu'on lave à l'eau bouillante. Enfin *débarbouiller* ("tuer"), apparu en 1972, renouvelle ces représentations du meurtre comme nettoyage. »
(M. Courtois, *Les Mots de la mort,* 1991, p. 223).

E. – [*Bleu* connote un état psychologique trouble, l'illusion, l'indétermination, l'incompréhension, ou la stupéfaction. *Loc. verb. fam.*]

• **Discourir dans le bleu**, *loc. verb., vieilli.* « Discourir dans le vide, sans rien savoir du sujet faute d'éléments de discussion. » (M. Barbier et M. Lis, *Dict. du gai parler*, 1980).

• **N'y voir que du bleu**, *loc. verb.* Ne rien distinguer, ne rien voir, ne rien comprendre à (qqc.) ; ne plus s'y retrouver ; ne s'apercevoir de rien. *Anton. y voir clair.* « Des marchandises cachées, vendues en secret, on les prétendait enlevées par l'ennemi. Deux témoins, le constat d'un huissier qui dans l'affaire n'avait vu que du bleu, et le tour était joué. » (M. Van der Meersch, *Invasion 14,* 1935, p. 465). « (...) les paumés (...) qui se méfient ! et puis se confient mille recettes d'enculés pour trancher encore et encore bien mieux ! davantage !... que Julienne n'y voye que du bleu... ne pas revenir... » (L.-F. Céline, *Mort à crédit,* 1936, p. 31). « Et elle, la veilleuse au grain, elle n'y a vu que du bleu. Elle me nettoyait le carabi, seule, faut pas te laisser toucher Anne, tu me le dis si quelqu'un. » (A. Ernaux, *Ce qu'ils disent ou rien,* 1977, p. 107).

F. – [*Bleu* connote la mélancolie, le spleen, la tristesse, le vague à l'âme, recoupe la symbolique de *noir* et calque l'angl. *blues. Bleu* connote parfois la simple nostalgie du passé (→ **blues**)]

1. – [*Bleu* connote la mélancolie, le spleen, la tristesse, le vague à l'âme]

• **Avoir les bleus**, *loc. verb. fam.* [Calque de l'angl. *to have the blues,* popularisé en France par les Canadiens. V. *] Être triste, mélancolique ; avoir le bourdon, le cafard, le spleen. *Synon.* **avoir le blues** (→ **blues**) ; **broyer du noir** (→ **noir**). « Quelques expressions en joual pour ne pas te sentir dépaysé en débarquant dans la "Belle province". Une usine, c'est un "moulin" ; un sot, c'est un "nono" ; un soutien-gorge, c'est une "brassière" ; avoir le cafard, c'est "avoir les bleus" ; la fumée, c'est la "boucane", et être enceinte, c'est "être en famille". » (*Le Point,* 17. 3. 1980, p. 52, c. 3). « Tu rigoles. Tu ris jaune et t'as les bleus. Tu casques en technicolor. » (E. Hanska, *J'arrête pas de t'aimer,* 1981, p. 52, c. 3).

* Doillon, dans *Les Mots de la santé,* p. 27, précise : « À noter que Pierre Mac Orlan écrit déjà dans *Les Annales,* 15-2-1929 : "J'ai le cafard. On dit aujourd'hui : J'ai les bleus", et que Gide, dans son *Journal,* 1942, avait déjà hasardé, BROYER DU BLEU, pour "broyer du noir". »
** V. aussi *supra bleus à l'âme.*

2. – [*Bleu* connote parfois la simple nostalgie du passé (→ **blues**)]

81. « Il y a quelque chose d'inépuisable et d'inachevé dans tout poème. Quelque part un mot console ou épouvante, surprend parfois ; mais toujours fait signe et nous appelle. Invite à poursuivre l'immobile voyage. Surgit soudain l'idée du sang, sans qu'on puisse l'attribuer en bonne raison au poème seul (...). D'autres fois, c'est un ciel du même **bleu** que la nostalgie qui doucement se découvre, et vous *porte à rêver...* »
(P. Autin-Grenier, *Les Radis bleus,* 1990, p. 57).

3e SECTION. 2. *SUBST. FÉM.*

I. – *Arg.* ou *fam.*

A. – *Arg. vieilli.* L'absinthe. *Synon. cour.* → **verte**.

« Une jolie verte, v'la ce qu'il vous faudrait. – Une jolie quoi ? – Disons une bleue, si ça vous chante davantage. Un pernod d'enfant. Je préside un syndicat féministe : "Le droit à l'absinthe". » (Colette, *Claudine s'en va,* 1903, p. 68, in *DDL,* t. 16). « Tu préfèr's aller chez Bistrot Sucer la bleue et godailler. » (J. Rictus, *Le Cœur populaire,* (1900-1913), éd. D'Aujourd'hui, 1981, in *Colin-Mével 1990*).

B. – *Fam.*

• **La belle bleue**, *loc. nom. fém.* (1935, L. Guilloux, in *Rey-Chantr. 1993,* d'après *Bernet-Rézeau 1996*). Fusée, feu d'artifice. *Surtout en* *exclamation.* « Au loin, le ciel du casino bleu est une gerbe de fleurs. Les pétales en feu se noient dans la mer. Le capitaine des pompiers rigole. "Oh ! la belle bleue". Tous ses hommes lèvent les yeux, le serpent d'eau éteint les habitants du village. » (G. Paris, *Papa et maman sont morts,* 1991, p. 146).

82. « Les Parisiens s'y précipitaient [au feu d'artifice], se groupaient, saluaient de "Oh" et de "Ah !" enthousiastes "**la belle bleue**" ou "**la belle rouge**". Des floralies embrasaient le ciel. Les figures se succédaient, serpents de feu **roses**, **verts**, **écarlates**, **mauves**, **bleus,** et, comme si le ciel traduisait des espoirs, comme si ces merveilles étaient engendrées par les spectateurs eux-mêmes, des fleurs, des étoiles, des lunes, des soleils, des tournesols s'allumaient pour unir les regards, et le doigt d'un enfant sur les épaules de son père, se levant vers le ciel, exprimait soudain les émerveillements. »
(R. Sabatier, *Les Fillettes chantantes*, 1980, p. 113).

• **La grande bleue**, *loc. nom. fém. Parfois avec une majuscule.* La mer, en particulier la mer Méditerranée. *Synon. rare* → **la grande verte**. « En dépit des heures de cauchemar que nous vivons, la Côte d'Azur est toujours la Côte d'Azur et la grande bleue garde ses fidèles ! » (P. Bourget, *Lazarine*, 1917, p. 230). « Y a ceux qui reviendront jamais parce que Fonfosse fonceur s'est endormi sur le volant. Y en a d'autres qui rentrent avec un membre de l'équipe en moins, il s'est noyé en voulant nager au large pour chier tranquille dans la Grande Bleue. Ils balancent des cartes à toute berzingue où on voit leurs pareils entassés les uns sur les autres, avec mention "il fait beau, on mange bien". » (M. Charef, *Le Thé au harem*, 1983, p. 130). V. *supra* ex. 70.

83. « Re-Formentera cette fois un genre de voyage de noces les seules vraies "vacances" en tête à tête pour une fois c'est moi qui faisais le guide touristique à droite les salines à perte de vue **la grande bleue** le sable et les parfums subtils. Mehdi gonflait les pneus de mon vélo me tartinait le dos d'huile solaire et m'ensevelissait de baisers de caresses quelle ivresse une vraie page de *Nous Deux*. »
(E. Hanska, *J'arrête pas de t'aimer*, 1981, p. 92).

– *P. ext.*

• **Le grand bleu**, *loc. nom. masc., mod.* (1988, *infra*). Le grand large, en *particulier* l'Océan « Autour de cette flotille d'antan, la municipalité de Douarnenez organise de nombreuses manifestations à la gloire du grand bleu : parades nautiques, régates, promenades en mer, bals populaires, chansons traditionnelles (...). » (*Télérama*, 27. 7. 1988, p. 14, c. 2). « Florence Arthaud. L'océane. (...) La plus grande navigatrice d'aujourd'hui rêve déjà de transat en équipage et en solitaire. En attendant, elle raconte sa passion pour le grand bleu dans son superbe album photos. (...) Pour raconter par le biais de l'émotion et d'un regard très personnel ce qui l'attire dans la mer. Cette mer, "ma vie, ma passion, mon métier" dont elle dit aussi, joliment, qu'elle ne laisse jamais personne indifférent. » (*Madame Figaro*, 14. 12. 1991, p. 68, c. 1-2). « C'est au cours du journal de 13 heures de TF1 qu'on a appris le premier pas sur terre de Guy Delage. (...). Et dans le son "Exclusif TF1", il nous semblait "entendre" les larmes du héros du jour. Une voix émue, tremblante. La voix d'un homme qui sortait de sept semaines dans le grand bleu pour plonger dans le grand noir. » (*L'Est Républicain,* 10. 2. 1995, p. 425 - P. Tardit).

* *Le Grand Bleu.* Film fr. de Luc Besson (1987), hommage à Jacques Mayol. « Le grand bleu. (...) le film d'une génération, une ode aux amoureux de la mer, à travers l'aventure de deux hommes authentiques champions de plongée, qui défient la mort en cherchant à atteindre les plus grandes profondeurs. » (*Télé 7 Jours,* 9-16. 5. 1994, p. 53, c. 1).

• **(Se) Faire la bleue**, *loc. verb. fig.* [Calque de l'all. *blau machen*] *Surtout région.* (*Est*) (1947, *infra*). Faire l'école buissonnière, sécher les cours. « Mardi 20. Lever 10 h 30 pour passer à la caisse. Dédé vient me surprendre en deshabillé. Il fait la bleue, comme on disait de mon temps. » (R. Fallet, *Carnets de jeunesse*, 1947, p. 190). « Les jeunes vagabonds [à La Courneuve, Seine Saint Denis] qui "font la bleue" – l'école buissonnière – sont des délinquants en puissance. » (*Le Monde,* 28. 3. 1973, in *Doillon,* vol. 1, t. 5, fasc. 39C, 1985, p. D/37). « J'ai commencé au collège à faire la "bleue", parce que j'en avais marre. Il y en a beaucoup qui font ça. » (*La Vie, tu parles,* 1983, p. 34, in *Bernet-Rézeau 1989*).

84. « (...) Sécher le bahut, **se faire la bleue** un jour pareil, valait mieux pas. Les keufs auraient pu se demander ce que glandouillait un mouflet aux Trois Couronnes à prendre je ne sais quelle avance sur son âge en étudiant leurs techniques d'entoilage de pupute au lieu de plancher sur des problèmes de robinet... »
(J.-L. Degaudenzi, *La Lamentable épopée de Doris et Alexandre,* 1990, p. 21).

– *P. ext.* S'en aller, faire une fugue. « Nickette Nicky ma petite fleur on va faire la bleue. On va se tirer aux Amériques. » (E. Hanska, *La Mauvaise graine,* 1978, p. 219, in *Bernet-Rézeau 1989*).

II. – [*Dans des domaines spéc.*] Le plus souvent *cour.*, *fam.* ou *arg.*

A. – [*COMMERCE*] *Fam.* (*P. ell.* du *subst. masc. cigarette*) Cigarette *bleue* (en particulier gauloises, gitanes).

« Et sur les meubles apparaissent des objets inconnus, des ronds de verre, (...) des briquets, des paquets de bleues vides, roulés en boule (...). » (Fr. Nourissier, *Le Maître de maison,* 1968, p. 196).

B. – [*JEU DE POKER*] *Arg., vieilli.* Carte rare qui complète une main. (1939, Galtier-Boissière et Devaux, d'après *Colin-Mével 1990*). *File-moi la bleue ! ; chercher la bleue !*

C. – *SPORTS (SKI). Fam.* Piste classée dans la catégorie des pistes relativement faciles, matérialisée par la couleur *bleue.* (Vers 1935). *Descendre, faire la bleue.*

85. « Au total, la station [La Plagne] offre 86 remontées mécaniques (...), 185 kilomètres de pistes balisées (7 **noires,** 30 **rouges**, 48 **bleues** et 15 **vertes**) et 35 kilomètres de piste pour le ski de fond. »
(*Le Monde Loisirs,* 5. 1. 1985, p. XII, c. 3).

4e SECTION

[Par déformation de *Dieu* en *bleu* dans les jurons] *Pop., vieilli, p. euphém., en compos. ; le plus souvent en interj.*

• **Corbleu** [« Par le corps de Dieu » ; juron utilisé pour marquer la colère, l'indignation ou la véhémence] *Synon. cordieu.* V. → ***bleuse*** ex., ***temps*** ex. 1.

86. « Il est utile d'ajouter que dans la science hermétique, le **bleu** est assimilé au **noir ;** que le corbeau (corps beau), d'où vient le juron familier **corbleu**, qui symbolise la putréfaction, a le plumage d'un **noir bleu.** »
(E. Canseliet, *Alchimie. Études diverses de symbolisme hermétique et de pratique philosophale,* 1942, p. 98).

• **Jarnibleu / jernibleu** [« Je renie Dieu » ; juron utilisé pour accentuer une affirmation] *Synon. jarni, jarnidieu.* V. *infra,* ex. 88.

87. « Il y a tant de **bleus**. **Bleu d'Auvergne**, de caserne ou jadis ersatz de Dieu dans les bons vieux jurons irrespectueux, **jernibleu**, **morbleu, sacrebleu** (...). »
(J. Prévert, *Choses et autres,* 1972, p. 260).

• **Morbleu** [« Par la mort de Dieu » ; juron utilisé pour traduire l'indignation, la colère, l'impatience] « Comment, marauds, vous avez la hardiesse de vous attaquer à moi ? il prend des poses d'escrime et porte des bottes. Allons, morbleu ! Tue ! Point de quartier ! » (P. Claudel, *Le Ravissement de Scapin,* 1952, p. 1335). « La cane De Jeanne Ne laissant pas de veuf, C'est nous autres qui eûmes Les plumes, Et l'œuf ! Tous, toutes, Sans doute, Garderons longtemps le Souvenir de la cane *De* Jeanne Morbleu ! » (G. Brassens, *La cane de Jeanne,* 1953, in *Poèmes et Chansons,* 1981, p. 40). • **Par la morbleu !** « Qu'allaient faire ses amis Cocardasse et Passepoil au prochain chapitre ? Et le Bossu ? Des phrases éparses dans ses livres résonnaient : Si tu ne viens pas à Lagardère, Lagardère ira-t-à toi ! ou Par la morbleu, ouvre donc, tavernier du Diable ! » (R. Sabatier, *Trois Sucettes à la menthe,* 1972, p. 142). V. *supra,* ex. 87 et *infra,* ex. 88.

• **Palsambleu / Sambleu, sang-bleu** [« Par le sang de Dieu » ; juron utilisé pour accentuer une affirmation, marquer la surprise ou la colère] *Synon. palsangue, palsanguié, palsanguienne.* « (...) et je continuais, tout en me disputant avec moi-même, ma course fantasque par les ruelles endormies. Eh ! Palsambleu, oui, mon cœur avait raison : j'étais ridicule... mon ombre maigre et désolée courait sur les canaux, sur le pavé, sur les murailles. Elle était burlesque. » (O. Milosz, *L'Amoureuse initiation,* 1910, p. 100). « (...) une pièce de vers, de moi, commencée il y a deux mois et que je ne reprendrai que dans deux ans. Je t'aurais cité la première partie très complète, sensation et sentiment-notation d'une heure et d'un désir – ce que Rimbaud appelle "fixer des vertiges" – mais, sang-bleu, pourquoi se complaire ainsi dans des expressions équivoques, morbides (...). » (H. Alain-Fournier, *Correspondance avec J. Rivière,* 1914, p. 173). « Louis. – Vous avez raison, père Ali ! Eh, disons-le, sambleu, il n'y a de vraie propriété que celle qu'on a volée, parce qu'on en avait tellement envie ! Un bien qu'on a acquis les armes à la main et qu'on défend à coups de fusil ! » (P. Claudel, *Le Pain dur,* 1918, p. 438). « Un autre siphon non moins compact, balancé par ses soins, s'en vint, au terme de sa trajectoire, faire des dégâts sur la petite tête de l'astucieux. – Palsambleu ! hurle Turandot qui, ayant repris son équilibre sur la chaussée aux dépens des freins de quelques chars nocturnes particulièrement matineux, pénétrait de nouveau dans la brasserie en manifestant un fier désir de combats. » (R. Queneau, *Zazie dans le métro,* 1959, p. 239). V. *infra,* ex. 88.

• **Parbleu** [« Par Dieu » ; juron utilisé pour accentuer une affirmation, marquer une évidence, un assentiment] *Synon. pardi, bien sûr, dame.* « Autre fantaisie de l'époque : les pèlerins divisés de la gauche défilent l'un après l'autre devant leur nouveau Salomon. Un Salomon empêtré de six "casseroles" : Tapie. Personne n'y trouve à redire. Tapie plastronne. Il acquiesce à celui-ci, à celui-là, mais refuse Jospin. Pourquoi ? Parbleu, Jospin est honnête ! » (*Le Point,* 28. 1. 1995, p. 5, c. 2 - Cl. Imbert). V. *infra,* ex. 88.

• **Sacrebleu** [« Par le sacre de Dieu » ; juron utilisé pour appuyer une affirmation ou marquer l'impatience, l'étonnement] *Synon. sacreblotte, sacredié, sacredieu, sacrelotte.* « ...et même, ce n'est pas vingt-deux francs que je vous les paierai, vos églantiers... c'est vingt-cinq francs (...) je suis juste, je suis pour le peuple, moi, pour le travail... sacrebleu ! Et tapant sur la table, il surenchérit... – Et ce n'est pas vingt-cinq francs... c'est trente francs, nom d'un chien !... trente francs, vous entendez, mon père Pantois ? » (O. Mirbeau, *Journal d'une femme de chambre,* 1900, p. 79). « (...) c'est à moi que ça arrive, moi qu'étais si heureuse, si contente et tout de m'aller voiturer dans l'métro. Sacrebleu, merde alors. » (R. Queneau, *Zazie dans le métro,* 1959, p. 14). V. *supra,* ex. 87 et *infra,* ex. 88.

• **Ventrebleu** [« Par le ventre de Dieu » ; juron utilisé pour exprimer l'étonnement, la surprise ou l'indignation] *Synon. diantre, diable, nom de nom, sapristi, sacredieu.* « C'est un Flamand, et ce qui est extraordinaire pour un Flamand, il se met en colère. Et quand il y est, ventrebleu, les vitres tremblent. » (G. Bernanos, *Lettres à l'Abbé Lagrange,* 1904, in *Lettres inédites,* 1906, p. 1725).

88. « Voici la ronde des jurons
Qui chantaient clair, qui dansaient rond,
Quand les Gaulois
De bon aloi

Du franc-parler suivaient la loi
Jurant par-là
Jurant par-ci
Jurant à langue raccourci'
Comme les grains de chapelet
Les joyeux jurons défilaient :
Tous les **morbleus,** tous les **ventrebleus,**
Les **sacrebleus** et les cornegidouilles.
Ainsi, **parbleu,** que les **jarnibleus**
et les **palsambleus,**
Tous les cristis, les **ventres saint-gris,**
Les par ma barbe et les noms d'une pipe,
Ainsi, pardi, que les sapristis
Et les sacristis,
Sans oublier les jarnicotons,
Les scrogneugneus et bigre'et les bougre',
Les saperlott's, les cré nom de nom,
Les peste, et les pouah, diantre, fichtre et foutre,
Tous les Bon Dieu
Tous les vertudieux,
Tonnerr'de Brest et saperlipopette,
Ainsi, pardieu, que les jarnidieux
Et les pasquedieux. (...)
Ils ont vécu, de profundis,
Les joyeux jurons de jadis. »
(G. Brassens, *La ronde des jurons*, 1958, in *Poèmes et chansons,* 1981, pp. 102-103).

Vitalité / Symbolisme

Bleu est un terme chromatique fondamental, de base, satisfaisant aux critères élaborés par Berlin & Kay [*Berlin & Kay 1969*].
– C'est un monolexème.
– Sa signification n'est pas comprise dans un autre terme de couleur. Il sert, d'autre part, à définir les nuances de son champ chromatique (→ **azur, ciel, cobalt, indigo, lin[1], marine, myosotis**, etc.)
– Il est susceptible d'être suffixé : *bleu clair, foncé,* etc., *bleu azur, ciel, horizon, pervenche,* etc.).
– C'est un terme non spécialisé, non limité à certains contextes d'emplois. Il peut qualifier toutes sortes d'objets (éléments naturels, ciel, eau, minéraux, pierres, végétaux, animaux, objets fabriqués, vêtements, étoffes, etc. ; dans certains contextes d'emplois et dans des systèmes connotationnels : système pileux, vin, teint, etc. ; au *fig.* élément concret ou abstrait).
– Il produit de nombreux dérivés : *adj., subst., verb.* (*cour.* ou *littér.* : → **bleuâtre, bleuet, ette, bleuir, bleuité,** etc., *technique :* → **bleuissage, bleuissoir, bleuterie,** etc. ; *arg.* ou *fam.* : → **bleu-bite / bleubite, bleusaille,** etc.).

Bleu, terme fondamental, générique, hypéronyme, englobe toutes les nuances de la couleur bleue, claire ou foncée, et n'est concurrencé, pour traduire le bleu, par aucun autre terme de base, à la différence de certaines autres langues telles que le russe qui distingue deux bleus : *goluboj* et *sinij* [*Morgan 1993 ; Morgan & Corbett 1989 ; Morgan & Moss 1989 ;Vamling 1986*] et l'italien qui distingue : *azzuro, blu / bleu, celeste, turchino* [*Arcaini 1993, Kristol 1994*].

Le terme *blue,* équivalent angl., entre en compétition avec *bleu.* Limité au domaine musical spécifique du blues (→ **blues**) et *p. ext.,* en *lang. fam.*, à l'expression du blues, du cafard, son emploi tend à s'affirmer dans le cadre des exigences commerciales, en particulier celles liées à la mode vestimentaire (→ **blue** * et **jean** *).

Le bleu est, de nos jours, la couleur préférée de plus de la moitié de la population occidentale [*Pastoureau 1982 a) ; 1990 d*), notamment]. Cette forte valorisation de la couleur bleue se traduit, dans la langue, au cours du XXe s., par la quasi disparition des connotations défavorables du terme *bleu* (trouble, indécision, tristesse, etc.), qui vieillissent, tendent à disparaître peu à peu, ou se limitent à des emplois *arg.* ou *fam.*, ainsi que par la création de nombreux *synt.* ou *loc.* à connotations positives. Parmi les plus significatifs et récents : *compteur bleu* (vers 1955, *ÉNERGIE, ÉLECTRICITÉ, EDF,* compteur plus performant) ; *trajet, vol bleu* (vers 1970, *TRANSPORTS,* réduction maximum, conditions avantageuses, confort) ; *livret bleu* (vers 1990, *BANQUE,* compte qui rapporte des intérêts) ;

pavillon bleu (1985, *AMÉNAGEMENT DU TERRITOIRE / ENVIRONNEMENT*, propreté de l'eau, souci écologique); *casque (s) bleu (s)* (1960, O.N.U., paix) ; *association bleue* (1993), *fil bleu* (1987), *semaine bleue* (1996) (joie, sérénité, solidarité (envers les personnes âgées)) ; *carton bleu* (1995, *SPORTS, FOOTBALL*, reconnaissance d'un mérite, récompense).

Le symbolisme du bleu et de ses nuances est lié au rapport étroit que le bleu entretient avec le ciel, l'azur, le royaume de Dieu, la spiritualité. Ainsi, en héraldique : *azur* signifie justice, loyauté, beauté, bonne réputation (→ **azur**). De même, les pierres bleues, pierres célestes, sont liées à la force sacrée : intermédiaire entre le ciel, Dieu, et les hommes, elles sont censées guérir l'âme et le corps des maux de ce monde. Douées de pouvoirs occultes, contre le « mauvais œil », elles protègent le « juste » et l'aident à s'élever vers le ciel (→ **aigue-marine, lapis (-lazuli), saphir, turquoise**). V. aussi, pour les pouvoirs bénéfiques du bleu → **charrette / charron.** Par opposition au rouge de l'amour passion, le bleu évoque les sentiments tendres, doux, le souvenir fidèle, parfois la mélancolie (v. le lang. des fleurs → **bleuet, bourrache, héliotrope, jacinthe, lavande, myosotis, pensée, pervenche, véronique ;** v. aussi → **aigue-marine :** mariage heureux, fidélité ; → **turquoise :** « ne m'oubliez pas».

DÉRIVÉS

DE

BLEU-BITE

À

BLUESWOMAN

EN PASSANT PAR

BLEU

ET

BLUE

BLEU-BITE / BLEUBITE

[De *bleu,* + *bite,* (« deuxième bitte » : « deuxième classe ») ; peut-être altération de *bisteau,* terme région. (Genève) : « jeune apprenti dernièrement arrivé. » « Ce terme est ressenti de nos jours comme un composé de *bite.* » (*Cellard-Rey 1991*)]

Subst. masc.

A. – *Arg. milit.* ou *pop., péj. mod.* (1935 (*Cellard-Rey 1991* ; 1936 (*Le Français Mod. 1973,* in *Rob. 1985*)). Nouvelle recrue ; jeune soldat inexpérimenté. *Synon.* de → **bleu** (3e SECTION. 1. *SUBST. MASC.* I. B. 3. c) α)), **bleusaille**. « Pourtant, Monsieur Dominique lui avait fait tout de suite bonne impression, il l'avait défendu, protégé des moqueries des anciens. Bien sûr, ils avaient voulu le traiter comme un bleu-bite. Alors, mon gars, lui avait dit le chef officier, remuant sa grosse verrue sous sa moustache noire, tu payes la bienvenue ? » (R. Guérin, *L'Apprenti,* 1946, p. 123). « Pour se faire mieux comprendre, il [le serpate] prenait un bleubite par le col de son treillis. Il le tirait jusqu'à moi. » (J. Vautrin, *Bloody Mary,* 1979, p. 31).

B. – *P. ext., fam., mod.* (1972, *infra*). Nouveau venu (dans un milieu autre que militaire, en particulier carcéral). *Anton. ancien.* « Dans les camps des uns et des autres, la mort du rebelle – du déserteur – est la sanction toujours présente qui relance la pseudo-dialectique du maître et de l'esclave, du "cador" (le kapo) et du "bleubite" (le détenu). » (*Le Nouvel Observateur,* 19. 12. 1977, p. 71, c. 1).

1. « Messieurs les voyageurs pour perpette, clairmitard, folie-les-taules, en voiture s'il vous plaît ! Le piston se met en branle, la rame prend de la vitesse, on entend par le trou des tinettes le vacarme des roues sur les rails... LES MATONS (De garde dans un compartiment spécial à l'épreuve des balles) : Pas mauvais ce Cacolac... On va le faire réchauffer sur le poêle... Préparez vos gobelets... Chaude haleine de la Fouaille dans oreille du bleu-bite ; "Pourquoi t'es contracté ? Détends-toi, p'tit ! (...). Raconte-nous voir un peu ton crime ! ". Le **BLEU-BITE** (Larmes dans la voix, obus dans le cul) ; J'ai bousillé un ange, j'ai flingué une merveille, j'ai profané l'amour avec du onze millimètres quatre. LA FOUAILLE (Très épris) : Un colt ? »
(B. Blier, *Les Valseuses,* 1972, p. 373).

C. – **Bleu-bite / Bleubite de (qqc.)**. *Fam., mod.* (1984, *infra*). Débutant, novice en quelque chose. « Casses, braquages... Boulot propre. Jamais de rif avec les condés. Pas une cervelle en peau d'fesse d'après c'qu'on dit... – Laisse mourir : on n'en est plus à frayer avec les bleu-bites de la chourave ! à moins que ce soit pour la Banque de France ou chez Van Cleef... Prenant la phrase pour épitaphe de l'incident, Malone remit la tête dans la partie. En deux coups renversés par les bandes, rétablit sa position de force et fonça vers les cent points. » (M. Embareck, *Sur la ligne blanche,* 1984, p. 79).

2. « T'as fait un beau vestiaire, mon gars, apprécie-t-il en reluquant mes fringues propres et mon sac de voyage presque neuf. Je ne sais pas encore qu'un vestiaire, c'est les vêtements qu'on donne aux cloches dans les œuvres de charité. Autant pas lui avouer que je suis un **bleubite** de la mouise. Les nouveaux venus, où que ce soit, essuient les plâtres. Il a beau m'être en gros sympathique, après tout, je le connais pas. »
(J.-L. Degaudenzi, *Zone,* 1987, p. 33).

BLEU(-)BLANC(-)ROUGE

Loc. adj. ou *loc. nom. inv.*

A. – *Loc. adj. inv.*

1. *Rare.* [En parlant d'une chose concrète quelconque, d'un animal, etc.] De trois couleurs : bleu, blanc et rouge. V. *infra,* ex. 4.

1. « (...) parfois sur la grève, je tombais sur une basse-cour travestie, sur des oies **vermillonnes ;** des canards **bleu-blanc-rouge,** des dindes **dorées** et **vertes,** des paons **carmin,** et au moindre de mes gestes toutes ces couleurs changeaient comme dans un kaléidoscope. » (J. Giraudoux, *Suzanne et le Pacifique,* 1921, p. 76).

2. *En partic.* [Avec une valeur symbolique]

a) • **Drapeau bleu-blanc-rouge,** *loc. nom. masc.* Drapeau emblématique de la France, constitué de trois bandes de couleur, bleue, blanche et rouge. *Synon. Drapeau français,* → **drapeau tricolore.** « On voyait, traînant dans l'eau, tellement la soirée était chaude, le drapeau bleu-blanc-rouge. » (P. Benoit, *L'Atlantide,* 1919, p. 242).

2. « (...) l'origine même du **drapeau tricolore** français reste méconnue et controversée. S'il est patent que la cocarde a précédé le drapeau – celui-ci est sorti d'un projet de David, proposé en 1794, et concerna d'abord les seuls pavillons de marine ; il ne fut définitivement adopté pour l'ensemble des armées qu'à la fin de l'Empire, il n'est pas facile de cerner comment la **cocarde tricolore** a émergé entre le 14 et le 17 juillet 1789, ni quelle était la signification des trois couleurs. La vieille explication qui fait du **blanc** la couleur du roi, et du couple **bleu-rouge** les couleurs de Paris doit être abandonnée : à la veille de la Révolution, il y a bien longtemps que le **rouge** et le **bleu** ne sont plus les couleurs municipales de Paris. Lafayette affabule beaucoup quand il affirme, dans ses Mémoires, avoir créé les trois couleurs le 17 juillet 1789, en dotant la Garde nationale nouvellement créée (et dont il était le commandant) d'un emblème formé du **blanc** royal et du **rouge** et **bleu** de la milice parisienne.

Ce qui me paraît historiquement plus fondé, c'est que les trois couleurs étaient déjà avant 1789 les trois couleurs de la Révolution en marche et de l'adhésion aux idées nouvelles. C'est en effet la Révolution américaine qui a fait du **bleu-blanc-rouge** les couleurs de la Liberté. Elles sont déjà présentes sur le drapeau des insurgés des treize colonies en 1774-1775. Ceux-ci ont choisi les mêmes couleurs que celles du drapeau britannique, mais en les combinant selon une autre formule. C'est un drapeau ayant une valeur de positionnement. Si donc le drapeau britannique n'avait pas été **bleu, blanc** et **rouge,** celui de la Révolution américaine ne l'aurait pas été non plus, et ni la Révolution française ni la France républicaine n'en auraient fait usage. Or le drapeau britannique, le célèbre Union Jack était **bleu, blanc** et **rouge** depuis le début du XVIIe siècle ; très exactement depuis qu'en 1603, Jacques VI Stuart, roi d'Écosse, était devenu aussi roi d'Angleterre, réalisant l'union personnelle des deux royaumes. Ce faisant, il a fait fusionner en une seule formule vexillaire **tricolore** la bannière d'Écosse **blanche** et **bleue** et la bannière d'Angleterre **rouge** et **blanche.**

Ainsi donc, si Jacques Stuart n'était pas monté sur le trône d'Angleterre, le drapeau de la France ne serait sans doute pas **bleu, blanc, rouge.** » (*Pastoureau-Dict. des couleurs 1992,* pp. 33-35).

b) [P. réf. à ce drapeau, représentatif de la France ; *p. méton.,* en parlant d'une personne, d'un ensemble de personnes, d'une production de l'esprit]

α) [P. opposition à *étranger*] Qui est français. « *"Bercy est à Julien".* L'affiche, d'un désign épuré, enfin soigné, recouvre les murs de Paris. Une affiche à la mesure du défi lancé par Julien Clerc : remplir, du 24 avril au 4 mai, dix soirs consécutifs, la gigantesque bulle de Bercy. (...) Aucun artiste bleu-blanc-rouge n'avait osé. Jamais. Trop grand, trop de risques. » (*Le Point,* 11. 3. 1985, p. 125, c. 1). « Le dossier du Figaro-Magazine (intitulé "Serons-nous encore Français dans 30 ans ?") a un intérêt majeur : celui de signifier – et sur quel ton ! – que l'immigration sera au centre du prochain débat électoral. Alain Peyrefitte le clame haut et fort. (...) De quoi inquiéter Julien Dray, le théoricien de SOS-

Racisme, ex-militant du PS : "Nous sentons se développer une ambiance malsaine autour des immigrés." Parce que la cible a fini par être désignée. Clairement : les "ENE" (étrangers non-européens) attentatoires à la civilisation bleu-blanc-rouge. » (*L'Événement du Jeudi*, 14. 11. 1985, p. 24, c. 1).

* À noter, sur le modèle de *bleu(-)blanc(-)rouge*, les créations plaisantes de plusieurs *loc.* : **Bleu blanc beur.** « Décembre 1983. La France antiraciste fêtait son coup de cœur pour les Beurs. Au terme de la première Marche pour l'Égalité, cent mille personnes accueillaient à Paris les pionniers de la France bleu blanc beur. Deux ans plus tard, c'est l'amertume et la colère. Nul recul spectaculaire du racisme ambiant ne paraît à court terme prévisible et l'émergence d'un mouvement beur, autonome et puissant, est toujours à l'écart de projet. » (*Le Nouvel Observateur*, 8. 11. 1985, p. 72, c. 1 - G. Anquetil). **Blues-blanc-rouge.** « Alléluia, le leader du blues-blanc-rouge [Bill Deraime] est de retour après quelques incertitudes, quelques cercles concentriques, quelques piétinements de conscience. » (*L'Événement du Jeudi*, 6. 2. 1986, p. 88, c. 5 - P. Delbourg).

β) Qui est nationaliste, patriote, chauvin. « Un pays qui a engendré des Émile Allais (...), des Guy Périllat, des Jean-Claude Killy ? (...) en passant même par Augert, Duvillard et Russel, qui faisaient se ruer la France entière devant une télévision bleu-blanc-rouge. » (*Le Nouvel Observateur*, 16. 2. 1976, p. 41, c. 2). « (...) un étudiant roux au visage excessivement rond [Cohn Bendit] l'apostrophe [le ministre] dans un français mêlé d'acidité prussienne. "Votre livre bleu blanc rouge sur la jeunesse française, ce n'est rien d'autre que le délire masturbatoire d'un vieux schnoque". » (R. Jorif, *Le Navire Argo*, 1987, p. 161).

B. – *Loc. nom. inv.* [Avec une valeur symbolique]

1. Ces trois couleurs juxtaposées : bleu, blanc et rouge, représentatives de la France. « Papa était devant nous, il conduisait une traction avant, peinte en bleu-blanc-rouge avec une croix de Lorraine sur la portière, et il y avait des types allongés sur les ailes qui scrutaient les cimes et les ravins. » (J. Lanzmann, *Le Têtard*, 1976, p. 176). V. *supra*, ex. *2*, *infra*, ex. 4.

2. *P. méton.*

a) *P. ell.* Drapeau bleu-blanc-rouge, drapeau français. « Le 28 avril, le détachement d'armée des Alpes prononce une avance générale. Tandis que sa gauche débouche vers Cuneo et parcourt le val d'Aoste tout pavoisé du bleu-blanc-rouge, son centre descend du mont Genèvre, sa droite pousse par la Stura et au long de la corniche. » (Ch. de Gaulle, *Mémoires de Guerre*, t. 3, *Le Salut*, 1959, pp. 162-163).

b) [P. réf. à ce drapeau] Personne se réclamant de ce drapeau bleu-blanc-rouge ; Français nationaliste ; *en particulier, mod.* (1992, *infra*), membre ou sympathisant du Front National (F. N.), parti politique d'extrême droite (représenté par Jean-Marie Le Pen), qui exalte le sentiment national et veut, notamment, mettre en pratique, en France, la « préférence nationale », par rapport aux émigrés, dans les domaines économiques et politiques. *Synon. Lepéniste*. V. *infra*, ex. 4.

3. « Prenant à partie les journalistes présents, il [le leader du F. N.] s'est insurgé : "Croient-ils que leurs borborygmes, leurs hurlements, leurs invectives nous intimident." Roger Holeindre – membre du bureau politique du F. N. – a prévenu quant à lui les journalistes que si certains d'entre eux se faisaient "triquer la gueule" dimanche lors de la fête des **Bleu-blanc-rouge** "il ne viendrait pas les défendre". » (*La Nouvelle République du Centre-Ouest*, 6. 11. 1992, p. D, c. 8).

– [Parfois sous le sigle **BBR**]

4. « Jean-Marie Le Pen a le sens du cérémonial. Il est arrivé très solennellement sur une estrade décorée de son portrait immense peint sur un fond **bleu-blanc-rouge.** Il a, peu après, accueilli ceux qui

incarnent cette fameuse résistance qu'il prône haut et fort : les anciens combattants. Sur la sono, le *Nabucco* de Verdi le cède alors au *Chant des partisans.* Durant deux jours, la pelouse de Reuilly aurait accueilli, selon les organisateurs, près de 50 000 personnes. (...). Dans cette immense kermesse, flotte l'odeur des différentes cuisines régionales. L'enseigne de la baraque à sandwiches des rapatriés proclame "Chez Ali-Mentation". Bruno Gollnisch signe des autographes sur les tables du bouchon de Lyon. Quant à Bruno Mégret, il s'est rabattu vers les huîtres de Charentes Maritime où des militants s'arrêtent un instant pour l'observer avant de pousser plus loin. Pourquoi pas vers l'une des cuvées Le Pen proposées à la vente, histoire d'emporter un souvenir concret de cette quinzième fête des **BBR**, lire les **Bleu-Blanc-Rouge.** »
(*L'Est Républicain,* 30. 9. 1996, p. 115, c. 3-6 - J.-P. Germonville).

BLEUÂTRE

[De *bleu*, + *suff. -âtre*]

Adj.

A. – Qui tire sur le bleu ; qui est légèrement bleu.

– [En parlant d'une couleur] *Blanc, noir bleuâtre.* « (...) les vieux pins d'un gris bleuâtre si délicat. » (M. Barrès, *Mes Cahiers*, t. 8, 1911, p. 133).

1. [En parlant d'un élément concret, appartenant généralement au domaine de la nature]

a) D'une nuance tirant sur le bleu, sous l'effet de la lumière (du soleil, d'un astre).

– [En parlant du ciel, de la brume] « Baignés d'air immobile et bleuâtre, les arbres du jardin, les vieux murs croulants, les toits de tuile brune s'enveloppaient de nuances doucement éteintes, et retournaient au silence et au recueillement de la nuit. » (E. Moselly, *Terres lorraines,* 1907, p. 219). « Une brume bleuâtre emplissait la nuit matinale. » (A. de Chateaubriant, *Monsieur des Lourdines,* 1911, p. 78). « Lune charmante, disait-elle, prends-moi, soulève-moi jusqu'à la bonté de Dieu, ou du moins guide ma prière auprès des êtres spirituels qui vivent dans les espaces bleuâtres au-dessus de nous, afin qu'un rayon de la paix des anges descende sur leur très humble servante repentante. » (M. Barrès, *La Colline inspirée,* 1913, p. 232).

1. « Tes bergères, non sans quelques façons hautaines,
Promenaient, sous l'ombrage où chantaient les fontaines,
Leurs robes qu'effilait derrière un grand pli droit...
Dans l'air **bleuâtre** et tiède agonisant les roses (...). »
(A. Samain, *Les Roses dans la coupe,* in *Le Chariot d'or,* 1900, p. 68).

* [*P. méton.*, en parlant d'un moment du jour, d'un espace de temps pendant lequel règne une lumière bleue, pâle ou foncée] *Aube, nuit bleuâtre.* « Ils sortirent dans le petit jour bleuâtre, et chacun se demandait ce que serait la prochaine aube. » (A. Malraux, *L'Espoir,* 1937, p. 445).

2. « Le passé me remonte à l'âme... et comme un pâtre
Qui rêve solitaire au fond du soir **bleuâtre**
Je regarde immobile en mon recueillement,
Je regarde là-bas sur mon cœur doucement,
Plus suave, on dirait, dans les ombres accrues,
Tourner le chœur léger des choses disparues (...). »
(A. Samain, *Élégies,* in *Le Chariot d'or,* 1900, p. 104).

– [En parlant d'un élément naturel situé dans le lointain] « Les dimanches on s'en allait en carriole vers les vallées des Vosges, dont la ligne bleuâtre ondulait à l'horizon. » (E. Moselly, *Terres lorraines,* 1907, p. 241). « La Seine coulait entre les toits, les dômes et les clochers, et on la voyait dans le lointain bleuâtre perdre son filet d'argent entre les verts coteaux. » (A. France, *La Vie en fleur,* 1922, p. 414). « Mais les arbres restèrent muets et menaçants jusqu'aux hauteurs bleuâtres de l'horizon. » (J. Gracq, *Au Château d'Argol,* 1938, p. 31).

* *Emploi subst. masc.* « L'horizon se dégage en bleuâtre et le jour enfin monte par un grand trou qu'ils ont fait en crevant la nuit pour s'enfuir. » (L.-F. Céline, *Voyage au bout de la nuit,* 1932, p. 454).

b) D'une nuance tirant naturellement sur le bleu.

– [En parlant de l'eau] « Derrière cette jeune fille, comme derrière la lumière pourprée qui tombait aux pieds de mes rideaux à Balbec pendant qu'éclatait le concert des musiciens, se nacraient les ondulations bleuâtres de la mer. » (M. Proust, *La Prisonnière,* in *À la recherche du temps perdu,* 1922, p. 67).

* *Emploi subst. masc.* « À la fin du jour, dans un éteignement sommeilleux de toutes les couleurs où la lumière ne serait plus donnée que par une mer presque caillée ayant le bleuâtre du petit lait (...). » (M. Proust, *Le Temps retrouvé,* in *À la recherche du temps perdu,* 1922, p. 713).

– [En parlant du feu, de la fumée] *Flamme bleuâtre.* « (...) au loin, derrière un épaulement de terrain, une fumée bleuâtre montait calme et droite dans le froid sec du matin. » (L. Pergaud, *De Goupil à Margot,* 1910, p. 194).

– [En parlant d'un végétal] « Ce jardin spacieux et enclos d'anciens murs en pierre sèche, était planté de peupliers argentés, de marronniers, de cyprès, de pins de diverses essences, mais un arbre gigantesque les dominait tous, un arbre magnifique, un cèdre au feuillage bleuâtre. » (J.-K. Huysmans, *L'Oblat,* 1903, p. 100). « Au moment de descendre dans le mystère d'une vallée parfaite et profonde que tapissait le clair de lune, nous nous arrêtâmes un instant, comme deux insectes qui vont s'enfoncer au cœur d'un calice bleuâtre. » (M. Proust, *Le Temps retrouvé,* in *À la recherche du temps perdu,* 1922, p. 693).

– [En parlant d'un métal, d'une pierre] « La chute de l'eau mettait en mouvement les godets des hautes roues en bois qui donnent la force aux machines ronflant dans l'intérieur des bâtisses, aux meules de grès bleuâtre, dressées par couples, depuis le plafond jusqu'à l'aire pleine de froment ou d'œillettes. » (P. Adam, *L'Enfant d'Austerlitz,* 1902, p. 254).

* *Emploi subst. masc.* « L'améthyste est une variété de quartz très recherchée en raison de son admirable nuance violette, variant du bleuâtre au lie de vin (...). » (N.-A. Metta, *Les Pierres précieuses,* 1960, p. 89).

– [En parlant d'un animal, en particulier d'un oiseau] « Des tourterelles doucement impudiques, couleur d'abricot mûr avec des ailes bleuâtres, s'approchaient d'eux, s'éloignaient, revenaient comme pour leur faire des invites, comme pour les guider vers des pavillons de porcelaine où les colombes donneraient des leçons d'amour aux hommes. » (H. de Montherlant, *Les Bestiaires,* 1926, p. 462).

– [En parlant d'un objet fabriqué, d'un vêtement] « (...) Saint Jean, accoutré d'une robe lie de vin et d'un manteau bleuâtre. » (J.-K. Huysmans, *L'Oblat,* 1903, p. 141). « Le 15 Août à Charmes, la procession : une discipline proposée, imposée à tous, aux plus petits qui disent la prière d'accord avec le vicaire, aux jeunes personnes et aux plus vieilles groupées, je le vois à leurs cordons violets ou bleuâtres, en deux congrégations spirituelles, et enfin le chant d'amour je suis chrétien. » (M. Barrès, *Mes Cahiers,* t. 6, 1908, pp. 43-44).

c) *En partic., rare.* [En parlant des yeux ; *p. méton.*, en parlant du regard] D'une nuance tirant sur le bleu. « Mais il savait agréable sa figure, déjà mâle, et son regard bleuâtre insistant, sous de beaux sourcils noirs réunis à la racine du nez. » (P. Adam, *L'Enfant d'Austerlitz,* 1902, p. 313). « (...) l'aîné, un grand rouquin, taché de son, assez grossier de traits, mais dont l'œil bleuâtre avait, ce matin, des douceurs inaccoutumées. » (R. Martin du Gard, *Les Thibault, L'Été 1914*, 1936, p. 566).

2. *P. ext.*

a) [En parlant de cheveux noirs] D'une nuance sombre à reflets bleutés.

3. « (...) si vous restez dans votre cabine, vous ne connaîtrez pas la teinte **jaune** ou **verte,** (...) des créoles vues de près, ni l'électricité **bleuâtre** de la chevelure des Mexicaines, ni les chevilles délicates, ni les petites mamelles de... (on entend du bruit). » (J. Audiberti, *Quoat-Quoat*, 1946, in *Théâtre*, t. 1, pp. 23-24).

b) [En parlant de la peau, du teint, sous l'effet d'une cause physique ou physiologique ; *p. méton.*, en parlant d'une personne] D'une nuance tirant sur le bleu ou le violâtre (plus ou moins clair ou foncé). « Quant à lui, il devint bleuâtre, comme les apoplectiques quand ils pâlissent. » (G. Duhamel, *La Confession de Minuit*, 1920, p. 17). « Les yeux de Paulina s'éteignaient dans leur cerne bleuâtre, le front s'assombrissait, il faisait toujours nuit en son cœur. » (P.-J. Jouve, *Paulina 1880*, 1925, p. 225). « Il toucha le front bleuâtre de Kyo, ce front qui ne porterait jamais de rides : il était froid, du froid sans équivoque de la mort. » (A. Malraux, *La Condition humaine*, 1933, p. 412). « L'œil gauche de Bensoussan était fermé, bleuâtre, pas mal gonflé. » (A. Page, *Tchao Pantin*, 1982, p. 62).

4. « Les valoches **bleuâtres** sous les yeux, les rides, les crevasses, les plis, les taches **brunes**, les cheveux **gris** sous la teinture, le fond de teint fendillé comme un vieux crépi, le **rouge** qui bavait autour des lèvres comme de l'encre sur un buvard. » (F. Seguin, *L'Arme à gauche*, 1990, p. 18).

* Il est à noter que *bleuâtre* n'est pas utilisé pour qualifier le visage, le teint sous l'effet d'une cause psychol., d'une vive émotion, de la surprise.

BLEUET, ETTE
BLUET, ETTE

Adj. et subst. masc.

I. – [Diminutif de *bleu*, + *suff. -et (-ette)*] *Adj.* et *subst. masc.*

A. – [En parlant d'une chose concrète] *Adj., vieilli, rare.* Bleu clair. *Velours bleuet.* « Elle me dévisageait de coin pendant que je parlais, avec ses petites prunelles agiles et bleuettes et Robinson n'en perdait pas une miette de toute cette inquiétude latente entre nous. » (L.-F. Céline, *Voyage au bout de la nuit*, 1932, p. 365).

* V. aussi *infra* II. A. * et **.

B. – *Subst. masc., fam., vieilli. Synom.* → **bleu**.

1. Jeune recrue de l'armée. « (...) chaque nuit, un groupe de la section franche montait dans ce petit poste perdu que nous, les vieux, nous continuions à appeler la Cave, la Kasbah ou le Ratodrome des Bleus en souvenir du bon vin que nous y avions bu, (...) ou en mémoire de l'initiation des bleuets, ces tendres zigues de Van Lees, l'instigateur de la nouba légendaire avait su faire turbiner et exploiter jusqu'à la gauche dans le but de les dessaler, de les affranchir (...). » (Bl. Cendrars, *L'Homme foudroyé*, 1945, p. 19).

2. *P. ext.* Débutant en qqc. « Le subst. *bleuet*, fut lancé vers 1917, sans succès. Le subst. bleuette "femme débutant dans une carrière (par ex. enseignement primaire)" ne connut guère plus de succès. » (*Doillon*, vol. 1, t. 5, fasc. 38, p. C/102).

– *En emploi adj.* [Sous la forme *bluet* ; en parlant d'une personne ; semble antérieur au *subst.*] Qui est débutant, novice en quelque chose ; naïf. « C'est à l'occasion de ce mariage où Barbey fut garçon d'honneur qu'Eugénie vint à Paris. Elle était très bluet ; comme il dut lui plaire ce beau

Barbey, si parfaitement fat, qui lui parlait de volupté (...) et qui discutait avec elle pour savoir où il y avait le plus de religiosité. » (M. Barrès, *Mes Cahiers,* t. 3, 1904, p. 75). « Gens bluets, ne souriez point De nos morts berlus de consentement (...). » (E. Looten, *La Saga de Lag Hallewijn,* 1950, p. 51, Paris, Michel Tapié, in *Rheims 1969,* p. 91).

II. – [*Subst.* de l'*adj. bleuet*] *P. anal. de couleur. Subst. masc.*

A. – *BOTANIQUE.* [P. réf. à la couleur bleue des fleurs de la variété la plus commune de Centaurées (*Centaurea cyanus*), appelée aussi *barbeau*] Nom usuel du barbeau ou centaurée. *Cueillir des bleuets.* « Dans le coquelicot, cette goutte de sang, Voici la langue apostolique qui descend. Une braise d'azur dans le bluet réside, Tombée dans l'encensoir d'un séraphin splendide. » (Fr. Jammes, *Les Géorgiques chrétiennes, Chants 1 à 4,* 1911, p. 54).

* De nos jours, c'est la couleur bleu clair de cette plante qui est ressentie comme le véritable réf. de couleur, et non le terme *bleuet*, diminutif de *bleu*. **Bleu(-)bleuet,** *loc. adj.* ou *loc. nom. inv.* « Pour les toilettes de visites, de promenades, d'une élégance simple et pratique, on prendra les nuances bleu marine, bleu-bleuet (très en faveur actuellement), (...). » (*La Mode illustrée,* 1903, p. 369, in *DDL 33*). V. aussi → ***aigue-marine*** ex. 2.
** *Bleuet* fait partie du lexique des couleurs des catalogues-VPC 1985-2003.
*** « Le bleuet et son bleu clair a pour signification emblématique : "Timidité" et pour lang. : "Je n'ose pas vous avouer mon amour" ». (*Lar. Univ. 1922,* s. v. *fleur*).

B. – *Région.* [*Canada*]. Myrtille ou airelle. « L'on ramasse donc les bleuets à pleins seaux et l'on en fait des tartes, confitures (...). » (L. Hémon, *Lettres à sa famille,* 25 août 1912, p. 180, in *Canadian 1969*). « Et dans la vallée coulait une belle lumière dont l'eau baignait des peupliers, des pins toujours verts et d'immenses jardins de bleuets. » (F.-A. Savard, *L'Abatis,* 1943, p. 111, in *Canadian 1969*).

* A donné naissance au *dér.* : **bleuetière**, *subst. fém.* Terrain à bleuets, à myrtilles. « Alors, les bleuetières, on les voit aussi se fleurir de filles brunes au large chapeau sous lequel, – ah ! les coquettes – brillent comme deux bleuets de velours, des yeux amadoueurs (...). » (F.-A. Savard, *Menaud, maître-draveur,* 1937, p. 116, in *Canadian 1969*).

C. - *Mod.* (1959, *infra*). Camping gaz. « Nous marchons depuis 12 heures. Nous n'avons ni bu, ni mangé depuis notre départ et notre "Bleuet", mis aussitôt en marche, ronronne plein de promesses. » (*La Montagne et Alpinisme,* n° 21, 1959, p. 50, in *DDL 27*).

* À noter aussi : *bluette, subst. fém.* [de l'a. fr. *belue* : « étincelle »] Petite étincelle. « Des bluettes de feu » (*Quillet 1965*). *Au fig.* Petit ouvrage sans prétention, badinage d'esprit. « Il a écrit quelques jolies bluettes » (*Quillet 1965*). Ardeur qui ne dure pas. « Bien des amours ne sont que des bluettes » (*Lar. encycl. 1964*). « *À nous les petites zanglaises* de Michel Lang. Bluette-Souvenir, à la remorque des films "naturels" de Pascal Thomas. » (*Le Nouvel Observateur,* 5. 1. 1976, p. 18, c. 2 - M. Grisolia).

BLEUEUR

[De *bleuir,* + *suff. -eur*]

Subst. masc. TECHNOLOGIE [*HORLOGERIE*], *rare.* « Ouvrier qui trempe et affine les pointes des aiguilles, ce qui leur fait prendre une teinte bleue » (*Quillet 1965*).

* Le fém. **bleueuse** est virtuel. (*Rob. 1985, 1990*).

BLEUI, IE

[De *bleu*, + *dés. -i, ie*]

Part. passé et *adj.*

I. - *Part. passé* de → **bleuir.**

II. – *Adj.* Qui est devenu bleu ; qui semble bleu.

A. – **1.** [En parlant d'un élément concret, appartenant généralement au domaine de la nature] Qui a pris une nuance bleue ou bleuâtre sous l'effet de la lumière (du soleil, d'un astre). « De midi à trois heures, quand la campagne bleuie tremble de lassitude heureuse sous le regard invincible d'un soleil de juillet ou d'août (...). » (M. Maeterlinck, *La Vie des abeilles,* 1901, p. 248). « C'était par un clair soir d'automne où jusqu'à l'horizon sans brume on distinguait bleui chaque détail (...). » (A. Gide, *La Porte étroite,* 1909, p. 572).

♦ **Bleui de** + *subst.* (indiquant la source de lumière). « (...) la lucarne bleuie de lune. » (M. Genevoix, *Roû,* 1931, p. 181).

2. *En partic., rare.* [En parlant des yeux, du regard] ♦**Bleui de** + *subst.* (indiquant un état physique ou psychologique). « La femme tourna vers David un regard étonné. C'était une toute jeune fille - dix-huit à dix-neuf ans - , blonde, tirée, les yeux bleuis de lassitude, un châle noir roulé au cou. Elle toussait dans l'humidité froide. » (M. Van der Meersch, *Invasion 14,* 1935, p. 157).

B. – *P. ext.*

1. [En parlant du visage, en particulier des joues, du menton] ♦ **Bleui par** + *subst.* (indiquant la cause de cet aspect ; le complément désigne la barbe). Qui a pris un reflet sombre, bleuté, à cause des marques d'une barbe drue, très noire. « Quelques missives à la main, Antoine obture la porte de son coffre. Sa bouille basanée se fend jusqu'aux feuilles, laissant voir la dent blanche à miracle, contraste plaisant avec la joue bleuie par la barbouze rebelle. Le vrai homme à poil dur ! » (A. Simonin, *Du Mouron pour les petits oiseaux,* 1960, pp. 162-163).

2. [En parlant de la peau, du visage, du teint ; *p. méton.*, en parlant d'une personne] Qui a pris une nuance bleuâtre ou violâtre (plus ou moins claire ou foncée) dans certaines circonstances. « À chaque instant, une méchante toux le secouait de quintes brèves et dures qui lui mettaient la sueur au front. Blême, les paupières bleuies, il portait la mort sur ses traits. » (M. Genevoix, *La Dernière harde,* 1938, p. 171). « À travers la pluie dense et glacée de ce soir-là où le boulevard s'éclaire, un petit homme noir au visage bleui. Est-ce de froid ? » (P. Reverdy, *Hiver,* in *La Plupart du temps, Poèmes* (1915-1922), 1945, p. 14).

♦ **Bleui de** + *subst.* (indiquant la cause de cet aspect). « Elle avait les yeux hagards, l'air d'une folle. Elle ouvrit son vieux manteau que maintenait fermé une broche de verroterie et découvrit ses épaules maigres, bleuies de coups. » (E. Dabit, *L'Hôtel du Nord,* 1929, pp. 132-133). « Tout à coup la serrure de notre prison improvisée grinça, la porte s'ouvrit, et sous une poussée violente notre malheureux complice, en pan de chemise, fut projeté parmi nous. Je ne vis que le lendemain, au jour avare qui filtrait par les fentes de nos volets clos, son visage tuméfié et son ventre bleui de larges meurtrissures. » (Fr. Ambrière, *Les Grandes vacances,* 1946, p. 84).

C. – *TECHNOLOGIE*

1. *BLANCHISSAGE.* [En parlant de l'eau] Mêlé de → **bleu de lessive** pour blanchir le linge. « L'azurage se fait le plus souvent en même temps que le rinçage précédent : il suffit de rincer avec l'eau bleuie. » (*Lar. mén. 1926*, p. 199).

2. *MÉTALLURGIE* [en particulier *HORLOGERIE*] [En parlant d'un métal, d'un acier] Qui a subi le bleuissage ; qui a été bleui, chauffé jusqu'à ce qu'il devienne bleu, pour l'oxyder en surface, afin de lui donner une couche protectrice contre la corrosion. *« Métal bleui »*. (*Rob. 1985, 1990*). « Parle pas de Charlot ! coupe Arsène, agitant son flingue qu'Armand peut maintenant mieux détailler, un canon court d'acier bleui, à barillet, mais d'un calibre à faire mal. » (A. Simonin, *Du Mouron pour les petits oiseaux*, 1960, p. 300). « Le baroque déclinant et le rococo se plaisaient à de riches ajours. Les aiguilles sont en acier bleui, parfois aussi en laiton ou en argent, plus rarement en or. La facilité ou la difficulté de lecture résultant des caractéristiques de l'aiguille sont un critère du goût artistique de l'horloger. » (E. Basserman-Jordan, *Montres, horloges et pendules*, 1964, pp. 197-198).

BLEUIR

[De *bleu*, + *dés. -ir*]

Verbe.

A. – *Emploi intrans.* **Qqc. bleuit.** Devenir bleu, bleuâtre.

1. [Le sujet désigne une chose concrète]

a) [Le sujet désigne un élément concret, appartenant généralement au domaine de la nature] Qui prend une nuance bleue ou bleuâtre sous l'effet de la lumière (du soleil, d'un astre).

– [Le sujet désigne le ciel] « L'air bleuit, les rossignols accordent le fébrile cristal de leurs flûtes magiques ; l'herbe ondule au vent, l'eau bruit, et de la cime aux branches basses, l'arbre éperdu balbutie des mots que le désir secret de l'homme achève. » (Ch. Guérin, *Le Cœur solitaire*, 1904, pp. 59-60).

1. « Il ne reste plus qu'à attendre la nuit. Elle sera bientôt là : le ciel est **vert,** les nues légères, tout à l'heure **rosées, bleuissent** doucement ; toute la poussière **blanche** du soleil se dépose dans une coupe de l'horizon, l'ombre de Lure monte. »
(J. Giono, *Colline*, 1929, p. 88).

* [*P. méton.* ; le sujet désigne un moment du jour, un espace de temps pendant lequel règne une lumière bleue (pâle ou foncée)] *Le soir bleuit.* « Le jour bleuissait, la mer miroitante avait la sérénité d'un firmament, de courts rouleaux empennés d'écume éclataient sur le rivage (...). » (Y. Queffélec, *Les Noces barbares*, 1985, p. 255).

– [Le sujet désigne un élément naturel situé dans le lointain] *L'horizon, le lointain bleuit.* « Derrière les gargouilles de la tour, les montagnes avec leurs quartiers de forêts, de pacages, leurs hauts ravins, leurs échines de pierre, bleuissaient sombrement, comme quand il va pleuvoir. » (H. Pourrat, *Les Vaillances, forces et gentillesses de Gaspard des Montagnes*, t. 4, *La Tour du Levant*, 1931, p. 14).

– [Le sujet désigne un inanimé concret] « Autour de lui d'autres toits s'éclairent par moment, bleuissent sous un orage de lune. La nuit est toujours aussi sombre, et toujours déchirée de longues blessures de clarté. » (M. Genevoix, *Roû*, 1931, p. 183). « La fin des cours nous jetait d'un coup aux rues claquantes de brise fraîche, où l'asphalte mouillé de pluie en un instant bleuissait tendre et clair sous l'embellie marine. » (J. Gracq, *Carnets du grand chemin*, 1992, p. 155).

b) [Le sujet désigne le feu, la fumée] « Les flammes s'étaient raccourcies, avaient bleui, les bûches avaient encore leur forme de bûches, mais semblaient des récipients transparents, pleins d'un feu liquide. » (E. Triolet, *Le Premier accroc coûte deux cents francs*, 1945, p. 22). « Par les grands vitrages, une lumière fraîche remplissait le hangar. Les fumées bleuissaient dans l'air doré ; Yvars entendit même un insecte bourdonner près de lui. » (A. Camus, *L'Exil et le Royaume*, 1957, p. 1600).

c) [Le sujet désigne un végétal] Prendre une teinte bleue ou bleuâtre, naturellement. « (...) les épingles du cèdre bleuissaient et ses branches se couvraient de petites gousses brunes. » (J.-K. Huysmans, *L'Oblat*, 1903, p. 240).

– *En particulier*

* Devenir bleu à cause d'éléments bleus surajoutés. « L'herbe, rasée par le soleil, est mordorée, et deux sapins isolés y couchent leurs ombres pointues. La haie bleuit sous les mûres. » (R. Martin du Gard, *Devenir*, 1909, p. 191).

* *Littér., rare.* Se montrer, pousser avec sa couleur bleue. « Du flanc de la colline où le cassis bleuit Voici Criton qui vient faire boire ses chèvres À l'étang où Bittô, sous la feuille qui luit, S'amuse à retenir l'eau vive entre ses lèvres. » (A. de Noailles, *Le Cœur innombrable*, 1901, p. 112). « (...) comme la propriété est vaste, à lui seul, il ne peut y suffire. Aussi découvre-t-on de grandes étendues incultes où bleuit le chardon et foisonne la ronce. » (H. Bosco, *Le Mas Théotime*, 1945, p. 60).

d) *En partic., rare.* [Le sujet désigne les yeux, le regard] Prendre une teinte bleue, douce, claire, tendre (notamment sous l'effet d'un sentiment de bienveillance, de tendresse, d'amour envers autrui, etc.). « – C'est une forêt ! Et ses yeux éperdus bleuissaient comme pleins d'un ciel qu'il était seul à regarder. » (J. Giono, *Le Grand troupeau*, 1931, p. 201).

2. « Et aussitôt je l'aimai, car s'il peut quelquefois suffire pour que nous aimions une femme qu'elle nous regarde avec mépris, comme j'avais cru qu'avait fait Mlle Swann, et que nous pensions qu'elle ne pourra jamais nous appartenir, quelquefois aussi il peut suffire qu'elle nous regarde avec bonté comme faisait Mme de Guermantes et que nous pensions qu'elle pourra nous appartenir. Ses yeux **bleuissaient** comme une pervenche impossible à cueillir et que pourtant elle m'eût dédiée ; et le soleil, menacé par un nuage mais dardant encore de toute sa force sur la place et dans la sacristie, donnait une carnation de géranium aux tapis **rouges** qu'on y avait étendus par terre pour la solennité et sur lesquels s'avançait en souriant Mme de Guermantes, et ajoutait à leur lainage un velouté **rose**, un épiderme de lumière, cette sorte de tendresse, de sérieuse douceur dans la pompe et dans la joie qui caractérisent certaines pages de Lohengrin, certaines peintures de Carpaccio, et qui font comprendre que Baudelaire ait pu appliquer aux sons de la trompette l'épithète de délicieux. »
(M. Proust, *Du côté de chez Swann*, in *À la recherche du temps perdu*, 1913, pp. 177-178).

2. *P. ext.* [Le sujet désigne la peau, le teint, *p. méton.*, le sujet désigne une personne] Qui prend une nuance bleuâtre ou violâtre (plus ou moins claire ou foncée) dans certaines circonstances.

a) [Sous l'effet d'une cause physique ou physiologique] « Les moindres efforts qu'on demande à quelqu'un qui est très malade deviennent vite pour lui un surmenage excessif. Pour peu qu'on l'expose, déjà fatigué, à la chaleur d'une soirée, sa mine se décompose et bleuit comme fait, en moins d'un jour, une poire trop mûre ou du lait près de tourner. » (M. Proust, *Sodome et Gomorrhe*, in *À la recherche du temps perdu*, 1922, p. 691). « Des enfants marocains pataugeaient dans le caniveau ; leurs pieds bleuissaient. » (R. Crevel, *Détours*, 1924, p. 34). « Hélène en mourant tranchait ma vie. Physiquement même, je n'arrivais plus à faire passer l'air à travers ma gorge, je croyais bleuir, il n'y a pas lieu de décrire la torture dans laquelle je haletais. Je perds tout : mon amante, ma mère, ma sœur, la source, la femme. » (P.-J. Jouve, *La Scène capitale*, 1935, p. 256). « Thomas Pezner reste figé. Il est pâle, ses lèvres bleuissent, il craint un étourdissement et se retient au montant du lit. » (R. Sabatier, *Le Chinois d'Afrique*, 1966, p. 317).

3. « Un vieillard râlait sur sa couche
Souffrant tous les maux d'ici-bas ;
Déjà **bleuissaient** sur sa bouche
Les violettes du trépas.
Cependant, d'aurore en aurore,
Trahi par le cruel destin,
Pour souffrir davantage encore
Il s'éveillait chaque matin. »
(R. Ponchon, *La Mort*, in *La Muse au cabaret*, 1920, p. 303).

b) [Sous l'effet d'une cause psychologique, d'une vive émotion, de la surprise ; le plus souvent, le sujet désigne *p. méton.* une personne] « (...) et, soudain, il blêmit, bleuit, prit une colère convulsive au cours de laquelle il brisa sur les tapis d'Orient les petites lampes à pétrole toujours odorantes et transpirantes que l'on fixait, avec des manchons à ressorts, dans les bougeoirs du piano. » (G. Duhamel, *Vue de la Terre promise*, in *Chronique des Pasquier*, t. 3, 1934, p. 102).

4. « (...) on servait des œufs de pluvier farcis à un client bien pris dans un smoking parfait, mais voici qu'un œuf de pluvier tombe maladroitement entre ce smoking parfait et la pure chemise du monsieur. Le maître d'hôtel perd son sang froid, **bleuit**, **pâlit** et, croyant bien faire, cherche vivement à retirer l'œuf de ses doigts tremblants, ce qui crépit le plastron du client d'une longue peinture de Braque. »
(L.-P. Fargue, *Le Piéton de Paris*, 1939, p. 207).

B. – *Emploi trans.* Donner une teinte bleue ou bleuâtre (à qqc.).

1. Qqc. bleuit qqc. [Le sujet désigne une chose concrète]

a) [Le sujet désigne une source de lumière naturelle (le soleil, un astre), parfois un élément atmosphérique voilant la source de lumière]

– [Le complément désigne un élément naturel] « Un air léger glissait sur nos yeux entr'ouverts, La lune bleuissait les bosquets immobiles, Et, dans l'obscurité des berceaux, les idylles chuchotaient. » (Ch. Guérin, *Le Cœur solitaire*, 1904, p. 8). « La brume bleuit la sainte montagne de Sion (...). » (M. Barrès, *Mes Cahiers*, t. 6, 1908, p. 85).

* [*P. méton.*, le sujet désigne un moment du jour] « Le soir tombait bleuissant la nappe de neige dressée sur la commune (...). » (G. Guèvremont, *Le Survenant*, 1945, p. 103).

– [Le complément désigne un inanimé concret, un objet fabriqué] « Rue Labat, des reflets de soleil bleuissaient les vitres. » (R. Sabatier, *Les Allumettes suédoises*, 1969, p. 175).

b) [Le sujet désigne une chose concrète ; le complément désigne un inanimé concret, un objet fabriqué] « Il ne pleuvait plus, mais l'eau avait bleui les murailles, raviné les verdures du crépi, dégravoyé la cour. » (A. de Chateaubriant, *Monsieur des Lourdines*, 1911, p. 173).

2. *P. ext.* [Le sujet désigne une chose concrète]

a) [Le sujet désigne le système pileux, les cheveux, la barbe ; le complément désigne le visage, en particulier le menton] Donner un reflet sombre, bleuté, à cause des marques d'une barbe drue, très noire. « Et pourtant ces vingt-neuf années avaient fait, d'un enfant en jupes, l'homme qui se trouvait en face de lui, avec la racine de la barbe bleuissant légèrement les joues rasées, et ce geste important, agaçant, pour éteindre son allumette : un étranger avec lequel il était forcé de compter pour la seule raison que cet étranger était de son sang. » (M. Druon, *Les Grandes familles*, 1948, p. 40). « Son tic à Ménard depuis quelque temps, avant de lancer son nom, c'est de se passer à rebrousse-poil la main sur le menton que la barbe à cette heure commence à bleuir. Crainte de piquer sans doûte. » (A. Simonin, *Du Mouron pour les petits oiseaux*, 1960, p. 64).

b) [Le complément désigne la peau, le visage, le teint ; le sujet désigne une cause physique ou physiologique, en particulier le froid] Donner une teinte bleuâtre ou violâtre (pâle ou foncée). « (...) quel teint, un de ces teints délicats à l'œil, si solides que le froid ne les bleuit même pas ! (...) » (Colette, *Claudine à l'école,* 1900, p. 18). « (...) d'une main que le froid bleuit je me vois diviser l'espace, bénir l'horizon, caresser des courbes sous l'œil stupéfait du jeune homme qui ne s'est pas encore accoutumé, en plusieurs jours, à ces convulsions qui me saisissent. » (Fr. Nourissier, *Le Maître de maison,* 1968, pp. 34-35).

3. *Spéc.* **Qqn bleuit qqc.** (avec qqc.).

a) *JEUX* [*BILLARD*] Passer du bleu (v. → **bleu,** 3e SECTION. 1. *SUBST. MASC.* I. B. 2. ξ) *JEUX* [*BILLARD*]) sur le procédé de la queue. « La boule motrice était située en F2, l'autre boule blanche en G3 et la rouge en H4. Gabriel s'apprêtait à masser et, dans ce but, bleuissait son procédé. Il dit : – Elle est drôlement collante, la rombière. » (R. Queneau, *Zazie dans le métro,* 1959, p. 172).

b) *TECHNOLOGIE* [*MÉTALLURGIE*] [Le complément désigne un métal, un acier] Chauffer un acier doux jusqu'à ce qu'il devienne bleu, pour l'oxyder en surface, afin de lui donner une couche protectrice contre la corrosion. « Bleuir de l'acier avant de le tremper. » (*Ac. 1992*).

* V. aussi *bleuir, HAUTE ADMINISTRATION, dér.* de *bleu (de Matignon).*

BLEUISSAGE

[De *bleuir,* + *suff. -age*]

Subst. masc. TECHNOLOGIE [*MÉTALLURGIE*]. Action de bleuir un métal, de le chauffer pour l'oxyder en surface afin de lui donner une couche anticorrosive ; résultat de cette action « On effectue en général le bleuissage après un traitement préalable en atmosphère contrôlée qui élimine toutes traces d'impuretés en surface. » (*Bader-Th. 1962*). « Le bleuissage de l'acier. » (*Ac. 1986*).

◊ BLEUISSOIR

[De *bleuir,* + *suff. -oir*]

Subst. masc. TECHNOLOGIE [*MÉTALLURGIE,* en particulier *HORLOGERIE*]. Outil utilisé pour le bleuissage d'un acier, d'un métal ; « Outil dont l'horloger se sert pour donner une teinte bleue à l'acier des ressorts de montre » (*DG 1964*).

BLEUISSANT, ANTE

[De *bleuir,* + *dés. -issant*]

Part. prés. et *adj.*

I. – *Part. prés.* de → **bleuir**.

II. – *Adj.*

A. – Qui devient bleu ou semble devenir bleu, sous l'effet de la lumière (du soleil, d'un astre).

– [En parlant d'un élément concret, appartenant généralement au domaine de la nature] « Et ces jardins sous l'air bleuissant où la barque du vent s'échoue au cœur des massifs gémissants (...). » (V. Larbaud, *A. O. Barnabooth,* 1913, p. 267). « (...) Quand j'écrirai : "à l'école, je portais un uniforme marron et un tablier noir...", je sentirai la laine de la robe sur ma peau (...), je verrai la fenêtre bleuissante au fur et à mesure que le jour se lève, et la petite veilleuse à pétrole, et le doux lit défait... Je verrai, je sentirai mille choses. » (E. Triolet, *Le Premier accroc coûte deux cents francs,* 1945, p. 270).

* [*P. méton.*, en parlant d'un moment du jour, d'un espace de temps pendant lequel règne une lumière bleue (pâle ou foncée)] « À peine vit-il se lever une lune de métal jaune sur la nuit bleuissante. Déjà le sommeil le tenait dans ses mains. » (R. Sabatier, *Les Noisettes sauvages,* 1974, p. 42).

– [En parlant d'un élément naturel situé dans le lointain] *Montagne bleuissante.* « Devinant sur la droite une large vallée bleuissante, on prit un chemin qui tournait sous les arbres. » (H. Pourrat, *Les Vaillances, forces et gentillesses de Gaspard des Montagnes,* t. 3, *Le Pavillon des amourettes,* 1930, p. 288).

B. – *P. ext.* [En parlant de la peau, du teint, sous l'effet d'une cause physique ou physiologique ; *p. méton.*, en parlant d'une personne] Qui prend une nuance tirant sur le bleu ou le violâtre (plus ou moins clair ou foncé). « (...) et puis, le poteau passé, à demi défaillant, s'accroche au bras du vainqueur pour ne pas tomber, appuie son visage caché dans son bras, sur l'épaule étrangère et reste un moment ainsi, dans la pose de Pindare l'olympique lorsqu'il mourut, la tête appuyée de même (nous dit la légende) contre une épaule d'adolescent. Il revient, blanc, les pommettes et les lèvres bleuissantes. » (H. de Montherlant, *Les Olympiques,* 1924, p. 315).

C. – *TECHNOLOGIE* [*BLANCHISSAGE*] **Produit bleuissant**. *Synon.* de → **bleu** (→ **bleu** 3e SECTION. 1. *SUBST. MASC.* I. B. 1. b) β)) ; → **produit blanchissant**. « Quatre bacs à produits [dans la machine à laver Lincoln] pour la lessive, l'eau de javel, l'assouplisseur ou le produit bleuissant (très utile pour le blanc qui ne supporte pas l'eau de javel). » (*Le Point,* 26. 4. 1976, p. 38, c. 2).

Bleuissement

[De *bleu,* + *suff. -issement (-ment)*]

Subst. masc. État de ce qui bleuit; fait de donner ou de prendre une teinte bleue ou bleuâtre ; passage d'une couleur au bleu.

A. – *Littér.* [Le plus souvent à propos de la lumière à certains moments du jour] « Au pied des marronniers en rangs, quelques moineaux faisaient poudrette. Les bâtisses haussaient leur rectangle, abattant une ombre si longue qu'elle couvrait toute la cour d'un bleuissement de cendres. » (M. Genevoix, *La Boîte à pêche,* 1926, pp. 11-12). « (...) le paysage, pour celui-là qui croise les bras sur sa poitrine avec satisfaction, est mélange de souffle et de repos des muscles après l'effort, et du bleuissement du soir, il est aussi contentement de l'ordre fait, car chacun de ses pas a un peu ordonné ces fleuves, rangé ces sommets, reculé ce gravier du village. » (A. de Saint-Exupéry, *Citadelle,* 1944, pp. 603-604). « Le bleuissement des lointains. » (*Ac. 1986*).

B. – [À propos de la couleur de la peau, du teint sous l'effet d'une cause physique ou physiologique] « (...) les pieds sont, en général, de coloration normale, mais l'association à l'érythrocyanose sus-malléolaire est fréquente. La coloration permanente s'accentue au froid ; elle ne s'accompagne pas de douleur et la sensibilité cutanée n'est pas modifiée. Au toucher, les mains sont froides et en perpétuelle moiteur. La pression fait momentanément disparaître le bleuissement. » (*Encyclop. méd. Quillet 1965,* p. 300). « Le bleuissement des lèvres sous l'effet du froid. » (*Ac. 1986*).

C. – *Spéc.*

1. *TECHNOLOGIE* [*PEINTURE*] « Voile se formant à la surface des vernis gras, synthétiques et cellulosiques, provenant de la présence d'éléments étrangers » (*GDEL 1982*).

2. *PARASITOLOGIE / INDUSTRIE DU BOIS.* Modification de la couleur du bois (en particulier l'aubier des résineux), abattu ou scié, qui devient bleu sous l'effet de certains champignons. « L'aubier de pin sera facilement attaqué par le champignon du bleuissement. De même la différence d'aspect entre aubier et bois parfait pourra se traduire par des différences sensibles dans leurs résistances mécaniques, l'aubier étant en général plus tendre, moins dense et moins résistant. » (J. Campredon, *Le Bois,* 1948, p. 12).

BLEUITÉ

[De *bleu,* + *suff. -ité.* Terme forgé par Rimbaud, *Le bateau ivre,* in *Poésies,* 1871, p. 129]

Subst. fém. Poét. ou *littér., rare.* [Le plus souvent au plur.] Coloration(s) bleue(s). « Elles flottent ainsi que des perles d'écume... Des blancheurs de bouleaux, des bleuités de brume Se balancent parmi les perles de l'écume. » (R. Vivien, *La Vénus des aveugles,* in *Poésies complètes,* éd. A. Lemerre, Paris, 1934, p. 203, in *Rheims 1969,* p. 90). « La peinture fuyait l'atelier pour partir à la conquête de bleuités. » (*Le Monde sans visa,* 4. 4. 1992, p. 36, c. 1).

1. « Les deux parties précédentes étaient un discours sur l'amour ; ici, c'est l'amour même que l'artiste [C. Mauclair, dans "De Watteau à Whistler"] dans ces trois chapitres sur le sommeil dans l'amour, la solitude de l'amour, l'amour et la mort, s'efforce, sans abandonner son beau flux oratoire, de réaliser en images et en phrases comme un autre art le formulerait en marbre et en couleurs, comme Watteau l'a incarné dans cet embarquement pour Cythère dont M. Mauclair a écrit la transposition mystique : "Si chacun de ces frêles personnages errant dans un paysage d'**or rose** figurait un état de rêve, où allaient-ils tous, et qu'est-ce qui les incitait à tourner ainsi le dos, avec une obstination douce, à l'existence réelle d'où je les contemplais, pour s'aller perdre de mirage en mirage dans les zones successives de cette vaporeuse **bleuité** ? Ils s'en allaient au-delà de la volupté elle-même vers cette conjonction et cette dissolution qui sont à l'image de la mort. Ils partaient, oublieux, vers cette lueur éthérée et azurée qu'entrevoit sous les paupières closes, le regard dilaté par l'amour... etc." ». (A. Thibaudet, *Réflexions sur la littérature,* 1936, pp. 70-71, C. Mauclair, *De Watteau à Whistler,* 1905).

2. « Ici [à Pérouse], le cours du Tibre s'élargit comme une mer intérieure. Non loin des sources iridescentes du Clitumne, paysage d'idylle chanté par Pline, où se consultait l'oracle, on ouvre pour vous une chapelle minuscule dans les champs, qui découvre une fresque du Pérugin où se retrouvent les **bleuités** humides de l'Ombrie, le lointain profil du lac de Trasimène. »
(*Le Monde sans visa,* 12. 7. 1986, p. 18, c. 4).

* Terme réactualisé, surtout dans un contexte artistique, en parlant d'une peinture.

BLEUSAILLE

[De *bleu,* + *suff. -aille.* 1865 : *bleuzaille* ; 1900 : *bleusaille*]

Subst. fém.

A. – *Arg. milit.* ou *fam.*

1. *Arg. milit.* puis *fam., souvent péj.* Conscrit, nouvelle recrue, jeune soldat inexpérimenté. *Synon.* → **bleu** (3e SECTION. 1. *SUBST. MASC.* I. B. 3. c) a)), **bleu-bite / bleubite**. Ensemble des bleus, des nouvelles recrues. *Anton. ancien(s).* « Il courut prévenir Mousse. – Mais... nous sommes inaptes ! dit celui-ci, grinçant des dents. – Inaptes ! Ah ! T'es encore une "bleusaille" ; pisqu'ils d'mandent des bon'hommes, c'est qu'ils s'ront pas regardants. Quand y a pus d'grives, on prend des merles. Mais faut pas r'trouver l'major ; faut s'entendre avec el bureau. » (R. Benjamin, *Gaspard,* 1915, p. 120). « – v'là mon flingue bouché ! dit Gaspard. – Zut, dit Mousse, mon képi dans l'eau. – Allez-vous avancer, la bleusaille ? fit un poilu derrière. Avancer ? On piétinait dans une pâte gluante, dont il fallait, à chaque pas, ressortir. » (R. Benjamin, *Gaspard,* 1915, p. 136). « Toute la bleusaille, au rapport ! » (*Ac. 1992*).

2. *P. ext., fam., mod.* (1991, *infra*). Nouveau, jeune recrue (dans un milieu autre que militaire) ; ensemble des jeunes recrues. *Anton. ancien(s).* « (...) elle [la lionne Daniela] ne survécut à son gardien que quelques semaines. Il faut l'avouer, ce fut une bien étrange histoire d'amour comme il en arrive rarement, même au cirque. Si bien que les amours de José et de sa lionne font aujourd'hui partie de ces histoires éternelles, avec lesquelles les vieux affranchissent la bleusaille. » (P. Combescot, *Les Filles du Calvaire,* 1991, p. 59).

B. – [Sur le modèle de → **gris / grisaille**] *Néol., péj., au plur.* Nuances tirant sur le bleu. « Ce lotissement était édifié aux confins de l'Île-de-France, là où le paysage s'harmonise dans les gris, les bleusailles argentées et les verts tendres. » (Bl. Cendrars, *L'Homme foudroyé,* 1945, p. 310).

◊ BLEUSAILLON

[De *bleusaille,* + *suff. -on*]

Subst. masc. Arg. milit. péj. Synon. de → **bleu** (3e SECTION. 1. *SUBST. MASC.* I. B. 3. c) α)), **bleu-bite / bleubite, bleusaille.** « Un surnommé Papadoc, adjudant de tirailleurs qui, vers l'année 1922, au cours d'opérations variées par les bousbirs chérifins et les Berbères de Haute-Moulouya, révéla au bleusaillon que j'étais les aspects les plus exquis du prestige adjuteux... » (J. Perret, *Bande à part,* 1903, p. 213).

BLEUTÉ, ÉE

[De *bleu,* + *suff. -é, ée*]

Part. passé et *adj.*

I. – *Part. passé* de → **bleuter**.

II. – *Adj.*

A. – Qui a une nuance bleue ; qui est légèrement bleu.

– [En parlant d'une couleur ; *postposé ; parfois avec un trait d'union*] Qui tire sur le bleu. *Blanc, gris bleuté.*

1. [En parlant de la lumière, d'un élément concret, appartenant généralement au domaine de la nature]

a) D'une nuance tirant sur le bleu, sous l'effet de la lumière (du soleil, d'un astre).

– [En parlant (de la lumière) du ciel, d'un astre] « Car la nuit est toute claire. Entre les arbres coule la lumière bleutée de la lune qui fait un jour adouci, délicat, pudique, comme si elle refusait de nous laisser approfondir les blessures de la terre. » (H. Bordeaux, *Les Derniers jours du fort de Vaux,* 1916, p. 47). « Nous étions dans un jardin public, au bord de l'Eure ; une lumière bleutée flottait sur les berges couvertes de prairies. » (Daniel-Rops, *Mort, où est ta victoire ?,* 1934, p. 312). « L'air était doux et bleuté sur le cours Victor-Hugo (...). » (A. Ernaux, *La Femme gelée,* 1981, p. 121).

– [En parlant d'un élément naturel situé dans le lointain] « Par la fenêtre, on voit le sommet d'une tour (...) et, à l'horizon, les contreforts bleutés des montagnes de San Marino. » (H. de Montherlant, *Malatesta,* 1946, p. 437).

b) D'une nuance tirant naturellement sur le bleu.

– [En parlant de l'eau] « Une lueur (...) s'en vint nager, captive, dans une sphère pleine d'eau bleutée. » (G. Duhamel, *La Nuit de la Saint-Jean*, in *Chronique des Pasquier*, t. 4, 1935, p. 83).

– [En parlant du feu, de la fumée] *Flamme bleutée.* « La flamme est pâle, à tendance rosée et elle est très transparente. Elle est courte et ses bords, d'une teinte bleutée, sont nettement découpés. » (R. Barnerias, *Manuel des aciéries*, 1934, p. 187).

– [En parlant d'un métal, d'une pierre] « (...) l'évêché, une bien jolie bâtisse du dix-huitième siècle, mélange de grès blond de Salamanque et d'une pierre bleutée qui fait une basse harmonique à cette chanson dorée. » (A. T'Serstevens, *L'Itinéraire espagnol*, 1933, p. 262). « (...) une de ces bassines en zinc bleuté dont les femmes dans son enfance se servaient pour laver le linge, et que les machines, croyait Alby, avaient fait disparaître. » (I. Monesi, *Nature morte devant la fenêtre*, 1966, p. 186).

– [En parlant d'un objet fabriqué, d'un vêtement] « Graffen-Schtol suggère de fermer les rideaux, d'allumer la lampe de chevet et de revêtir Aubain Minville de son pyjama bleuté à pois blancs. » (R.-V. Pilhes, *La Rhubarbe*, 1965, p. 79).

c) *En partic., rare.* [En parlant des yeux ; *p. méton.*, en parlant du regard (notamment sous l'effet d'un sentiment de bienveillance, de tendresse, d'amour envers autrui, etc.)] D'une nuance tirant sur le bleu. « Le disque gris pailleté de la prunelle s'entoure d'un cercle très net, beaucoup plus bleuté, ce qui contribue à la franchise spirituelle du regard, et il conserve en outre une sorte d'ingénuité d'enfant honnête. » (J. Romains, *La Douceur de la vie*, in *Les Hommes de bonne volonté*, t. 18, 1939, p. 112).

1. « Je ressentais, mais ne pouvais déchiffrer le mystère de ce regard souriant qu'elle adressait à ses amis, dans l'éclat **bleuté** dont il brillait tandis qu'elle abandonnait sa main aux uns et aux autres, et qui, si j'eusse pu en décomposer le prisme, en analyser les cristallisations, m'eût peut-être révélé l'essence de la vie inconnue qui y apparaissait à ce moment-là. »
(M. Proust, *Le Côté de Guermantes 1*, in *À la recherche du temps perdu*, 1920, p. 53).

B. – *P. ext.*

1. [En parlant du système pileux, des cheveux, de la barbe] Noir à reflets tirant sur le bleu. « Nissim Bernard attristé inclinait vers son assiette la barbe annelée du roi Sargon. Mon camarade, depuis qu'il portait la sienne qu'il avait aussi crépue et bleutée, ressemblait beaucoup à son grand-oncle. » (M. Proust, *À l'ombre des jeunes filles en fleurs*, in *À la recherche du temps perdu*, 1918, p. 774). « Mme de La Monnerie releva son grand visage dominé par le bouffant de cheveux bleutés. » (M. Druon, *Les Grandes familles*, t. 1, 1948, p. 127). « Un reflet bleuté parcourait sa chevelure aux ondulations grises qu'elle flattait constamment du bout des doigts. » (Y. Queffélec, *Les Noces barbares*, 1985, p. 198). *P. ext.* [En parlant du visage, des joues] Assombri par les marques d'une barbe drue et très noire ; mal rasé. « Même fraîchement rasé, Jules gardait les joues et le menton bleutés. » (E. Hanska, *Les Amants foudroyés*, 1984, p. 90).

♦ **Bleuté de** + *subst.* (désignant la cause de cet aspect ; le complément désigne la barbe). « Sur son visage de méridional, rond et bleuté de barbe rétive, sa bouche en fraise arborait un sourire empreint de scepticisme. » (R. Sabatier, *Trois sucettes à la menthe*, 1972, p. 133).

2. [En parlant de la peau, du teint ; *p. méton.*, en parlant d'une personne] D'une nuance tirant sur le bleu ou le violâtre (plus ou moins clair ou foncé).

a) [Naturellement. Avec une connotation de finesse de la texture de la peau qui laisse transparaître la couleur bleutée des veines] D'une nuance très claire, translucide. « (...) celui-ci avec son air souffreteux... sur son cheval, comme il était en costume anglais, on eût dit un petit lad, sans ses cils si longs et fournis, son teint pâle, bleuté sur les joues. » (H. de Montherlant, *Les Bestiaires,* 1926, p. 486).

2. « De Stermaria. (...) j'avais remarqué sa fille dès son arrivée, son joli visage **pâle** et presque **bleuté**, ce qu'il y avait de particulier dans le port de sa haute taille, dans sa démarche, et qui m'évoquait avec raison son hérédité, son éducation aristocratique, et d'autant plus clairement que je savais son nom, – comme ces thèmes expressifs inventés par des musiciens de génie et qui peignent splendidement le scintillement de la flamme, le bruissement du fleuve et la paix de la campagne pour les auditeurs qui, en parcourant préalablement le livret, ont aiguillé leur imagination dans la bonne voie. La "race", en ajoutant aux charmes de Mlle De Stermaria l'idée de leur cause les rendait plus intelligibles, plus complets. »
(M. Proust, *À l'ombre des jeunes filles en fleurs,* in *À la recherche du temps perdu,* 1918, pp. 683-684).

b) [Sous l'effet d'une cause physique, physiologique, parfois psychologique] « Sur un lit, un enfant de neuf ans environ, la peau bleutée, les cheveux collés de fièvre, râlait faiblement, la tête renversée. » (M. Druon, *Les Grandes familles,* t. 2, 1948, p. 83). « L'effroi accentuait brusquement les cernes bleutés de la patiente. Le débris [la vieille] continuait à tournoyer en psalmodiant, ce qui accentuait nos tremblements d'épouvante. » (E. Hanska, *Les Amants foudroyés,* 1984, p. 128). « (...) le petit Titi, toujours translucide, presque bleuté, n'en finissait pas de cracher ses poumons, régulièrement radiographiés, et massés par un kinésithérapeute qui tentait d'en évacuer les glaires. » (H. Guibert, *À l'ami qui ne m'a pas sauvé la vie,* 1990, pp. 223-224).

C. – *TECHNOLOGIE*

1. *BLANCHISSAGE* [En parlant du linge] Qui a été blanchi avec du → **bleu de lessive**. V. → ***azuré*** II. c. ex.

2. *MÉTALLURGIE* [En particulier *HORLOGERIE*] [En parlant d'un acier] Qui a subi le bleuissage (→ **bleuissage**) ; qu'on a bleui (→ **bleuir**, B. 3. b). *Emploi trans.*), chauffé pour l'oxyder en surface afin de lui donner une couche anti-corrosive. « Jermyn's Street vous apprendra (...) à apprécier la patine d'une culasse renforcée d'acier bleuté pour la chasse aux fauves (...). » (P. Morand, *Londres,* 1933, p. 207).

D. – *Au fig., littér., rare.* [Pour qualifier un inanimé abstrait ; les nuances du bleu connotant notamment le bonheur, le rêve, l'idéal, l'absolu] « (...) du bonheur qui n'est que de l'anxiété différée. Du bonheur bleuté, d'une insubordination admirable, qui s'élance du plaisir, pulvérise le présent et toutes ses instances. Roger était tout heureux d'être devenu dans l'estime de sa jeune femme le mari-qui-cachait-Dieu. » (R. Char, *Fureur et Mystère,* 1948, p. 210). « Des silences bleutés comme celui qui nous est tombé sur les bras à ce moment-là, j'en ai jamais revu la queue d'un. Il avait un coude posé sur la table, il regardait par terre. J'ai enlevé ma perruque et je l'ai jetée dans un coin. » (Ph. Djian, *37° 2 Le Matin,* 1985, pp. 376-377).

BLEUTER

[De *bleu,* + *dés. -er*]

Verbe trans.

A. – *TECHNOLOGIE* [*BLANCHISSAGE,* etc.], *vieilli, rare.* [Le complément désigne une pièce de linge] *Synon.* de → **azurer, passer au bleu**.

1. « (...) les physiciens constatèrent que pour neutraliser une couleur qu'on ne pouvait détruire, il suffisait d'y mélanger un peu d'une certaine autre couleur dite pour cela "complémentaire". Le **bleu** étant complément de la nuance **roussâtre** conservée par le linge, on peut donner à celui-ci une **blancheur** parfaite en le **bleutant** légèrement. En fait, pour des questions de mode, on **bleute,** on **azure** toujours trop et le linge **azuré** n'est ni **jaune** ni **blanc,** mais légèrement bleu. L'**azurage** du linge se fait avec du **bleu d'outremer**, couleur ne se dissolvant pas dans l'eau, mais dont les particules sont si fines qu'elles demeurent en suspension dans le liquide remué. Il est préférable d'acheter le **bleu** en boule, qu'on place dans un petit nouet de toile fine, lequel est manié dans le bain jusqu'à coloration suffisante de ce dernier. » (*Lar. mén. 1926,* p. 194).

B. – *Littér., rare.* Donner une teinte bleue (à qqc.). « *Bleuter les ombres d'un tableau* » (*Ac. 1992*).

2. « (...) Comment Gil Blas t'aurait-il proposé
de le suivre à Santillane ou à Sao Paulo ?
trop de feux **anthracite** convergent
vers d'autres feux **bleutant** les fiords
il n'aura de cesse d'errer
au pied des montagnes vergéturées
dont les pics en soutane déambulent vers leurs Congrès (...). »
(T. Plantier, *Jusqu'à ce que l'enfer gèle,* 1974, pp. 52-53).

* *Bleuter* a un emploi plus restreint que *bleuir* et ne s'emploie que dans la lang. poét. ou dans un contexte artistique, à propos d'un peintre.

◊ BLEUTERIE

[De *bleuter*, + *suff. -erie*]

Subst. fém. TECHNOLOGIE [*TEINTURE*]. « Entreprise spécialisée dans la teinture du tissu » (*Rob. 1985, 1990*).

BLUE

[Mot angl. empr. à l'a. fr. *blue*]

Le plus souvent dans un contexte anglais ou *COSMÉTIQUES / MODE. Synon.* de → **bleu.** « Pour les yeux bleus de Suzanne-Marie, un trio d'ombres-poudre parme, violet et rose "Country-plums" et un mascara velours "Blue". » (*Elle,* 27. 6. 1983, p. 82 - C. Roitfeld).

1. « Brave **Blue** World.
Et si la nature était **bleue,**
Et les forêts faites de ciel,
Sur les plages de l'horizon,
On aurait toujours les yeux
Remplis de lointains et de Vosges,
De voies lactées, d'étoiles bées,
Sous nos paupières closes
Et d'autres dieux, d'autres démons (...)
Fuyant les matins **blêmes,**
Les onctions extrêmes,
N'aimant des mots que les poèmes,
De la vie, que le **bleu**
De son Jeu...
Et si la Nature était **noire,**
Comme une orange sans espoir,
Sans Gagarine,
Sans Éluard... »
(Ph. Léotard, *Brave Blue World,* in *Pas un jour sans une ligne,* 1992, pp. 27-28).

* *Blue* tend à être de plus en plus employé par les auteurs modernes (notamment dans des mots composés empruntés à l'anglo-américain) : → **blue(-)chip, blue-grass, blue-jean(s), blue-lagun, blue(-)note, Blue Tonic, Big Blue, Deep Blue.** La vitalité de *blue* se manifeste non seulement dans le domaine musical du blues (et de la mélancolie qui lui est attachée) mais aussi dans le contexte des relations commerciales, internationales, en particulier dans le domaine de la mode et des créations de termes de couleur où *blue* (et ses composés) est fréquemment utilisé pour

la désignation des diverses teintes *bleues* des jeans (→ **jean** *).

◊ BLUE CHIP

[*Anglic.* « Expression U.S. qui remonte à 1904. (...) d'un terme de poker, les BLUE CHIPS étant les jetons de couleur bleue, habituellement de grande valeur. » (*Doillon,* vol. 1, t. 4, fasc. 19, 1979, p. C/XIII)]

Loc. nom. masc., le plus souvent au plur. BOURSE, mod. (1966, *infra*). Valeur de premier ordre, valeur de tout repos, valeur vedette. « L'Indice Dow Jones des Industrielles a perdu 13,59 points pour s'établir à 938,30. C'est la baisse la plus sévère depuis juin dernier ; rien ne la laissait prévoir en début de séance, le marché étant assez bien orienté initialement. Le déclin s'est amorcé vers midi, sous la conduite des électroniques et autres récentes favorites. Les "blue chips" ont été soutenues en cours de matinées, puis ont suivi le mouvement général. » (*Paris-Presse,* 3. 3. 1966, p. 19, c. 1, in *MNC 1*). « La semaine a débuté sur une note très irrégulière à Wall Street. En nouveau et léger recul à l'ouverture, les cours se sont ensuite redressés par endroits, si bien qu'à la clôture, l'indice des industrielles s'établissait à 826,63, soit 2,83 points au-dessus de son niveau précédent. Cette avance a été essentiellement due à la reprise de nombreuses "blue chips", dont plusieurs entrent dans la composition de l'indice. » (*Le Monde,* 10. 12. 1975, p. 41, c. 3, in *MNC 1*). « Les blue chips sont les valeurs phares de la corbeille, ce qui ne signifie pas pour autant qu'elles sont des valeurs sûres. Leur réputation est proportionnelle au poids économique des sociétés qui les émettent : L'Oréal, Air liquide, Roussel-Uclaf, Honeywell Inc., etc. » (*L'Événement du Jeudi,* 15. 11. 1984, p. 31, c. 2).

◊ BLUE(-)GRASS

[*Anglic.*]

Loc. nom. masc., MUSIQUE, mod. (1976, *infra*). Forme musicale proche du blues (→ **blues**). « *Connection,* un groupe qui sort avec bonheur des platitudes du blue-grass US. » (*Le Sauvage,* juill. 1976, p. 117, c. 3 - D. Rossignol).« *"Doc et Merle Watson".* Le vieux docteur ès pickings et son fils, deux grands guitaristes américains, qui vont dialoguer sur fond de blues, folk, country, blue-grass. » (*Le Nouvel Observateur,* 22. 4. 1983, p. 12, c. 3 - A. Dister).

◊ BLUE TONIC

[*Anglic.*]

Loc. nom. masc., mod. (1987, *infra*). Cocktail à base de tonic et de curaçao bleu. « Façon Blue Tonic : du Cointreau, quelques glaçons, beaucoup de tonic et un trait de curaçao bleu. Sachez apprécier le Cointreau Blue Tonic avec modération. » (*Le Nouvel Observateur,* 3. 7. 1987, p. 17).

* V. aussi → **Blue Lagun**.

◊ BIG BLUE

[*Anglic.* (→ **bleu IBM**)]

Loc. nom. masc., INFORMATIQUE, mod. (1987, *infra*). Surnom de IBM (« International Business Machines »), société qui, arrivée tardivement dans le domaine de la micro-informatique, occupe de nos jours un quart du marché. « En présentant, pour la première fois au grand public, ses deux nouveaux modèles Macintosh SE et Macintosh II, qui supportent l'environnement IBM, la société Apple flirte au grand jour avec "Big Blue". » (*Le Point,* 6. 4. 1987, p. 94, c. 2). « Avec un bénéfice net de plus de 15 milliards de francs et un chiffre d'affaires de 340 milliards de francs pour 1994, le premier constructeur informatique mondial a enfin sorti la tête hors de l'eau. En 1993, ses pertes étaient de 42 milliards de francs et les effectifs de

"Big Blue" ont chuté de 168 000 personnes en cinq ans. » (*Le Point*, 28. 1. 1995, p. 22, c. 1).

* Encore appelé → **Big Bleu** (Québec), **Gros Bleu, Grand Bleu, Géant Bleu.**
** V. → **IBM** (Bleu -).

◊ DEEP BLUE

[*Anglic.*]

Loc. nom. masc., INFORMATIQUE, mod. Surnom donné au super ordinateur IBM, mis au point pour être confronté au champion russe d'échecs Garry Kasparov, qui fut vaincu par l'homme le 17 février 1996 mais dont la version plus performante eut sa revanche le 10 mai 1997. « Selon que Kasparov, le champion du monde d'échecs, aura ou non vaincu ce week-end le superordinateur Deep Blue contre lequel il dispute un match en six parties, les commentaires iront bon train sur la puissance de l'intelligence artificielle ou sur la suprématie inéluctable de la pensée humaine. » (*La Nouvelle République du Centre-Ouest*, 17. 2. 1996, p. 6, c. 1). « Un premier match avait opposé Kasparov à une première version de la machine, moins performante, en 1996 à Philadelphie, Kasparov s'était alors imposé par 4 points à 2. Deep Blue, un superordinateur de 1,4 tonne, est capable d'évaluer 200 millions de positions par seconde. Au cours d'une conférence de presse (...) le champion russe est apparu aux journalistes la mine sombre. Ses conseillers avaient l'air stupéfait. Garry Kasparov a cependant affirmé que cette défaite ne prouvait pas la supériorité de la machine sur l'homme. "L'ordinateur n'a encore rien prouvé", a affirmé Kasparov. "Si nous avions joué une vraie partie de compétition, je vous assure que j'aurais mis Deep Blue en pièces" a-t-il ajouté. » (*La Nouvelle République du Centre-Ouest*, 12. 5. 1997, p. 6, c. 8).

* Rare dans sa version francisée : *Bleu profond.* « L'homme bat la machine (...). C'était le match du siècle. D'un côté, le champion du monde d'échecs, Garry Kasparov, 75 kilos et un cerveau de 50 milliards de neurones. De l'autre côté, un ordinateur IBM, *Bleu profond,* 650 kilos, 32 microprocesseurs, et six années de travail. » (*La Nouvelle République du Centre-Ouest,* 19. 2. 1996, p. 1, c. 1 - D. Gerbaud).
** Le prédécesseur de *Deep Blue,* conçu dix ans plus tôt : *Deep thought,* fut vaincu par Kasparov.

BLUE-JEAN(S)

[Mot anglo-américain, de *blue* : « bleu » et *jean* : « treillis, grosse toile », d'où, *p. méton.* vêtement fait avec ce tissu. *Jean(s)* est la transcription de l'a. fr. *Janne(s)* corresp. au fr. mod. *Gênes* (Mot angl. *Gene, Jene, Jane,* puis angl. *jeane, jeen*), ce vêtement ayant été fabriqué, à l'origine, par un Américain (XIXe s.) dans de la toile (en provenance de Nîmes (*Denim*)) et teinte à l'indigo ou *bleu de Gênes* (Ville d'Italie d'où était exportée cette matière colorante)]

Subst. masc. (*plur.*), (Milieu XXe s. 1949, *blue-jeans,* M. Van Moppès, *Les Nouveautés en Californie, Adam,* n° 192, avr.-mai 1974, in *DDL 16*). Pantalon fait dans une toile très résistante, à l'origine de couleur bleue, de nos jours de diverses couleurs, étroit, à piqures apparentes, porté, depuis la seconde guerre mondiale, par les jeunes gens des deux sexes mais dont l'emploi tend à se généraliser aux autres tranches d'âges. *Synon. abrégé* → **jean(s)** (v. en particulier → **jean** * pour les diverses dénominations du *bleu* des jeans). *Une paire de blue-jeans.* « Dans les dispositions où elle se sent ce soir, l'évanouissement possible de son pucelage la fait trembler sur ses cannes, avec, concurremment le trac que ce beau rouquin à blue-jeans ose pas le lui ravir au passage. » (A. Simonin, *Du Mouron pour les petits oiseaux,* 1960, p. 171). « Ils travaillaient le plus souvent en veston de tweed sur des blue-jeans graisseux. » (Cl. Etcherelli, *Élise ou la vraie vie,* 1967, p. 119).

1. « J'étais tranquille, j'étais peinard,
Je réparais ma mobylette,
le type a surgi sur l'boul'vard
sur sa grosse moto super-chouette,
s'est arrêté l'long du trottoir
et m'a regardé d'un air bête :
T'as l'même **blue-jean** que
James Dean,
t'arrête ta frime ! »
(Renaud, *Laisse béton,* 1975, in *Mistral gagnant,* 1985, pp. 85-86).

– *En appos. à valeur d'adj.*

* [En parlant d'une chose concrète] Qui présente le caractère utilitaire et standardisé de ce type de vêtement. « Or rien ne s'opposerait, techniquement, à la mise en place de ce véhicule, la "voiture-blue-jean" standard, généralisée à un point tel que l'image de marque de l'automobile n'y résisterait pas : le symbole de standing ou de virilité ferait enfin place à celui d'un banal outil de transport. » (*Le Nouvel Observateur,* 12. 8. 1978, p. 36, c. 1).

* [En parlant d'une personne, (d'un groupe de personnes), du comportement, d'une production de l'esprit, etc.] Qui présente des caractéristiques propres aux personnes vêtues de blue(-) jeans : jeunesse, décontraction, voire laisser-aller. « Nous sommes entrés dans la civilisation blue-jeans. Cela pose quelques problèmes. » (*L'Express,* 9. 8. 1976, p. 66, c. 2 - M. Bleustein-Blanchet). « Cette collection [Engrenage] déclarait à sa création, en juin 1979 : "La violence a changé, le polar aussi." C'était le polar des banlieues, des loubards, des squats. Un gauchisme post-soixante-huitard un peu flou expliquait la dérive d'un paumé en lutte contre la société (société = flic, fric, béton, vieux croûtons). Le style souvent négligé blue-jean empruntait à *Libération.* » (*Le Nouvel Observateur,* 26. 9. 1981, p. 9, c. 2 - H. Prudon).

– *P. plaisant.*

• **À brûle-blue-jeans**, *loc. adv.* [Sur le modèle de *À brûle pourpoint* : « À l'improviste, brusquement, sans préparation ». « Petite, menue, le costume et l'allure clownesque, Dominique Bailly entre en scène et l'occupe, bien. (...) Seule ou entourée de personnages imaginaires qui l'oppressent, l'aiment ou l'écrasent, Dominique répond à « brûle-blue-jeans » à notre attente : une rêverie douce amère, un humour débridé. » (*Elle,* 30. 11. 1981, p. 50, c. 3 - C. Wimphen).

– **Var.** Plusieurs graphies plaisantes témoignent de tentatives de francisation du terme et traduisent les hésitations phonétiques :

• **Bloudgine(s),** *subst. masc. (plur.), mod.* (*bloudgine* : 1954, M. Aymé, *Les Quatre vérités,* p. 122, in *TLF* ; *bloudgines* : *Elle,* 23. 8. 1963, cité par Étiemble, *Parlez-vous franglais ?,* Paris, NRF, p. 318).

• **Bloudjinnzes**, *subst. masc. plur.* « Zazie se regardait dans la glace en salivant d'admiration. Pour aller bien ça on pouvait dire que les bloudjinnzes lui allaient bien. Elle passa ses mains sur ses petites fesses moulées à souhait et perfection mêlés et soupira profondément, grandement satisfaite. » (R. Queneau, *Zazie dans le métro,* 1959, p. 85).

◊ BLUE JEANER

[De *blue(-)jean,* + *dés. -er*]

Loc. verb. intrans., rare, mod. (1987, *infra*) [Le sujet désigne une personne] Porter des blue(-)jeans ; avoir un mode de vie jeune, décontracté, attribué aux personnes qui portent des blue(-)jeans. « Bref, tout ce qu'il faut savoir pour ne plus blue jeaner bêtement. » (*Télérama,* 21. 1. 1987, p. 37, c. 4 - O. Cence et C. Sory, in *MNC 1*).

◊ BLUE-JEANIEN, IENNE

[De *blue(-)jean,* + *suff. -ien*]

Loc. adj. rare, mod. (1970, *infra*). Qui a rapport aux blue(-)jeans. « Dans un bouquin, je lis d'abord l'arrivée, puis le départ. L'arrivée m'avait plu avec cet hommage à Léon Zwingelstein, alpiniste inconnu des grimpeurs de l'ère blue-jeanienne. » (*La Montagne et Alpinisme,* n° 80, déc. 1970, p. 325, in *MNC 1*).

BLUE(-)NOTE

[Anglo-américain, composé de *note* et *blue* : « bleu », utilisé pour qualifier les tonalités caractéristiques de la musique appelée *blues*]

Loc. nom. fém., MUSIQUE (Milieu XXe s. 1952, L. Malson, *Les Maîtres du jazz,* p. 10, in *Rob. 1990*). Note (tierce, septième et éventuellement quinte d'une gamme majeure diatonique) abaissée vers le grave d'un demi-ton, de manière à apporter des accords mineurs dans une tonalité majeure, caractéristiques du blues (→ **blues**) et conférant à celui-ci son caractère de mélancolie poignante. *Synon. francisé, plus rare* → **note bleue**. V. → ***bleu*** ex. 73, ***blues*** ex. 1, ***bluesy*** ex. 1.

1. « **BLUE NOTES.**
Tonight je sors de ma bulle
My heart somnambule
I sing dans le crépuscule
Des songes pour noctambules
Des **blue notes** qui s'aiment
Les trottoirs de Spanish Harlem
Blue Moon sur les bords de la Scène
My baby don't care
Si dans le Midnight sun on se perd
Tu verras on se retrouvera in Summertime (...) »
(L. Foly et Viennet, *Blue notes,* Virgen France S. A., 1990).

2. « Pour (...) bien sentir et comprendre [Memphis Slim], il faut l'écouter, en direct et dans ses enregistrements, **blues** qui partage sa gamme et ses ***blue notes*** avec le jazz, jazzmen qui savent le jouer, et jouer **blues** des morceaux qui n'en sont pas, standard dont il se fait l'âme. »
(*Le Monde de la musique,* n° 152, févr. 1992, p. 7).

– *En appos. à valeur d'adj.* Qui est caractérisé par des blue(-)notes. « *Buttercorn Lady,* par Keith Jarret. (...) C'est un document irremplaçable, certes, mais c'est aussi l'un des plus chaleureux, l'un des plus torrides enregistrements réalisés par le groupe après sa période blue note. » (*L'Événement du Jeudi,* 18. 4. 1985, p. 122, c. 4).

◊ BLUE-NOTER

[De *blue(-)note, + dés. -er*]

Loc. verb. intrans., MUSIQUE, hapax. Jouer des blue(-)notes, du blues. « Pendant que ça clipotte, marmotte, blue-note du côté variétés, le jeune MIDEM classique a, au bout de trois ans, trouvé ses marques. Avec ses manques : l'absence des "Major" compagnies qui, à l'exception d'EMI-Pathé-Marconi, continuent à bouder le MIDEM. » (*L'Événement du Jeudi,* 6. 2. 1985, p. 53, c. 3 - A. Duaul).

BLUES

[Mot américain, par spéc. et abrév. de *blue devils* : « démons bleus », « idées noires », « cafard », « mélancolie », ou de la *loc. verb. to be blue* : « broyer du noir » ; *blue* étant lui-même empr. à l'a. fr.]

Subst. masc.

A. – *MUSIQUE* [Début XXe s.]. Forme musicale, d'origine populaire noire américaine, caractérisée par une structure harmonique constante et un rythme lent, à quatre temps, traduisant un état d'âme mélancolique, et qui est directement à l'origine de la musique de jazz. *P. méton.*, air de cette musique. *Synon. francisé, plus rare* → **musique bleue**. *Chanter, jouer du blues ; joueur de blues.* « J'ai entendu se plaindre là toutes les misères du monde et l'esprit jurer de les guérir. Le bon Langston Hughes parlait de sa voix zézéyante qui mangeait les consonnes, et on eût dit qu'il récitait encore quelques "blues" mélancoliques de ses frères de race. » (J. Guéhenno, *Journal d'une révolution,* 1938, p. 171). « À ses oreilles, les câbles vocaux d'Alix claquaient ainsi que de monstrueuses cordes de contrebasse, suivis de l'organe aigu de Bosy et de la voix pleine de Roger, ample comme celle des chanteurs de "blues" de la Nouvelle-Orléans. » (R. Fallet, *Banlieue Sud-Est,* 1947, p. 181). V. → ***blue(-)note*** ex. 2, ***blueswoman*** ex. 1.

1. « À l'origine, aux racines du **blues** sont les chants, les musiques et les danses des terres africaines razziées par les marchands d'esclaves. Coupés de leur contexte et de leur fonction sociale et culturelle, vidés de leur rituel, interdits en général, ils ont pris le chemin des mémoires des esclaves, de leur inconscient, et, fragmentaires, déformés, se sont transmis en se heurtant, se frottant, se mêlant aux sons, aux chants, aux danses et aux musiques des terres américaines (...). Le **blues** émergera de cet ensemble hétérogène en une composition dont il n'est pas possible de retracer la génèse, mais dont la cristallisation signe l'inscription du **Noir** dans sa nouvelle société. (...) le **blues**, né sans doute entre 1865 et 1870, c'est-à-dire après la guerre de Sécession, après l'abolition de l'esclavage (...) le **blues** est là dès que le **Noir** se parle à lui-même, mais il ne pouvait trouver son identité et son espace qu'à partir de l'identité de ses inventeurs. Esclave, le **Noir** est sans nom, ne s'appartient pas. Libre, et bien que sa condition souvent n'en soit aucunement améliorée, il peut chanter en son nom "je" (...). Ainsi peut-il raconter son histoire et l'histoire de son peuple, créer mythes et poèmes, dire ce qu'il vit, malheur et bonheur, joies et peines, et exalter l'amour, l'amour de la femme comme celui de la langue, amour gourmand dont dépend l'humour. Car le **blues,** enfanté dans la douleur, ne peut exister que dans la liberté du sujet.(...)

Le **blues** est un terme générique qui caractérise et recouvre une forme capitale de la musique négro-américaine, elle-même définie par des critères musicaux, mélodiques, historiques, sociologiques, thématiques... qui la contiennent, mais qu'elle ne cesse d'excéder. Ainsi sa date de naissance officielle correspond à l'enregistrement par Mamie Smith, à New York, pour Okeh, le 14 Février 1920, d'un disque intitulé *Crasy Blues,* dont les corrélations avec la musique du Delta ne sont que de structure.

(...) Le **blues** est une structure musicale de douze mesures, comportant trois phrases de quatre mesures, s'organisant autour de trois accords (tonique, sous-dominante, dominante), alternant la voix et l'instrument selon un schéma AAB et marqué par l'altération des troisième et septième degrés de la gamme diatonique (**blue note**) dont l'origine est parfois rapportée aux gammes pentatoniques africaines. Mais ce mode rigide, outre le fait que sa rigueur même engendre une tension considérable, souffre toutes les exceptions, **blues** de huit ou seize mesures, musicien qui suit sa propre métrique, ou choisit autrement sa progression d'accords, mais surtout trouve sa manière propre de l'interpréter, imposant son rythme, son invention, ses sentiments et son affect à une mélodie qui compte bien moins que les paroles qu'elle soutient.

(...) Le **blues** est une sensibilité, une émotion expressive (*feeling*) qui passent dans le jeu, dans le chant et sans lesquelles il ne se passe rien. Il est l'impalpable densité qui donne corps à la musique et transcende les styles et les races. »
(Ph. Carles, A. Clergeat et J.-L. Comolli, *Dict. du jazz,* 1988, s. v. *blues*, pp. 108-110).

– [Pour qualifier une manière de jouer, de chanter] *En emploi adj.* ou *adv.* Qui a les caractéristiques du blues ; à la manière du blues. *Chanter blues.* « Elle nous écrivait ses premiers textes sur du papier d'Arménie. Ses chansons en gardaient une douceur sucrée et une fragilité diaphane. Cette fois, Isabelle [Mayereau] nous fabrique un nid douillet sur le grillage de nos cages, capitonné jazzy, surpiqué blues. » (*Le Nouvel Observateur,* 16. 11. 1984, p. 104). V. → ***blue(-)note*** ex. 1.

– [Pour qualifier une forme musicale appartenant au blues ou qui en présente certaines caractéristiques]

• **R(h)ythm and blues / Rythm'n'blues,** *loc. nom. masc., mod.* (Vers 1955, en angl. ; 1977, *infra*). « L'Afrique à l'Olympia avec le show de Manu Di Bango, un colosse africain qui joue avec punch et talent un curieux rhythm and blues où l'Afrique tend la main à l'Amérique. » (*L'Express,* 9. 5. 1977, p. 38, c. 2 - Ph. Adler). « Le chanteur Mick Hucknall est roux. D'où le surnom de Red. Et la couleur rouge comme argument de vente de sa maison de disques qui a inondé de produits rouges (une pendule, un nécessaire de bureau, une mallette, des cassettes...) les journalistes pour accrocher leur attention. Reste un disque qui tient du Tom Waits clean et lorgne vers un rythm'n'blues soft. » (*L'Événement du Jeudi,* 12. 12. 1985, p. 105, c. 4). « (...) l'explosion du rhythm and blues contribue, dans les années 55-60, à la vogue du blues (Fats Domino, Ray Charles, Bill Doggett, etc.), qui est pillé par les rock-and-rollers blancs. » (Ph. Carles, A. Clergeat et J.-L. Comolli, *Dict. du jazz,* 1988, s. v. *blues,* p. 115, c. 2). V. → ***blueswomen*** ex. 1.

* *En appos. ; parfois avec un trait d'union. Boogie, folk (-) blues.* « (...) Mort Shuman, gardien du fameux cimetière, qui interprète, moment de pure nostalgie, un country blues à faire ressusciter les morts. » (*Le Nouvel Observateur,* 25. 10. 1985, p. 19, c. 1 - C. Deymard). « (...) la musique de B. B. King pilonne les quelques espaces restés vacants d'un funk-blues intraitable (...). » (*Jazz Magazine,* févr. 1986, p. 8, c. 4 - B. Amiard). « Salsa, tango meringué, rock-blues s'entrechoquent dans un cocktail, cette fois-ci plus soft que d'habitude, comme si le pourfendeur de "Big Brother" [Bernard Lavilliers] s'était rangé de l'emphase pour évoluer dans la métaphore tendre. » (*L'Événement du Jeudi,* 5. 6. 1986, p. 102 - Y. Plougastel). « "Status Quo". Après leur dernier concert, leur tournée d'adieux, leur farewell gig et toutes ces choses, ils ont enfin compris que seule la scène les empêcherait de mourir gras et aigres. Les amateurs de boogie blues rock n'iront pas s'en plaindre. » (*Le Nouvel Observateur,* 6. 3. 1987, p. 62, c. 4 - A. Dister).

B. – *P. ext., cour.* Musique de jazz lente, sur laquelle on danse ; danse exécutée sur cette musique. *Danser un blues.* « Ce soir, un bal populaire débitera des blues et des fox-trot. » (A. T'Serstevens, *L'Itinéraire espagnol,* 1933, p. 139).

C. – *Au fig., fam., mod.* (Vers 1970, d'après *Cellard-Rey 1991 ;* 1976, *infra*). Cafard, mélancolie, spleen, tristesse, vague à l'âme. *Synon.* → **noir**. (v. aussi → **bleu** : *avoir les bleus*). *Avoir le blues ; donner, filer, foutre le blues.* « Allez-y les mecs, amenez-moi vos problèmes, vos blues et vos états d'âme. Et moi comme une conne je fais dans l'assistance sociale. Toujours prête et de bonne humeur. » (E. Hanska, *Les Raouls ou la vie comme au ciné,* 1976, p. 110). « Et chaque fois que l'on te désigne, Toi, comme un abruti, tu te résignes, Il faut que tu te supportes, il faut que tu t'assures. À New-York, le crack les emporte tous Mais j'tlé dis, mec, ne sois pas ouf Va balader ailleurs tes idées d'malheur Lucifer, Satan, on est pas des leurs (...). Lionel D. rappe le blues de la cité. Il y est né et ne l'a jamais quittée. » (*Actuel,* mars 1987, p. 76, c. 3). « (...) le fou, le débile confirmé là, mademoiselle Unetelle pour les intimes, vicieux diplômé, il était déprimé et il a eu un break-down terrible. Un coup de blues l'a ruiné. C'était dans l'air, il sentait comme une hostilité envers lui, il n'arrivait pas à supporter l'agressivité refoulée dont il se sentait l'objet, et surtout le ramdam foutu dans ses conditions de vie sédentaire. » (Bayon, *Le Lycéen,* 1987, p. 313). « Bourdon, cafard, mélancolie, traduisez-le comme vous voulez. Le mot blues vient de l'expression *"blue devils"*, les petits diables bleus. Ceux qui vous tirent par les orteils quand vous cherchez le sommeil du juste, qui s'insinuent dans vos songes, titillent vos rêveries, vous pincent le cœur, vous triturent les entrailles. » (*Télérama,* 15. 4. 1992, p. 10, c. 2). V. → ***bleu*** ex. 79.

2. « Mais LUI le festivalier de mes deux nibes vu que c'est sa principale préoccupation dans la vie il allait tout de même pas rater ça. Moi je fais la gueule mon cafard a les pattes en l'air c'est encore ma pomme qui pète ses boulons le **blues** du matin au soir litanise à mon oreille toujours cette foutue idée fixe. Ô Maman qu'est-ce t'as filé dans mon biberon pour que je pense qu'à m'dégommer me détruire balancer ma belle santé à la poubelle avec cette sacrée vie qui me fait souffrir comme tout c'que j'aime. » (E. Hanska, *J'arrête pas de t'aimer,* 1981, pp. 87-88).

– *Au plur., avec un complément* « Je réponds oui j'en remets et c'est vrai sur le coup moi aussi j'y crois. Pas laisser les blues du doute s'infiltrer. » (E. Hanska, *J'arrête pas de t'aimer,* 1981, pp. 163-164).

– *En appos. à bleu* [Pour connoter la mélancolie, la tristesse en jouant à la fois sur l'aspect *concret* et *fig.*]. *Littér., rare.* « *Mona Lisa,* de Neil Jordan. La troublante balade du pauvre George, bleu-blues, étrange néon, dans les bas-fonds londoniens. » (*Le Point,* 1. 9. 1986, p. 10, c. 3).

– *Adj.*

* [En parlant d'une personne] *Mod.* (1984, *infra*). Triste, mélancolique. Un mélange de termes auxquels on a ajouté un suffixe en *os* (*craignos, ringardos*), ou des mots anglais égarés dans une phrase française. « Tu as vu Charles, dira Marie, il est "blues" (triste), aujourd'hui, ou quoi ? » (*L'Express,* 17. 8. 1984, p. 11, c. 3 - S. Grassin). « Interrogé en qualité de connaisseur, Fred Chichin apporte une définition certainement très juste de cette gueuze alambiquée : "Catherine [Ringer], dans la vie quotidienne, est plutôt dure à supporter. Ce qui fait son charme ? C'est une fille très blues, pleine de spleen." » (*L'Événement du Jeudi,* 31. 12. 1986, p. 77, c. 2 - C. Baldewyns).

* [En parlant d'un lieu, d'un moment du jour] *Mod.* (1983, *infra*), *le plus souvent en composition.* Qui donne le blues, qui est propice au blues. « Tombée du jour et du désespoir. Éviter de se laisser envahir par la déprime de fin de journée, l'hosto blues du soleil couchant, l'heure fatidique où la douleur s'éveille, les larmes vous guettent, la révolte gronde. » (*Le Nouvel Observateur,* 8. 1. 1983, p. 94, c. 2 - M. Righini). « Et puis, le long du fleuve Sénégal, coupée en deux par le grand pont Faidherbe (souvenir de la colonisation), Saint-Louis, ville mythique, "ville-blues", où flottent les ombres de Mermoz ou Guillaumat, l'Aéropostale... » (*L'Événement du Jeudi,* 23. 12. 1986, p. 79, c. 1 - A. Duault). « "Un très grave accident de la route a eu lieu hier soir après 18 heures sur la RN 10. (...) De cet amas de tôles informes, les sapeurs-pompiers devaient dégager les corps de M. Pascal Bonafoux, très grièvement blessé, et celui de son épouse tuée sur le coup." La suite, cela s'appelle l'horreur. Toute la panoplie d'hosto-blues. Silence de la chambre ripolinée. Le manège des blouses blanches. » (*L'Événement du Jeudi,* 22. 1. 1987, p. 74, c. 1 - P. Delbourg).

◊ BLUESER

[De *blues,* + *dés. -er.*]

Verbe intrans. [Chez Hanska] *Au fig., fam.* Avoir le cafard, le spleen. *Synon.* **avoir les bleus, le blues ; broyer du noir**. « – Ta gueule (...) je suis sûre qu'il n'a jamais fait écouter mes coups de fil à une autre. – Je te dis que si, ma vieille. Une fois, je m'en souviens, tu as appelé très tard. Tu bluesais. Tu voulais absolument qu'il vienne. » (E. Hanska, *Fascination,* 1986, p. 75). [Parfois sans *dés.*] « Galères remember. Faut bien que ça blues de temps en temps. En attendant on cinochise. » (E. Hanska, *J'arrête pas de t'aimer,* 1981, p. 161).

◊ BLUESMAN/BLUES-MAN

[De *blues*, + *suff.* d'origine angl. *-man* : « homme ». Sur le modèle de termes angl. composés de *man*. Faux *anglic.* : l'angl. emploie *blues singer*]

Subst. masc., le plus souvent au plur., MUSIQUE, mod. (1961, L. Malson, *Histoire du jazz moderne,* p. 42, in *Höfler, Anglic. 1982*), Chanteur, musicien de blues. « Earl Hooker. Tout ce qu'un vrai bluesman sait obtenir d'une guitare. Les apprentis-Jagger en resteront babas. » (*L'Express,* 16. 2. 1976, p. 12, c. 2 - Ph. Adler). « Autant tel bluesman peut nous toucher rien que par sa manière de chanter n'importe quoi, autant France Gall peut nous distraire rien que par sa façon de ne pas chanter quelque chose. » (*Télérama,* 3. 2. 1982, p. 15, c. 1). « Johnny Copeland un des meilleurs bluesmen de sa génération est allé l'an dernier enregistrer en Afrique noire le premier mélange afro blues : une réussite inattendue. » (*Actuel,* nov. 1987, p. 24, c. 2). « Intitulé *Folkways,* cette compilation où chacun y va de son interprétation, se veut donc un hommage à Woody Guthrie, mais aussi au célèbre label de disques qui publia ses chansons, ainsi que celles du blues-man Leadbelly, lui aussi à l'honneur. » (*Télérama,* 14. 9. 1988, p. 15, c. 1).

◊ BLUESY

[*Anglic.* De *blues*]

Adj., MUSIQUE, mod. (1977, *infra*).

– [En parlant d'un élément musical, d'un type de musique, d'un instrument, d'une voix, etc.] Qui a un caractère, un esprit ou une forme proche du blues. « Son dernier album [à David Essex], *"Gold et Ivory"*, est une impressionnante réussite. Voix écorchée et bluesy, arrangements chatoyants sur des musiques très élaborées mais débordantes de lyrisme (...). » (*L'Express,* 31. 10. 1977, p. 17, c. 1 - Ph. Adler). « Il [Charlie Parker] avait un phrasé très personnel, essentiellement fondé sur l'accentuation et l'esprit "bluesy" ; les autres avaient un jeu plus égal, plus uniforme. » (*L'Express,* 11. 4. 1981, p. 152, c. 3 - D. Gillespie). « Il [Bruce Springsteen] n'est, en fait, que le premier d'une nouvelle race de rock and rollers que l'on me permettra de baptiser les "no-plastic synthétiseurs". "No-plastic", car Springsteen est bien un artiste fait de chair et de larmes et non un produit simplement assemblé en laboratoire. "Synthétiseur", car son show, long de trois heures et plus, jamais ennuyeux, n'est finalement qu'une visite guidée à travers les allées du rock and roll où l'on pourra s'amuser à reconnaître l'harmonica bluesy et la voix brisée de Bob Dylan, le mur sonore des productions Phil Spector, le métal éraillé d'un Rod Steward, les sax "groovy" du Memphis Sound (...). » (*L'Express,* 18. 4. 1981, p. 37, c. 1 - Ph. Adler). [Parfois avec un trait d'union] « Militia [Battlefield] ajoute une présence chaleureuse, un brin sexy, à ses goualantes jazzy-bluesy. » (*Le Nouvel Observateur,* 31. 10. 1986, p. 22, c. 2 - A. Dister).

1. « (...) les trois accords primaires du **blues** sont *do* (1e degré), *fa* (4e degré) et *sol7* (5e degré ou dominante) ; avec l'ajout d'une septième mineure aux accords I et IV nous aurons *do7, fa7* et *sol7.* Ces accords, ainsi que les **blue notes,** typiques du **blues,** peuvent bien sûr s'employer à l'intérieur de n'importe quel standard auquel on veut donner une couleur, un climat **bluesy.** »
(Ph. Carles, A. Clergeat, et J.-L. Comolli, *Dict. du jazz,* 1988, s. v. *blue note,* p. 107, c. 1).

– [En parlant d'un lieu] D'où est originaire le blues ; où est joué, chanté le blues. « Pendant la Swing Era, le blues perd un peu de sa couleur et de sa virulence, si l'on excepte l'orchestre de Count Basie qui arrive de Kansas City, la ville bluesy, et Duke Ellington qui donne à toutes les époques des chefs-d'œuvre dans le cadre de cette structure. » (Ph. Carles, A. Clergeat et J.-L. Comolli, *Dict. du jazz,* 1988, s. v. *blue,* p. 115, c. 1).

◊ BLUESWOMAN

[De *blues,* + *suff.* d'origine angl. *-woman* : « femme ». Sur le modèle de termes angl. composés de *woman.* Faux *anglic.* : l'angl. emploie *blues singer*]

Subst. fém., le plus souvent au plur., MUSIQUE, mod. (Vers 1960 ; 1988, *infra*). Chanteuse de blues.

1. « Chez les femmes, le déclin des chanteuses de **blues** est très net dans les années 30-40 et seules Billie Holiday et Helen Humes chantent le **blues** de temps à autre avec bonheur. Les années 50-60 voient la résurgence d'excellentes ***blueswomen*** comme Dinah Washington, mais la plupart des chanteuses douées pour le **blues** choisissent le **rhyhm and blues** (Ruth Brown, Lavern Baker, Aretha Franklin). »
(Ph. Carles, A. Clergeat et J.-L. Comolli, *Dict. du jazz,* 1988, s. v. *blues,* p. 115, c. 2).

« Je ne puis plus penser à rien d'autre qu'à ce que l'on ressent lorsque l'on voit notre planète depuis l'espace pour la première fois. »
(B. Lichtenberg, astronaute américain, mission Columbia, 6 nov. 1983, in Clairs de Terre *de K. W. Kelley, 1988.)*

1

© CNRS Photothèque/ESA/Météosat, M. Desbois

«La terre est bleue comme une orange
Jamais une erreur les mots ne mentent pas
Ils ne vous donnent plus à chanter
Au tour des baisers de s'entendre (...) ».
(P. Éluard, «La Terre est bleue», L'Amour la poésie, Premièrement, VII, in Capitale de la douleur, *1929.)*

De même, Yves Klein avait déclaré :
« La Terre est bleue »
et avait conçu, dès le début de son itinéraire artistique,
en 1957, « Le globe terrestre bleu ».

©CNRS Photothèque, J.-M. Dreuillaux

«Une braise d'azur dans le bluet réside,
Tombée dans l'encensoir d'un séraphin splendide.»
(Fr. Jammes, Les Géorgiques chrétiennes, *Chants 1 à 4, 1911.)*

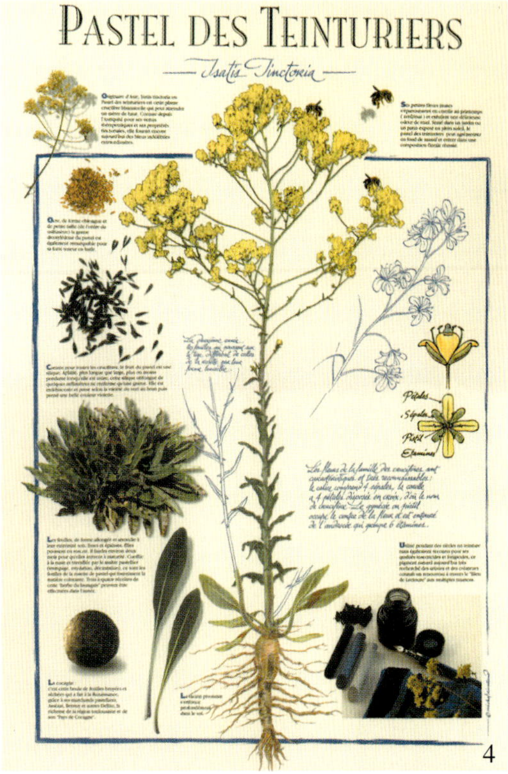

©Bleu de Lectoure

©Annie Mollard-Desfour

Une fois broyées, bouillies, séchées, les feuilles de pastel sont moulées à la main en boules de la taille d'une orange : les cocagnes.

« Le bleu charrette ou bleu charron (...) est la couleur des hommes du bois – charrons et charpentiers – dans la tradition du compagnonnage (...), couleur dont on peignait traditionnellement les charrettes autrefois. »
(J.-Ph. & D. Lenclos, Les Couleurs de la France. Maisons et paysages, *1982.)*

©Bleu de Lectoure

6

©Bleu de Lectoure

À Lectoure, dans les anciens ateliers d'une tannerie du XIIIe siècle, l'étonnante alchimie du pastel... Plongé dans le mélange eau-pigment, le tissu qui ressort verdâtre devient bleu au contact de l'air.
Le pastel fit la gloire de tout le Sud-Ouest, dessinant ce que l'on a appelé le « triangle bleu », ou le « pays de Cocagne ».

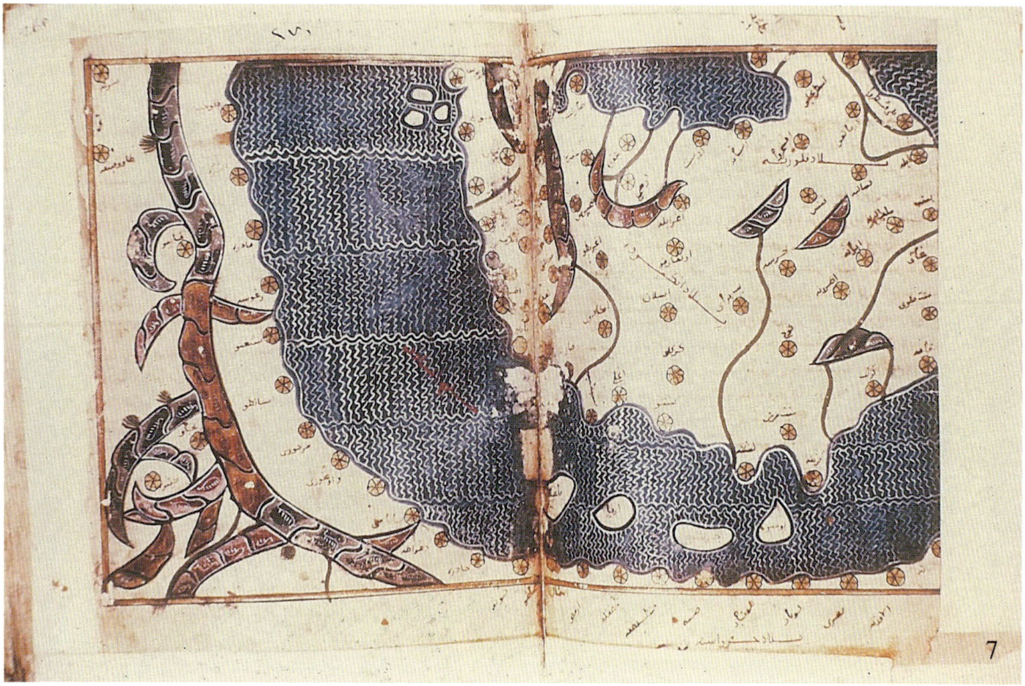

Copie du XIII*e siècle du livre de Roger Al-Idrisi, manuscrit arabe de géographie du* XII*e siècle.*

Bleu roi ou *bleu royal*

Recueil de textes moraux, XIV*e siècle.*

Bleu vierge

Dans un des hauts lieux religieux de la Réunion voué à la Vierge.

Joutes sétoises : barque bleue contre barque rouge...

10

11

« Il faut saluer tout ce rituel sentimental et familial (...). Barque bleue, barque rouge rivalisent avec bonheur, avec tout le flamboiement des pavillons en liesse. Le vainqueur est roi (...). »

(J. Rouré, Sète. Port en ville, *1999.)*

12

« Le bleu naquit un jour d'une mer et d'un ciel étonnés de soleil... Il fit jour et bonheur... »

(J.-P. Hanniet, Paroles bleues, *2001.)*

© Annie Mollard-Desfour

13

Art brut : bleu sur touret.

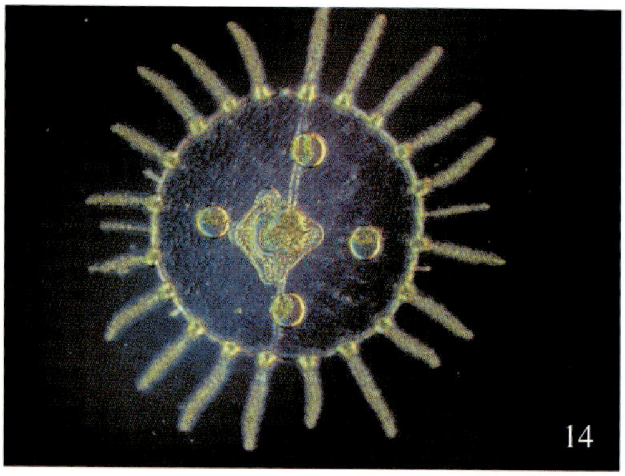

© CNRS Photothèque

14

Leptoméduse, Campanulerides *genre* obelia*,*
vue de dessous.

© Claude Guillon

15

Aquarelle de Claude Larosa.

« Que se passe-t-il quand on met en scène le scénario de l'homogénéité, de la pensée unique, du territoire purifié, intègre, radical ? (...)
Un monde classé, répertorié, catalogué et formel selon la logique d'un point de vue unique et déterminé, soit une couleur (...), l'idée de zone et de ghetto (...), métaphores évidentes propres aux idéologies nationalistes, intégristes et totalitaires. (...)
Sous cette beauté apparente se trame le pire... »
(Joel Hubaut, plasticien-performeur.)

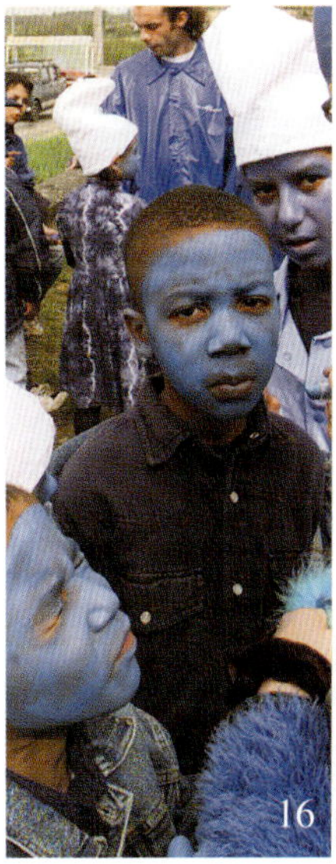
16

CLOM-BLEU

17

Yves Millecamps : ***SG 9706***

« Une poétique de la rigueur (...), un certain lyrisme, contre toute attente, naît ici de ce qui aurait pu être une froide et banale construction ; mais sur la masse sombre des fonds, les bleus tracent de sonores parcours et des cadmiums simulent des traînées incandescentes. Oui, une nouvelle forme de beauté peut ainsi naître de l'interprétation de la technologie moderne (...).»

(P. Duchein, octobre 1989, à propos de l'œuvre de Yves Millecamps.)

DE *ACIER*
À *VOLUBILIS*

VARIATIONS SUR LE BLEU

ACIER

[P. réf. à la couleur gris bleu du métal de ce nom, d'une extrême dureté, alliage de fer et de carbone]

* « L'acier est le métal de référence du bleu, tout comme l'argent est celui du blanc et le cuivre celui du rouge. Les problèmes d'identification sont cependant plus aigus pour l'acier que pour les deux autres métaux : sa couleur est à cheval entre le bleu et le gris. » (*Kristol-Color 1978,* p. 267). *Acier* connote aussi l'idée d' « éclat », propre à toute couleur métallique (v. notamment → **argent, métallique, métallisé**).

A. – [Pour nuancer *bleu* ou *gris*]

1. Bleu d'acier, **bleu(-)acier**, *loc. adj.* ou *loc. nom. inv.* Bleu gris brillant.

– [En parlant d'un élément concret naturel, en particulier de l'eau, du ciel] « Il y a trois ans, je me tenais debout près d'une fenêtre, à Baltimore, et je regardais les arbres nus, noirs contre un ciel d'un bleu d'acier. » (J. Green, *Journal,* t. 4, 1946, p. 225). « À la sortie d'Orense nous franchissons le Mino que nous longeons jusqu'à Rivadavia, avec d'impressionnantes découvertes sur le fleuve d'un bleu d'acier et la sierra de Gestoso. » (A. T'Serstevens, *L'Itinéraire espagnol,* 1933, p. 267). « (...) des deux côtés de la route mouillée d'un bleu d'acier, vide, nette et déblayée, défilaient les sapins et la neige (...). » (J. Gracq, *Lettrines 2,* 1974, p. 233).

– [En parlant d'un vêtement, d'une étoffe] « Le pantalon était d'épaisse flanelle grise, la veste de tweed bleu acier enchevêtré de mailles d'un brun chaud. » (R. Vercors, *Le Silence de la mer,* 1942, p. 34). « Sa longue robe de chambre bleu acier à ramages argentés jetait des reflets et sa chevelure noire, déployée, semblait très lourde sur sa tête. » (R. Sabatier, *Trois sucettes à la menthe,* 1972, p. 27).

– *En partic.* [En parlant des yeux ; *p. méton.*, en parlant du regard ; le plus souvent avec une connotation de froideur, de fermeté, de dureté de l'expression (→ **métallique, métallisé, polaire**)] « La mémé posa son ouvrage dans le creux de son tablier entre ses genoux. Le bleu acier de ses yeux flamboya dans le noir. Les poings tendus en avant, elle jeta : – Tisa-vous, Maria, sès pas tant marirouse qu'ieoü ! "Taisez-vous, Maria, vous n'êtes pas aussi malheureuse que moi !" » (R. Sabatier, *Les Noisettes sauvages,* 1974, p. 136). « En noir, le fichu noué par une épingle à nourrice, elle transpirait la pauvreté des vieux quartiers, le courage aussi qui s'affirmait dans des yeux aux reflets bleu acier. » (R. Sabatier, *David et Olivier,* 1985, p. 104).

1. « (...) elle avait les yeux aussi **bleu acier** que ceux de Mona étaient **noisette.** Et pas de **rouge** à la bouche, pas de maquillage dégradé luisant autour des yeux. »
(R. Forlani, *Gouttière,* 1989, p. 287).

2. Gris d'acier, gris(-)acier, *loc. adj.* ou *loc. nom. inv.* Gris bleu brillant (→ **argent, fer**).

– [En parlant d'un élément concret naturel, en particulier de l'eau, du ciel] « La marée était basse et, devant nous, il n'y avait qu'un golfe gris acier de boue et de coquilles d'huîtres. » (J.-B. Pouy, *La Clef des mensonges,* 1988, pp. 49-50).

– [En parlant d'un vêtement, d'une étoffe]

2. « Dans son air ébloui d'**or pâle**, le rayonnement discret d'une jupe **d'argent,** d'un corsage **cerise,** d'une culotte **gris d'acier**, d'une botte de cuir **fauve**, d'une perle pendue à un ruban **bleu** qui brille sur une joue **blonde**, se mêle à la sonorité même des boîtes d'harmonie pour environner d'une ombre complice la paix ouatée des vies qui se déroulent dans la sécurité et le confort. »
(E. Faure, *Histoire de l'art. L'Art moderne,* 1921, p. 56).

– [En parlant du système pileux, des cheveux, du poil d'un animal] « Il la contemplait, en lui parlant, avec un orgueil tendre qui mettait une douceur dans ses yeux sombres restés si vifs, sous des sourcils broussailleux, noirs comme sa moustache, tandis que ses cheveux, coupés ras, étaient gris d'acier. » (P. Bourget, *Lazarine*, 1917, p. 109). « Je (...) revois (...) son teint clair et rose [de l'évêque], frappé de biais par le soleil, ses cheveux longs et bouclés, d'un gris d'acier mêlé de roux, ses yeux bleus d'homme de l'ouest (...). » (A. Billy, *Introïbo*, 1939, p. 63). « Les loups sont dans une sorte de chenil à ciel ouvert, jumelé avec un autre dans lequel une hyène tourne en cercles. Cet animal est ignoble. Le poil rêche et gris acier, vaguement zébré, le museau noir court et froncé (...). » (M. Bataille, *L'Arbre de Noël*, 1967, p. 127).

B. – *P. ell.*

1. (Couleur) D'acier, *loc. adj. inv.*

– [En parlant des yeux ; le plus souvent avec une connotation de froideur, de fermeté, de dureté de l'expression (→ **métallique, métallisé, polaire**)] Bleu gris ou gris bleu brillant. « Des yeux en eau couleur d'acier que barraient de grandes lunettes (...). » (J.-K. Huysmans, *L'Oblat*, 1903, p. 263). « Il a des yeux d'une acuité, d'une portée incomparable. De longs yeux gris-bleu, couleur d'acier neuf (...). » (J. de Pesquidoux, *Chez nous*, 1923, p. 177).

– [En parlant du système pileux, des cheveux] Gris brillant à reflets bleutés. « Tout cela pour te dire, ma Chérie, que ton père a gardé à cinquante-deux ans de magnifiques cheveux couleur d'acier. Mais cette solidité minérale n'est qu'illusion. » (C. Paysan, *Les Feux de la chandeleur*, 1966, p. 51).

2. Acier.

a) *Adj. inv.* Bleu gris ou gris bleu brillant.

– *Littér.* « (...) au centre, c'est tout le mélange lumineux et mystérieux de la rivière, des arbres, et de ce ciel d'un bleu cru, acier, breton – et pourtant suave, suave, qui se reflète dans la rivière par taches que séparent les arbres. » (Alain-Fournier, *Correspondance avec J. Rivière*, 1914, p. 26).

– Le plus souvent *MODE*. « Lainage acier » (*Le Jardin des modes*, 1955, p. 132, in *DDL 16*). « Jean-Louis Scherrer. Tunique en guipure acier sur pantalon en organza lamé. » (*Marie-Claire*, mars 1995, p. 208, c. 4).

b) *Emploi subst. masc., rare.* Cette couleur ; bleu gris ou gris bleu brillant. [En parlant des yeux ; le plus souvent avec une connotation de froideur, de fermeté, de dureté de l'expression] V. → ***bleu*** ex. 37.

* *Bleu acier, gris acier* ou *p. ell. acier* font partie du lexique des couleurs des catalogues-VPC 1985-2003.
** *Acier bleu* est attesté dans *The Pantone® Book of Color* pour désigner un bleu moyen.
*** Lorsque *acier* qualifie les yeux, le regard, l'accent est mis, le plus souvent, sur l'éclat plutôt que sur la couleur et la frontière entre sens *concret* et sens *fig.* n'est pas toujours bien délimitée : « "Et alors, c'est défendu de se reposer chez toi, maintenant ?" J'empogne la fourche : "Je vais te montrer, tu vas voir..." puis il rit, doucement, puis son petit œil d'acier se tourne vers les marmites : "– Gritte, ma soupe de fève, c'est pour demain ou pour aujourd'hui ?" » (J. Giono, *Colline*, 1929, p. 28). « "Quelle est cette ombre qui soudain voile ton bleu regard d'acier ?" demanderait Jeussépaki, ma vahiné. » (J.-L. Benoziglio, *Cabinet Portrait*, 1980, p. 72). « (..) à ce moment-là j'aurais encore préféré mourir de trouille dans un ascenseur plutôt que de me sentir percée à jour par ce regard d'acier. » (E. Hanska, *Les Amants foudroyés*, 1984, p. 180).

AIGUE-MARINE

[P. réf. à la couleur bleuâtre, variant du bleu au vert pâle, semblable à l'eau de mer, de l'aigue-marine, pierre fine, variété de béryl. Du provençal *aiga :* « eau (de mer) »]

Bleu très pâle, brillant, transparent, tirant légèrement sur le vert, semblable à l'eau de mer et rappelant la pierre fine de ce nom.

A. – Couleur d'aigue-marine, *loc. adj. inv.* [En parlant, le plus souvent, de l'eau, du ciel] « Le crâne de Gide se détache sur une reproduction du *Pablo Sarasate* de Whistler ; dans la glace qui recouvre cette photographie, se reflètent des lumières couleur d'aigue-marine. » (J.-E. Blanche, *Mes Modèles,* 1928, p. 189). « Il se dit juif errant et dans le fond, ça me suffit. Werther barbote dans la mousse tiède qui fait des trous couleur d'aigue-marine. Au troisième scotch, il sera exactement vingt-deux heures et le moral de l'homme fait un peu d'alpinisme. » (E. Hanska, *Les Amants foudroyés,* 1984, p. 100).

B. – Aigue-marine.

1. *Adj. inv. le plus souvent COSMÉTIQUES / MODE.* «Elle a les yeux aigue-marine et les cheveux diamant. Dominique Biard (...) redonne vie aux météorites, aux coquillages fossilisés ou encore aux hiéroglyphes, et en fait des bijoux.» (*Madame Figaro*, 11. 3. 2000, p. 20).V. → ***Égée*** ex. 1.

1. « Robe en satin **bleu paon** avec écharpe **aigue-marine** et **vert bronze**. »
(*Le Monde,* 16. 10. 1951, p. 9, c. 3).

2. *Subst. masc.* Cette couleur.

– *Le plus souvent COSMÉTIQUES / MODE.* V. → ***océan*** ex. 1.

2. « Le talent de Mad Carpentier [la couturière] a créé une collection très personnelle. Un **bleu pervenche** adoucit un **bleu ardent**. Ailleurs, un **violet** et un **bleu bleuet** se marient, tandis que l'**aigue-marine** et le **coquelicot** s'opposeront. »
(*L'Œuvre,* 10. 3. 1941).

– [En parlant des yeux] « La verdure les attendrit [Charlie et Marcel], anime leurs joues, teinte en aigue-marine les yeux bleus de Marcel (...). » (Colette, *Claudine à Paris,* 1901, pp. 200-201).

* « En Inde, l'aigue-marine fut considérée comme une amulette et, dans l'ancienne Égypte, elle fut sculptée en talisman. Ses propriétés occultes ont été plus particulièrement décrites au Moyen Âge. Elle assure un mariage heureux et inspire fidélité mutuelle aux jeunes époux. Elle protège les marins et ceux qui prennent la mer. Elle fortifie son propriétaire, préserve et guérit les yeux. Toutes ces propriétés dérivent de sa couleur et de son usage comme lentille grossissante. » (P. Bariand et J.-P. Poirot, *Larousse des pierres précieuses,* 1985, p. 64).

AZUR

[Du judéo-fr. *lazur :* « couleur bleu clair », empr. au lat. médiév. *azurium. lazur* venant lui-même de l'arabe *lázaward*, du persan *lázward :* « lapis-lazuli »]

Adj. et *subst. masc.*

I. – [P. réf. à la couleur bleu intense du lapis (-lazuli) (→ **lapis (-lazuli)**), qui fut aussi appelé *pierre d'azur (Ac. 1932-1935) et p. ell. azur. Synon.* → **azurite** (*vx*), **outremer/outre-mer**. De nos jours le réf. de *azur* est le plus souvent le bleu du ciel diurne, sans nuages] Bleu clair, intense et lumineux (→ **azuré, azuréen, azurin, céleste, cérulé, céruléen, ciel, horizon, infini**).

A. – Bleu d'azur, bleu(-)azur, ou *p. ell.* **D'azur**, *loc. adj. inv.*, **azur**, *adj. inv., plus rare.*

1. *Littér.*

– [En parlant d'un élément de la nature, le plus souvent en parlant du ciel, de la mer] « La mer étincelait ainsi qu'une gitane Sous ses volants d'azur où scintille le fer. » (P.-J. Toulet, *La mer étincelait,* in *Les Contrerimes,* 1920, p. 135). « Le ciel bleu-azur, est vide et propre, le grand silence est parcouru de frissons que lui donnent les coups de feu, les rafales de mitraillettes, venant maintenant d'en bas. » (E. Triolet, *Le premier accroc coûte deux cents francs,* 1945, p. 407). « Le ciel était d'azur, la bière frappée, et toutes les filles nous regardaient passer avec du péché plein les yeux. » (Ph. Manoeuvre, *L'Enfant du rock,* 1985, p. 129). V. *infra,* ex. 6 ; → ***bleu*** ex. 79.

1. « (...) et si là-haut la lumière **azur** et **or** du 6 octobre continuait à chanter (...). »
(J. Romains, *Les Hommes de bonne volonté,* 1932, p. 185).

– [En parlant d'un vêtement, d'une étoffe] « Sa toilette faite, il enfile un pyjama de coton azur à liseré bleu roi. » (R. Sabatier, *Le Chinois d'Afrique,* 1966, p. 17). V. → ***Hyacinthe¹*** ex. 1.

2. « Ses petits seins et tout son corps se dessinaient sous une tunique **d'azur** et **de cramoisi,** dans un gilet **d'or**, boutonné par de grosses perles, au-dessus d'une ceinture de gaze, et de larges pantalons de soie **orange** serraient sa cheville où jouait un anneau d'or. »
(M. Barrès, *Un Jardin sur l'Oronte,* 1922, p. 35).

* *En partic.* [En parlant du manteau de la Vierge Marie] « Pauvre enfant à mes pieds sur ce lit de torture Je veux t'envelopper dans mon manteau d'azur ! » (P. Claudel, *L'invitation à dormir,* in *Visages radieux,* 1947, p. 816). V. → ***bleu*** ex. 62.

3. « (...) Cela sous l'auréole, dans la dérision sublime du **manteau d'azur** que l'iconographie chrétienne a toujours prêté à Marie, oubliant qu'elle est surtout la fontaine douloureuse où prennent leur source tous les fleuves du désir inexaucé de l'amour éperdu, des larmes de sang, de la pitié qui donne la mort, de l'expiation qu'on ne peut pas fuir, de l'horreur et de la terreur qui coulent à travers le genre humain comme des Danubes. »
(L. Bloy, *Journal,* t. 2, 1904, p. 178).

– [En parlant des yeux ; *p. méton.*, en parlant du regard] *Yeux azur.* « Comment supporter le regard de ces yeux d'un bleu azur, si clairs sous l'embroussaillement des sourcils épais et grisonnants, et l'accent irrité de cette voix profonde, lui reprochant cette faute si grave ? » (P. Bourget, *La Geôle,* 1923, p. 28). « Sa blondeur, sa démarche efféminée, la sûreté de soi qu'il manifeste, la coupe et le style de son complet gris-bleu (...) ses jolies dents, son regard azur lui donnent un air de séduction très rare. » (R. Sabatier, *Le Chinois d'Afrique,* 1966, p. 73).

– VAR. **Azur** + *subst.* (désignant un nom de lieu), *rare.* « Rohner a des yeux d'un bleu pâle, des yeux azur Île-de-France qui me rappellent parfois le regard de mon père. » (G. Duhamel, *Les Maîtres,* in *Chronique des Pasquier,* t. 6, 1937, p. 93).

2. *Cour.*

• **La Côte d'Azur**, *loc. nom. fém.* La Côte de la Méditerranée, entre Toulon et Menton. *Avec une maj.* « En apparence, la vie qui animait cet hôtel n'était nullement différente de celle que menaient, dans le même temps, les touristes cosmopolites de la Côte d'Azur, des Baléares, du Caire (...) mêmes bals, mêmes concerts (...). » (J. et J. Tharaud, *Dingley, l'illustre écrivain,* 1906, p. 131). « (...) c'était avec un enthousiasme toujours nouveau que je revoyais ce pays merveilleux, cette Côte d'Azur aperçue au réveil comme un coin de paradis après l'horrible départ de Paris, dans la neige, dans la pluie ou dans la boue, dans l'humidité, dans le noir, dans le sale ! » (G. Leroux, *Le Parfum de la dame en noir,* 1908, p. 28). « On évitera (...) la Costa Brava et ses stations balnéaires, prolongement d'une Côte d'Azur pour petites bourses. » (A. T'Serstevens, *L'Itinéraire espagnol,* 1933, p. 29).

3. *Arg.*

• **Dos d'azur**, *loc. nom. masc.* [P. réf. aux couleurs bleuâtres et verdâtres notamment du barbeau et du maquereau, poissons désignant au *fig.*, en *arg.* un proxénète ou souteneur] Proxénète, souteneur.

Synon. mac, maquereau, taulier, → **barbeau, dos vert** (*p. ell. dos*). (*Cellard-Rey 1980,* s. v. *dos, Colin-Mével 1990,* s. v. *dos*).

4. *P. anal., littér., rare.* **D'azur**, *loc. adj. inv.* [En parlant d'un son ; v. aussi → **bleu** 1re SECTION. *ADJECTIF.* I. A. 5.] Cristallin, pur. « Même les martins-pêcheurs, ici, sont noirs et blancs et ne rappellent que par la forme les martins-pêcheurs de Normandie, ces cris d'azur que jetait parfois le petit ruisseau de la Roque, jadis, à quoi répondait un cri d'émerveillement dans mon cœur. » (A. Gide, *Le Retour du Tchad,* 1928, p. 870).

5. *Au fig. POSTES / TÉLÉCOMMUNICATIONS.*

• **Numéro azur**, *loc. nom. masc., mod.* (Vers 1992). [Sur le modèle de → **numéro vert**] Numéro d'appel téléphonique, mis en place par certains services publics ou privés, taxé au prix d'une communication locale quel que soit le département d'origine de l'appel. « (...) plusieurs entreprises, à l'instar de *Lever,* en viennent à envisager de remplacer le numéro vert par le numéro azur, moins incitatif puisqu'il coûte au client, quel que soit le lieu d'appel, le prix d'une communication locale. Reste à savoir ce qu'en penserait le consommateur : "Le problème, c'est que France Télécom, n'a jamais fait de publicité sur le numéro azur", regrette Nathalie Doat. Un reproche que formule aussi Yves Ferrarini, directeur adjoint de Sida Info Service, où "une étude est en cours pour savoir s'il faut revenir sur le principe du numéro vert". » (*Le Monde,* 31. 8. 1993, p. 8, c. 3 - Ph. Baverel).

4. « TARIFICATIONS PARTICULIÈRES. **N° Azur** 36 63.. .. l'appel coûte pour l'appelant le prix d'une communication locale. – Vers un téléphone mobile GSM (Global System for Mobile communications, norme européenne qui utilise la technologie numérique) : une communication effectuée depuis le réseau téléphonique vers un numéro commençant par 07 (Itineris, Service de France Télécom Mobiles) ou 09 (Ligne Numérique SFR : Service de la Société Française de Radiotéléphone) est facturée : 1 Unité Télécom toutes les 12 secondes en heures pleines (du lundi au vendredi de 8 h à 21 h 30 ; le samedi de 8 h à 13 h 30) et 1 Unité Télécom toutes les 24 secondes en heures creuses. »
(*Les Pages Jaunes, Vienne,* France Télécom, nov. 1995, p. 9).

B. – Azur, *subst. masc.*

1. *Littér.* Cette couleur ; bleu clair intense et lumineux.

– [En parlant d'un élément de la nature, le plus souvent en parlant du ciel, de la mer par beau temps] « Après plusieurs pénibles jours, que nous avions vécus sous l'averse, un matin, brusquement, je me réveillai dans l'azur. » (A. Gide, *L'Immoraliste,* 1902, p. 395). V. → ***céleste*** ex. 1, ***outremer/outre-mer*** ex. 2.

5. « Et cette ombre d'amour si radieuse à voir,
Elle a tes yeux, tes yeux **d'émeraude**, ô ma vie,
Dont la douceur étrange aux longs rêves convie,
Comme l'**azur** profond de la mer ou des cieux (...) »
(A. Samain, *Élégies,* in *Le Chariot d'or,* 1900, p. 95).

6. « Alors, soudain, pareille à une immensité **d'azur,** sans une voile, sans une fumée, la mer **de faïence bleu-tendre** s'étendait à l'infini. Était-il possible de dire ce qu'était ce **bleu** indéfinissable ? Car ce n'était pas le franc **azur**. Et ce n'était pas le **cobalt.** C'était beaucoup plus nuancé, beaucoup plus frais, beaucoup plus délicat que le **cobalt.** Le **lapis**, alors ? Non certes et pas davantage le **turquin.** Cela n'avait pas l'innocence de la bourrache, ni l'ingénuité du myosotis, ni la candeur virginale de la véronique. On était quelque peu tenté de songer à la pervenche ; mais, soudain, l'esprit comprenait que ce **bleu,** cette mer de **bleu** pâlissant, c'était tout simplement le **bleu-Pasquier,** c'était l'œil même de feu Raymond Pasquier, c'était le regard presque décoloré de la famille Pasquier aux minutes de colère, de lassitude ou de rêverie. »
(G. Duhamel, *La Passion de Joseph Pasquier,* in *Chronique des Pasquier,* t. 10, 1945, p. 28).

– [En parlant des yeux, du regard ; parfois avec une connotation de candeur, de timidité, de bienveillance envers autrui] V. → ***bleu*** ex. 37.

– [En parlant d'un vêtement] V. → ***lavande*** ex. 2.

* *En partic.* [Comme couleur caractéristique ou symbolique]

♦ [de la layette des nouveaux-nés de sexe masculin] « Folcoche et Micou, vinaigre et sirop, vipère et colombe, ma mère et ma... Ma rien-du-tout, pour bien dire. Ô précieux rien-du-tout ! Lèvres sans dent d'or ! Azur de layette ! Pourquoi faut-il que mon souffleur ricane : "Alors, Brasse-Bouillon, ce sont les litanies de la Vierge que tu récites ?" » (H. Bazin, *La Mort du petit cheval,* 1950, p. 65).

♦ [d'un corps d'armée française] « J'avais vingt ans et je servais, de rouge et bleu vêtu, de l'azur sur du sang, aux 9e chasseurs. » (J. de Pesquidoux, *Chez nous,* t. 1, 1921, p. 211).

– *Au plur.* Nuances de bleu clair, intense et lumineux.

7. « (...) Ses **azurs**, ses **bleus sombres**, ses **jaunes de safran** et **d'or,** ses **orangés**, ses **rouges vineux** ou **pourpres**, ses **verts foncés** [des vitraux] traînaient au travers de la nef le sang du Christ et le **saphir** céleste, la **rousseur** des vignes en automne, l'**émeraude** des mers lointaines et des prés d'alentour. »
(E. Faure, *Histoire de l'art. L'Art médiéval,* 1912, pp. 280-281).

2. *HÉRALDIQUE.* Couleur bleue, l'un des émaux des armoiries, figuré, en gravure, par des hachures horizontales. « Champ d'azur. Il porte d'azur à la bande d'argent. » *(Ac. 1986).*

* « Dans la symbolique héraldique, l'azur signifie justice, loyauté, beauté et bonne réputation. » (*Nouv. Lar. ill.*).

8. « À l'autre bout, au-dessus de la tête de Sygne, un lambeau d'une fraîche tapisserie de soie, où l'on voit, dans un rinceau, au milieu d'une pastorale déchirée, l'écu de Coûfontaine divisé : en chef **d'or** avec une foi **de gueules** (deux mains unies), en pointe **d'azur** avec une épée **d'argent** en pal entre le soleil et la lune, et pour cri et devise : *Coûfontaine Adsum !* »
(P. Claudel, *L'Otage,* 1911, p. 217).

3. *Au fig.*

a) *Poét., vieilli.* [P. réf. à la couleur bleu clair, intense et lumineuse, du ciel diurne, sans nuages]

α) [*Azur* connote l'imaginaire, le rêve, l'idéal, l'infini, l'absolu] « Si tu veux être heureux, ajoute de l'azur à l'azur du ciel, de la grandeur à l'âme de ton maître et de la douceur à ton amie. » (M. Barrès, *Mes Cahiers,* t. 13, 1922, p. 141).

9. « Dans ces soirs de splendeur pacifique où l'on souffre
À sentir sa bassesse et sa pauvreté d'homme,
Où l'esprit aveuglé de lumière tâtonne,
Où le cœur énivré d'**azur** et d'air étouffe,
On a des mots d'enfant qui pleurent et supplient
Vers ce vaste univers qu'on voudrait croire Dieu. »
(Ch. Guérin, *Recueil 3, Fenêtres, à M. Magre,* in *Le Cœur solitaire,* 1904, p. 55).

10. « On sonde le profond secret de l'être en vain,
Et le poète, ivre d'**azur,** d'or et de gloire,
Qui va, les bras levés, pour cueillir les étoiles,
Heurte son front au cintre bas du rêve humain. »
(Ch. Guérin, *Recueil 8, Inquiétude, à P. Fort,* in *Le Cœur solitaire,* 1904, p. 158).

β) [*Azur* connote le bonheur, la sérénité.] « Deux nuits un peu meilleures et l'azur intérieur reparaît. » (A. Gide, *Journal 1889-1939,* 1931, p. 1042). « Augustin tremblait d'anxiété dans ses interprétations d'Anne, et la manière dont devrait s'y conformer sa servitude adorante, – premiers pressentiments d'orage dans le prodigieux azur de cette joie. » (J. Malègue, *Augustin ou le maître est là,* t. 2, 1933, p. 70).

II. - *Subst. masc., p méton., poét., vieilli* [P. réf. à la couleur du ciel et de la mer par beau temps] Le ciel, l'air ; *plus rare,* la mer, les flots. *Contempler l'azur.* « Elle prend son envol à reculons, revient deux ou trois fois sur la tablette d'abordage, et quand elle a marqué dans son esprit l'aspect et la situation exacte de son royaume qu'elle n'a jamais vu du dehors, elle part comme un trait au zénith de l'azur. » (M. Maeterlinck, *La Vie des abeilles,* 1901, p. 217). « (...) des vols d'oiseaux zébraient l'azur (...). » (L. Pergaud, *De Goupil à Margot,* 1910, p. 158).

◊ AZURITE

[De *azur,* + *suff. -ite*]

Subst. fém. MINÉRALOGIE. Synon. vx de → **outremer** ou **lapis (-lazuli)** (appelé encore autrefois *lazurite* (*GDEL, 1982*) ou *pierre d'azur* (→ **azur**).

1. « UN PIGMENT RÉSERVÉ AU MANTEAU DE LA VIERGE. Pour donner de la cohésion à ces pigments [naturels], les artistes les mélangeaient à un liant incolore tel que l'huile, la résine ou même l'œuf. Hélas, la couleur de certains de ces pigments s'altère en vieillissant, à cause de la lumière, des variations de température et d'humidité. Les verts de cuivre **brunissent**, les laques rouges deviennent évanescentes, et l'**azurite,** un minéral dont on tire un pigment **bleu**, fait carrément tourner au charbon le liant auquel elle est mêlée. Dans ce dernier cas, c'est d'autant plus fâcheux que l'**azurite** a été longtemps réservée au manteau de la Vierge : sa rareté en faisait un matériau cher et précieux, seul digne d'enluminer les jupes de Marie. (...) autant qu'une couleur, le pigment était souvent un symbole. »
(*Science & Vie Junior,* dossier hors série : *La couleur,* 23, janv. 1996, *Les petites mains du Louvre,* pp. 109-111, c. 3 - A. Taverne).

AZURÉ, ÉE

[De *azur,* + *suff. -é*]

Part. passé et *adj.*

I. – *Part. passé* de → **azurer**.

II. – *Adj.*

A. – *Littér.* Qui est d'un bleu couleur de l'azur, intense et lumineux (→ **azur, azuréen, azurin, céleste, cérulé, céruléen, ciel, horizon, infini**).

– [Le plus souvent en parlant du ciel, de la mer] *Mer azurée ; flots azurés.* « Et tandis que le firmament azuré se couvrait devant moi de ténèbres, mon ciel intérieur au moment même s'étiolait. » (A. Gide, *Thésée,* 1946, p. 1451). « En un instant, sans doute balayés par le vent, les nuages ont disparu du ciel, qui a retrouvé sa pureté sans égale et sa profondeur azurée, bleu lavande comme les jours précédents. » (M. Bataille, *L'Arbre de Noël,* 1967, p. 30).

1. « Adieu, pesant verger de l'arrière-saison,
Charmille... effacez-vous, ô chères visions,
Car mes yeux sont un port de fumée où l'on voit
À travers la forêt vacillante des mâts
Les grands vaisseaux appareiller pour les climats
Qui bercent la douleur sous des cieux **azurés**. »
(Ch. Guérin, *Automne, à M. Lafargue,* in *Le Cœur solitaire,* 1904, p. 148).

* *Poét.*

• **La plaine azurée**, *loc. nom. fém.* La mer. *(Ac. 1932-1935, Ac. 1986).*

• **La voûte azurée**, *loc. nom. fém.* Le ciel. (*Ac. 1932-1935, Ac. 1986*).

– [En parlant d'une chose quelconque, en particulier d'un vêtement, d'une étoffe] *Plus rare.* « N'as-tu pas pitié, du moins, des fleurettes roses, des rosettes trémières sur la veste azurée du prince Labounoff ? » (O. Milosz, *L'Amoureuse Initiation,* 1910, p. 211). « Dans cette salle de bains azurée, Olivier imaginait la mer. » (R. Sabatier, *Trois Sucettes à la menthe,* 1972, p. 18).

– [En parlant des yeux ; *p. méton.,* en parlant du regard] *Yeux azurés.* « (...) c'était bien à ce jeune homme-là que s'adressait le bref amour de son regard azuré, au jeune homme de ce miroir glauque et fendu comme un mur de ruines... oui, mon image lui plut ainsi. » (P. Adam, *L'Enfant d'Austerlitz,* 1902, p. 322).

* *En appos.* à *bleu* [pour en indiquer une nuance intense, lumineuse] « (...) une petite fille de deux ans dont les yeux brillants, d'un bleu azuré, ne présentaient rien de remarquable au premier aperçu. » (M. Barrès, *Mes Cahiers,* t. 6, 1908, p. 135).

B. – *P. ext., vieilli, littér.* [En parlant des cheveux] Noir à reflets d'azur, bleutés. « Le vent lointain qui vient d'horizons ignorés Soulève vers le soir ses cheveux azurés. » (A. Samain, *Symphonie héroïque,* in *Le Chariot d'or,* 1900, p. 229).

2. « Brune, le teint **olivâtre,** sous le grand mouchoir **blanc** noué négligemment autour de sa tête et d'où s'échappaient les boucles **azurées** de sa chevelure, ses yeux de feu **charbonnaient** leurs orbites. »
(A. France, *Les Dieux ont soif,* 1912, p. 30).

C. – *TECHNOLOGIE* [*BLANCHISSAGE,* etc.] [En parlant de certaines substances, en particulier du linge] Qui a subi l'azurage (→ **azurage**). « Éviter tout excès de nuance : le linge trop bleuté est moins joli que le linge non azuré dont la très légère teinte crème n'est nullement désagréable. » (*Lar. mén. 1926,* p. 194). V. → ***azurage*** ex. 2, ***bleuter*** ex. 1.

* *Azuré* est attesté dans *The Pantone® Book of Color.*

AZURÉEN, ÉENNE

[De *azur,* + *suff. -éen* (*-ien*)]

Adj., et subst.

I. – *Adj., littér., mod.* [En parlant du ciel, de l'eau ou des yeux] Bleu d'azur, de ciel (→ **azur, azuré, azurin, céleste, cérulé, céruléen, ciel, horizon, infini**).

A. – [Pour qualifier *bleu* (et en indiquer une nuance claire, intense)] *Mod.* (1977, *infra*) « Je m'arrête, stupéfait : tout est bleu. Pas d'un bleu léger, azuréen, d'un vrai bleu, d'un gros bleu, d'un bleu épais. » (J. Joffo, *Baby-Foot,* 1977, p. 188).

B. – *P. ell., mod.* (1979, *infra*) « Mais, dit Samson, ouvrant tout grand ses yeux azuréens et les fixant sur moi avec un air de douce bonne foi qui me gonfla le cœur, je ne sais pas feindre, tu le sais. » (R. Merle, *En nos vertes années,* 1979, p. 26). « Un jour en mer : j'ai bien dormi. Je jette un œil par le hublot. Il fait grand soleil ! Une mer azuréenne ! Une bonne journée de détente et de repos s'annonce. Pas d'escale aujourd'hui ! Seulement la mer ! » (*Rustica,* n° 610, 2-8 sept. 1981, p. 2). « Le ruisseau révélait (...) ce moment sans fond qui coule, suinte, se renouvelle, passage des saisons (...), piège transparent, azuréen, du ciel qui condense, amasse la part obscure, la part la plus simple de notre désir. » (J.-P. Amette, *Province,* 1995, p. 110).

II. – *Adj.* ou *subst., lang. journ.* (1941, *infra ;* d'après *Côte d'Azur* (v. → **azur**)). (personne, groupe de personnes) originaire(s) de la Côte d'Azur ou qui y habite(nt). « Vainqueur dans les deux manches du Prix Henri-Bréau, l'azuréen [le champion cycliste Minardi] a donc tranché à son avantage le différent qui l'opposait à Terreau. » (*La France au travail,* 17. 2. 1941). « L'équipe azuréenne. » (*Rob. suppl. 1970*). « Dans le vocabulaire des journalistes sportifs (...) les Azuréens sont les joueurs de football de Nice ou de Cannes et le DERBY AZURÉEN la rencontre de championnat entre celles de Nice et de Monaco. » (*Doillon*, vol. 1, t. 1, fasc. 5, 1976, p. 166).

AZURER

[De *azur,* + *dés. -er*]

Verbe trans.

A. – *Emploi transitif.*

1. *ART/ TECHNOLOGIE*

a) *ART* [*PEINTURE*] / *TECHNOLOGIE* [*TEINTURE*]. « Teindre ou peindre en bleu d'azur. » (*Ac. 1986*).

b) *TECHNOLOGIE* [*BLANCHISSAGE,* etc.] Procéder à l'azurage ; passer au bleu (de lessive) ; bleuter (v. → **azurage, bleu (de lessive), bleuter**). *Azurer du linge, du papier ; bleu à azurer.* « On azure légèrement le linge blanc pour le faire paraître plus propre. » (*Lar. Univ. 1922*). V. → ***bleuter*** ex. 1.

2. *Littér.* Donner une teinte bleutée à (qqc.). « La lumière du matin azurait les montagnes. » (*Ac. 1986*).

3. *Au fig., poét., vieilli.* « Apporter des sentiments de calme, de réconfort, d'espoir ; rasséréner. » (*Lar. encyclop. 1964*).

B. – *Emploi pronom., littér., fig., rare.* Revêtir une apparence de beauté. « (...) la jeunesse rend supportable nos vices et (...) sur ses flots, les pires monstres s'azurent ; mais les jeunes années une fois retirées, de flasques méduses jonchent nos plages. » (Fr. Mauriac, *Préséances,* 1921, p. 215).

◊ AZURAGE

[De *azur,* + *suff. -age*]

Subst. masc. TECHNOLOGIE [*BLANCHISSAGE,* etc.] Opération consistant à traiter certaines substances (papier, étoffe, linge, etc.) par des colorants bleus ou violets (outremer, indigo, bleu de Prusse, etc.), pour masquer une teinte grise ou jaunâtre, grâce à l'obtention d'une légère teinte bleue qui donne plus d'éclat au blanc. V. → ***bleuter*** ex. 1.

1. « La très légère teinte **jaune** qui subsiste parfois après le **blanchiment** [de la laine] peut être masquée par un **azurage**. Cette opération n'est autre qu'une teinture qui donne à la fibre une faible coloration **bleutée** complémentaire du **jaune** et provoque une sensation de **blanc.** »
(Ch. Martin, *La laine,* 1951, p. 32).

2. « On traite la fibre avec un colorant **bleu** ou **violet** qui supprime le ton **jaunâtre,** mais réduit légèrement la luminosité du **blanc**, c'est l'**azurage** par effet "soustractif". On peut également fixer sur la fibre un produit fluorescent qui transforme les rayons **ultraviolets** invisibles de la lumière incidente en rayons **violets** et **bleus** visibles qui corrigent la tonalité **jaunâtre** de la fibre en accroissant son pouvoir de réflexion, qui se traduit par une augmentation de la luminosité des articles ainsi **azurés.** C'est donc un **azurage** par effet "additif", dont l'intensité varie avec la richesse de la lumière incidente en rayons **ultraviolets**. Les produits fluorescents utilisés pour produire cet **azurage** sont appelés agents d'**azurage optique** ou **blancs optiques**. »
(*GDEL,* 1982, s.v. *azurage*).

◊ AZURANT/AZUREUR

[De *azurer,* + *suff. -ant, -eur*]

Subst. masc. TECHNOLOGIE [*BLANCHISSAGE,* etc.] Substance utilisée pour l'azurage. (→ **azurage**, **bleu (de lessive)**). *Synon. agent,* *produit d'azurage, de blanchiment optique* (→ **blanc optique**). « Les couches de ces papiers contiennent : (...) des adjuvants auxiliaires : °rétenteurs d'eau et régulateurs de viscosité (...) °plastifiants (...) °azureurs optiques. » *(Atip,* 1975, vol. 29, n° 2, p. 41). « (...) augmentation du rendement des azurants optiques, possibilité de collage en continu par pompe doseuse. » (*Papier, carton et cellulose,* avr. 1975, n° 4, p. 44).

AZURIN, INE

[De *azur,* + *suff. -in*]

I. – *Adj. vieilli, littér.* [Chez Duhamel ; en parlant des yeux, *p. méton. ;* en parlant du regard] Qui est d'un bleu pâle, tirant sur l'azur (→ **azur, azuré, azuréen, céleste, cérulé, céruléen, ciel, horizon, infini**). *Yeux azurins.* « Le Dr. Pasquier arrêta sur Laurent un regard pâle, azurin, dont les pupilles étaient accommodées à l'infini. » (G. Duhamel, *Cécile parmi nous,* in *Chronique des Pasquier,* t. 7, 1938, p. 101).

– *Au fig., p. méton.* [En parlant du sourire ; la couleur bleue des yeux étant souvent associée à la tendresse, la bienveillance, l'amour envers autrui ; v. aussi → **véronique**] Qui exprime la bienveillance, la tendresse. « Il disait, avec un de ces sourires azurins qui ne manquaient point de charme : "Qu'est-ce que tu penses qu'elle veut ?" » (G. Duhamel, *Vue de la terre promise,* in *Chronique des Pasquier,* t. 3, 1934, p. 120).

II. – **Azurine,** *subst. fém. CHIMIE.* « Matière colorante bleue provenant de l'oxydation de l'aniline » (*Duval 1959*).

– *Littér., rare.* [P. réf. à la couleur bleue de cette matière colorante] Bleu fluorescent.

1. « "L'absolue nécessité" : L'absolue nécessité, l'absolu désir, découdre tous ces habits, le plomb de la verdure qui dort sous la feuillée avec un tapis **rouge** dans les cheveux d'ordre et de brûlures semant la **pâleur,** l'**azurine** de teinte de la poudre d'or du chercheur de **noir** au fond du rideau dur et renâclant l'humide désertion, poussant le verre ardent, hachure dépendant de l'éternité délirante du pauvre, la machine se disperse et retrouve la ronde armature des **rousses** au désir de sucre **rouge.** »
(P. Éluard, *L'Absolue nécessité,* in *Capitale de la douleur,* 1926, p. 124).

BARBEAU

[P. réf. à la couleur bleue des fleurs du barbeau, plante de la famille des *Centaurées. Synon. pop.* ou *région.* de *bleuet / bluet* ou *centaurée*]

Bleu(-)barbeau, *loc. adj.* ou *loc. nom. inv., vieilli, littér.* [En parlant d'un vêtement, d'une étoffe] Bleu clair (→ **bleuet / bluet**, **centaurée**). *Habit bleu (-) barbeau.*

1. « Le jeune enfant bonheur en **bleu barbeau**.
Pourtant le vieil honneur seul était beau.
Le jeune enfant bonheur portait flambeau.
Mais le vieillard honneur seul était beau. »
(Ch. Péguy, *Quatrains,* 1914, pp. 589-590).

* *Bleu barbeau* est attesté dans *The Pantone® Book of Color.*

** Il existe aussi un *barbeau*[2], *subst. masc.,* poisson de rivière du genre cyprin, qui désigne au *fig.*, en *arg.* un proxénète, souteneur [P. réf. à ses couleurs verdâtres et *p. anal.* avec l'aspect du maquereau (poisson strié de vert et de bleu, qui a donné au *fig.*, en *arg.* le sens de proxénète)] *Synon. mac, maquereau, taulier,* → **dos d'azur, dos vert** (*p. ell. dos*). « Elle avait dû trouver un imbécile pour l'entretenir une couple de semaines, ou pis encore, un barbeau pour l'exploiter. » (M. Van der Meersch, *Invasion 14,* 1935, p. 178). « Je n'ai pas fait trois pas sur l'asphalte de la grand'ville qu'un jeune barbeau me propose de me défendre contre les atteintes du sort et des polices et à l'occasion soutenir mon courage dans la dure lutte pour la vie, qui est celle des habitants des capitales européennes.» (R. Queneau, *Loin de Rueil,* 1944, p. 217). «Il réfléchit et découvrit qu'il s'agissait de comparaisons argotiques comme pour le beau Mac qu'on disait barbeau ou maquereau indifféremment.» (R. Sabatier, *David et Olivier,* 1985, p. 201).

Bourrache

[P. réf. à la couleur bleu mauve des fleurs de l'espèce la plus commune de bourrache, plante herbacée (famille des *Borraginacées*) employée en tisane pour ses propriétés diurétiques et sudorifiques]

A. – Bleu bourrache, *loc. adj.* ou *loc. nom. inv., littér., rare.* Bleu mauve.

1. «Suzanne (...) avait revêtu, ce matin-là, comme par hasard, une robe d'un **bleu bourrache** qui réveillait délicatement le **bleu pervenche** de ses yeux, une de ces robes doucement extravagantes que l'on trouvait toujours dans la caverne à **Barbe-Bleue** et qu'avec dix épingles et quatre points de fil, une personne de goût mettait à sa convenance et à sa taille.»
(G. Duhamel, *Suzanne et les jeunes hommes,* in *Chronique des Pasquier,* t. 9, 1941, p. 201).

B. – *P. ell.* **(Couleur) Bourrache**, *loc. adj.* ou *adj. inv.* Bleu mauve à mauve. «Son visage est illuminé d'un regard couleur bourrache, débordant de franchise et de naïveté.» (G. Duhamel, *La Nuit de la Saint-Jean,* in *Chronique des Pasquier,* t. 4, 1935, pp. 174-175).

* La bourrache et son bleu mauve a pour signification emblématique: «Constance du cœur» et pour langage symbolique: «Aimée depuis longtemps». (*Lar. Univ. 1922,* s. v. *fleur*].

Californie

[P. réf. à la couleur bleu de la mer et du ciel de Californie, état de l'ouest des États-Unis, sur le Pacifique, au climat chaud et sec. V. les termes chromatiques ayant pour référents l'eau, notamment → **eau (de mer), lagon, méditerranée, mer, mer égée, mers du sud, océan, ultramarin**]

Bleu Californie, *loc. adj. inv. Mod.* (vers 198O). Bleu vif, soutenu.

— *MODE.* «T. Shirt bleu californie (...) manche courte. Marque Jeffty (U. S. A.).» (*http://www.negoce-shop.com,* 2003). «T. Shirt manche courte (...). Coloris : corail, bleu californie, violet, rose, bordeaux, vert émeraude.» (*http://www.negoce-shop.com,* 2003).

— [En parlant des yeux] «-Pas question d'opérer, dit Kléber. - Comme ça, vous en avez pour trois mois, dit le carabin. Il avait les yeux bleu Californie au-dessus de son masque qu'il n'avait pas retiré.» (J. Vautrin, *Baby Boom,* 1985, p. 135).

Céleste

[P. réf. à la couleur bleue du ciel diurne, sans nuages]

Bleu céleste, *loc. adj.* ou *loc. nom. inv.* Bleu clair, intense, lumineux (→ **azur, azuré, azuréen, azurin, cérulé, céruléen, ciel, horizon, infini**).

1. «La miraculeuse créature [une mésange] peinte de **bleu céleste**, rehaussée de **vert saule** et de **jaune jonquille**.»
(Colette, *En pays connu,* 1949, p. 12).

– [Le plus souvent en parlant d'un élément de la nature, en particulier d'une fleur] « La flore a changé brusquement ; sur des tapis d'herbe rase, gentianes, myosotis d'un bleu céleste, d'une variété que je ne connaissais pas encore, et abondance de petits échevérias de trois sortes, certains d'un rose exquis. » (A. Gide, *Journal 1889-1939,* 1923, p. 765).

2. « Durtal, avant de s'asseoir, faisait un tour dans les allées qui séparaient les massifs. Il y avait là des collections de conifères, des cèdres **bleus,** des mélèzes variés, des pins aux fûts presque **blonds** et aux aiguilles presque **noires** et, dans les parterres, des corbeilles de roses **saumonées**, **thé clair** et **soufre**, des croix de malte d'un **rouge** de bichromate de potasse vif, des buissons magnifiques d'aconits, aux feuilles **sombres**, aux découpures linéaires aiguës, aux fleurs d'un **bleu céleste** de turquoises dont on aurait, de leur **azur** trop lourd, décanté le **blanc**. C'est vrai cela, ruminait Durtal, ces aconits sont des turquoises végétales aux nuances plus légères et plus pures (...). »
(J.-K. Huysmans, *L'Oblat,* 1903, p. 133).

– [En parlant d'un produit fabriqué]

3. « Sur la placette, la boutique **bleu céleste** du cordonnier, la boutique **rouge sang** du dépositaire du matin, la boutique **brun poussière** du chapelier, côte à côte (...). »
(J.-R. Bloch, *Destin du Siècle,* 1931, pp. 44-45).

– *Spéc. CHIMIE.*

• **Eau céleste,** *loc. nom. fém.* Solution d'hydroxyde de cuivre et d'ammoniac. « Si l'on ajoute une solution d'ammoniac dans le tube contenant l'hydroxyde de cuivre II, on constate que ce précipité disparaît et qu'on obtient une belle solution bleue qui porte le nom d'eau céleste. » (G. Fontaine et A. Tomasino, *Chimie,* classe de seconde, 1987, p. 158).

* *Bleu céleste* et *p. ell. céleste* est attesté dans *The Pantone® Book of Color.*

CENTAURÉE

[P. réf. à la couleur bleue des fleurs de l'espèce la plus commune de *Centaurées* (*Centaurea cyanus*). *Synon.* de *barbeau, bleuet*]

Adj. ou *subst. masc. inv.* (1902, *infra*). *MODE.* Bleu moyen ou clair. *Synon.* → **barbeau, bleuet / bluet**.

1. « Le **vert roseau** (...), le **vert palmier** (...), le **violet évêque,** et deux nuances de demi-teinte, **volubilis** et **centaurée** (...), le **bleu de Sèvres** (...) très en faveur en ce moment. »
(*La Mode illustrée,* 1902, p. 586, in *DDL 33*).

CÉRULÉ, ÉE

[Du lat. *caerulus, a, um :* « bleu (comme le ciel) ». Prob. dér. en *ulus*, (*caerulus*) + *eus* de *caelus :* « ciel »]

Adj., vx, littér., rare. D'un bleu intense d'azur, de ciel ; d'un bleu sombre (→ **azur, azuré, azuréen, azurin, céleste, céruléen, ciel, horizon, infini**).

* Né au milieu du XIXe s. seulement, ce terme a connu « une grande vogue auprès des lyriques, Chateaubriand chantant les "oiseaux cérulés". » (J. Teppe, *L'Arc-en-ciel des poètes,* in *Vie et Langage*, mai 1966, n° 170, p. 268). Absent du corpus XXe s., mais cité encore dans certains dict., notamment *Rob. 1985.*

CÉRULÉEN, ÉENNE

[De *cérulé, + suff. -éen (-ien)*]

Adj., littér. Bleu cérulé, bleu intense ou sombre (→ **azur, azuré, azuréen, azurin, céleste, cérulé, ciel, horizon, infini**).

A. – Bleu céruléen, *loc. adj.* ou *loc. nom. inv.* « Aux serres jaunes de la buse, le geai laissait pendre ses pattes, sa tête pendait aussi, qui venait de clore les yeux, et ses ailes abandonnaient, glissantes, leurs rémiges teintées de bleu céruléen. » (M. Genevoix, *Raboliot,* 1925, pp. 128-129).

B. – *P. ell.* **Céruléen,** *adj.*

– [En parlant du ciel, de la mer] *Mer céruléenne.* « (...) l'abîme infini du ciel céruléen (...). » (L. Pergaud, *De Goupil à Margot,* 1910, p. 195). « Des eaux céruléennes. » (*Ac. 1986*). *Parfois en antéposition.* « (...) un couple portait sur champ de gueules un besant d'or, un autre couple croix de sable sur champ de sinople, d'autres de grands emblèmes bariolés tout cela s'éployait splendide sur le céruléen tapis de la mer, évoquant le temps des croisades et tout un passé glorieux. » (A. Gide, *Feuillets d'automne,* 1949, p. 1107).

* [*P. méton.*, en parlant d'un moment du jour pendant lequel règne une lumière bleue, intense ou sombre] *Nuit céruléenne.*

1. « Et tu m'as dit : "Que je suis lasse de la mer.
Venez : l'heure est plus douce à l'ombre du platane."
Heure céruléenne, et vous, regards couverts :
Émeraude fondue, Aden, de tes **soirs verts**.
Toi dont pendent les fleurs du rivage de Loire,
Jardin harmonieux, que je hais la forêt
Noire et **verte**, et des bois où le faune apparaît
L'épouvante cachée à l'ombre de leur gloire. »
(P.-J. Toulet, *La mer étincelait ainsi qu'une gitane,* in *Les Contrerimes,* 1920, p. 135).

– [En parlant d'une chose quelconque, d'un animal] « Elle portait un tablier de satin noir, des bracelets, un ruban de taffetas céruléen autour du cou (...). » (A. Gide, *Les Caves du Vatican,* 1914, p. 781). « Il restait comme autrefois l'émigrant d'un voyage immobile, mais déjà par les yeux s'abreuvait à la mer, cet immense lait natal. À l'horizon, des cargos céruléens semblaient taillés dans la transparence. » (Y. Queffélec, *Les Noces barbares,* 1985, p. 55).

2. « Rien ne ravissait plus M. Laredo que de voir une automobile **cerise** quitter l'aire de vente pour être remplacée par une **céruléenne**, et ses commissions qui s'additionnaient n'étaient pas la seule cause de sa joie. »
(V. Volkoff, *Le Bouclage,* 1990, p. 343).

* *Céruléen* tend à être utilisé de manière plus fréquente, mais toujours avec une connotation valorisante, par les romanciers contemporains, soucieux de renouveler le vocabulaire chromatique. Cet adj. chromatique très littér. se retrouve aussi dans les descriptions zoologiques de textes scientifiques : « Si le Fou de Bassan commun ("*Morus bassanus*") s'en tient au contraste de ses doigts verdâtres sur la palmure noire, le *Fou à pieds rouges* arbore de rutilantes palmures et le *Fou à pieds bleus* en exhibe de céruléennes, ce qui, vu la qualité de cette couleur, est d'un effet surprenant. » (*Sciences et nature,* n° 11, 4. 1991, p. 75, c. 2).

◊ CÉRULÉINITÉ

[De *céruléen*]

Subst. fém., néol. [Chez Queneau] Qualité de ce qui est d'un bleu céruléen, intense. « Haut les mains, le vioc obtempère, mais alors ô merveille, une superbe et idéale innocente et blonde jeune fille apparaît et le cinéma sans couleur doit s'avouer impuissant à rendre la céruléinité de ses chasses. » (R. Queneau, *Loin de Rueil,* 1944, p. 40). « Icare admirait la simplicité de l'ingénieuse machine et l'élégance de l'aérien mouvement en la céruléinité de l'atmosphère. » (R. Queneau, *Le Vol d'Icare*, 1968, p. 228, in *Rheims 1969*).

CHAGALL

[P. réf. au bleu fréquemment utilisé par Marc Chagall (peintre, dessinateur, graveur et décorateur d'origine russe - Vitebsk, 1887 / Saint-Paul de Vence, avril 1985) dans ses tableaux aux accents oniriques, mystiques et symboliques. Le bleu Chagall, évocateur de d'espace, de ciel et de rêves, est particulièrement poétique avec ses tonalités légères et diffuses]

Bleu Chagall, *loc. adj. ou loc. nom. inv. Mod. Rare. ART* [*PEINTURE*]. Bleu caractéristique du peintre Chagall ; *p. ext.* bleu qui le rappelle.

1. « Finies les préciosités des ornements arabes : arabesques, minaret, portail, porte et fenêtre peints de **bleu**. Angela [Trapani] aborde l'essentiel – la coupole. Un lieu sans lieu, rien d'autre qu'un itinéraire. Là, il brille toujours un soleil qui teint les pierres de **bleu**. Du **bleu Chagall** au **bleu Klein**. (...) Du **bleu** à la coupole. »
(E. Schatz, « La coupole ou de la métaphysique », in *http://www.angelatrapani.com*, 2003).

— [Avec une connotation de poésie, d'idéal, de romantisme].

2. « L'amour est une branche d'arbre en moi
Des limites que j'atteinds et dépasse
L'amour c'est renaître encore et encore
L'amour c'est le **bleu Chagall.** »
(*http://www.yukselsoylemez.com/french.htm*, 2003).

— *AUTOMOBILE.* [Dans un contexte commercial ; en parlant d'une voiture] « Voiture. VOLKSWAGEN Polo 1,4 pk ABS. Prix 7 000 € (45 917 F). Carrosserie. Energie Essence. Année 1998. Puissance fiscale 6 CV. Kilométrage 17 000 km. (...) Couleur Bleu Chagall. »
(*www.321auto.com/pa0323/VOLKSWAGEN/VOLKSWAGEN_Polo)*, 2003).

CHARDIN

[P. réf. au bleu caractéristique de l'œuvre de Chardin, peintre français (Paris 1699-1779), passé maître dans l'art de la nature morte et des portraits intimistes, qui a « poussé à l'extrême sa maîtrise des « blancs » où viennent se refléter et se fondre tous les autres tons de la composition. » (R. Maillard, *Dict. Universel de la Peinture*, t. 1, 1975)]

Bleu Chardin, *loc. adj.* ou *loc. nom. inv. ART* [*PEINTURE*]. Bleu lumineux caractéristique de l'œuvre de Chardin ; *p. ext., littér.*, bleu qui le rappelle. « Kyo habitait avec son père une maison chinoise sans étage : quatre ailes autour d'un jardin. Il traversa la première, puis le jardin, et entra dans le hall : à droite et à gauche, sur les murs blancs, des peintures Song, des phénix bleu Chardin ; au fond, un bouddha de la dynastie Wei, d'un style presque roman. » (A. Malraux, *La Condition humaine*, 1933, p. 208).

CHARRETTE CHARRON

[P. réf. à la couleur bleue dont on avait coutume de peindre les charrettes]

Bleu charrette/charron, *loc. adj.* ou *loc. nom. inv. TECHNOLOGIE* [*CHIMIE / PEINTURE*]. Bleu plus ou moins clair, à l'origine obtenu d'une matière colorante, à base de bleu de prusse et de sulfate de baryte, ayant comme propriété d'être un répulsif pour les insectes ;

p. ext., littér., bleu qui le rappelle. « C'est donc vers la mi-août que nous accueillîmes René Char et sa femme Georgette à Céreste. De nouveaux amis, les Taupin, venaient d'y acheter une maison et l'avaient mise à notre disposition (...). Il s'agissait d'une maison à demi ruinée (...) dont les Taupin venaient de faire réparer les pièces destinées à l'habitation et peindre les portes et les fenêtres couleur bleu charrette. » (G.-L. Roux, *Témoignages René Char, hôte de Céreste*, in *René Char, Œuvres complètes*, 1983, p. 1116).

1. « Le **bleu charrette** ou **bleu charron**, dont l'origine nous est inconnue, est composé d'un mélange de **bleu de Prusse** et de sulfate de baryte. C'est la couleur des hommes du bois - charrons et charpentiers - dans la tradition du compagnonnage. (lég. ill. 226) (...) Ces deux portes sont **bleu charrette**, couleur dont on peignait traditionnellement les charrettes autrefois (lég. ill. 227). »
(J.-Ph. et D. Lenclos, *Les Couleurs de la France. Maisons et paysages*, 1982, p. 117).

* On attribue symboliquement au bleu, dans de nombreuses cultures, le pouvoir de lutter contre le « mauvais œil » et plus concrètement contre ce qui est néfaste : animaux nuisibles, prédateurs (v. l'emploi symbolique des « pierres bleues » → **aigue-marine** *, **lapis (-lazuli)** **, **saphir** ***, **turquoise** ****). Ainsi, la couleur bleue est-elle parfois utilisée, dans nos campagnes, comme couleur des treillages de protection des jeunes arbres, pour éloigner notamment les lapins et les lièvres.

CHARTRES

[P. réf. à la couleur bleue des vitraux (XIIe et XIIIe s.) de la cathédrale de Chartres (Ville de France, département de l'Eure-et-Loir)]

Bleu de Chartres, *loc. nom. inv. ART* [*VITRAUX*] Bleu caractéristique des vitraux de la cathédrale de Chartres ; *p. ext., littér., rare,* bleu moyen qui le rappelle. « Les plus merveilleuses de toutes ces merveilles, c'étaient les très vieux huipils que portaient certaines paysannes. Je montrai à Lewis une de ces blouses aux broderies antiques où le bleu de Chartres se fondait tendrement avec des rouges et des ors éteints : "Voilà ce que je voudrais acheter si c'était à vendre". » (S. de Beauvoir, *Les Mandarins*, 1954, p. 433).

◊ CHARTRAIN

[De *Chartres*]

Bleu chartrain, *loc. adj.* ou *loc. nom. inv.*, *Synon. rare* de → **bleu de Chartres**. « Le bleu des vitraux de Chartres provenait lui aussi du cobalt : le *bleu chartrain*. Plus d'une analogie, tant matérielle que spirituelle, réunit en effet l'art du verrier médiéval français à celui du céramiste persan. » (M. Barry, *Faïences d'azur*, 1995, p. 35).

CHAUFFE

[P. réf. à la couleur bleue du *bleu de chauffe*, combinaison de chauffeur – ouvrier alimentant en charbon les foyers de chaudières, fixes ou sur navires et locomotives – (→ **bleu** 3e SECTION. 1. *SUBST. MASC.* I. B. 2. b) α) *spéc. MARINE / CHEMIN DE FER*)]

Bleu de chauffe, *loc. adj. inv., rare.* Bleu foncé semblable à celui d'un bleu de chauffe. « J'héritai de trois chemises à poches plaquées et pattes d'épaules, d'un short et trois paires de chaussettes, le tout de la même couleur bleu de chauffe. » (J. Joffo, *Un Sac de billes*, 1973, p. 155).

CHINE

[P. réf. à la couleur bleue intense (sur fond blanc) des porcelaines anciennes (appelées *bleu et blanc* (→ **bleu**) ou *blanc de Chine* (→ **blanc**)), traditionnellement fabriquées en Chine (→ **Delft, faïence, Nevers, persan, porcelaine, Rouen, Sèvres**)]

Bleu de Chine, *loc. nom. inv. ART* [*CÉRAMIQUE*] Bleu intense, caractéristique des porcelaines anciennes fabriquées en Chine, qui sera imité notamment par les faïenciers de Perse (→ **persan**), puis par ceux de Delft, Nevers et Rouen (→ **Delft, Nevers, Rouen**) ; *p. anal., littér., rare. loc. adj.* ou *loc. nom. inv.* bleu qui le rappelle. *Mer bleu de Chine.*

1. « **BLEU DE CHINE.** Même si le trésor n'est pas pour cette fois, la promenade vaut la peine. Le "Remora", c'est le dernier-né des robots inventés par la Comex. Aux commandes de cette petite merveille qui évolue comme un hélicoptère des mers, Henri Delauze traque les trésors de la mer de Chine, à la recherche de "**bleu et blanc**", traduisez : de porcelaines anciennes. »
(*Télé Obs.*, 14. 6. 1996, p. 39, c. 3 - P. Fauconnier).

* *Bleu de Chine* fait partie du lexique des couleurs des catalogues de mode-VPC 1985-2003.
** *Bleu chinois* est attesté dans *The Pantone® Book of Color.*
*** V. aussi *encre de Chine* (→ **encre**).

CIEL

[P. réf. à la couleur bleue du ciel diurne sans nuages]

Bleu intense, lumineux (→ **azur, azuré, azuréen, azurin, céleste, cérulé, céruléen, horizon, infini**).

A. – Bleu de ciel, bleu(-)ciel, *loc. adj.* ou *loc. nom. inv.* « Mme Krioukov se distinguait à peine des babas qui servaient à table, nu-pieds, un fichu clair sur la tête, habillées de blouses roses, bleu-ciel, blanches, qu'elles ne rentraient pas dans leurs jupes de coton. » (E. Triolet, *Le Premier accroc coûte deux cents francs,* 1945, p. 295). « Rien n'imposait le mouvement que ta main de pollen qui fondait sur mon front aux moulinets d'une lampe d'anémone. Aux approches du désir les meules bleu de ciel s'étaient l'une après l'autre soulevées, car mort là-bas était le faneur, vieillard masqué, acteur félon, chimiste du maudit voyage. » (R. Char, *Fureur et Mystère,* 1948, p. 139). « Derrière les guichets, des jeunes femmes habillées de bleu ciel écrivaient ou téléphonaient. » (J.-M. G. Le Clézio, *Le Déluge*, 1966, p. 97). « Puis au loin dans la poussière il aperçut une Floride bleu ciel, reconnut le bruit du moteur et sentit son cœur fondre, il se dit les voilà, c'est eux, se jura que l'auto devenait blanche en approchant... C'était une femme âgée dans une Floride obstinément bleue. » (Y. Queffélec, *Les Noces barbares*, 1985, p. 177). V. → ***pastel²*** ex. 2.

1. « La turquoise. – ce minéral **opaque** a un coloris qui lui appartient en propre, qui varie du **bleu de ciel** au **vert pomme** et s'harmonise admirablement avec une monture en or (...). »
(N.-A. Metta, *Les Pierres précieuses,* 1960, p. 94).

B. – *P. ell.*

1. Couleur de ciel, *loc. adj. inv. ciel, yeux couleur de ciel.* « La pierre est couverte de dessins réguliers dont le motif est un feuillage gros bleu peint sur un fond couleur de ciel. » (P.-J. Jouve, *Paulina 1880,* 1925, p. 11). « (...) Olivier essayait de surprendre les secrets aquatiques, de distinguer le lit de la rivière à travers l'eau couleur de ciel, s'arrêtant au spectacle d'une branche immergée, d'une feuille naufragée, de petites bulles éclatant à la surface (...). » (R. Sabatier, *Les Fillettes chantantes*, 1980, p. 170).

2. « Toi tu es l'oiseau **couleur de ciel** à l'horizon
Le vent m'apporte quelques plumes qui me soufflent ton nom

En passant près de mon oreille
Toi qui tiens un coin de l'infini pour toujours
Si tu arrives tu te perdras aussi dans le plus grand mystère (...). »
(P. Reverdy, *Le Passant bleu,* 1919, in *Risques et périls : contes 1915-1928,* 1930, p. 97).

2. Ciel, *adj. inv., plus rare.*

3. « C'est au Havre qu'est né en 1872 le premier club français. Rien ne pouvait mieux convenir au club doyen de la porte océane que les couleurs **ciel** et **marine**. »
(J. Mercier, *Football,* 1966, p. 13).

4. « La lilliputienne (...) se précipita dans l'escalier sans essayer son nouveau costume et en oublia ses gants **rubis** aux extrémités **ciel.** Sur le trottoir elle ne put se retenir de danser de joie. »
(B. Beck, *Une Lilliputienne,* 1993, p. 70).

* Les catalogues-VPC 1985-2003 utilisent la forme *bleu sky*, *sky* et *sky blue* (limités à la caractérisation du bleu des jeans) dans un souci de renouveller *bleu ciel* ou *p. ell. ciel*, fréquemment utilisés. Dans le même champ référentiel, toujours pour désigner un bleu clair, ces catalogues ont très récemment introduit le terme *cosmos*.
** *Bleu de l'air, éthéré* et *stratosphère* sont attestés dans *The Pantone® Book of Color,* dans le même champ référentiel, pour traduire le bleu clair ; *bleu provincial* pour traduire le bleu foncé.

Cobalt

[P. réf. à la couleur bleue de la matière colorante obtenue à partir du cobalt, métal gris clair, voisin du fer et du nickel, utilisé depuis l'antiquité comme pigment, notamment par les Chinois pour donner aux porcelaines de l'époque Ming leur couleur bleue. De l'all. *Kobold / kobalt,* esprit malfaisant dans les lég. minières germaniques puis nom donné par les mineurs du Harz à certains minéraux qui ne donnaient pas de cuivre et dégageaient des fumées toxiques lors de leur grillage]

TECHNOLOGIE [*CHIMIE, TEINTURE*, etc.]. Bleu moyen tiré du cobalt ; *p. ext.*, bleu rappelant le bleu de cobalt.

A. – Bleu de cobalt, bleu cobalt, *loc. adj.* ou *loc. nom. inv.* V. → ***bleu*** ex. 64, ***France*** ex. 1.

1. « Puis protégeant nos bouches avec ces tulles qui tamisent la poussière **ocre** de la rue, nous avions fui les fanatiques, les va-nu-pieds, les hommes en robes, les astrolâtres, adorateurs du ciel qui avaient voulu nous vendre leurs prédictions, leurs mappemondes de glaise, leurs systèmes stellaires mouchetés au **jaune d'or** dans le **bleu de cobalt,** leurs pierres de feu, ils arrachaient nos paumes et les repoussaient effrayés, sous ce zénith nos mains étaient le miroir des plus grands schismes, et des météores qui écrasent des villages entiers. Nous avions traversé la médina pour échapper au soleil et rejoindre nos hamacs, le frais filet d'eau dans le bassin **turquoise**. »
(H. Guibert, *Voyage avec deux enfants,* 1982, pp. 38-39).

B. – *P. ell.* Cobalt, *adj. inv.* ou *subst. masc., rare.* V. → ***azur*** ex. 6, ***bleu*** ex. 65.

* *Bleu cobalt* fait partie du lexique des couleurs des catalogues-VPC 1985-1996.
** *Cobalt* est attesté dans *The Pantone® Book of Color.*

Crépuscule

[P. réf. à la lumière bleutée, faible et incertaine, qui subsiste après le coucher du soleil, avant la tombée de la nuit]

Bleu crépuscule, *loc. adj. inv., littér., rare.* Bleu gris, pâle. « On avait été virées comme des malpropres d'un pays où les grand-mères sont agents secrets, où les pilules anti-âge empêchent de mourir mais où les dents bousillées empêchent pas de vivre ; un pays où les yeux des filles sont bleu crépuscule et les montagnes des sphinx qui, le soir venu, viennent boire à ses veines le sang bleu de la mer. » (F. Seguin, *L'Arme à gauche,* 1990, p. 159). V. → ***soir*** ex. 1.

CYAN

[Empr. à l'angl. *cyan,* abrév. de *cyan-blue,* (formé sur *blue :* « bleu » avec l'élément *cyan*) ; corresp. à l'élément *préf. cyan*, du grec *kuanos* : « bleu sombre »]

Subst. masc. et *adj.*

I. – *Subst. masc. TECHNOLOGIE* [*CHIMIE / IMPRIMERIE / PHOTOGRAPHIE,* etc.] (1950, d'après J. Barda, O. Dusanter et J. Notaise, *Dict. du multimédia. Audiovisuel. Informatique. Télécommunications,* 1995). Couleur bleu-vert, complémentaire du rouge. « La séquence. C'est l'ordre de passage des couleurs. Lors des tests (...) on analyse la réaction des encres entre elles : cyan sur le magenta, magenta sur jaune (...). » (R. Dusseaux, *Standard de qualité quadrichromie dans la presse quotidienne,* in *Sciences et couleur,* n° 1, 1987, p. 8). « Synthèse additive des couleurs : Bleu + vert donne la couleur Cyan. Bleu + rouge donne la couleur Magenta. Rouge + vert donne la couleur jaune. » (Flandrin-Betty, *Technologie et chimie des textiles,* 1988, pp. 179-180).

1. « Pour les imprimeurs, les couleurs primaires ont nom : **cyan, magenta** et **jaune.** (...) Mélanger deux encres ou deux peintures, c'est "absorber deux fois" de la lumière. À mélanger, par exemple, du **cyan** et du **jaune** même clairs, on obtient du **vert** qui semblera forcément plus "sombre". (...) Leurs couleurs primaires [aux imprimeurs] sont le **cyan,** le **magenta** et le **jaune ;** leurs couleurs secondaires sont le **rouge,** le **vert** et le **bleu.** Exactement le contraire de ce que disent les éclairagistes. » (*Science & Vie Junior,* dossier hors série : *la couleur,* 23, janv. 1996, *Matière. Cyan, magenta, jaune, le gagne-pain des imprimeurs,* p. 34, c. 2-3).

II. – *P. ext., rare. Adj. inv.* [En parlant d'une couleur] D'une nuance bleu-vert. « Les bleus n'ont pas de dominante verte, les verts ne sont pas cyan. » (*Télérama,* 2. 11. 1988, p. 29, publicité).

* *Bleu cyan* est attesté dans les catalogues-VPC 1985-2003.

** *Cyan* est attesté dans *The Pantone® Book of Color.*

*** *Cyan-, cyani-, cyano-,* élément préf. tiré du grec *kuanos :* « bleu sombre », entre dans la compos. de nombreux termes techniques, appartenant, le plus souvent, au domaine de la chimie. À noter → **cyané / cyanique**, et aussi *cyanhydrique, cyanine, cyanite, cyanogène, cyanophycées, cyanose, cyanosé, cyanoser, cyanure, cyanurer,* etc. (v. *TLF*).

◊ CYANÉ, ÉE / CYANIQUE

[De *cyan(o)-,* + *suff. -é / -ique*]

Adj. TECHNOLOGIE [*CHIMIE / PEINTURE,* etc.] [En parlant de la couleur bleue ou de l'une de ses nuances] Qui tend vers le vert. « Le bleu cyané est remplacé par un vert pur. » (M. Boigey, *La Science des couleurs et l'art de peindre,* 1923, p. 22). « *Azur cyanique.* » (J. Ovio, *La Vision des couleurs,* 1932, p. 179).

DELFT

[P. réf. à la couleur bleue des faïences traditionnellement fabriquées à Delft (Ville des Pays-Bas) (→ **Chine, faïence, Nevers, persan, porcelaine, Rouen, Sèvres**)]

A. – *ART* [*CÉRAMIQUE*]. **Bleu de Delft**, *loc. nom. inv.* Bleu moyen (obtenu en teintant l'émail stannifère avec du cobalt), caractéristique des décors sur fond blanc des faïences de Delft, inspirées des porcelaines chinoises, et qui sera imité notamment par les faïenciers de Nevers et de Rouen (→ **Nevers, Rouen**).

1. « Depuis la nuit des temps, il y a au Maroc cette poterie berbère, géométrique, en camaïeu de **brun**, que l'on fabrique encore aujourd'hui dans les montagnes. Les choses changèrent au VIIIe siècle avec l'arrivée des Arabes venus avec leurs traditions perses et ottomanes (elles mêmes inspirées par la Chine !). (...) Mais lorsque Moulay Idriss donna asile aux populations maures de Grenade qui se réfugièrent à Fès, ils assimilèrent toutes ces influences culturelles qui, conjuguées à leur art, furent à l'origine du style de poterie que l'on appela "marocaine". (...) Au départ, on fit beaucoup de **bleus**, couleur nouvelle, jugée plus « virile » que la polychromie. Jusqu'au début du XIXe siècle très proche du **bleu de Delft,** un peu **gris** car on mêlait au cobalt un nickel traité de façon complexe, ce **bleu** devint plus fort, plus **violet**, lorsque le nickel fut laissé brut. »
(*Maison et Jardin,* n° 370, févr. 1991, p. 148, c. 1).

B. – [En parlant d'un vêtement, d'une étoffe] *MODE.* **Bleu Delft**, *loc. adj.* ou *loc. nom. inv., mod.* (1970, *infra*) Bleu rappelant le bleu de Delft.

2. « "Deep", en coton peigné longues fibres Blangil, coloris **miel** (ou **bleu Delft** ou **fraise**) : 44F le drap pour petit lit. »
(*Elle,* 5. 1. 1970, p. 92, c. 3).

3. « Ce printemps et cet été, la mode est aux imprimés. (...) Les couleurs s'appellent **blanc écru, rouge framboise, bleu Delft, violet évêque, vert menthe**. »
(*Le Point,* 15. 3. 1976, p. 81).

* *Delft* est attesté dans *The Pantone® Book of Color.*

DRAPEAU

[P. réf. au bleu du drapeau tricolore français]

Bleu drapeau, *loc. adj. inv., rare.* « Je roulai pendant une demi-heure dans un vaste marais asséché, un désert fertile d'argile blanc, creusé de drains, rayé par des lignes d'osier jaune. Le ciel, là-dessus, se tendait, bleu drapeau. » (R. Vercel, *Capitaine Conan,* 1934, p. 249).

EAU (DE MER)

[P. réf. à la couleur bleue ou verte de l'eau de mer (v. les termes chromatiques ayant pour réf. l'eau, notamment → **Californie, fjord, glacier, lagon, mer, mer Égée, mers du Sud, océan, piscine, ultramarin/ultra-marin**)]

* « (...) l'eau (et surtout les comparaisons avec l'eau de mer) est une des métaphores principalement chargées d'exprimer les nuances de la zone située entre le bleu et le vert. » (*Kristol-Color 1978*, p. 287).

A. – **Couleur d'eau de mer,** *loc. adj. inv., rare.* [Le plus souvent en parlant des yeux] D'une nuance entre le bleu et le vert clair.

1. « Son visage aux pommettes hautes, aux joues plates, était d'une **blancheur** qui tirait sur le **mauve** et faisait ressortir l'éclat des grands yeux **couleur d'eau de mer ;** et sur cette peau dont la finesse ne pouvait faire songer qu'à une fleur, la bouche trop **rouge** se dessinait avec une énergie presque brutale. Il eut l'impression de voir un masque plutôt qu'un visage humain. »
(J. Green, *Moïra,* 1950, p. 157).

B. – **(Couleur) Vert d'eau,** *loc. adj.* ou *loc. nom. inv.* Vert très clair, très légèrement bleuté.

– [En parlant d'un élément de la nature, du ciel, de l'eau] « L'eau était vert d'eau, le ciel était bleu ciel, les vapeurs saignaient dans la mer (leurs coques peintes au minium). » (H. de Montherlant, *Le Démon du bien,* 1937, p. 1329).

2. « (...) ce soir-là, un ciel de merveille l'accueillit au sortir de sa tente. Il était peint de couleurs inaccoutumées, et sa teinte translucide était faite de **vert d'eau** très pâle, dans des profondeurs liquides. Elle rappelait aussi certaines roses délicates que Maxence avait vues en Chine, ou bien certains fonds de mer, dans les golfes de Bretagne. »
(E. Psichari, *Le Voyage du centurion,* 1914, p. 159).

– [En parlant d'une chose concrète, en particulier de la couleur de la peinture recouvrant un mur] *Mur, pièce peint(e) en vert d'eau.* « (...) j'ai regardé, comme si je ne les avais jamais vus (...) les murs peints couleur vert d'eau (...). » (L. Frapié, *La Maternelle,* 1904, p. 122). V. → ***pastel²*** ex. 1, ***prusse*** ex. 1.

3. « Quatre marches extérieures conduisent dans une vaste entrée dallée, peinte en **gros vert** jusqu'à hauteur d'appui, en **vert d'eau** jusqu'au plafond (...). »
(L. Frapié, *La Maternelle,* 1904, pp. 10-11).

– [En parlant d'un vêtement, d'une étoffe] « Marcel avait été très potache de Condorcet, avec sa fleur à la boutonnière, ses "cols cassés". Plus tard, il eut des cravates vert d'eau nouées au hasard (...). » (J.-E. Blanche, *Mes Modèles. Sur Marcel Proust,* 1928, p. 107). « De jolis caleçons courts, et vert d'eau, ma foi. » (R. Guérin, *L'Apprenti,* 1946, p. 371).

* Les catalogues-VPC 1985-2003 ont souvent recours au thème de l'eau pour désigner des nuances variant entre le bleu, le vert, parfois le gris. Pour le bleu vert clair à vert clair bleuté : *(bleu) aqua, atoll, cascade ;* ainsi que *vert (d')eau* (vert clair) et *torrent* (bleu clair à bleu gris clair). V. aussi les diverses nuances mentionnées en * sous → **glacier, lagon, mer, océan ;** v. aussi → **marin, marine**.

** De même, *The Pantone® Book of Color* atteste une multitude de termes ayant pour réf. le thème de l'eau pour désigner le bleu, le vert ou les nuances marginales entre ces deux champs de couleur. Pour le bleu clair : *aqua, bleu canal, bleu fluvial, bleu lac argenté, Niagara, Riviera.* Pour le bleu moyen : *Bleu du Danube.* Pour le bleu foncé : *fond de l'eau.* Pour le bleu vert clair ou foncé : *bleu du lac, Golfe de Gascogne, hydro, ruisseau des prés.* Pour le vert clair à vert clair bleuté : *marécage bleu.* Pour le vert foncé : *lac sombre.* V. aussi les diverses nuances mentionnées en ** sous → **glacier, lagon, mer, océan ;** v. aussi → **marin, marine**.

ÉGÉE

[P. réf. au bleu de la mer Égée, mer de la Méditerrranée située entre la Grèce et la Turquie. V. les termes chromatiques ayant pour référents l'eau, notamment → **Californie, eau (de mer), lagon, méditerranée, mer, mer Égée, mers du sud, océan, ultramarin**]

Bleu égée, *loc. adj.* ou *loc. nom. inv.* Bleu moyen. [Dans un contexte commercial] «Renault 19 storia RN, 1.9D, Bleu égée, déc 1995, 120 000 Km, 6 Cv, TBE, Direction assistée, fermeture centralisée, vitres électriques,(Petites annonces gratuites des particuliers : automobiles, 2/8/2002, in www.bestcontact.com/annonces/auto.asp?Page=295).

1. «Feuillets Post-it. Couleurs aquatiques.
Ces feuillets **bleu égée** (...), **bleu méditerranée** et **aigue-marine** vous rappelleront ces merveilleux moments passés sur la plage, près de l'océan.»
(*www.3m.com/intl/ca/french/centres/home_leisure/ scotch/postit_notes.jhtml, 2003*).

– **VAR.**

◊ ÉGÉEN

[De *Égée* + *suff. -éen*]

Bleu égéen, *loc. adj.* ou *loc. nom. inv. Mod.* (1988, *infra*). *Rare. Synon.* de → **Bleu égée, mer Égée.** « Une japonaise en débardeur noir leva les yeux de son terminal, derrière sa tête il y avait une affiche de voyages en Grèce, bleu égéen éclaboussé d'idéogrammes fuselés. » (W. Gibson, *Neuromancien,* 1988, p. 24). [Dans un contexte commercial ; en parlant d'une voiture] « Le souci additionnel du détail, tel des phares masqués bleu ou noir, une calandre et des poignées de portes de couleur assortie, ainsi que des clignotants de direction de style européen font de la A-Spec une voiture encore plus différente des autres modèles TL. Deux couleurs seulement sont offertes, soit Noir faucon perlé et Bleu égéen perlé. » *(http://www.autonet.qc.ca/AutoNouvelles, 2003).*

◊ MER ÉGÉE

Mer Égée, *loc. adj.inv. Synon.* de → **Bleu égée, bleu Égéen**.

1. «*L'invention de l'amour* est un film solaire qui tente avec un bonheur inégal de faire plus avec moins. Au crédit du cinéaste, on notera la douceur de la caméra, la sensualité de la photographie (un dos nu, une robe à fleurs sous le soleil de la rue Rachel, le doux visage de Matina sur fond **bleu Matisse** ou **mer Égée,** un matelas qui dérive dans l'aube indécise) et la fluidité assurée du montage. (*Vue Panoramique,* 24 images, 105, [G. Grugeau], in *www.mlink.net/~24images panoramique105.html*).

ÉLECTRIQUE

[P. réf. à la vivacité du courant électrique ou d'une décharge électrique, à l'intensité de la lumière électrique ; peut-être p. réf. à l'« arc électrique » : décharge ou traînée lumineuse bleutée, en forme d'arc, se produisant entre deux électrodes lorsqu'on établit un courant]

Adj. [En parlant d'une couleur] D'un ton très vif, très intense, qui flashe.

A. – Bleu électrique, *loc. adj.* ou *loc. nom. inv.* (*Lar 20*e) Bleu intense, vif.

– [En parlant d'un élément de la nature, en particulier du ciel] « Pour le salon, Carlotta avait tenu au Louis XV doré, avec Aubusson, un lustre à pendeloques et des stèles de marbre où perchaient des grès flammés représentant des dames nues dans leurs longs cheveux, agonisant dans des vagues ou surgissant d'iris, dans des tons dégradés vert, bleu électrique et pourpre, le tout du pur style métro. » (L. Aragon, *Les Beaux quartiers,* 1936, p. 306).

1. « Jamais cette rivière ne figea des eaux **violettes** entre des joncs **d'émeraude.** Et ce ciel d'un **bleu électrique**, immuable et profond, est-ce celui de je ne sais quelle région tropicale ou celui de la Normandie ? Ni l'un ni l'autre, mais le fruit de la sensibilité et de l'imagination de Bonnard, qui, en faisant peser son **azur** sur la **turquoise** de l'eau pétrifiée du fleuve a exalté l'impression de chaleur, de lumière qu'il recevait de cet été normand, et composé une sorte de symphonie, que j'intitulerais volontiers "Thermidor". »
(B. Dorival, *Les Peintres du 20*e *siècle,* 1957, p. 28).

– [Le plus souvent, en parlant d'un vêtement, d'une étoffe] « (...) trois musiciens aux chemises de satin bleu électrique du plus mauvais goût et deux serveurs aux têtes anonymes de n'importe quels garçons de café. » (R. Giraud, *La Coupure,* 1966, p. 49). « Costard bleu électrique, pompes en daim, cravate mode. L'œil clair et le poil dru, blond jaune, bien court. » (B. Blier, *Les Valseuses,* 1972, p. 49).

B. – [En parlant d'une autre couleur] *Plus rare.* « (...) ce bleu brillant, ce violet électrique, choisis pour leur lumière et leur pouvoir embellissant, ne doivent pas masquer l'essentiel : cette robe-pull, cette combinaison-pantalon (...), (...) vous allez surtout pouvoir les trouver dans plus de cent boutiques et dans toute la France. » (*Elle*, 24. 11. 1969, p. 132). « Un vert électrique. » (*Ac. 1986*).

FAÏENCE

[P. réf. à la couleur bleue traditionnellement utilisée dans le décor des faïences, poteries de terre émaillée ou vernissée (→ **Chine, Delft, Nevers, persan, porcelaine, Rouen, Sèvres**)]

[En parlant des yeux] Bleu moyen

A. – Bleu de faïence, bleu(-) faïence, *loc. adj.* ou *loc. nom. inv.* « Le muletier s'assit à table en face du grand-père. C'était un grand blond, de front dégarni, avec un nez un peu camard, et des yeux bleu-faïence. » (H. Pourrat, *Les Vaillances, forces et gentillesses de Gaspard des Montagnes, La Tour du Levant,* 1931, p. 273). « Les yeux étaient assez petits, noyés dans la chair ; mais les prunelles mobiles, d'un bleu de faïence, mettaient deux flammes vivantes dans ce masque d'une solennité romaine. » (R. Martin du Gard, *Les Thibault, L'Été 1914,* 1936, p. 345). « Il n'était pas seul. Sénac, la porte entr'ouverte, m'a prié de faire attention à son nouveau pensionnaire, une sorte de berger allemand d'allure famélique et dont l'un des yeux, bleu faïence, semble recouvert d'une taie laiteuse. L'animal, paraît-il, n'est ni franc, ni commode. » (G. Duhamel, *Les Maîtres,* in *Chronique des Pasquier,* t. 6, 1937, p. 111).

B. – *P. ell.*

1. De faïence, *loc. adj. inv.* « Elle tourna vers lui ses yeux de faïence, qui semblaient toujours prier qu'on ne lui fît pas de peine. Alors, il eut envie, malgré sa répugnance, de baiser la main malade pour la guérir. » (R. Martin du Gard, *Les Thibault, Le Pénitencier,* 1922, p. 810). « Un regard de faïence, dénué d'émotion. » (J. Vautrin, *Billy-Ze-Kick,* 1974, p. 144). « Elle promène son sourire mutin et ses yeux de faïence sur tous les gens, ravie de sa mention au bac, des vacances prochaines sur la Côte d'Azur, plus gamine que jamais avec des cheveux coupés à la Jean Seberg. » (A. Ernaux, *La Femme gelée,* 1981, p. 105).

2. Faïence, *subst. masc.* Cette couleur. « Les paupières enflées laissent voir un peu de la morne faïence de ses yeux et une lèvre luit comme une limace dans la barbe obscure. Sans doute, il est tombé d'un trou d'un obus qu'un autre obus a comblé, l'enterrant jusqu'au cou comme l'allemand à tête de chat du cabaret rouge. » (H. Barbusse, *Le Feu,* 1916, p. 291).

* *Faïence* comme terme de couleur, limité à la description des yeux, s'étend de nos jours au domaine de la mode pour qualifier les tissus et les vêtements : *bleu faïence* fait partie du lexique des couleurs des catalogues-VPC 1985-2003.

** La faïence, comme la porcelaine (→ **porcelaine**) peut aussi, mais exceptionnellement, traduire le blanc éclatant : « – Macache ! répond le noir, et son rire exhibe ses longues dents de faïence dans la maroquinerie havane de sa bouche. » (H. Barbusse, *Le Feu,* 1916, p. 220).

*** Dans le champ référentiel de la faïence, de ses caractéristiques, de ses modes ou lieux de fabrication, les catalogues de mode-VPC 1985-2003 attestent *bleu de Saxe* pour désigner un bleu plus ou moins foncé. *The Pantone® Book of Color,* toujours pour le champ du bleu, atteste plusieurs termes de couleur, dont la majeure partie ne sont pas lexicalisés en français. Outre *faïence* et *bleu de Saxe,* on peut noter, pour désigner un bleu moyen, foncé ou très foncé : *bleu hollandais, bleu Lyon, bleu majolique, bleu mosaïque, cloisonné, Limoges ;* pour désigner un bleu vert : *céramique.*

◊ FAIENCÉ, ÉE

[De *faïence,* + *suff.* *-é, ee*]

Adj., rare. Qui a la couleur bleue de la faïence. [En parlant des yeux] « *Yeux faïencés* » (*Lar. Lang. Fr.*).

Fanal

[P. réf. à la couleur bleue des flammes du fanal ou de la lueur produite]

Bleu fanal, *loc. adj.* ou *loc. nom. inv., mod.* (1962, *infra*), *rare.* « L'écriture d'un bleu fanal, pressée, dentelée, intrépide, du Ventoux alors enfant, courait toujours sur l'horizon de Montmirail qu'à tout moment notre amour m'apportait, m'enlevait. Des débris de rois d'une inexpugnable férocité. Les nuages ont des desseins aussi fermés que ceux des hommes. » (R. Char, *La Parole en archipel,* 1962, p. 414).

Fjord

[P. réf. à la couleur bleu vert des eaux des fjords, anciennes vallées glaciaires envahies par la mer, qui s'enfoncent profondément dans les terres, en particulier en Scandinavie et en Écosse (v. les termes chromatiques ayant pour réf. l'eau, notamment → **Californie, eau (de mer), glacier, lagon, marin, mer, mer Égée, mers du Sud, Nil, océan, piscine, ultramarin/ultramarin**)]

Bleu fjord, *loc. adj.* ou *loc. nom. inv., mod.* (1981, *infra*), *littér., rare.* Bleu vert. « Objectif Frigg. Cité marine, la plus occidentale de la Norvège. (...) En dessous, se détachant grandeur maquette sur du bleu fjord, Stavanger. (...) Stavanger, banlieue de tous les gisements de pétrole et de gaz en mer du Nord. » (*Le Nouvel Observateur,* 12. 9. 1981, p. 50, c. 1).

* *Bleu fjord* fait partie du lexique des couleurs des catalogues-VPC 1985-2003.

France

[P. réf. à la couleur bleue des armes de France (couleur des Capétiens (→ **roi**) et à la matière colorante bleue de ce nom]

A. –*TECHNOLOGIE* [*CHIMIE, TEINTURE,* etc.] **Bleu de France**, *loc. nom. inv.* Bleu moyen obtenu de la matière colorante de ce nom.

1. « La terre de la faïence de Sceaux est fine, d'une couleur variant du **chamois** au **rose pâle** ; l'émail, très régulier, est d'un **blanc laiteux** et brillant. (...) Sceaux copie aussi des modèles de porcelaine française et étrangère. – Le bord des vaisselles, qu'il soit lisse ou festonné, porte souvent des peignés **roses** ou **bleus.** Le **bleu de cobalt** ou "**bleu de France**" est particulièrement caractéristique par sa couleur limpide ; on le trouve notamment dans les services du duc de Penthièvre, protecteur de la manufacture à la suite de la duchesse du Maine ; ces services furent exécutés pour les résidences d'Anet, d'Armainvilliers et de Rambouillet. – Sceaux fournit encore un service à Choiseul pour Chanteloup ; il travailla aussi sans doute pour le roi. »
(G. Fontaine, *La Céramique française,* 1965, pp. 65-66).

B. – **Bleu(-)de(-)France**, *loc. adj. inv., rare.* Bleu moyen rappelant le bleu de France. « (...) les quais de la ville vieille, au-dessus de la mer Ionienne, – ce gouffre bleu-de-France flamboyant, de l'autre côté du rempart de pierre vieille et brûlante... est-ce là l'essentiel ? Sont-ce là les dominantes ? » (V. Larbaud, *A. O. Barnabooth,* 1913, p. 138).

* Attesté sous la forme *Bleu de France* ou *Bleu France* dans les catalogues-VPC 1985-2003.

** Le bleu est la couleur représentative de la France : l'une des couleurs du drapeau tricolore national (→ **bleu(-)blanc(-)rouge**) et, dans le domaine du sport, la couleur de l'équipe de France.

GAULOISE

[P. réf. à la couleur bleu clair, nuancé de mauve, du paquet d'emballage de la marque de cigarettes de ce nom, de la Régie Française des Tabacs (lancée le 25 avril 1910)]

A. – Bleu gauloise, *loc. adj.* ou *loc. nom. inv.*, *mod.* (1977, *infra*). [En parlant d'un vêtement, d'une étoffe] Bleu clair, nuancé de mauve.

1. « Les "**gauloises**" vont remplacer les "**aubergines**" : les contractuelles de Paris vont, à la rentrée, être dotées d'un nouvel uniforme. Veste, jupe, pantalon, robe, manteau et chapeau changeront de couleur et seront "**bleu gauloise**". »
(*Le Point*, 18. 7. 1977, p. 25, c. 1).

* *Gauloise* fait partie du lexique des couleurs des catalogues-VPC 1985-2003.

B. – *P. méton.* [En parlant d'une personne [P. réf. à la couleur bleu clair de son uniforme]] **Gauloise**, *subst. fém.*, *mod.* (1977, *supra*), *fam.* Contractuelle (→ **aubergine, marinette, pervenche**). V. *supra*, ex. 1.

– **Gauloise bleue**, *var. plus rare, fam., région.* [*Sud-Ouest, Dax*], *mod.* (1978, *infra*). V. → ***pervenche*** ex. 4.

GENDARME

[P. réf. à la couleur bleu foncé des anciens uniformes de la gendarmerie]

Bleu gendarme, *loc. adj. inv.*, *vieilli.* Bleu foncé.

* Employé assez fréquemment dans le vocabulaire de la mode au XIXe s. Absent du corpus XXe s., mais encore noté dans *Lar. 20e* et *Rob. 1960.*

GITANE(S)

[P. réf. à la couleur bleu moyen du paquet d'emballage de cette marque de cigarettes de la Régie Française des Tabacs]

Bleu Gitane(s), bleu gitane(s), *loc. adj.* ou *loc. nom. inv.*, *mod.* (1985, *infra*), *MODE.* Bleu moyen. V. → ***bleu*** ex. 65.

1. « La firme lorientaise s'était déjà distinguée en présentant la gamme de vêtements de mer matelassés (...) **bleu roi,** à doublure **jaune,** très seyante, et la veste de quart (...) **jaune** en haut, **bleu gitanes**, en bas, moins réussie mais extraordinairement visible d'un ponton à l'autre ! »
(*Le Monde Loisirs*, 12. 1. 1985, p. IV, c. 1).

* *Bleu gitane* ou *p. ell. gitane* fait partie du lexique des couleurs des catalogues-VPC 1985-2003 dans lesquels il désigne un bleu plus ou moins soutenu.
** La célèbre silhouette de la gitane fut dessinée par le publicitaire Max Ponty en 1947.

Glacier

[P. réf. à la couleur bleu vert des glaciers (v. les termes chromatiques ayant pour réf. l'eau, notamment → **Californie, eau (de mer), fjord, lagon, marin, mer, mer Égée, mers du Sud, Nil, océan, piscine, ultramarin/ultra-marin**)]

Bleu(-)glacier, *loc. adj.* ou *loc. nom. inv.* (1903, *La Mode illustrée,* in *DDL 33*). Le plus souvent *MODE.* Bleu clair tirant sur le vert. « Les couleurs [pour les tenues de ski] donnent la vedette au bleu glacier, à l'orange vif, au jaune fluo, au rouge fort, ainsi qu'aux tons de chasse, au noir et au blanc. » (*Le Monde Loisirs,* 17. 11. 1984, p. VI, c. 4). « Il y a [au Musée national d'histoire naturelle] les plus belles pierres de la collection de minéralogie du Muséum dont l'éclat et les couleurs, les formes réjouiront tout le monde, du spécialiste au profane. Il y a aussi des pierres exceptionnelles du Brésil, du Mexique, de Chine, du Pakistan, du Maroc (...) : une topaze bleu-glacier de 10 kilos, les plus beaux cristaux (bruns) de chrysobéryl, entre autres. » (*Le Monde, Sciences et médecine,* 4. 6. 1991, p. 12, c. 4).

* *Bleu glacier* ou *p. ell. glacier* fait partie du lexique des couleurs des catalogues-VPC 1985-2003 où il peut désigner une nuance claire de bleu (plus ou moins désaturé vers le gris), une nuance claire intermédiaire entre le bleu et le vert ou un vert clair.

** *Glacier* est attesté dans *The Pantone® Book of Color* pour désigner un vert très clair. Dans le même champ référentiel, *champ de glace* et *glace bleue* désignent un bleu très clair.

*** À rapprocher de *bleu glacial.*

Gros(-)bleu

[L'*adj. gros*, outre sa valeur amplificatrice renforçant un *adj.*, en qualifiant la qualité ordinaire ou médiocre d'un objet, d'un produit (v. notamment, à propos du vin : *gros bleu, gros rouge ;* à propos du tabac : *gros bleu*), connote parfois une certaine rusticité, grossièreté de la teinte. V. aussi → **gros(-)vert**]

Loc adj. ou *loc. nom. inv.* [Le plus souvent en parlant d'une étoffe épaisse ou grossière, d'un vêtement d'hiver] Bleu foncé, intense. *Cape, habit, paletot, tablier gros(-)bleu.* « Je vois des tentures gros-bleu, des tableaux couleur de raisiné, et, dans un coin, un plan-coupe de la "batteuse-trieuse Socque et Sureau", avec les médailles des expositions. » (G. Duhamel, *La Confession de minuit,* 1920, p. 12). « Le papier gros bleu du ciel sur lequel le soir avait brouillonné comme un collégien, les tire-bouchons d'un crayonnage rose (...). » (M. Proust, *Le Côté de Guermantes 1,* in *À la Recherche du Temps perdu,* 1920, p. 95). « L'aubergiste, bas rayés, bonnet de coton, chemise beige, pantalon et gilet gros bleu, manie un long fusil (...). » (J. Audiberti, *Théâtre,* t. 1, 1948, p. 83). « En 1856, elle a changé de nom [la manufacture de la reine] et n'est plus qu'un magasin de vente. La production se compose surtout de services d'une belle ordonnance. L'emploi du fond gros bleu orné de filets d'or y est original. » (G. Fontaine, *La Céramique française,* 1965, p. 135). V. → ***bleu*** ex. 64.

1. « Son œil fixait tantôt une casaque **bise** sans aucun accessoire, pièce de toile et coups de ciseaux, tantôt des bas de coton **gros bleu,** tantôt de petits sabots **couleur de fumier**, aigus, massifs et délicats, tantôt d'autres choses qui n'avaient rien à voir avec elle, comme le char de regain ou la machine faneuse. »
(J. Malègue, *Augustin ou le Maître est là,* t. 1, 1933, p. 208).

2. « (...) sur la gauche, on voit naître de la mer, comme une cité jadis engloutie, le mirage translucide d'Alcocebre. Alentour tout est flots **gros bleu** et sable **safrané.** »
(A. T'Serstevens, *L'Itinéraire espagnol,* 1933, p. 45).

HÉLIOTROPE

[P. réf. à la couleur bleu violet des fleurs de l'espèce la plus commune d'héliotrope (l'*Héliotrope du Pérou*)]

Bleu(-)héliotrope, *loc. adj. inv.*, ou *p. ell.* **Héliotrope**, *adj. inv. Vieilli* ou *littér., rare.* Bleu violet. « (...) parmi les teintes suivantes : (...) héliotrope, vieux rouge (...), gris fumée (...). » (*La Mode illustrée,* 1907, p. 98, in *DDL 33*).

1. « C'était un mioche de cinq, six ans ; mais alors que tous ses frères étaient **blonds**, d'un **blond pâle**, et avaient les sourcils comme faits de bourre soyeuse et les cils faufilés de duvet de chanvre **argenté**, les yeux **bleu-héliotrope** posés comme deux œufs de colibri dans un nid, lui était un **noiraud** aux yeux de braise et il était mince, souple et dégingandé, alors que ses frères, tous faits sur le même moule, étaient trapus, râblés, courts de taille et empâtés comme leur oncle Peter, l'écrivain de bord, mon copain, qui ne m'arrivait qu'à l'épaule (...). »
(Bl. Cendrars, *Bourlinguer,* 1948, pp. 256-257).

* L'héliotrope et son bleu violet a pour signification emblématique : « Attachement » et pour langage symbolique : « Je demeure confiant ». (*Lar. Univ. 1922,* s. v. *fleur*).

HORIZON

[P. réf. à la couleur bleue du ciel diurne et sans nuages, à l'horizon (→ **bleu** 1re SECTION. *ADJECTIF.* I. A. 1. a)]

Bleu clair (→ **azur, azuré, azuréen**, **azurin**, **céleste**, **cérulé**, **céruléen**, **ciel, infini**).

I. – Bleu(-)horizon, *loc. adj.* ou *loc. nom. inv.*

A. – *Loc. adj. inv.* (1916, *infra*).

1. *Littér., rare.* « (...) Poterloo s'est arrêté au milieu de la route où le coton du brouillard s'effiloche en longueur, il est là à écarquiller ses yeux bleu horizon, à entr'ouvrir sa bouche écarlate. » (H. Barbusse, *Le Feu,* 1916, p. 161). « Je connais quelqu'un qui, les ayant religieusement sélectionnés [les centaines de récits de la vie militaire], en a garni un réduit en forme de cagna (...). Ils sont reliés en bleu horizon, et portent des galons rouges, argent ou or, qui indiquent le grade de leur auteur. » (A. Thibaudet, *Réflexions sur la littérature,* 1936, p. 148).

2. *En partic.*

a) [En parlant d'un uniforme militaire français, notamment pendant la plus grande partie de la guerre de 1914-1918] Bleu moyen. « D'autres, qui ont déjà touché les nouvelles capotes bleu-horizon font les farauds. On dirait qu'ils vont faire la guerre en dimanche. » (R. Dorgelès, *Les Croix de bois,* 1919, p. 65). « L'évêque de Volo m'invita dans la nuit de Pâques à l'assister à la place du diacre à l'autel. En uniforme bleu horizon d'officier, je suivis ainsi d'aussi près que possible une magnifique liturgie orthodoxe. » (A. Billy, *Introïbo,* 1939, p. 194).

1. « Les délégués de l'Académie Française, en **uniforme vert**, et conduits par Henri de Régnier, le directeur en exercice, faisaient à chaque geste sonner sur les dalles les fourreaux de leurs épées. On se montrait, au milieu des académiciens, un homme à **moustaches blanches**, le corps encore droit, dans un **uniforme bleu horizon**, et l'on se chuchotait : "C'est Foc". »
(M. Druon, *Les Grandes familles,* 1948, p. 100).

– [*P. méton.*, en parlant d'un soldat vêtu de cet uniforme] « Jallez aurait bien voulu, disait-il, pour son propre confort moral, se représenter l'immense foule des poilus bleu-horizon comme d'émouvantes victimes qui, non contentes de payer les sottises politiques du temps de paix, devaient encore essuyer en silence les éclaboussures de sottise du temps de guerre. » (J. Romains, *Verdun,* 1938, p. 219).

* La couleur bleu(-)horizon des uniformes militaires fr. fut remplacée par la couleur kaki. Pour l'évolution de la couleur des uniformes militaires fr. v. notamment → **écarlate, garance, hussard, kaki, vert-de-gris ;** v. aussi *infra,* ex. 5 et ex. 6.

b) *Au fig., HISTOIRE / POLITIQUE.* [P. réf. aux uniformes militaires français de 1914-1918]

α) • **Chambre bleu(-)horizon,** *loc. nom. fém.* Assemblée législative, composant le Parlement, à majorité conservatrice, très nationaliste, élue en 1919 et composée d'anciens combattants de cette guerre. « Sans aucun doute, l'union des intérêts économiques a donné de multiples consignes de vote aux députés qu'elle avait contribué à faire élire à la chambre "bleu horizon". On peut admettre que cette dernière ait été, même sans l'union, de tendances conservatrices. » (J. Meynaud, *Les Groupes de pression en France,* 1958, p. 149). « Une chambre dite de "bloc national" est élue. Cette formation communément appelée "bleu horizon" disposait de quatre cent trente-trois députés, appartenant à diverses tendances. Sous la conduite de Georges Clemenceau, "le tigre", héros du temps de guerre, elle doit préparer cette paix difficile. » (B. Cacérès, *Histoire de l'éducation populaire,* 1964, pp. 70-71). V. → ***bleu*** ex. 70.

2. « Il est vrai que cette nouvelle chambre a fait une place exceptionnelle aux nouveaux venus, et spécialement aux hommes du front. "**La chambre bleu-horizon**", disent les journaux ; et ils lui promettent de grands destins. »
(J. Romains, *La Douceur de la vie,* 1939, p. 116).

– [P. réf. à la *Chambre bleu(-)horizon*]

* [Sur le modèle de *chambre bleu(-)horizon ;* p. réf. aux valeurs *fig.* de → **rose** (socialisme)]

• **Assemblée rose(-)horizon,** *loc. nom. fém.* Pour désigner l'Assemblée législative, composant le Parlement, à majorité socialiste, élue en 1981. « Mettre en pièces un système deux fois centenaire (la centralisation), cela peut être facile. Mettre en place ce qui succédera, en *revanche...* Malgré cette "introuvable" assemblée "rose horizon", Defferre, fin Juillet, aura vu s'allonger pendant une semaine ce débat parlementaire (sur la décentralisation) qu'il espérait plus court. » (*L'Express,* 7. 8. 1981, p. 46, c. 1 - A. Pautard).

* *P. ext., mod.* [*Bleu(-)horizon* connote la droite républicaine, conservatrice]. « Sous la Ve République, de fait, les Chambres monocolores ont toujours connu un destin difficile. Le raz de marée bleu horizon de Juin 1968 a été suivi, quelques mois plus tard, du départ du général de Gaulle. » (*Le Point,* 15. 5. 1993, p. 22, c. 2-3 - D. Jeambar).

β) [P. réf. aux uniformes militaires français de 1914-1918 ; parfois p. réf. aussi à la *chambre bleu(-) horizon ;* généralement avec une connotation de nationalisme, de patriotisme exacerbé]

3. « Il devait avoir le cœur **tricolore**, lisait les bons auteurs français, de Rabelais à Anatole France, son dieu. Mais sans esprit **garance**, défilés **bleu horizon** et arc de triomphe. Il était français, quoi. »
(R. Fallet, *Banlieue sud-est,* 1947, p. 324).

4. « Charles le Grand est débordé avec son Algérie, son FLN, ses comités de Salut Public ! Pas eu le temps matériel de s'occuper de nozigs... Normal après tout, mais qu'on se fasse pas de bile, il n'a reculé que pour mieux absoudre. En janvier dès qu'il sera intronisé Président, le coup d'éponge garanti. Ça chuchotait même les détails... peines au-dessous de cinq ans rayés du case... au-dessus, une remise de moitié. Amnistie genre **bleu-horizon** de 1920, disaient les grands-pères chevaux de retour. Même les matons persuadés. »
(A. Boudard, *La Cerise,* 1963, p. 307).

B. – *Loc. nom. inv.* (1916, *infra*).

1. [Le plus souvent à propos d'un uniforme militaire] Cette couleur. « Et chacun suit du regard deux généraux qui se promènent d'un pas lent. L'un est vêtu de bleu horizon, comme la troupe, comme tout le monde. » (H. Bordeaux, *Les Derniers jours du fort de Vaux,* 1916, p. 70). « Partout des uniformes, ici d'aspirants et de lieutenants de vaisseaux, d'un bleu presque noir, là d'officiers de terre en bleu horizon. » (P. Bourget, *Lazarine,* 1917, p. 188). « Au premier rang, il [le colonel] écoutait, vieux noble d'antique race, symbole de toutes les choses anciennes, avec ses yeux bleus, plus clairs que le bleu horizon de son uniforme, amusé et placide. » (H. de Montherlant, *Le Songe,* 1922, p. 92). V. → ***bleu*** ex. 64, 65 et ***jean*** ex. 1.

5. « Nous avons fait la guerre, porté les couleurs de nos nations, le **bleu horizon,** le **gris**, le **kaki,** le **réséda.** Toutes ces couleurs ont perdu. »
(J. Guéhenno, *Journal d'un homme de 40 ans,* 1934, p. 81).

6. « Comme en 14, où peu à peu le **kaki** a remplacé le **bleu horizon,** voici que le **kaki** mode supplante le **bleu jean.** Du **kaki brun** au **kaki vert** en passant par le **kaki adouci** – nouvelle nuance – vous pourrez vous en recouvrir de la tête aux pieds. »
(*Le Point,* 30. 1. 1978, p. 25, c. 1).

2. *P. méton., fam.* Soldat français vêtu de l'uniforme bleu(-)horizon (en particulier pendant la guerre de 1914-1918) ; poilu. *Synon.* → **capote bleue**.

7. « Comme la plupart étaient recouverts jusqu'au menton de leurs capotes, on ignorait quelle forme avait le ravage qui faisait d'eux des morts dans la vie. Cette incertitude levait une nouvelle interrogation sur ces sphinx de la douleur. Alentour, quelques **bleu-horizon** regardaient : belles barbes du service automobile, territoriaux employés à la voirie, vieilles carcasses ornées au petit bonheur de rubans commémoratifs italiens, toutes les figures ignobles des hommes qui ne vont pas au feu. Cela bouffonnait : Pariss ! Pariss ! »
(H. de Montherlant, *Le Songe,* 1922, p. 137).

II. – *P. ell.* **Horizon**, *adj., mod.* (1951, *infra*), *MODE, rare.* « Bustier bain de soleil sans épaulettes, toile suisse (...). Coloris (...) sèvres, serin, horizon. » (*Union économique privée,* juin 1951).

* *Horizon* fait partie du lexique des couleurs des catalogues-VPC 1985-2003.

HUSSARD

[P. réf. à la couleur bleue très foncée des uniformes des hussards, cavaliers de l'armée hongroise et polonaise, puis soldats des corps de cavalerie légère, dans diverses armées fr.]

Bleu hussard, *loc. adj.* ou *loc. nom. inv., vieilli.* [En parlant de la capote faisant partie d'un uniforme militaire] Bleu très foncé, presque noir. « Moi, c'est Sulphart que je préfère. Il est vêtu d'une capote ancien modèle, bleu foncé, avec une grande poche rapportée, d'un joli bleu hussard. Il a (...) renforcé ses molletières grises d'une bande de gros cuir, découpée dans des jambières réglementaires. » (R. Dorgelès, *Les Croix de bois,* 1919, p. 65).

HYACINTHE[1]

[P. réf. à la couleur bleu mauve des fleurs de l'espèce la plus commune de hyacinthe. *Synon. vx* de *Jacinthe*]

(Bleu) d'hyacinthe, *loc. adj. inv., p. ell.* **hyacinthe,** *adj.* ou *subst. masc., vx, littér., rare.* [Le plus souvent en parlant d'un vêtement, d'une étoffe] Bleu mauve ou violet. *Synon.* → **Jacinthe**. *Manteau d'hyacinthe.* « Étoffe hyacinthe. » (*Nouv. Lar. ill.*). « La montagne a revêtu sa robe d'hyacinthe, le violet, hymen de l'or et de la nuit. » (P. Claudel, *Connaissance de l'Est,* 1907, p. 100).

1. « Les couleurs mentionnées dans la Sainte Écriture ont, au moins en certains cas, une signification symbolique (...) : (...) l'**hyacinthe** ou **bleu** [représente] le ciel (...) par l'**hyacinthe** [est figurée] la méditation des choses célestes. C'est surtout, semble-t-il, du rapprochement de certains textes sacrés, que doit se déduire la signification symbolique des couleurs mentionnées dans la Bible. Ainsi (...) le **bleu d'hyacinthe**, rappelant par sa couleur le ciel qui est la demeure de Dieu, semble avoir symbolisé pour les Hébreux la présence divine. C'est dans cette pensée sans doute que le grand prêtre, appelé par ses fonctions à communiquer directement avec Dieu, portait une robe **d'hyacinthe** (...). Saint Jérôme, Ep. LXIV, 18, t. XXII, col. 618, dit que la robe **d'hyacinthe** du grand prêtre, offrant la couleur de l'air, symbolise l'élévation du cœur au-dessus des choses terrestres (...). En dehors des usages religieux, cette couleur **bleu d'azur** était estimée presque à l'égal de la **pourpre**. On la trouve portée par de grands personnages (...). »
(*Bible 1912*, s. v. *couleur*).

HYACINTHE²

[P. réf. à la couleur brun orangé ou rougeâtre de la pierre précieuse de ce nom]

A. – D'hyacinthe, *loc. adj. inv., vx, littér., rare.* Jaune ou brun rougeâtre. « Ce teint coloré, ce front bas, ces petits yeux défiants, et cet air de taureau ? Et cette mèche blanche qui le jour de ton mariage déjà se mêlait à tes boucles d'hyacinthe ? » (P. Claudel, *Protée*, 1re version, in *Théâtre*, t. 2, 1914, p. 313).

– [Pour nuancer le terme *rouge*] Qui tire sur le brun orangé ; rouge brun orangé. « Quand l'ipomée des sables vire au rouge d'hyacinthe, Et la mer revêtant sa couleur d'holocauste. » (Saint-John Perse, *Amers*, in *Nouvelle Revue française*, janv. 1953, n° 1, p. 24).

B. – Hyacinthe, *adj., MINÉRALOGIE / ORFÈVRERIE.* « Au XXe s., “hyacinthe” devint pour les lapidaires un simple qualificatif signifiant “couleur orangée”, exclusivement appliqué au grenat et au zircon. » (P. Bariand et J.-P. Poirot, *Larousse des pierres précieuses,* 1985, p. 149).

IBM

[P. réf. au fait que la couleur bleue est la couleur de reconnaissance de cette société-leader de l'informatique, notamment dans son sigle et dans le costume bleu foncé qui a longtemps été celui de ses cadres - actuellement remplacé par une chemise blanches au logo de la firme d'Armonk]

Bleu IBM, *loc. nom. inv.* Bleu foncé, couleur de reconnaissance d'IBM (Anglais : *International Business Machines*), appelé encore → **Big Blue, Big Bleu** (Québec), **Gros Bleu, Grand Bleu, Géant Bleu.** «Il y a (...) le bleu IBM et les bleus à l'âme. Dans le ciel prisonnier des toitures de Palexpo, Telecom nous a fait découvrir aussi le bleu Panasonic venu du plus profond de l'azur extrême-oriental.» (Dans la mégalopole, in *www.ib-com.ch/pages/archives/03.11/0311edito.html*).

1. « Chers lecteurs du forum.
Imaginez que votre client ce soit IBM. Il veut un site avec son celebre **bleu «IBM».** Vous faites comment ?
Et bien il suffit de choisir la couleur exacte dans un petit livre, un nuancier pantone, le « Solid to RGB » et une fois la couleur exact trouvée vous avez appliquez le code couleur donné par le nuancier sous la forme #ffff99
Vous pouvez ainsi respecter exactement la charte couleur du client, voire lui faire choisir sur papier la couleur du fond, des titres des lettres etc. »
(*Forum Webmaster Hub,* « La couleur exacte du logo », 28. 8.2003).

INDE

[P. réf. à la couleur bleue de la matière colorante de ce nom. Du lat. *indicum :* « indigo », neutre substantivé de l'*adj. indicus :* « de l'Inde », prob. par l'ancien provençal *indi* : « d'une couleur bleu foncé violacé »]

Bleu d'Inde, *loc. adj.* ou *loc. nom. inv.* ou *p. ell.* **Inde**, *adj. inv.* ou *subst. masc. TECHNOLOGIE* [*CHIMIE, TEINTURE*, etc.]. Bleu foncé tirant sur le violet obtenu de la matière colorante de ce nom ; *p. ext., littér., rare.* Bleu rappelant le bleu d'Inde. *Synon.* → **indigo**.

couleur (bleu d') inde ; teindre en inde. « Le roi parut avec une cotte de samit inde (soie violette). » (E. Faral, *La Vie quotidienne au temps de Saint Louis,* 1942, p. 181).

INDIGO

[P. réf. à la couleur bleu foncé violacé ou rougeâtre obtenue de la matière colorante de ce nom, originaire des Indes, autrefois extraite des feuilles et des tiges notamment de l'indigotier et du pastel, fabriquée de nos jours, par synthèse. Du lat. *indicum*: *indigo,* neutre substantivé de l'*adj. indicus*: « de l'Inde, indien ». *Indigo* est prob. empr. au portuguais *indigo,* compte tenu du rôle commercial des Portuguais aux Indes]

TECHNOLOGIE [*CHIMIE, TEINTURE,* etc.] Bleu très foncé, à reflets violets ou rougeâtres, obtenu de la matière colorante de ce nom ; *p. ext.,* bleu rappelant le bleu d'indigo.

* Pour l'histoire de cette matière colorante et son utilisation v. → **pastel**[1] ** et ***.

A. – Bleu d'Indigo, bleu indigo, *loc. adj.* ou *loc. nom. inv.*

– [En parlant du ciel] « Le ciel tourna, devint bleu d'indigo ; et les étoiles étaient comme des villages dans le ciel. » (H. de Montherlant, *Le Songe,* 1922, p. 165). « Les lignes pures de la terre hivernale s'épaississaient de touffeurs bleues ; les plans s'étaient tout à coup rapprochés, l'espace comblé. Le ciel lui-même, d'un bleu lourd d'indigo, touchait la terre comme une main. » (M. Genevoix, *Raboliot,* 1925, p. 304).

– [En parlant d'un vêtement, d'une étoffe] « Elle se souvenait des hommes voilés de bleu indigo de son enfance tournant à dos d'azuzâl pour séduire les femmes qui, lançant des cailloux, choisissaient ensuite l'élu de la nuit. Elle entendait encore les rires sous les tentes, derrière les dunes. » (A. Francos, *Sauve-toi, Lola !,* 1983, p. 104).

* *Bleu indigo* est attesté dans *The Pantone® Book of Color.*

B. – *P. ell.*

1. D'indigo, *loc. adj. inv., rare.*

1. « Des moineaux **dorés, noirs** et **rouges** qui en se posant devenaient des boules incolores ; des merles au vol **blanc** sale qui se posant devenaient des poires **de pourpre** et **d'indigo** (...). » (J. Giraudoux, *Suzanne et le Pacifique,* 1921, p. 76).

2. Indigo.

a) *Adj. inv.*

α) *Couleur indigo.*

2. « (...) le Gard cultivait le pastel, qui donnait la teinte **indigo,** et la garance pour le célèbre **rouge** des uniformes d'alors ; il recueillait dans la garrigue les cochenilles, qui fournissaient le carmin. » (*Pays et gens de France,* 61, *Le Gard,* 23. 12. 1982, p. 6, c. 2).

– [En parlant d'un élément naturel, en particulier du ciel, de la mer] « Sur une mer indigo, coupée de courants bleu clair, mourait un continent crayeux et calme, à peine écumant. » (J. Giraudoux, *Simon le pathétique,* 1926, p. 44). « (...) il est aussi des jours magnifiques, sous un ciel bleu sombre, couleur indigo, à force d'être profond. On en jouit en toute saison. Alors, il y a des épanouissements, des pullulations insoupçonnées. » (J. de Pesquidoux, *Le Livre de raison,* t. 3, 1932, p. 105).

– [En parlant d'un vêtement, d'une étoffe] *Toile indigo.* « On m'entortille dans mes foulards. Sur le seuil, face au gouffre de l'extérieur, un trou rectangulaire et blanc, un gouffre de chaux vive, le froid brûle comme du feu. Difficile de quitter cet antre tapissé de cotonnades indigo. » (C. Paysan, *Les Feux de la chandeleur,* 1966, p. 160). « On agissait, on parlait, ou bien, si l'on veut, des muscles jouaient, des os craquaient à 4 m 50 sous terre. Et peu à peu se composait cette vérité, faite d'autant de bruit que de silence, d'autant de corps que de cadavres. Non pas gisante, mais animée, la vérité, au masque de femme d'un certain âge, les cheveux collés par la pluie, à la silhouette confuse, les mains serrées contre ses hanches, dans les poches de son imperméable indigo, marchait au centre de la rue. » (J.-M. G. Le Clézio, *Le Déluge,* 1966, p. 35).

* *Indigo* fait partie du lexique des couleurs des catalogues-VPC 1985-1996. V. → **Jean** pour les dénominations de couleur des jeans, formées avec *indigo* + *adj.* ou *subst.*

– [En parlant d'une chose quelconque] *Rare.* « Bravo pour l'allumage ! épatamment réglé ! Une vraie bombe ta R 16 indigo, couverte de valoches, pleine à craquer de camelote ! » (B. Blier, *Les Valseuses,* 1972, p. 410).

β) *P. ext.* [En parlant d'un aspect physique, de la peau, du teint d'une personne meurtrie de coups] « (...) le corps à peine atteint. À part les bleus. À poil, en pied, là dans la glace du vestibule, c'était impressionnant : indigo du bas en haut, d'oedèmes, du fait des coups. Mais rien de touché. » (Bayon, *Le Lycéen,* 1987, pp. 404-405).

b) *Subst. masc.* Cette couleur.

α) *Cour.*

– [En parlant d'un élément naturel, en particulier du ciel, de la mer] « (...) une barque blanche, incroyablement lumineuse, glissait sur l'indigo de la mer. » (R. Martin du Gard, *Les Thibault, Le Cahier gris,* 1922, p. 645). V. → ***bleu*** ex. 59.

3. « L'air est si sec que tout y dure, sans la moindre altération. Les ingénieurs, les hydrauliciens partagent avec les architectes, les sculpteurs, l'idée d'un milieu spatial géométrique immobile qu'une durée mesurable par l'arithmétique ramène, comme un mouvement de pendule, à ses deux points extrêmes qui reviennent tous les ans. Ajoutez à cela le désert, dont les vagues ondulent jusqu'au point culminant de leurs arêtes tranchantes, l'immense lumière égale, et sans brumes, la dureté de la matière exigeant la franchise et la simplicité du style, le Nil **couleur de sang** pendant l'inondation, l'**émeraude** à peu près égale des cultures, l'**or** des falaises et des sables, l'**indigo** du ciel, la **rougeur** ardente des soirs. Il est impossible d'imaginer un monde déterminant d'une façon plus rigoureuse la forme de ces statues géométriques ondulantes, la qualité de ces colorations pures, uniformes, intenses, qui saturent les murs des temples, la pierre, le bois, le métal des sarcophages, des coffrets de toilette, des outils industriels. »
(E. Faure, *L'Esprit des formes,* 1927, p. 87).

– [En parlant d'un aspect physique]

4. « Eric vit alors apparaître, dans une mandorle **rouge,** un homme jeune, dont on oubliait aussitôt le pantalon et le blouson de **blue jean,** si troublante était sa tête d'un **ivoire** cadavérique, nimbée d'une **barbe noire,** brève et drue, entaillée d'une bouche

d'un **indigo** si foncé qu'on aurait pu la croire peinte, entrouverte sur une jolie denture acérée d'ompophage. »
(V. Volkoff, *Le Bouclage,* 1990, p. 404).

β) *PHYSIQUE* [*OPTIQUE*] Une des couleurs fondamentales du spectre, située entre le bleu et le violet.

5. « Nous savons que, dans l'excitation par les radiations lumineuses dispersées en un spectre, des variations dans la fréquence – ou corrélativement, dans la longueur d'onde – de ces radiations se traduisent, lorsque l'apport d'énergie est suffisant, par des variations de couleur, s'ordonnant en une série, d'apparence continue et telle que nous l'offre l'arc-en-ciel, de nuances – ou tonalités – qui vont du **rouge** au **violet** en passant par l'**orangé,** le **jaune,** le **vert,** le **bleu** et l'**indigo,** suivant l'énumération des sept couleurs de Newton, influencé sans doute par le nombre des notes dans la gamme. »
(H. Piéron, *La Sensation, guide de vie,* 1945, p. 134).

6. « Étant donné que la **lumière blanche** que nous envoie le soleil est formée de longueurs d'onde variées, (...) cette lumière est décomposable ; chacun de nous a observé, par exemple dans l'arc-en-ciel, cet effet de dispersion ; toute surface biseautée, prismatique, nous fournit un spectre composé d'une multitude de nuances en dégradé dont on retient sept couleurs principales, par longueur d'onde croissante : **violet, indigo, bleu, vert**, **orange**, **jaune** et **rouge**. La cause de la dispersion est liée intimement à l'indice de réfraction ; les diverses longueurs d'onde se propagent dans tout milieu optique avec des vitesses différentes et sont donc réfractées différemment dans un corps transparent. »
(N.-A. Metta, *Les Pierres précieuses,* 1960, p. 30).

INFINI

[P. réf. au fait que la couleur bleue suggère le ciel, qui est infini, illimité dans l'espace]

Couleur d'infini, *loc. adj. inv. littér., rare.* Bleu clair (→ **azur, azuré, azuréen, azurin, céleste, cérulé, céruléen, ciel, horizon**).

1. « Sous le plafond **couleur d'infini,** deux familles
Causent, âmes en rond comme des peupliers ;
La douceur d'être tant les joint comme du lierre ;
Entre eux l'amitié stagne en petit lac heureux. »
(J. Romains, *Dynamisme des rayons,* in *La Vie unanime,* 1908, p. 100).

– [Pour nuancer le terme *bleu* et en indiquer une nuance claire]

2. « (...) de vieux paysans, les cheveux longs et **gris** débordant de dessous la petite casquette, et cachant les oreilles dont on ne voyait que les anneaux, le cou serré dans un mouchoir de soie **noire** agrafé d'une épingle à gros cabochon d'or ciselé, et la face **hâlée,** impassible et dure, éclairée de deux yeux **bleus couleur d'infini,** des yeux de roulier des mers dans ces faces de primitifs. »
(M. Van der Meersch, *L'Empreinte du Dieu,* 1936, p. 148-149).

JACINTHE

[P. réf. à la couleur bleu mauve des fleurs de l'espèce la plus commune de jacinthe. *Synon.* de *hyacinthe[1]*]

[Le plus souvent en parlant d'un vêtement, d'une étoffe] Bleu mauve ou violet. *Synon.* → **hyacinthe[1]**.

A. – Bleu jacinthe, *loc. adj.* ou *loc. nom. inv.* «(...) elle portait une robe en crèpe Georgette bleu jacinthe plissée et trop serrée à la taille par une ceinture de velours grenat.» (R. Sabatier, *Trois sucettes à la menthe*, 1972, p. 76).

B. – *P. ell.*

1. Couleur de jacinthe, *loc. adj. inv.* «(...) et soudain, du fond de la rue surgit un personnage étrange! Il arrive, des pieds à la tête habillé de violet, d'une robe de velours couleur de jacinthe passée, avec une longue barbe déteinte (...)» (J. et J. Tharaud, *L'An prochain à Jérusalem*, 1924, p. 38).

2. Jacinthe, *subst. masc. inv., rare.* Cette couleur; bleu, mauve ou violet. V. → ***pervenche*** ex. 3.

* La jacinthe et sa couleur bleu mauve ou violette a pour signification emblématique: «Joie du cœur» et pour langage symbolique: «L'espoir que vous me donnez me ravit». (*Lar. Univ. 1922*, s. v. *fleur*).

JAVEL

[P. réf. à la décoloration produite par l'eau de javel, plus ou moins diluée dans l'eau, pour blanchir le linge blanc]

Bleu javel, *loc. adj. inv., rare.* Bleu très pâle, comme décoloré par l'eau de javel. «Après Montauquier, je pourrai débarrasser la ville de tous les salauds. C'est ce que j'ai pensé. Dans mon regard, le tondu aux yeux bleu javel a dû le sentir. Il a encore craché: "On te règlera ton compte, t'en fais pas!"» (V. Thérame, *Bastienne*, 1985, p. 143).

JEAN

[P. réf. à la couleur bleu clair, délavé, des «jeans» (abrév. de *blue-jean* (→ **blue-jean**), couleur traditionnelle de ces pantalons fabriqués à l'origine dans de la toile de Gênes bleu clair (*Gene, Jene, Jane*, lui-même empr. au m. fr. *Gennes, Jennes*))]

MODE. Bleu clair, délavé.

A. – Bleu jean, *loc. adj.* ou *loc. nom. inv., mod.* (1978, *Le Point*, p. 25, c. 1 (v. → ***horizon*** ex. 6). Certainement repris des catalogues de mode-VPC). V. aussi → ***lessive*** ex. 1.

1. «Nuit rayée parmi les lignes aux dimensions variables qui défilent sur les couettes et les housses. Remarqué: du **bleu, blanc**, **rouge** chez Descamps (...), du **jaune** chez Quelle. **Vert tabac** et **bleu jean** sur fond écru chez Daniel Hechter.»
(*L'Est Magazine, Suppl. de L'Est Républicain*, 12. 1. 1992, p. 13, c. 3).

B. – *P. ell.* **Jean**, *adj. inv. mod.* (Vers 1985).

2. «C'est dans la gamme des **bleus** que ces pratiques [des tons délavés] sont devenues les plus courantes, les **blue jeans** ayant les premiers lancé de telles modes et articulé les nuanciers les plus débridés. Au point que dans des domaines qui n'ont rien à voir ni avec le vêtement ni avec le tissu, on dit aujourd'hui en français courant, **jean** et même **stoned jean** ou **bleached jean** pour désigner certaines nuances de **bleu**.»
(*Pastoureau-Dict. des couleurs 1992*, p. 58).

* Le vocabulaire de la mode, en particulier celui des catalogues de VPC, a vu, depuis quelques années, l'apparition d'une multitude de termes le plus souvent angl. pour désigner les différentes couleurs de la toile jean, notamment pour traduire différentes nuances de bleu. Pour le **NOIR:** *black, black black, black-black, black/black, black and black.* Pour le **noir désaturé**

vers le gris : *black lavé, black snow, snow gris.* Pour le **BLANC :** *blanc, blanc cassé, denim javel, écru, old white, white.* Pour le **blanc désaturé vers le crème :** *blanc* cassé, *mastic.* Pour le **BLEU :** *black stone, bleu, blue bleached, chambray bleu, double stoned, heavy stone, jean, light stone, sky, snow washed, superstone, triple stone ;* pour le **bleu désaturé vers le blanc :** *black stone, blanchi, bleached, bleached jean, bleu bleached, bleu chambray, bleu ciel, bleu sky, bleu stone bleached, blue stone, chambray, chambray ciel, chambray délavé, chloré, ciel, denim stone washed, indigo blanchi, indigo bleached, indigo lavé, indigo neige, indigo snow, indigo stone, indigo stone bleached, indigo vieilli, jean, jean neige, lavé, sky blue, snow, snow jean, snow washed, stone bleached, stone bleu, stone blue, stone jean, stone washed* [« Elle : jean super serré, 5 poches plaquées, stone washed, 270 F. » (*Le Nouvel Observateur,* 25. 9. 1982, p. 10). « Prenez un jean normal. Lavez-le plusieurs fois, jusqu'à ce qu'il soit bien délavé (stone washed, quoi). Trempez-le dans la teinture de votre choix (une qui résiste de préférence), séchez, portez. » (*20 ans,* nov. 1982, p. 6, c. 2). [Parfois, à propos d'un autre type de vêtement] « Rouge, imper et... gagne ! Voilà de quoi vous jouer des intempéries printanières en beauté. En toile de bâche imperméabilisée, "stone washed", bicolore kaki et rouge, noir et beige, ocre et rouge (...). » (*Le Point,* 28. 2. 1983, p. 157, c. 1)], *stoned, stonewashed, super stone, superstone, superstone délavé, usé, used ;* pour le **bleu désaturé vers le noir :** *black denim, bleu denim, bleu indigo, bleu jean, bleu snow, bleu stone, bleu stone washed, blue, blue black, blue/black, blue/blue, denim, denim bleu, denim brut, denim indigo, double stone, indigo, indigo foncé, indigo stone, indigo stone washed, jean, marine, snow bleu, stone, stone black, superstoned, triple stone.* Ces termes techniques et spécialisés, liés aux fabricants et aux marques de jeans, n'ont toutefois pas toujours une grande cohérence et précision, d'une collection à l'autre, voire dans la même collection. Certaines d'entre elles sont liées à la fois à la couleur, au type d'étoffe utilisée (chambray : coton léger dont on perçoit les fils de trame ; denim : coton très épais et solide) et aux divers traitements visant à obtenir une teinte plus ou moins délavée.

KLEIN/IKB

[P. réf. au bleu outremer caractéristique de l'œuvre de Yves Klein, peintre français (Nice 1928-Paris 1962), du groupe des « Nouveaux Réalistes »]

Bleu Klein, *loc. adj.* ou *loc. nom. inv.*

A. — Bleu Klein, *loc. nom. inv.* **/ IKB**, sigle de **« International Klein Blue »**, *ART [PEINTURE]* Bleu outremer, extrêmement saturé, lumineux, caractéristique de l'œuvre de Klein, obtenu d'un pigment industriel pur dont la mise au point fut le résultat d'un an d'expériences avec le chimiste parisien Édouard Adam (Automne 1956) et qui fut l'objet d'un dépôt de brevet, « la formule déposée le 19-5-1960 à l'Institut National de la Propriété Industrielle sous le n° 63471 protège la composition chimique du bleu IKB. » (H. Weitemeier, *Yves Klein. 1928-1962,* 1995, p. 17 (lég. d'ill.)). V. → ***Matisse*** ex. 3.

* Klein, fondant son répertoire sur les seules ressources expressives de la couleur, a débuté dès 1946 ses expériences monochromes. Après avoir indifféremment utilisé plusieurs tons, à base de pigment industriel pur, il s'est fixé sur un bleu outremer représentant pour lui la révélation (1956) : « l'insonore bleu des nostalgies » cher à Jean Arp (peintre et sculpteur fr. qui a, notamment, participé à la 2e exposition du *Blaue Reiter* (v. *Cavalier bleu*), « le support plastique des intuitions informulables, le véhicule des grandes émotions »... C'est le début de l'époque bleue avec notamment *Monochrome bleu* (1957), *Éponge bleue 160, Anthropométries* (Empreintes sur toile ou papier de modèles nus féminins enduits de bleu). (D'après *Les Muses,* t. 9, 1972, p. 2792).
** V. → **bleu,** ex. 14 et *époque, période bleue* **.

1. « En 1956, Colette Allenchy expose une série de ses monochromes, de couleurs différentes, mais c'est l'année suivante qu'a lieu l'étape décisive :

avec Adam, le célèbre marchand de couleurs de Montparnasse, il met au point un **bleu outremer** très particulier, qu'il appelle **IKB (International Klein Blue)** et qui sera désormais sa marque. Ses **monochromes bleus,** travaillés au rouleau – qui élimine toute trace de touche, tout geste personnel – (...) doivent "supprimer l'espace qui existe devant le tableau dans le sens que la présence du tableau envahit cet espace et le public lui-même" (Klein) matérialisant le concept rosicrucien d'imprégnation de la matière par l'énergie spirituelle. »
(G. Durozoi, *Dict. de l'art moderne et contemporain,* 1992, p. 336, s.v. *Klein*).

2. « Avec ce **bleu,** Klein avait enfin trouvé la définition picturale, la matérialisation de sa sensibilité individuelle entre étendue infinie et proximité immédiate. Avec le ton spécifique de son mélange, qui ne tenait sur le fond pictural qu'avec une solution liquide d'éther et de dérivés du pétrole, on pouvait parvenir au sentiment (...) d'être totalement "imprégné" par la couleur, sans pour autant devoir la définir elle-même en tant que telle. Grâce au pur pigment **bleu** appliqué sans nuance d'aucune sorte ni trace d'aucune écriture personnelle – seule la peinture appliquée au rouleau produit une insensible structure ondulatoire sur le fond pictural –, la dimension de la couleur se manifeste pure et sans altération. (...) Klein (...) ira jusqu'à protéger son invention sous le nom d'"**IKB**", abréviation d'"**International Klein Blue**", par un brevet. Cette marque déposée n'était pas seulement destinée à garantir son originalité dans l'immatériel, comme beaucoup l'ont pensé ; dès 1960, il prévoyait qu'il n'y avait pas d'autre moyen pour lui de protéger "l'authenticité de l'idée pure" contre les contrefaçons futures. Ce fut là un acte de sage prévoyance, car c'est avec ce **bleu** qu'il allait désormais conquérir le monde. »
(H. Weitemeier, *Yves Klein. 1928-1962,* 1995, pp. 15-19).

3. « L'exposition – généralement connue sous le nom *Le vide* – s'ouvrit le 28 Avril 1958 à la galerie Iris Clert à Paris. (...). Les fenêtres extérieures de l'espace d'exposition très restreint – à peine 20 mètres carrés – annonçaient déjà l'événement par leur teinte **bleue**, de ce **bleu Yves Klein** que nous avons évoqué plus haut. L'entrée, surplombée par un immense baldaquin **bleu,** était flanquée de deux gardes républicains en habit de parade, gardiens du seuil qui devaient manifester le rituel de passage dans une autre dimension. »
(H. Weitemeier, *Yves Klein. 1928-1962,* 1995, p. 31).

B. – **Bleu Klein**, *p. ext. loc. adj.* ou *loc. nom. inv.* (D'un) Bleu qui rappelle celui de Klein. «Sélest'Art 2003 tissait la triple thématique de la trace, l'archive et la mémoire. Et si la Biennale d'Art contemporain s'est bien achevée le 26 octobre, il en reste encore une trace. En effet, la télévision qui diffusait la vidéo canine de Peter Wüthrich dans la vitrine de Fantaisie, rue des Marchands, est toujours en place et allumée sur le canal vidéo « bleu Klein »...»(«Sélest'Art : la trace !», *Dernières Nouvelles d'Alsace,* 9. 11. 2003). V. → ***Chagall*** *ex. 1.*

1. «Les cimes **noires** des arbres chahutent contre la clarté déclinante. Juste au-dessus de moi, le ciel **bleu Nattier** fonce vers un **bleu Klein** picoté d'étincelles. (Pas mal du tout, ma vieille... J'aurais pu tout aussi bien penser à Chardin, ou à Boudin... voire à Turner...). De brusques courants d'air sillonnent le plateau devant la porte.»
(«Magenta», *Le Passant Ordinaire,* 36, sept. - oct. 2001 [P. Cocrelle], in *www.passant-ordinaire.com*).

2. La bonne surprise vient aussi de Paco Rabanne. (...) Sweat-shirts et shorts en cotte de mailles souple semblent prêts à rentrer sur un stade. Des tuniques de résille métallique ou de disques miroirs illuminent les robes de satin **argent. Rouge, orange, bleu Klein, gris béton**... Les couleurs intenses confortent le graphisme net de la collection.»
(«La folle ivresse de la nuit», *Le Monde,* 14.10.2003 [A.-L. Quilleret], in *http://www.lemonde.frtxt/article*).

LAGON

[P. réf. à la couleur bleu vert des eaux des lagons, étendue d'eau de mer au centre d'un atoll, ou petit lac ou étang d'eau de mer, situé près des côtes, entouré de sable, de récifs (v. les termes chromatiques ayant pour réf. l'eau, notamment → **Californie, eau (de mer), égée, fjord, glacier, marin, mer, mer Égée, mers du Sud, océan, piscine, ultramarin/ultra-marin**)]

COSMÉTIQUES, MODE

A. – **Bleu lagon**, *loc. adj. inv.*, *mod.* (1984, *infra*). Bleu vert clair. « (...) les filles défilent, scintillent dans un Paris « teatralmente fatale » : tout droit sorti de la via della Spiga, les voici avec leurs escarpins de python, leurs paupières bleu lagon, moulées dans des bustiers cœur en strass et des mini jupes à se rincer l'œil. "Je n'aime pas la demi-mesure", dit Gianni Versace, dont les couleurs vives, parkas de satin vert, violet, martèlent le podium comme les spots de la Scala (celle de la rue de Rivoli). » (*Le Monde*, 28-29. 1. 1990, p. 10, c. 2 - L. Benaim). V. ***Océan*** ex. 1.

1. « Chemise d'homme en satin **bleu lagon**, qui existe également en **rouge vif, vert salade**, **ivoire** et **noir**. »
(*Le Point*, 29. 10. 1984, p. 37, c. 1).

B. – **Vert Lagon**, *loc. adj. inv., rare.* Vert clair bleuté. « Une expression loufocoïdale peinte sur la frimousse, Butch Cassidy renifla la culotte vert lagon de Victoire. C'était un modèle string, doux sur la peau, climatisant, absorbant et très échancré. » (J. Vautrin, *Bloody Mary*, 1979, p. 196).

C. – *P. ell.* **Lagon**, *adj. inv.*, *mod.* (1966, *infra*), Bleu vert clair.

2. « Le style "lumière" des tricots MONTAGUT, ce n'est pas une gamme de plus de 20 coloris Mode, ce n'est pas simplement des pulls de couleur **lagon, argent, topaze, noisette, blanc, platine, rubis, camel, bleu paon,** etc. C'est aussi le triomphe d'une ligne jeune, élégante, confortable ! Les tricots MONTAGUT, c'est une révolution soyeuse au service de votre charme. Des pulls, des ensembles souples qui s'irradient sous les jeux de lumière. »
(*Elle*, 9. 6. 1966, p. 55).

* *Lagon* fait partie du lexique des couleurs des catalogues-VPC 1985-2003 dans lesquels il désigne une nuance située entre le bleu et le vert clair ou entre le vert et le jaune clair. *Lagune,* plus rare, désigne une nuance de vert, plus ou moins foncé, désaturé vers le gris.
** *Lagune* est attesté dans *The Pantone® Book of Color* comme traduction de *Lagoon* et désigne un bleu vert clair.

◊ BLUE LAGUN

[*Anglic.*]

Loc. nom. masc.

A. – [P. réf. à la couleur bleu vert des lagons] Cocktail alcoolisé à base de gin, de curaçao et de schweppes, ce dernier ingrédient faisant virer le bleu profond au bleu vert. *Boire un blue lagun.* « Elles se perchent l'une et l'autre sur un grand tabouret de bar et commandent un blue lagun. » (E. Hanska, *Fascination,* 1986, p. 123).

* La forme fr. *lagon bleu* est beaucoup plus rare. Absente de notre corpus mais attestée en langue orale.
** V. aussi → **Blue Tonic.**

B. – [P. réf. à la couleur bleu vert du cocktail alcoolisé de ce nom] *Mod.* (1984, *infra*). [Chez Hanska] *Synon.* de → **lagon.** « De quoi réveiller tous les fantasmes contenus depuis des lustres. Leur rappeler ces nuits miraculeuses. Un certain fumeur de Gitanes aux yeux blue lagun. » (E. Hanska, *Les Amants foudroyés,* 1984, p. 207).

* Les catalogues-VPC 1985-2003, p. réf. au cocktail à base de curaçao, utilisent *bleu curaçao* pour désigner un bleu assez clair.

LAPIS(-LAZULI)

[P. réf. à la couleur bleue d'azur de la matière colorante obtenue, par broyage, de la pierre précieuse bleue de ce nom. *Synon. vx* → **azurite** (**lazurite** (*Lar. Univ. 1923, GDEL)* ou **pierre d'azur**), **outremer/outre-mer**. De *lapis :* « pierre » et *lazuli*, génitif du lat. médiév. *lazulum :* « lapis-lazuli », empr. à l'arabe pop. *lázúrd*, de l'arabe classique *lázaward, lázuward*, empr. au persan *lázward :* « azur ». *Lázward* est le « nom d'un village et surtout d'une mine du Nord-Ouest montagnard afghan actuel d'où on l'extrait depuis la plus haute antiquité pour en faire commerce. » (M. Barry, *Faïences d'azur,* 1995, p. 34)]

TECHNOLOGIE [*CHIMIE, TEINTURE,* etc.] Bleu intense, bleu d'azur, obtenu du lapis ; *p. ext., littér.,* bleu qui le rappelle.

A. – Bleu lapis, *loc. adj.* ou *loc. nom. inv.*

1. « [À Nevers] C'est aux Conrade qu'on attribue l'invention des **bleus "persans"** qui restent une des réussites de la faïence, et se sont fabriqués entre 1630 et 1700. Sur un fond **bleu lapis** obtenu par le trempage se posait, par petites touches de **blanc** épais, parfois de **jaune fauve,** un décor de fleurs, d'arabesques et d'animaux. »
(G. Janneau, *Les Arts du feu,* 1967, pp. 46-47).

B. – *P. ell.*

1. De lapis, *loc. adj. inv.* [En parlant d'un élément de la nature, du ciel, de l'eau] « (...) dans un de ces tableaux que j'avais vus à Balbec, l'hôpital, aussi beau sous son ciel de lapis que la cathédrale elle-même (...). » (M. Proust, *Le Côté de Guermantes 2,* in *À la recherche du temps perdu,* 1921, p. 421).

2. « Le Bosphore, n'est-ce-pas ? On sait ce que c'est : onde **de lapis,** palais de marbre, firmament **de saphir,** et sultanes pareilles à des perles penchées sur ce gouffre où tôt ou tard on les jettera. – Oui. Eh bien, ça n'est pas ça, mais pas du tout. L'eau n'est pas **de lapis,** et le ciel n'est pas **de saphir.** Le **gris** et le **blond** dominent partout, avec une sorte de vapeur **mauve** qui flotte autour de chaque ligne et qui atténue chaque teinte. »
(Cl. Farrère, *L'Homme qui assassina,* 1907, p. 27).

2. Lapis/lapis-lazuli.

a) *Adj. inv.*

– [En parlant d'un vêtement, d'une étoffe] « des robes lapis ». (*Lar. Univ. 1923*).

– *P. plaisant.* « Votre nationalité ? – Jaune, bleu, blanc, noir, vert, rouge... Mon père était violet, ma mère lapis-lazuli, moi c'est différent, je suis Chinois d'Afrique. – Que voulez-vous dire par là ? »
(R. Sabatier, *Le Chinois d'Afrique,* 1966, p. 341).

b) *Subst. masc.* Cette couleur ; bleu intense. V. → ***azur*** ex. 6.

* *Lapis* est attesté dans *The Pantone® Book of Color.*
** « (...) il est certain que le symbolisme et la valeur religieuse de ces pierres [bleues] ont leur explication dans l'idée de la force sacrée à laquelle elles participent en vertu de leur couleur céleste. Dans tout l'Orient musulman, la pierre bleue est un talisman contre le mauvais œil. Elle est suspendue au cou des enfants, et même les chevaux sont ornés pour la même raison de colliers de pierres bleues. » (*Dict. des Symboles 1982,* s.v. *Lapis-lazuli,* p. 562). « Comme toutes les gemmes, le lapis-lazuli fut gratifié de pouvoirs occultes. À Rome, il était censé avoir au moment opportun des vertus puissamment aphrodisiaques pour son propriétaire. Au Moyen Âge, il garde les membres sains, rajeunit le corps, délivre l'âme de l'erreur, de l'envie, de la crainte, intercède auprès du Seigneur. En poudre, il guérit les fièvres, du mal de

tête, préserve les yeux. Mais "un cœur pur tire seul ces profits de la pierre d'azur" (Marbode, XIe s.). » (P. Bariand et J.-P. Poirot, *Larousse des pierres précieuses,* 1985, pp. 163-164).

LAVANDE

[P. réf. à la couleur bleu mauve des fleurs d'une espèce de lavande : la *Lavande vivace* ou *Lavande fine* (*Lavandula angustifolia*)]

Bleu mauve ou mauve assez clair.

A. – Bleu lavande, *loc. adj.* ou *loc. nom. inv.* Bleu mauve. « Le vert (...) et le bleu lavande sont les couleurs dominantes. » (*La Mode illustrée,* 1. 7. 1906, p. 306, in *DDL 16*). « Je me souviens surtout de deux admirables Sisley (des paysages de Seine d'un bleu lavande) et, sur la table, de fleurs aux tons très doux. » (A. Maurois, *Climats,* 1928, p. 166). « La lumière grise, triste et sauvage, qui a baigné toute la scène, a fait place de nouveau au libre soleil de juillet. En un instant, sans doute balayés par le vent, les nuages ont disparu du ciel, qui a retrouvé sa pureté sans égale et sa profondeur azurée, bleu lavande comme les jours précédents. » (M. Bataille, *L'Arbre de Noël,* 1967, pp. 30-31). V. → ***bleu*** ex. 64 et 65.

B. – *P. ell.* **Lavande,** *mod.* (1954, *infra*). [Le plus souvent en parlant d'un vêtement, d'une étoffe] Bleu mauve ou mauve.

1. *Adj. inv.* « Claudie dansait avec un jeune poète qui portait un pantalon de velours lavande, un sweatshirt blanc, et un anneau d'or à une oreille. » (S. de Beauvoir, *Les Mandarins,* 1954, p. 505). V. → ***pastel2*** ex. 2.

1. « Elle revint dans sa chambre, une pièce douillette, rassurante, remplie de tapis et de coussins, meublée d'une armoire ventrue en bois sombre, d'un lit géant aux montants de cuivre et d'une table de travail munie de nombreux tiroirs. À travers les rideaux de toile **lavande,** une petite lumière parisienne se posait sur les draps **roses,** les très gros oreillers genre province, les piles de revues et de bouquins familiers. »
(A. Vergne, *L'Innocence du boucher,* 1984, p. 13).

2. *Subst. masc.* Cette couleur ; bleu mauve ou mauve assez clair.

2. « Il attendit dans le hall du petit cinéma comme un amoureux au rendez-vous qu'il n'avait pas. Des visages s'ajoutaient à ceux des photos de films, ceux de Vivy, de Louise, de jeunes filles entrevues, mais voilà que du bout de la rue arrivait celle qui les résumait toutes, la belle Ji. Elle était mise toute en **bleu** dont on trouvait toutes les nuances : **ardoise, saphir, azur,** jusqu'au **mauve** et au **lavande**. Sa robe arachnéenne, sa démarche dansante, ses pommettes hautes, sa luminosité, elle, elle... "Je l'aime, je l'aime..." »
(R. Sabatier, *Les Fillettes chantantes,* 1980, p. 77).

* *Bleu lavande* ou *p. ell. lavande* fait partie du lexique des couleurs des catalogues-VPC 1985-1996.
** La lavande et sa couleur bleu mauve ou mauve a pour signification emblématique : « Tendresse respectueuse » et pour lang. symbolique : « Je vous aime respectueusement ». (*Lar. Univ.,* s.v. *fleur*). (v. les sens *fig.* de → **bleu**).

LAYETTE

[P. réf. à la coutume d'habiller les nouveaux-nés de sexe masculin de bleu clair et les nouveaux-nés de sexe féminin de rose (→ **bleu** et **rose :** couleurs caractéristiques et symboliques d'un sexe et d'un âge particulier)]

A. – [Pour traduire une nuance de couleur] *Adj. inv.*

1. *En appos. à couleur, nuance, mod.* (1950, *infra*). D'une nuance (de bleu, parfois de rose) très claire, pastel (→ **pastel²**). « Elle avait des prunelles d'un bleu très pâle : nuance layette. » (H. Bazin, *La Mort du petit cheval,* 1950, p. 37). [Avec allusion directe à l'idée de maternité] « Après il y aura la chaise pour manger, le parc. Vous savez, c'est le premier qui coûte, ça ressert aux suivants, dit la vendeuse. Plus fortement que le jour du mariage, si léger au fond, je me sens entraînée doucement, sous des couleurs layette, dans un nouvel engrenage. » (A. Ernaux, *La Femme gelée,* 1981, p. 140).

2. *En appos.* à *bleu* ou *rose* (pour en indiquer une nuance pâle, pastel).

a) Bleu layette, *loc. adj.* ou *loc. nom. inv., mod.* (1950, *infra*). Bleu très clair, bleu pastel (v. → **pastel¹** et **pastel²**). « L'État propriétaire de ce tout jeune monument historique [la villa Savoye] pourvoit aux fuites et autres infiltrations qui sont le lot des pionniers du béton mal armé (...). Régulièrement, il faut écoper, étancher, calfater. Mais l'absence de décor, la nudité – des architectes étrangers ont fait des observations sur le bleu layette d'un mur de la grande salle – convient bien à l'endroit et on ne peut lui souhaiter qu'une meilleure notoriété (...). » (*Le Monde sans visa,* 15. 10. 1988, p. 18. c. 1).

1. « Tassée au fond du lit, magnifiquement nue sur les draps douteux, pudique à force d'être nue, elle vivait cette méprisable aurore. Un mauvais mousseux, bu aux frais des sœurs Pomme, pétillait au fond de ses prunelles **bleues... Bleu layette,** elles aussi, mais de ce **bleu** des layettes qu'a feutrées et ternies une année de pipi-au-lit mal lessivé. »
(H. Bazin, *La Mort du petit cheval,* 1950, p. 118).

* *Bleu layette* fait partie du lexique des couleurs des catalogues-VPC 1985-2003.
** *Bleu garçonnet* est attesté dans *The Pantone® Book of Color.*

b) Rose layette, *loc. adj.* ou *loc. nom. inv., plus rare, mod.* (1986, *infra*). Rose très clair, rose pastel (→ **pastel²**). « Bravo pour les flacons pétales de rose du lait et du bain pour le corps Paris d'Yves Saint Laurent. Des facettes en plastique imitent celles d'un diamant et la couleur des produits vibre du rose nacré au rose layette. » (*Marie-Claire,* sept. 1986, p. 139, c. 1).

C. – *Au fig., adj., rare, mod.* (1981, *infra*). [En parlant d'une personne, de son comportement, d'un sentiment] Doux, en demi-teinte ; modéré, nuancé ; tendre. *Synon.* → **pastel²**. V. → ***pastel²*** B. *Au fig.* ex. de A. Chabrol, *Elle,* 1981.

LESSIVE

[P. réf. au bleu intense du bleu de lessive (v. → **bleu** 3ᵉ SECTION. 1. *SUBST. MASC.* I. B. 1. b) β)) ou *bleu Guimet* (créateur de l'outremer artificiel au XIXᵉ s.), utilisé pour l'→ **azurage** du linge blanc]

Bleu (de) lessive, *loc. adj.* ou *loc. nom. inv., mod.* (1951, *infra*). Bleu foncé, intense, rappelant celui du bleu de lessive.

– [En parlant d'une chose quelconque, d'un vêtement, etc.] « Je devenais de plus en plus mélancolique mais j'aimais. Drôle de lever la tête vers le ciel quand on est pressés les uns contre les autres, j'ai pensé à Dieu, pas celui des messes et la vierge en robe bleu lessive, un qui dégouttait de tristesse, qui n'aurait peut-être pas existé. Qui nous laisse tout seuls. » (A. Ernaux, *Ce qu'ils disent ou rien,* 1977, p. 52). V. → ***bleu*** ex. 64.

1. « Nous avons descendu les longues enfilades **blanches** et vides... Santa Catalina, la ville couvent au cœur de la ville : cellules, cuisines, jardins intérieurs, places et fontaines, des murs du **roux** du **chocolat** des percolateurs dans les gares de province... murs **bleu lessive** sur un ciel **bleu jean**, du ton sur ton à faire exploser les rétines... »
(P. Cauvin, *C'était le Pérou,* 1980, p. 221).

– [En parlant des yeux] « Ils admettront même dans leur troupe, faveur toute spéciale chez ces machos en herbe, la présence d'une certaine "Mathilde aux fines chevilles", qui sera la fiancée du chef. Ensorcelée, elle ira jusqu'à se jeter dans le feu de la Saint-Jean pour les beaux yeux bleu lessive du jeune dieu barbare [dans "Le Grand soleil" de J. Cau]. » (*L'Express,* 16. 5. 1981, p. 84, c. 2).

2. « Tous marchaient sans faire craquer les brindilles et leurs prunelles humides, incongelables, défiaient la saison, la fleurissaient malgré elle, sur quatre tons : **nielle**, **bleu de lessive**, **rouille** et **vert bouteille**. »
(H. Bazin, *Le Bureau des mariages,* 1951, p. 42).

LIN[1]

[P. réf. à la couleur bleu clair des fleurs d'une espèce de lin, le *Lin cultivé*]

Bleu de lin, bleu(-)lin, *loc. adj.* ou *loc. nom. inv., vieilli.* Bleu clair.

– [En parlant d'un élément de la nature, du ciel, etc.] « Quand le soleil disparaît, un rayon bleu de lin frôle la cîme des arbres. On ne sait pas si c'est un ange qui tombe ou un regard qui s'envole. » (J. Bousquet, *Traduit du silence,* 1936, p. 35).

– [En parlant d'un vêtement, d'une étoffe] « Minne en bleu de lin. » (Willy, *Minne,* 1904, p. 91, in *DDL 16*). « Que ce fut douce, hélas ; Que c'est lointaine chose, Votre jupe bleu-lin, Et ce transparent rose. » (P.-J. Toulet, *Que ce fut douce hélas,* in *Les Contrerimes,* 1920, p. 126). « Il complimenta Jenny sur sa robe de toile bleu lin, et lui mit au corsage une rose blanche ; il l'appelait "petite sœur", riait de tout et se divertissait lui-même de sa verve. » (R. Martin du Gard, *Les Thibault, La Belle Saison,* 1923, p. 952). « Anne ayant pris son bras s'appuyait à lui, câline, dans sa robe du soir en crêpe bleu de lin, aérienne, lunaire, au décolleté pur. » (J. Malègue, *Augustin ou le Maître est là,* t. 2, 1933, p. 163). V. → ***poème*** ex. 1.

– [En parlant des yeux] « Il avait revu ses yeux bleu de lin, curieusement lointains et idéalistes, en retrait des spectacles immédiats, réservés pour des technicités très élaborées. Mais le sourire les rendait pénétrant et doux (...). » (J. Malègue, *Augustin ou le Maître est là,* t. 1, 1933, p. 244).

1. « Je considère les deux hommes qui me touchent : Poterloo, le mineur de la fosse Calonne, est **rose ;** ses sourcils sont **jaune paille**, ses yeux **bleu de lin ;** pour sa grosse tête **dorée**, il a fallu chercher longtemps dans les magasins la vaste soupière **bleue** qui le casque (...). »
(H. Barbusse, *Le Feu,* 1916, p. 21).

◊ FLEUR-DE-LIN

[P. réf. à la couleur bleu clair des fleurs de lin]

Loc. adj. inv., vieilli, littér., rare. Bleu clair ; var. de *bleu de lin, bleu(-)lin* (→ **lin[1]**). « Au chemin presque chaque matin, survi, mal éveillé de sa rosée et de son ombre fleur-de-lin derrière la tendre muraille de coudriers, de viornes, d'églantines, j'ai vu tout le long de mai les bancs de myosotis immobiles entre le ruban de poussière et la paroi de feuilles, m'implorer d'un regard vague et poignant peu à peu vaincu par l'herbe grandissante. » (G. Roud, *Le Langage des fleurs,* 1945, in *Les Fleurs et les Saisons,* 1991, p. 13).

LIN[2]

[P. réf. à la couleur jaune plus ou moins claire, ou grise, brillante, des fibres de lin (d'un blanc jaunâtre pour les fibres de lin rouies à l'eau ou d'un gris foncé pour les

fibres rouies à terre, cette couleur étant due à l'action des bactéries, par pigmentation résiduaire de la sporulation des champignons aérobies) ; peut-être aussi p. réf. à la toile de lin écrue, d'une nuance plus ou moins claire]
Vieilli.

A. – Gris de lin, *loc. adj. inv.* Gris à reflets brillants, métallisés.

– [En parlant d'un élément de la nature, du ciel, etc.]

1. « Christine entendit successivement les beaux noms frais d'Évian, Maxilly, Meillerie, Saint Gingolph, lieux charmants, étirés sur leurs élastiques prairies-éponges, entre le **bleu** du lac et les éperons boisés **couleur de rouille,** au-dessous d'admirables neiges fixées par le gel, mêlées aux immobiles coloris tendres de montagnes **rosées** ou **gris de lin**.
Cette hivernale splendeur d'**or blanc** n'était pas fixe et immobile. »
(J. Malègue, *Augustin ou le Maître est là,* t. 2, 1933, pp. 491-492).

– [En parlant d'un vêtement, d'une étoffe] « Un tapis épais, gris de lin, semé de bouquets bleus, recouvre le sol. » (Ch. Kunstler, *L'Art au XIXe siècle en France (1815-1870),* 1954, p. 33).

2. « En 1824, Gallet crée une coiffure qui eut un succès énorme, à la fin du deuil porté sous Louis XVIII. Elle consistait en un chiffon de gaze, **gris de lin**, entremêlé de camées et de fleurs noires. On lui trouva un air mélancolique s'accordant bien à la situation et avantageant la jeune femme qui l'inaugura à une soirée. »
(Stéphane, *L'Art de la coiffure féminine. Son histoire à travers les siècles,* 1932, pp. 168-170).

– [En parlant des yeux] « Il était connaisseur et la savait jolie ; (...) dans le petit château, les yeux gris de lin et la taille ronde d'Éveline prenaient du prix à ses yeux. » (A. France, *L'Île des Pingouins,* 1908, p. 362).

B. – De lin, *loc. adj. inv.* [En parlant des cheveux ; le plus souvent, p. réf. aussi à la consistance de la filasse] Blond très clair, presque blanc (à texture rêche, à l'aspect mal peigné). *Synon. fam.* → **filasse**. « S'il y avait une alerte ? – J'iro à pied d'bas, lui répond tranquillement le ch'timi, en posant sur sa musette sa tête ébouriffée aux cheveux de lin. » (R. Dorgelès, *Les Croix de bois,* 1919, p. 90). « C'était odieux de se voir ainsi lié à un être inférieur. Les garçons auxquels Ben s'attachait avaient des cheveux de lin, des yeux bleus. Leur esprit était moins rapide que le sien, mais il les aimait de tout son cœur. » (A. Maurois, *La Vie de Disraeli,* 1927, p. 18). « Une petite fille aux fins cheveux de lin, suçait son pouce, et regardait l'inconnue. Elle avait des yeux bleus très larges, et comme pleins de souvenirs, qui emplirent Wilfrida de trouble et de remords. » (M. Van der Meersch, *L'Empreinte du Dieu,* 1936, p. 235).

LUNE

[P. réf. à la couleur d'un blanc bleuté, très lumineux, de cet astre qui éclaire la terre pendant la nuit ou p. réf. au clair de lune, à la clarté de la lune]

Vieilli ou *littér.*

A. – Blanc brillant, très lumineux.

1. Blanc(-)de(-)lune, *loc. adj. inv.* « (...) mais je permets que seule, en le soir immense, une pointe mystique affleure au bas du sombre bleu et que le cri subtil d'un clocher blanc de lune perce toute la nuit l'orgue sourde des cieux. » (J. Malègue, *Augustin ou le Maître est là,* t. 1, 1933, p. 281). « Il y avait les vastes étendues de champs blanc-de-lune, luisants comme de l'eau immobile, et là-dedans une bâtisse, on aurait dit un château d'une blancheur troublante... » (E. Triolet, *Le Premier accroc coûte deux cents francs,* 1945, p. 393). « Et ces mouchoirs dont on se frottait ensuite le visage, les marques au col des chemises...

La tête me tourne encore. Je me penche sur cette indulgence souple, ce muguet, la sueur, le visage levé blanc de lune, les mots arrangeants qui murmurent l'amour, cette résignation d'infirmière qui appartient à l'extrême jeunesse plus sûrement que la révolte. » (Fr. Nourissier, *Le Maître de Maison,* 1968, p. 244).

2. *P. ell.* **(Couleur) De lune**, *loc. adj. inv.* « Seuls les arbres et leur feuillage paraissent sous cette dispersion de blancheur, plus noirs. Mais le sol est blanc (...) ! Mais les routes sont des routes en linge blanc ! Mais la Pombo et la Bamba ne roulent que des eaux de lune. » (R. Maran, *Bataouala,* 1921, p. 81). « Et bientôt, presque instantané, ce fut un silence saisissant, un dernier battement de rémiges, un dernier cri sifflant et doux. Le Rouge ne voyait pas les grands oiseaux couleur de lune ; mais tout le champ palpitait comme un voile, et la chaleur des voyageurs, apportée sur les vagues de lumière, poussait jusqu'à ses pieds de molles ondes inépuisables. » (M. Genevoix, *La Dernière harde,* 1938, p. 169).

1. « (...) la draperie s'agita, s'ouvrit et se referma sur une illuminante apparition... c'était Botticellina, drapée dans une robe flottante **couleur de lune**... ses cheveux épars brillaient tout autour d'elle comme des gerbes de feu... elle tenait à la main une clé d'or... et l'extase était sur ses lèvres, et le ciel de la nuit dans ses yeux... »
(O. Mirbeau, *Journal d'une femme de chambre,* 1900, p. 206).

∗ Dans la tradition des contes de fées *couleur de (la) lune* qualifie une robe blanche. V. → ***temps*** ex. 1.

B. – Bleu de lune, *loc. adj. inv., plus rare.* Bleu très clair, brillant et lumineux, presque blanc. « (...) la forme d'un bouleau déjà se fondait à demi dans la transparence de la nuit ; elle semblait elle-même translucide, et pourtant son épaisseur feuillue se détachait nettement sur le ciel : un arbre bleu de lune, sans attaches avec la terre, qui paraissait flotter comme un îlot de rêve sur la brume pâle des étangs. » (M. Genevoix, *La Dernière harde,* 1938, p. 104). « (...) ils emprunteront, sans trop se hâter, ce corridor qui monte en pente douce jusqu'à un rectangle bleu de lune. Ils diront quelque chose de simple comme : "sacrée attaque..." ou : "il fait froid !" » (A. de Saint-Exupéry, *Terre des hommes,* 1939, p. 247).

– [Chez Farrère, pour qualifier la nuit ; avec un trait d'union]

2. « Voici que le soleil est tombé derrière les collines. Magie soudaine et presque effrayante : l'ouest s'imprègne en un clin d'œil de ce **rouge** très sombre qui semble être le sang veineux du couchant, tandis que l'est, par un contraste prodigieux, s'éclaire des nuances **blêmes** de la nuit-**bleu de lune** et **vert de jade**. Au zénith, une frontière **émeraude** s'allonge comme une arche de pont. »
(Cl. Farrère, *L'Homme qui assassina,* 1907, p. 299).

∗ *Lune bleue* est attesté dans *The Pantone® Book of Color.*

C. – *Spéc.*

1. *ALCHIMIE.* « Couleur blanche » (*Nouv. Lar. ill.*).

∗ V. aussi → ***temps*** ex. 1.

2. *P. anal. de couleur. Fam.*

a) [*BOTANIQUE*]

• **Lune d'eau,** *loc. nom. fém.* Nénuphar blanc. (*Dict. XXe s.*).

b) [*MINÉRALOGIE*]

• **Pierre de lune**, *loc. nom. fém.* Feldspath blanc, nacré, transparent. *Synon. adulaire.* « (...) on a retrouvé, sous une banquette, une manchette avec un double bouton qui figure deux têtes de chat, reliées l'une à l'autre par une chaînette d'argent doré et taillées dans un quartz semi-transparent, dit : agate nébuleuse à reflets, de l'espèce que les bijoutiers appellent : pierre de lune. Des recherches sont faites activement le long de la voie. » (A. Gide, *Les Caves du Vatican,* 1914,

p. 834). « Coffret d'ébène orné de pierres de lune. » (Fr. Mauriac, *La Robe prétexte,* 1914, p. 36).

– [P. réf. à la couleur de cette pierre] *Littér.* « L'altitude, l'isolement, la virginité sacrée de l'air, les nuages qui bougeaient plus bas que vous sur les pentes, le lent éclaircissement, les troubles murmures, la montagne comme suspendue dans de l'eau suggéraient un monde en enfance qui d'instant en instant change de forme dans une aurore couleur de pierre de lune, le profond vague musical où monte et descend la symphonie dans le mystère wagnérien. » (H. de Montherlant, *Le Songe,* 1922, pp. 45-46).

* La lune est appelée *poétiquement* « L'Astre au front/aux cornes d'argent ».
** La lune, le clair de lune, ont été représentés de manière variée, dans la littérature, au cours des siècles : « Je lui récitai des vers ou des phrases de prose sur le clair de lune, lui montrant comment d'argenté qu'il était autrefois, il était devenu bleu avec Chateaubriand, avec le Victor Hugo d'*Éviradnus* et de *La Fête chez Thérèse*, pour redevenir jaune et métallique avec Baudelaire et Leconte De Lisle. Puis, lui rappelant l'image qui figure le croissant de la lune à la fin de *Booz endormi,* je lui récitai toute la pièce. » (M. Proust, *La Prisonnière,* 1922, in *À la recherche du temps perdu,* 1922, p. 407).

MARINE

[P. réf. à la couleur bleu foncé des uniformes des marins, ensemble du personnel qui, par profession, navigue et sert à bord d'un bâtiment de la marine de guerre ou de la marine marchande (→ *col bleu*)]

Bleu très foncé presque noir.

A. – Bleu(-)marine, *loc. adj. inv.* ou *p. ell.* **Marine,** *adj. inv., plus rare.* V. → ***ciel*** ex. 2.

– [En parlant du ciel] « J'étais un petit champ en train de lécher ses herbes après l'orage, sous un ciel bleu marine. » (Ph. Djian, *37°2 Le matin,* 1985, p. 330).

– [En parlant des yeux, du regard] « Vers six heures Mehdi se pointe l'œil de braise dans le regard bleu marine (...) » (E. Hanska, *J'arrête pas de t'aimer,* 1981, p. 62).

– [Le plus souvent en parlant d'un vêtement, d'une étoffe]

* *Blouson, caban, veste (bleu) marine.* « (...) rideaux marine. » (*Colin 1971*). « Trois jours sans qu'il me serre à m'étouffer contre sa vieille veste en grosse laine marine peluchée. » (R. Forlani, *Gouttière,* 1989, p. 19).

* [Comme couleur caractéristique de certains uniformes]

♦ [de la marine, de l'armée, de la gendarmerie, etc.] « Il a gardé le béret, l'uniforme bleu-marine, la fourragère rouge des chasseurs à pied, son corps d'origine. » (R. Vercel, *Capitaine Conan,* 1934, pp. 18-19).

1. « On peut remarquer que, contrairement aux gendarmes et aux policiers, de plus en plus présents et nombreux autour des terrains de football, les arbitres n'ont pas transformé leur uniforme **noir** en uniforme **bleu marine.** Ce qui s'est passé au fil des décennies chez les policiers, chez les militaires, chez les pompiers, les marins et même les religieux - la substitution du **bleu marine** au **noir** - ne s'est produit ni dans les palais de justice ni sur les terrains de football. Les magistrats et les arbitres sont restés des hommes en **noir.** Pourquoi ? » (*Pastoureau-Dict. des couleurs 1992,* p. 16).

♦ [des pensionnats] « Et le Lundi matin revue générale. Au milieu de deux cents silhouettes bleu marine une tache rouge. Moi. » (E. Hanska, *J'arrête pas de t'aimer,* 1981, p. 51).

* [comme marque de classicisme, d'élégance, de « bon goût » ; parfois avec une connotation de manque d'originalité] « Son tailleur bleu-marine avait des épaules carrées et la jupe était si étroite qu'elle n'aurait pu faire un pas, n'était qu'elle lui arrivait aux genoux. Un chemisier blanc, une cravate, un petit feutre... Tout ça était du bon, du cher, mais les Allemandes ont beau faire, elles n'arrivent pas à être élégantes, il y a trop de réflexion, de préméditation dans leur toilette. » (E. Triolet, *Le Premier accroc coûte deux cents francs,* 1945, p. 133). « Des sans cervelle, des follettes comme à la boîte religieuse, guère. Dans cette classe de philo, c'est le genre fille saine, regard droit, blazer marine, qui triomphe. Vingt-six "Brigitte jeune fille" des beaux quartiers de Rouen, Bihorel, Mont-Saint-Aignan, mais je ne les reconnais pas tout de suite. » (A. Ernaux, *La Femme gelée,* 1981, p. 99).

2. « Alice, qui ne manquait ni de grâce ni de charme, péchait par défaut d'excentricité, d'originalité, étant à une femme racée ce que la grenadine est au champagne. Elle affectionnait les petits ensembles **bleu marine** et les mocassins plats, attachait ses cheveux **châtains** en queue de cheval et se fardait juste un peu les yeux, quand elle avait le temps. Pour Rima, c'était encore plus flagrant : son portrait pouvait s'afficher dans toute la capitale, pas un passant ne se serait retourné sur lui. »
(A. Vergne, *L'Innocence du boucher,* 1984, p. 44).

* *Marine, adj.* est parfois variable : « (...) la Vénus des villes de béton avance sur le trottoir. Elle a revêtu sa robe de défense et de venin : corset d'écailles marines comme un hussard de l'Empire, fourreau d'andrinople fendu jusqu'à mi-cuisses, genoux nus enserrés dans des bottes de ciré noir. » (M. Béalu, *Erréros,* 1983, p. 11).

B. – Bleu(-)marine, *loc. nom. masc.* ou *p. ell.*, **marine,** *subst. masc.*

1. [Cette couleur comme couleur caractéristique]

– [de la marine, de l'armée, de la gendarmerie]

3. « Y'a pas qu'les mômes, dans la rue,
Qui m'collent au cul pour une photo,
Ya même des flics qui me saluent,
Qui veulent que j'signe dans leurs calots.
Moi j'crache dedans, et j'crie bien haut
Qu'le **bleu marine** me fait gerber,
Qu'j'aime pas l'travail, la justice et l'armée. »
(Renaud, *Où c'est que j'ai mis mon flingue ?,* 1980, in *Mistral gagnant,* 1985, p. 146).

– [des pensionnats] « Rien qu'une vieille maso. En pension chez les frangines le bleu marine et le blanc. T'avais le droit qu'à ça si on peut parler de couleurs. » (E. Hanska, *J'arrête pas de t'aimer,* 1981, p. 50).

2. [*P. méton. ;* en parlant d'un vêtement de cette couleur comme marque de classicisme, d'élégance, de « bon goût »]

4. « Avant qu'Armand ait le temps d'entraver ce qui lui advenait l'autre jour, Lapibouze, c'est son blaze, lui a cloqué à la bienvenue les trois costards de base du gentilhomme : l'**anthracite**, le **marine** et le **gris perlouze**. »
(A. Simonin, *Du Mouron pour les petits oiseaux,* 1960, p. 284).

3. *P. méton.* [En parlant d'une personne vêtue de bleu marine] **Bleu marine**. *Fam., mod.* (1986, *infra*). Gardien de la paix ; flic. « Une commerçante du quatorzième arrondissement exprime le sentiment ressenti par de nombreux Français. "Quand je vois, au coin des rues, débarquer des bataillons de gardiens de la paix, je ne suis pas rassurée.(...). Ce qui me rassure, moi, c'est de voir une paire de "bleu marine" arpenter tranquillement les trottoirs comme si de rien n'était. Parce que je me dis que s'il y avait un loubard dans le coin prêt à me faire un mauvais sort, il les verrait aussi, et il ficherait le camp". » (*Le Point,* 3. 2. 1986, p. 94, c. 1).

* *Bleu(-)marine* ou *p. ell. marine,* fait partie du lexique des couleurs des catalogues-VPC 1985-2003. Dans le même champ référentiel, ces catalogues, pour renou-

veller ce terme courant et désigner le bleu fonçé, utilisent les termes *amiral* et *navy.*

** *Bleu capitaine* est attesté dans *The Pantone® Book of Color* pour désigner le bleu fonçé. *Bleu patriote* et *Liberté,* à réf. *fig.*, toujours pour désigner le bleu foncé, sont certainement à rapprocher du bleu marine : couleur des uniformes de certains corps de l'armée.

◊ MARIN

[P. réf. à la couleur bleu foncé de la mer (v. les termes chromatiques ayant pour réf. l'eau, notamment → **Californie, eau (de mer), fjord, glacier, lagon, mer, mer Égée, mers du Sud, Nil, océan, piscine, ultramarin/ultra-marin** et/ou p. réf. à l'uniforme de la marine (→ **marine**)]

Bleu marin, *loc. nom. inv., littér., rare.* Bleu foncé. « Elle me regarde au fond de l'âme. Je me vois tout petit dans ses yeux. Tout petit ! son fils. Un embryon minuscule dans le nombril noir et pivotant de ses prunelles, flottant sur le bleu marin de son iris. » (C. Paysan, *Les Feux de la chandeleur,* 1966, p. 32).

◊ MARINETTE

[P. réf. à la couleur bleu foncé, marine (→ **marine**) de l'uniforme des contractuelles et *p. méton.*]

Subst. fém., mod. (1995), *fam.* Contractuelle. (→ **aubergine, gauloise, pervenche**).

* Attesté, surtout en langue orale (*France Inter,* mai 1995).

◊ ULTRAMARIN, INE ULTRA-MARIN, INE

[De *ultra- :* « au delà de », et *marin :* « de la mer ». P. réf. à la couleur bleue des eaux de mer (v. les termes chromatiques ayant pour réf. l'eau, notamment → **Californie, eau (de mer), fjord, glacier, lagon, marin, mer, mer Égée, mers du Sud, Nil, océan, piscine**)]

Adj. COSMÉTIQUES. Bleu intense (→ **outre-mer/outre-mer**).

1. « **Fuchsia, melon** et **pourpre**, les « Aquajoues » de Lancôme (80 F), pour les paupières, **ultra-marine** ou **ultra-violine,** les *Aquatiques* de Lancôme (80 F). » (*Le Point,* 28. 7. 1986, p. 12, c. 2).

* Terme créé par Rimbaud : « Quand les juillets faisaient crouler à coups de triques Les cieux ultramarins aux ardents entonnoirs. » (*Poésies,* 1871, p. 130, in *Œuvres*), repris de nos jours dans le vocabulaire des cosmétiques.

MATISSE

[P. réf. au bleu fréquemment utilisé par Henri Matisse, peintre et dessinateur français (Le Cateau-Cambrésis, 31. 12. 1869 - Nice, 3. 11. 1954) dans ses peintures (*La Danse*, 1910, *Femme au chapeau*, 1913, *Femme assise à la Guitare*, 1939) et tout particulièrement dans ses grands collages de gouaches et papiers découpés (*La Danse, 1909, Deux danseurs,* 1938, série des *Nu bleu,* débutée en 1952). D'abord impressionniste et fauve, son œuvre s'est ensuite caractérisée par de grands aplats colorés dans lesquels le bleu est omniprésent]

Bleu Matisse, *Loc. adj.* ou *loc. nom. inv.*

A. – *Loc. nom. inv. ART* [*PEINTURE*]. Bleu intense, lumineux, caractéristique de l'œuvre de Matisse.

1. «Niçois d'adoption, Henri Matisse éprouva lui aussi une passion pour l'azur. Capté lors de son voyage à Tahiti ou plus sûrement en ouvrant la fenêtre de son appartement dominant la baie des

Anges, le «**bleu Matisse**» se retrouvera, comme une signature, sur tous les supports utilisés par le maître, un temps camarade d'Aragon et Picasso. À la fin de sa vie, le **bleu** tourna à l'obsession pour Matisse, au point qu'il en fit la couleur unique de ses dernières gouaches découpées et de ses céramiques.»
(*Les Archives intégrales de l'humanité,* « Le bleu de travail de Klein et Matisse » – Ph. Jérôme, in *http://www.humanite.presse.fr/journal/2000-07-01*).

2. «-Vous aviez dit en prenant vos fonctions que le **bleu-marine** reviendrait à la mode, en parlant de la police qui allait être plus nombreuse. Aujourd'hui, on reparle de la **Maison bleue** pour l'UMP...
– «Cela n'a pas grand-chose à voir avec la police !»
Je sais, mais le **bleu** est à la mode en France?
– «Oui, le **bleu** a une forte connotation symbolique. J'encourage d'ailleurs à aller voir l'exposition de Matisse, parce que le **bleu Matisse** est très évocateur.»
– Ce **bleu Matisse** serait le **bleu** de la **Maison bleue** ?
– «Nous cherchons un nom qui parle, la **Maison bleue** est une piste qui a été donnée et qui n'est pas inintéressante d'ailleurs, même si par ailleurs, elle peut donner lieu à critique.»
– Elle n'a pas votre faveur ?
– «Je ne sais pas, je réfléchis.»
(« L'unité n'est pas l'uniformité ! » Interview de Patrick Devdjian sur LCI par Anita Hausser, 25.09.2002, in *http://www.interieur.gouv.fr/rubriques/c/c8_decentralisation/c86_revue_de_presse/2002_09_25_LCI.*).

3. «Hotel Windsor. Nice.
Je pensais aussi qu'après le **bleu Matisse** et le **bleu Klein** il ne restait plus pour un peintre de passage à Nice comme moi qu'à postuler pour le «**bleu touareg**». J'y ai quelques raisons puisque les deux figures peintes ici sont les répliques de deux autres que j'ai utilisées pour les peintures murales et vidéo des cellules de Fort de l'île Sainte Marguerite (...). Jean Legac.»
(in *http://www.hotel-windsor.cote.azur.fr/page_fr_2.html, 2003*).

B. – *P. ext. Loc. adj. inv. Rare.* D'un bleu qui rappelle le bleu de l'œuvre de Matisse. «Sur les cimaises de la galerie Hassen Chebti (...) reste accroché un seul tableau. (...). Je m'avance pour l'observer, le boire littéralement. Et voilà mon corps tout entier (...) délaissant la chambre d'étudiant, délaissant Alger et ses baies bleu Matisse, Alger et ses barres périphériques, Alger et ses labyrinthes.» (*Le Figaro*, «Les Soleils d'Azwaw. la nouvelle d'Abdourahman A. Waberi», 6. 8. 2003, in *http://www.lefigaro.fr/dossiers/portes_afrique/revuepresse/figaro/0608/pdf/alger2.pdf*). «Une autre porte «bleu Matisse» s'ouvre sur un patio intérieur : blanc pur au sol et sur les murs, coulées de mauve éclatant bondissant d'un bougainvillier, bleu lumineux des portes à doubles battants des chambres et ciel bleu dur, tel un couvercle aussi transparent que magique (la voie lactée s'y promène en cinémascope tous les soirs !)». (Essaouira : la maison du chameau, in *http://www.participez.com/auteurs/garcon/essaira/part3.htm,* 2003). V. → ***mer Égée*** ex. 1.

4. «Le *pull Lucien* en micro polaire finitions crantées existe du 3 mois au 8 ans (10 ans sur commande , il existe également dans la collection Si Féminine en taille adulte) dans les coloris suivants : **violet, prune, fushia, bleu matisse, vert céladon, orange brique, jaune malt, marron chocolat** (...).» (in *http://www.marais.biz/commerce/sipetit/lucien.htm*).

MÉDITERRANÉE

[P. réf. au bleu intense de la mer Méditerranée. (V. les termes chromatiques ayant pour référents l'eau, notamment → **Californie, eau (de mer), lagon, méditerranée, mer, mer égée, mers du sud, océan, ultramarin**)]

Bleu méditerranée. *loc. adj.inv. Mod.* (Fin XX^{e}s.). *Rare.* Bleu clair, lumineux qui rappelle celui de la Méditerranée. V. → ***égée*** ex. 1.

* *Bleu méditerranéen* est attesté dans *The Pantone® Book of Color.*

MER

[P. réf. à la couleur bleue ou verte de l'eau de mer (v. les termes chromatiques ayant pour réf. l'eau, notamment → **Californie, eau (de mer), fjord, glacier, lagon, marin, Méditerranée, mer Égée, mers du Sud, océan, piscine, ultramarin/ultra-marin**)]

A. – Bleu de mer, *loc. adj. inv.* [Le plus souvent en parlant d'un vêtement, d'une étoffe] Bleu plus ou moins clair (tirant parfois sur le vert). « (...) le malade s'accoude au dernier barreau de la rampe (...) On monte Voilà Vous êtes plus jeunes que les arbres du jardin qui arrivent à peine à la mousse qui recouvre le pied du mur Et vous avez déjà des barbes blanches Chacun se présente avec son écriteau Les œuvres complètes Quelques volumes Et le faux col gradué comme les rives des grands fleuves qui débordent On voit tout de suite où en sont les passions de ce jeune homme triste qui le porte Le premier jour ce fut sous un costume bleu de mer avec des poissons qui nageaient sur les manches au col le long du ventre et tout le long de son immense bouche. » (P. Reverdy, *Le Passant bleu,* in *Risques et Périls : Contes,* 1930, p. 93).

1. « Ils portaient tous alors le costume national. Chausses d'espadrilles à semelle de cuir, à cause des boues de l'hiver, lacés depuis les doigts ; vêtus de bas épais, d'une culotte de velours **brun** ou **bleu de mer,** crevée aux genoux ; d'une veste de même étoffe et couleur ; d'une chemise de toile **bise ;** sanglés d'une haute ceinture de laine **rouge** qui montait jusqu'aux aisselles. »
(J. de Pesquidoux, *Le Livre de raison,* t. 2, 1928, p. 46).

B. – Vert de mer, (plus rare :) **vert(-)mer**, *loc. adj. inv.* [Le plus souvent en parlant de l'eau, des yeux] Vert plus ou moins clair (tirant parfois sur le bleu). « (...) j'aperçus (...) un front couvert de suie, des cheveux roux foncés par la transpiration, et deux yeux vert de mer, deux yeux devenus fous, deux yeux dont les pupilles dilatées avaient presque mangé le blanc. » (P. Mille, *Barnavaux et quelques femmes,* 1908, p. 70). « (...) vert mer, gros vert, vert en bouteille. La vitre. Quelque chose à la fois d'opaque et de transparent (...). » (P. Claudel, *Conversations dans le Loir-et-Cher,* 1935, p. 66). « (...) ses grands yeux vert de mer prirent une expression rêveuse. » (J. Green, *Moïra,* 1950, p. 212).

2. « – Avez-vous remarqué, mademoiselle, cette lumière **vert de mer** où nous avons baigné deux heures ? – J'y ai baigné moins longtemps, vous beaucoup plus, sans doute ? – Il n'y manquait même pas le monstre marin. »
(J. Malègue, *Augustin ou le Maître est là,* t. 2, 1933, p. 69).

* V. aussi les variantes → *mer Égée*, ou *absol.*, *égée*, *mers du Sud* et *Méditerranée.*
** *Mer* fait partie du lexique des couleurs des catalogues-VPC 1985-2003 dans lesquels il désigne un bleu, le plus souvent clair, tirant plus ou moins sur le vert ou le gris. Dans le même champ référentiel, dans la gamme des bleus : *bleu Baltique* (bleu clair), *bleu maritime* (bleu saturé), *lagon* (bleu vert clair) ; *p. méton. amiral* (bleu marine), *marine, navy* (bleu marine), *régate* (bleu moyen). Dans la gamme des verts : *(bleu) Caraïbes* (vert bleu clair).
*** *The Pantone® Book of Color* atteste un certain nombre de termes de couleur ayant pour réf. la mer et désignant un bleu, un vert plus ou moins clair, ou une nuance intermédiaire. Dans la gamme du bleu plus ou moins clair : *bleu méditerranéen* (bleu clair), *marina* (bleu moyen), *port de mer* (bleu foncé) ; *p. méton. bleu capitaine* (bleu marine), *marine, nautique,* (bleu moyen*), régate* (bleu moyen). Pour le bleu-vert, clair : *Baltique, bleu maritime, fond de la mer.* Dans la gamme du vert : *mer du Nord.*

– VAR.

◊ MERS DU SUD

[P. réf. au bleu profond à bleu vert des «mers du Sud», nom donné à l'Océan Pacifique austral. (V. les termes chromatiques ayant pour référents l'eau, notamment → **Californie, eau (de mer), lagon, méditerranée, mer, mer égée, océan, ultramarin**)]

Bleu des mers du sud, *loc. adj.* ou *loc. nom. inv. Mod.* (Années 1960). Bleu fonçé à bleu vert. *Couleur bleu des mers du Sud ; vêtements, voiture, yeux bleu des mers du Sud.* « Encore un hommage aux années 60 avec l'œil de biche bleu des mers du sud (...). » (*Cosmopolitan,* janv. 1983, p. 83, c. 1). «On avait promis qu'il ferait «beau et chaud à Foljuif ce week-end», et ma foi, qu'est-ce qu'il faisait beau ! pas le moindre petit nuage à l'horizon, un ciel bleu des mers du Sud, bref, magnifique.» («Week-end de cirque à Foljuif : 14-16 mars 2003, in *http://www.cof.ens.fr/cirque/photos-foljuif/03 2003*). «Jean-Paul Guibert, possesseur d'une Océane 1962, s'est intéressé au nuancier des coloris destinés aux Océane et Grand carrossier. Voici le résultat de ses recherches. Océane(...). Modèles 1957-1958 : Gris (...) - Vert forêt – Bleu des mers du Sud - Corail - Noir Diamant - Blanc lacté (...).» («Pour Océane et plein ciel. teintes de carrosserie», 29. 3. 2003, in *http://simcafacel.levillage.org/article.php3?id-article=24*). «Centrale rencontre. Centrale-rencontre@lepi.org. (...) 0903; jeune ricardien jaune cherche curaçao bleu des mers du sud pour union Jet27 vers 21h. (*Le Piston Information - Journal des Étudiants de l'École Centrale de Paris,* archives petites annonces 2002-2003).

— [Le plus souvent en parlant de la couleur d'une encre] «Elle fit ensuite une provision de cette encre dont la couleur, d'après le prospectus, était celle-là même, bleu approfondi de vert, des mers du Sud.» (J.-L. Bory, *Un prix d'excellence,*1979, p. 118). «La couleur qui dominait les oeuvres de Nicolas était un vert particulier, non pas chlorophyllien, mais aquatique, salé, exactement ce qu'on appelle bleu des mers du Sud.» (M. Tournier, *Le Médianoche amoureux,* 1989, p. 161).

1. «Par chance, inestimable hasard, don des dieux, le stylo de l'interprète s'asséchait vite. On put assez facilement, en comparant les teintes, du très **bleu des mers du Sud** au très **pâle,** presque **blanc,** retrouver l'ordre, rétablir une chronologie plausible des états du communiqué final.»
(É. Orsenna, *Grand amour,* 1993, p. 109).

* *Bleu des mers du Sud* semble connaître un regain de faveur et la loc. *mer du sud* a parfois été proche de la lexicalisation comme terme de couleur : « Et lui, ces yeux de mers du Sud éclaircissent encore. » (E. Hanska, *Fascination,* 1986, p. 150).

MÉTHYLÈNE

[P. réf. à la couleur bleue de la solution de bleu de méthylène (→ **bleu** 3e SECTION. 1. *SUBST. MASC.* I. B. 1. b) α) *BIOLOGIE/PHARMACIE*]

Bleu de méthylène, *loc. adj.* ou *loc. nom. inv., rare.* Bleu foncé, proche de cette solution. « Tandis que je vous écris, je vois de ma fenêtre, sur la mer d'un bleu dansant de méthylène, les irradiations du zénith se multiplier en facettes miroitantes. » (H. de Montherlant, *Les Jeunes filles,* 1936, p. 935).

MING

[P. réf. au bleu des porcelaines Ming, appelées encore → **blanc et bleu**]

Bleu Ming, *loc. adj.* ou *loc. nom. inv.* Bleu très fonçé. «Cela m'avait valu quelques taches vertes de candeur turque sur le bleu Ming de mes murs lézardés.» (N. Bouvier, *Le Poisson-Scorpion,* 1991, p. 122). [Le plus souvent dans un contexte commercial ; en parlant d'une peinture pour porcelaine ou d'une voiture] *Peinture bleu Ming.* «Pour 2002, Cadillac offre de nouvelles roues, une nouvelle couleur (bleu Ming métallisé) et, comme le reste de la famille, un nouvel écusson assorti de nouveaux lauriers.» (www.auto123.com/fr/info/news/roadtest,view,Cadillac).»Vente AUDI A4 BERLINE 4P 1,9 TDI quattro 130cv 2000 - 49600 KM 12800 € - FR,71. Superbe état, couleur bleu ming, sieges chauffants (...). Publiée le 11/10/2003.» (*Les Enchères A4 - Livres et Revue Technique AUDI A4,* Petites annonces AUDI A4, in *http://www.webmycar.com/zonecar/webacar.nsf/annonces-auto*). «Pébéo Porcelaine 150 : bleu Ming 17, citrine 1.» (in *www.pebeo.com /fr/prod/atelier.htm, 2003*).

1. «*Prélude à un voyage aux Maldives*
De l'**opalescence lactée** qui s'étire jusqu'au **bleu Ming**, soudain se dessine à l'horizon une tache **verte**, cernée de **blanc**, sertie dans le **bleu** de l'océan, puis une autre, et d'autres encore. Ce sont des îles parmi les 2000 que compte la République des Maldives, jetées au coeur de l'Océan Indien sur 764 km de haut et 128 km de large.»
(in *www.neos.ch/catalogue/16maldivescroisieres/page.shtml*).

2. «La grande salle [de cinéma] datant de 69 est disposée comme un amphitéâtre, avec des gradins pour une bonne visibilité. Grâce à sa forme ovoïde et ses revètements en bois de frêne alternant avec du velours absorbant d'un bleu Ming, elle offre une excellente acoustique et un excellent rendu sonore qui en font la meilleure salle UGC de la capitale.»
(in *perso.club-internet.fr/stanbob/norman.htm*, 2003).

* V. aussi → **rouge Ming** (→ ***Le Rouge***).

Myosotis

[P. réf. à la couleur bleu pâle des fleurs de l'espèce la plus commune de myosotis]

Bleu clair.

A. – Bleu de myosotis, bleu(-)myosotis, *loc. adj.* ou *loc. nom. inv.*

– [En parlant d'un vêtement, d'une étoffe] « Des prêtres grecs (...) lui passent d'abord un surplis, puis une chape ravissante d'un bleu myosotis, semée d'or. » (J. et J. Tharaud, *L'An prochain à Jérusalem,* 1924, p. 17). « (...) la première fois que je t'ai vu, tu portais une blouse en soie bleu-myosotis... – Ma blouse bleue de l'an 38 ! – Et une jupe plissée en satin noir. » (R. Vailland, *Drôle de jeu,* 1945, p. 189).

– [Le plus souvent en parlant des yeux] « (...) une vierge en bois de l'époque romane. La face plate a de beaux yeux saillants, les iris d'un bleu de myosotis, le blanc légèrement bleuté. Il y a du rose au bord des paupières et du carmin foncé sur les lèvres. » (A. T'Serstevens, *L'Itinéraire espagnol,* 1933, p. 232).

1. « La presse parisienne tout entière célébrait la radieuse beauté de Suzanne. Ces yeux **bleu clair**, bordés de paupières auxquelles il ne manquait pas un cil, ces yeux qui, selon l'heure et l'humeur, passaient du **bleu myosotis** au **bleu pervenche**, avec un peu plus de miroitante chaleur, ces yeux, ils étaient connus de tout Paris comme les plus grands, les plus étranges et les plus doux que l'on pût voir. »
(G. Duhamel, *Suzanne et les jeunes hommes,* in *Chronique des Pasquier,* t. 9, 1941, p. 43).

2. « Mais, en gambergeant, j'ai saisi. C'étaient ses châsses, du **bleu myosotis** fragile, qui me bottaient pas. L'œil poupée, dans ces teintes-là, ça s'accordait seulement pour moi avec les doudounes en pomme, les jolis sphériques jumeaux. »
(A. Simonin, *Touchez pas au grisbi,* 1953, p. 29).

B. – *P. ell.*

1. (Couleur) De myosotis, *loc. adj. inv.* [Le plus souvent en parlant des yeux] « (...) un lourd charretier avance, vêtu de boue, et sous le sac qui le recouvre, je vois soudain les joues fouettées de ce rose enfantin de Renoir, des yeux de myosotis : graine de Flamand ou de Polonais. » (Fr. Mauriac, *Journal du Temps de l'Occupation,* 1944, p. 356).

2. (Couleur) Myosotis, *loc. adj.* ou *adj. inv.*

– [En parlant d'un vêtement, d'une étoffe] « Pantalons de gabardine myosotis et lavande. » (*Le Monde,* 20 12. 1951, p. 9, c. 1). « Miro vint se frotter en ronronnant contre ses jambes gainées d'un collant myosotis. » (B. Beck, *La Lilliputienne,* 1993, p. 114).

– [Le plus souvent en parlant des yeux ; *p. méton.*, en parlant du regard] « (...) un regard couleur myosotis (certains qui l'ont fort bien connu, m'affirment que son œil était jaune-gris ; mais je ne puis revoir son regard que couleur de myosotis. » (A. Gide, *Si le grain ne meurt,* 1924, p. 537). « *Le zèbre,* son dernier film adapté du roman d'Alexandre Jardin. Un texte douloureusement drôle qui avait séduit ce comique aux yeux myosotis. Car Poiret comprit très tôt que l'illusion comique a pour base la tragédie. » (*L'Est Républicain,* 15. 3. 1992, p. 425, c. 3).

* *Bleu myosotis* et *p. ell. myosotis* fait partie du lexique des couleurs des catalogues de mode-VPC 1985-2003. ** Le myosotis et son bleu clair a pour signification emblématique : « Souvenir fidèle » et pour langage symbolique : « Ne m'oubliez pas ». (*Lar. Univ. 1923,* s. v. *fleur*). *Ne-m'oubliez-pas* est d'ailleurs le *synon. cour., fam.* de *myosotis.* (v. les sens *fig.* de → **bleu**).

NATTIER

[P. réf. aux nuances de bleu rendues par Jean-Marc Nattier – peintre et dessinateur français (Paris 1685-1766), portraitiste attitré de la famille royale (1742→) – dans la représentation des étoffes]

Bleu(-)Nattier/nattier, *loc. adj.* ou *loc. nom. inv.* (1906, « Pour les toilettes élégantes (...) : (...) marron (...), bleu Nattier, bleu lavande, pour la ville. » *La Mode illustrée,* p. 110, in *DDL 33*). *ART* [*PEINTURE*] Bleu moyen, intermédiaire entre le bleu marine et le bleu roi, caractéristique de l'œuvre de Nattier ; *p. ext.,* bleu qui le rappelle. [Le plus souvent en parlant d'un vêtement, d'une étoffe] « Robe de liberty bleu-Nattier brodé de grosses roses d'argent. » (*Fémina,* 15. 3. 1908, p. 125, in *DDL 16*). « la robe d'intérieur bleu nattier décolletée en cœur de celle-ci [Véronique] intriguait les yeux mornes des femmes déparées de toute élégance dans ce canton de Huronie. » (M. Jouhandeau, *Monsieur Godeau intime,* 1926, p. 206). V. → ***bleu*** ex. 65, ***Klein*** ex. 4.

1. « AU LARGE.
Le pan d'esprit depuis cette envergure
Les îles au **bleu nattier**
la croix des barres
Pour partir dans cette direction
l'étincelle des ailes
Et la voix du Levant (...). »
(P. Reverdy, *Au Soleil du plafond et autres poèmes (1915-1920),* 1955, p. 149).

2. « Nous nous transportâmes dans la chambre d'Agnelita, une chambre tendue de mousseline **blanche** plissée, avec un lit couvert de lin **bleu nattier**. La beauté d'Agnelita me rendit muet. Je serais obligé de puiser dans la réserve des vieux clichés pour la décrire : dents **de perle,** oreilles **de nacre.** L'albâtre **rose**, le corail, la porcelaine de Chine, rien ne peut donner une idée juste de sa transparence, de sa grâce, de sa fragilité. »
(J. Perry, *Vie d'un païen,* 1965, p. 208).

* *Bleu Nattier* ou *p. ell. Nattier* fait partie du lexique des couleurs des catalogues-VPC 1985-2003 pour désigner un bleu plus ou moins soutenu.

NEVERS

[P. réf. au bleu intense des faïences, d'inspiration persane et chinoise, qui ont été traditionnellement fabriquées, à partir de la deuxième moitié du XVIIe s., à Nevers (Ville de France, département de la Nièvre) (→ **Chine, Delft, faïence, persan, porcelaine, Rouen, Sèvres**)]

Bleu de Nevers, *loc. nom. inv., ART* [*CÉRAMIQUE*]. Bleu intense, foncé, brillant, vif (obtenu en teintant l'émail stannifère avec du cobalt), caractéristique du fond des faïences fabriquées pendant une période, à Nevers. V. → ***Rouen*** ex. 1.

NOCTURNE

[P. réf. à l'absence de lumière, à l'obscurité dans laquelle se trouve plongée la surface de la Terre qui ne reçoit plus de lumière solaire, pendant la nuit]

A. – Bleu nocturne, *loc. nom. inv.* Bleu foncé. *Synon.* → **bleu(-)de(-)nuit / bleu(-)nuit.** « Les plus beaux, les plus mystérieux vitraux sont les plus sombres (l'un surtout vers le fond du chœur, d'un bleu nocturne relevé seulement de quelques éclats de vermillon). » (J. Gracq, *En lisant, en écrivant*, 1980, p. 194).

1. « Le papier à décalquer les broderies, gras, d'un **bleu nocturne**, le poinçon à percer les "roues" dans la broderie anglaise, les navettes à frivolité, les navettes d'ivoire, d'un **blanc d'amande**, et les bobines de soie **couleur de paon**, et l'oiseau chinois, peint sur riz, que ma soeur copiait au "passé" sur un panneau de velours... »
(Colette, *La Maison de Claudine*, 1922, p. 119).

2. « Elle s'était arrêtée. Le **bleu nocturne** du manteau, le ton **crème** de la robe, la laque **noire** du paravent, faisaient resplendir d'un éclat sourd sa peau de **brune**. »
(R. Martin du Gard, *Les Thibault, L'Été 1914*, 1936, p. 216).

B. – Noir nocturne, *loc. nom. inv. rare.* [En parlant du système pileux, des cheveux] Noir. « J'étais, comme toujours, habillée en garçon, et seuls mes cheveux longs et mon rimel indiquaient que je n'en étais pas un. Quoique... Je portais un jean moulant (...). Mes cheveux d'un noir nocturne naturellement frisés étaient ébouriffés. » (Chr. Aventin, *Le Cœur en poche*, 1988, p. 17).

C. – *P. ell.* **Nocturne**, *loc. adj. inv., rare.* Noir. *Synon.* → **couleur de nuit**. [En parlant des yeux, du regard]

3. « Est-ce vraiment cette figure-là que le méditant aurait choisie s'il avait jamais pu choisir ? (...) Il souhaitait un regard **sombre**, **nocturne** et velouté, comme celui, par exemple, de son cher ami Justin, et, ce qu'il a reçu du sort, c'est le regard **bleu véronique** de sa famille paternelle. »
(G. Duhamel, *Le Combat contre les ombres*, in *Chronique des Pasquier*, t. 8, 1939, p. 8).

NUIT

[P. réf. à l'absence de lumière, à l'obscurité dans laquelle se trouve plongée la surface de la Terre qui ne reçoit plus de lumière solaire, pendant la nuit]

* « Dans l'imaginaire et dans les codes iconographiques, la nuit (...) est presque toujours sombre : noire,

grise, brune, bleue surtout. Dans l'image, en effet, la nuit est bien plus souvent bleue que noire. C'était déjà le cas dans l'enluminure et dans la peinture du Moyen Âge, et c'est encore largement le cas dans l'affiche publicitaire, dans le livre pour enfants (...) et dans la bande dessinée. Un bleu foncé certes, un *bleu nuit* même, mais un bleu nettement distinct du noir. Au reste, ce lien entre la nuit et la couleur bleue est fort bien souligné par cette expression *bleu nuit,* qui existe dans d'autres langues (*nacht-blau, night blue*) (...). On ne dit pas (...) *brun nuit* ni, surtout, *noir nuit.* En revanche, on disait autrefois *couleur de nuit* pour qualifier un gris très sombre, presque noir, et l'on avait recours aux expressions *à la brune* ou *sur la brune* pour désigner le crépuscule (...) Comme si le brun constituait ici le palier ordinaire précédent le noir (ou le bleu : j'ai en effet toujours été frappé par la sonorité "bleue" et non pas marron de l'adjectif féminin brune !). » (*Pastoureau–Dict. des Couleurs 1992,* pp. 135-136).

A. – Bleu(-)de(-)nuit, bleu(-)nuit, *loc. adj. inv.* Bleu très foncé. *Synon.* → **bleu nocturne.** V. → ***bleu*** ex. 64.

– [En parlant de la couleur du ciel, de la lumière régnant la nuit, etc.] « (...) Il y avait la fenêtre, avec son carré bleu de nuit sans lune, et le bas du ciel sans étoiles (...). » (Ch.-F. Ramuz, *Aimé Pache, peintre vaudois,* 1911, p. 260).

1. « La lumière fut baissée et la salle du "Carnaval" se trouva plongée dans une ombre **bleu-de-nuit.** Seul en émergeait le gros Hongrois saisi dans le cône d'un projecteur, comme un monstre abyssal éclairé par un hublot. »
(M. Druon, *Les Grandes familles,* t. 1, 1948, p. 80).

– [En parlant d'un vêtement, d'une étoffe, etc.] « Son lit placé au milieu de la pièce était entouré à son chevet de rideaux bleu de nuit, un lit étroit, presque un lit de camp. » (J. Green, *Journal,* t. 4, 1946, p. 39). « Il se déshabille, enfile un pyjama bleu nuit. Il ouvre les valises et commence à disposer les costumes sur des cintres. » (R. Sabatier, *Le Chinois d'Afrique,* 1966, p. 250). « À la scène comme à la ville, Rima arborait un blouson de daim bleu nuit et une mine de suicidaire. » (A. Vergne, *L'Innocence du boucher,* 1984, p. 36-37).

* *Bleu(-)nuit* fait partie du lexique des couleurs des catalogues-VPC 1985-2003. Dans le même champ référentiel *bleu de minuit* ou *p. ell. minuit* a été récemment créé pour désigner le bleu très foncé.
** *Bleu(-)nuit* est attesté dans *The Pantone® Book of Color.*

– [En parlant d'une chose concrète quelconque] « (...) ils voyaient, devant eux (...) sur toute la largueur du boulevard, la ligne noire, épaisse des C.R.S. Des files de camions bleu nuit, aux vitres grillagées, passaient au loin. » (G. Pérec, *Les Choses,* 1965, p. 71).

– [En parlant d'un aspect d'une personne, de la peau, etc.] « Mes yeux s'habituent à la demi-pénombre. Je devine une femme vautrée dans les papiers et les chutes de sapes. Une cloche à la tronche bubonique et violacée, avec des jambons éléphantesques qui jaillissent, striés de varices bleu-nuit, d'une jupe en boule sur les fesses. » (J.-L. Degaudenzi, *Zone,* 1987, p. 61).

– POSTES / TÉLÉCOMMUNICATIONS
[P. réf. à la couleur bleue de leur représentation visuelle sur les dépliants tarifaires, les publicités, etc.] [Dans un système d'opposition notamment à → **rouge** (plein tarif) ; en parlant d'une période de temps ; le qualificatif *bleu nuit* joue à la fois sur le sens concret de *nuit* et sur la couleur] *Mod.* (1996, *infra*). Pendant laquelle les utilisateurs du téléphone peuvent bénéficier d'une réduction maximun de tarif de la communication (au-delà de 100 km, entre 22 h 30 et 6 h du matin).

2. « Baisse du prix des appels nationaux au-delà de 100 km... Le prix des communications au-delà de 100 km passe à moins de 2 F TTC la minute le 2 mars 1996, soit une baisse d'environ 10 %. Désormais, le prix de la minute va de 0,74 F TTC en

période bleu nuit à 1,98 F TTC en **période rouge**. Prix TTC en francs par minute au 2 mars 1996 sur la base d'une communication de 3 minutes en France métropolitaine. »
(*La Lettre de France Télécom*, févr.-mars 1996, dépliant publicitaire).

B. – *P. ell.* **Couleur de nuit**, *loc. adj. inv. rare.* [En parlant du système pileux, des cheveux] De couleur très foncée ; noir. « Je vois au fond de ma pensée, des cheveux couleur de nuit, un regard fier et songeur, une bouche triste qui sourit par-dessus sa tristesse (...). » (Cl. Farrère, *L'Homme qui assassina*, 1907, p. 255).

OCÉAN

[P. réf. à la couleur bleuâtre ou verdâtre des eaux de l'océan. (v. les termes chromatiques ayant pour réf. l'eau, notamment → **Californie, eau (de mer), fjord, glacier, lagon, marin, mer, mer Égée, mers du Sud, piscine, ultramarin/ultra-marin**)]

A. – **Bleu océan**, *loc. adj.* ou *loc. nom. inv.*, *rare.* Bleu très clair, tirant sur le vert. *COSMÉTIQUES / MODE.*

1. « Pour les sportives de charme, Innoxa a créé le Crayon Ombre à Paupières Waterproof. Un geste rapide et simple qui joue sur toutes les couleurs à la mode : **Corail nacré**, **Aigue Marine** et **Bleu Lagon**, toutes ces ombres prolongent l'éclat du Mascara Supermatic. Vous aimerez voir dans votre miroir la brosse soyeuse vous faire des cils immenses et brillants, dans la couleur que vous préférez : **noir magnétique**, **bleu océan**, **vert forêt**, **bleu** comme le ciel. »
(*Prima*, sept. 1990, p. 33, c. 3).

B. – **Vert océan**, *loc. adj.* ou *loc. nom. inv.* Vert très clair tirant sur le bleu.

2. « Le studio présentait, dans l'ameublement, les tentures et les œuvres d'art, un admirable et délicat échantillonnage de **verts**, depuis le **vert jade** jusqu'au **vert Bosphore**, en passant par le **vert émeraude**, le **vert lumière**, le **vert océan** et le **vert bouteille**. De sa voix juste et bien timbrée, car elle cultivait le chant et ne désespérait pas de se manifester dans les grands concerts, Miotte disait parfois à Joseph : "Quand tu seras membre de l'Institut, tu me rendras visite, un jour, avec ton uniforme et c'est moi, c'est moi seule qui aurais choisi la nuance des broderies." Quand elle chantait l'air du chasseur, dans la *Belle Meunière*, elle disait avec conviction : "le **vert** est ma couleur (...)." »
(G. Duhamel, *La Passion de Joseph Pasquier*, in *Chronique des Pasquier*, t. 10, 1945, p. 143).

* *Bleu(-)océan* et *p. ell. océan* fait partie du lexique des couleurs des catalogues-VPC 1985-2003 et sert à désigner un bleu plus ou moins foncé, un bleu désaturé vers le vert clair, et un vert clair. Dans le même champ référentiel *(vert) Pacifique* sert à désigner un vert saturé.
** *The Pantone® Book of Color* atteste, dans le même champ référentiel : *Arctique* et *Golfe de Gascogne* pour désigner le bleu vert clair ; *Pacifique* pour désigner un vert saturé. *P. méton.*, pour désigner le bleu moyen : *régate* et pour désigner le bleu marine : *bleu capitaine, bleu marine, navy.*

OUTREMER / OUTRE-MER

[P. réf. à la couleur bleue, intense, voisin du violet, de la matière colorante obtenue par broyage de la pierre fine bleue de ce nom. *Synon.* (*vx :*) → **azurite, lapis (-lazuli)**. De nos jours l'outremer est obtenu synthétiquement. De *outre-mer :* « au-delà des mers », cette matière colorante ayant été importée des pays de l'Orient méditerranéen]

TECHNOLOGIE [*CHIMIE, TEINTURE*, etc.] Bleu très foncé, voisin du violet, obtenu autrefois de la pierre fine de ce nom, de nos jours de manière artificielle (depuis Guimet, en 1827) ; *p. ext.*, bleu, voisin du violet, qui le rappelle.

A. – Bleu d'outremer / d'outre-mer, bleu(-) outremer / outre-mer, *loc. adj.* ou *loc. nom. inv.*

– [Le plus souvent en parlant d'un élément de la nature, en particulier du ciel, de l'eau] « (...) le (...) Rio Tinto dont les eaux d'un bleu outremer coulent lentement entre les rives aussi rouges que la bauxite. » (A. T'Serstevens, *L'Itinéraire espagnol,* 1933, p. 160).

– [En parlant d'un vêtement, d'une étoffe] « L'homme était vêtu d'un élégant costume d'alpaga clair, avec une chemise bleu outremer en soie sur laquelle tranchait une cravate d'un orangé voyant (...). » (R. Sabatier, *Les Allumettes suédoises,* 1969, p. 44).

– [En parlant des yeux] « (...) sous les longs sourcils noirs et luisants, les yeux d'un bleu d'outremer brillaient plus encore que de coutume, comme par un surcroît de bonne humeur. » (J. Green, *Moïra,* 1950, p. 154).

B. – *P. ell.*

1. D'outremer / d'outre-mer, *loc. adj. inv.* [Le plus souvent en parlant d'un élément de la nature, en particulier du ciel, de l'eau] « Sur les collines où le blé et les oliviers étalent des verts légers, et où San Miniato montre dans la sombre verdure un visage de couleurs, azur de grand luxe, ciel italien d'outremer foncé (...). » (V. Larbaud, *A. O. Barnabooth,* 1913, p. 136).

2. Outremer / outre-mer

a) *Adj. inv.*

– [Le plus souvent en parlant d'un élément de la nature, en particulier du ciel, de l'eau] *Ciel outremer.*

* [Dans un contexte métaphorique]

1. « Ainsi, toi, qui, sans délectation, voulus aimer toutes les violences de la chair et de l'esprit, altéré des filtres sorciers, épris des végétaux magiques, des mots à charme incantatoire, toujours prêt à grimper les cinq étages des pythonisses faubouriennes, qui ouvrent grandes les portes du futur sur des haillonneuses féeries **pourpres** et **outre-mer**, comme à l'aube du printemps, les fenêtres de leurs taudis sur un ciel ressuscité malgré les grasses fumées (...). » (R. Crevel, *Êtes-vous fous ?,* 1929, p. 170).

– [En parlant d'un vêtement, d'une étoffe] « Tout au fond, il y aurait un lit étroit, tendu de velours outremer, garni de coussins de toutes couleurs. » (G. Pérec, *Les Choses,* 1965, p. 15).

– [En parlant d'une chose concrète quelconque] *Rare.* « Il est de pauvres gens, enfin, qui n'ont ni guimbarde ni monture. Ceux-là viennent dans de larges autocars outremer dont l'impériale est un parterre multicolore de matelas et de sacs brodés. » (A. T'Serstevens, *L'Itinéraire espagnol,* 1933, p. 188).

b) *Subst. masc.* [Le plus souvent en parlant d'un élément de la nature, en particulier du ciel, de l'eau] Cette couleur. *L'outremer de la mer, du ciel.* « Et les cortèges impériaux, et de grands oiseaux d'or dans un infini d'azur et d'outremer... » (V. Larbaud, *A. O. Barnabooth,* 1913, p. 260). « (...) l'outremer foncé du Léman sous tous les gris possibles aux brumes ; le bleu romantique des Alpes, les pics, aiguilles (...) crêtés, malgré la différence des langues, du même blanc de neige : violent tableau qu'aucun chant d'église n'entamait plus. » (J. Malègue, *Augustin ou le Maître est là,* t. 2, 1933, p. 14).

2. « Je m'arrêtais à voir sur la table, où la fille de cuisine venait de les écosser, les petits pois alignés et nombrés comme des billes **vertes** dans un jeu ; mais mon ravissement était devant les asperges, trempées d'**outre-mer** et de **rose** et dont l'épi, finement pignoché de **mauve** et d'**azur,** se dégrade insensiblement jusqu'au pied - encore souillé pour-

tant du sol de leur plant - par des irisations qui ne sont pas de la terre. Il me semblait que ces nuances célestes trahissaient les délicieuses créatures qui s'étaient amusées à se métamorphoser en légumes et qui, à travers les déguisements de leur chair comestible et ferme, laissaient apercevoir en ces couleurs naissantes d'aurore, en ces ébauches d'arc-en-ciel, en cette extinction de soirs **bleus,** cette essence précieuse que je reconnaissais encore quand, toute la nuit qui suivait un dîner où j'en avais mangé, elles jouaient, dans leurs farces poétiques et grossières comme une féerie de Shakespeare, à changer mon pot de chambre en un vase de parfum. »
(M. Proust, *Du Côté de chez Swann,* in *À la recherche du temps perdu,* 1913, p. 121).

* *Outremer* est attesté dans *The Pantone® Book of Color.*

Paon

[P. réf. au plumage ocellé, bleu mêlé de vert, de cet oiseau]

A. – Bleu de paon, bleu paon, *loc. adj.* ou *loc. nom. inv.* Bleu vert, brillant.

– [En parlant d'un élément de la nature]

1. « Penché à la portière, je guettais le moment où j'allais enfin découvrir l'immense horizon des dunes et les verdures de l'oasis, telles qu'elles m'étaient apparues, un matin, avec leurs reflets **bleu de paon** sur des terrains **couleur d'aurore**. »
(J. et J. Tharaud, *La Fête arabe,* 1912, p. 98).

– [En parlant d'un vêtement, d'une étoffe] « – "Et cette grande, qui parle au barman ?" demanda-t-il. – "En bleu paon, avec un sautoir jusqu'aux genoux ?" » (R. Martin Du Gard, *Les Thibault, Le Pénitencier,* 1922, p. 837). « Il laisserait traîner ses regards sur le décor de la salle de bains qu'il avait composé en hommage à sa grand-mère bordelaise, la chère bonne-maman Messager : papier en cachemire bleu paon sur les murs ; fausse cheminée pour y poser la haute lampe Gallé avec son abat-jour en verre où volent des libellules. » (Chr. de Rivoyre, *Les Sultans,* 1964, p. 26). V. → ***aigue-marine*** ex. 1, ***lagon*** ex. 2.

* *Bleu de paon, bleu paon* est attesté dans *The Pantone® Book of Color.*

B. – Vert(-)paon, *loc. adj.* ou *loc. nom. inv., rare.* [En parlant d'un vêtement, d'une étoffe] Vert bleu, brillant. « La vitre, quelque chose à la fois d'opaque et de transparent (...) Vert paon, ce qui chatoie et joue. » (P. Claudel, *Conversations dans le Loir-et-Cher,* 1935, p. 66).

2. « Il arrivait vêtu de bleu, coiffé d'un panama à ruban rayé, m'apportant des bonbons, des singes en chenille de soie **grenat**, **vieil-or, vert-paon**, qu'une mode agaçante accrochait partout – les rintintins de l'époque – un petit porte-monnaie en peluche **turquoise**. Mais que valaient les cadeaux au prix des larcins ? »
(Colette, *La Maison de Claudine,* 1922, p. 165).

C. – *P. ell.* **Couleur de paon**, *loc. adj. inv., vieilli, rare.* Bleu vert, brillant. V. → ***nocturne*** ex. 1.

Pastel[1]

[P. réf. à la couleur bleue obtenue de la matière colorante tirée des tiges ou des feuilles (réduites en pâte, *pasta*, pressée en boules : *coques, cocagnes* ou *cocaignes* en Languedoc) du pastel[1] (appelé encore *guède* ou *isatis*) assez commun, notamment dans tout le Midi de la France, les pays méditerranéens, le nord de l'Europe, et dont la culture qui avait complètement disparu, reprend à petite échelle, en France, en Angleterre et aux USA]

TECHNOLOGIE [*TEINTURE*, etc.] Bleu clair, très tendre, obtenu du pastel[1] ; *p. ext.*, bleu rappelant le bleu de pastel[1].

A. – Bleu de pastel, bleu(-)pastel, *loc. adj.* ou *loc. nom. inv.* (*Bleu pastel*, 1928, *Lar. 20e*, s.v. *bleu*). *Robe bleu pastel.* « Quantité d'oiseaux merveilleux. L'un, d'azur chatoyant, si charmant que je ne me décidais pas à le tuer. La curiosité, le désir de le voir de près l'a enfin emporté. Sa tête est brune. Les plumes du dos sont d'un tendre bleu de pastel ; tout le dessous du corps est bleu clair ; les ailes vont de ce même bleu tendre au bleu le plus sombre. La queue bleu sombre, très longue, se termine en pointe aiguë. » (A. Gide, *Voyage au Congo*, 1927, p. 836). V. → ***bleu*** ex. 64.

B. – *POSTES / TÉLÉCOMMUNICATIONS*

• **Carte pastel**, *loc. nom. fém. inv., mod.* (Vers 1990). Carte téléphonique (de couleur bleue), associée à un abonnement particulier, permettant à un abonné de téléphoner de tous téléphones ou cabines téléphoniques, au moyen d'un code confidentiel permettant de facturer les communications sur son compte d'abonné. « Savez-vous que la CARTE PASTEL vous permet de téléphoner de France ou de l'étranger, d'une cabine publique ou d'un poste privé ? Savez-vous que la CARTE PASTEL est une véritable carte de crédit téléphonique qui résoud tous vos problèmes de "petite monnaie" ? Savez-vous aussi que la CARTE PASTEL existe en 3 versions différentes ? (...) CARTE PASTEL, téléphones, Répondeurs, Minitels, Transfert d'Appel... TOUT est dans le CATALOGUE. Disponible dans votre Agence Commerciale. » (*Publicité France Télécommunications, Sud-Ouest (Charente-Maritime)*, 22. 4. 1992, p. 1).

* *Bleu pastel* est attesté dans *The Pantone® Book of Color.*

** L'usage du pastel a été lié, dans certaines cultures, aux coutumes guerrières : « Même avant l'ère chrétienne, les habitants de la Grande-Bretagne se sont déjà rendus célèbres auprès des auteurs latins classiques (César, Pline, Pomponius Mela) par leur coutume de s'enduire le corps de pastel pour se rendre plus effrayants dans les batailles ; tandis que leurs femmes et leurs filles se mettent nues et se barbouillent aussi de pastel, qui leur donne "la couleur des Éthiopiennes" avant de participer à certaines cérémonies religieuses. Leurs noms mêmes, Picti, Scoti, Britanni, veulent dire "les hommes peints". Ovide (Amorum, LII, XVI, 39) parle des *virides Britannos*, les Bretons verts (cf. le mot gallois *bryth* = peinture, qui a donné *brython* = breton). La Grande Bretagne, qui fut ainsi à l'origine "le pays des hommes peints au pastel" fut aussi le pays où paysans et teinturiers restèrent le plus longtemps fidèles à la guède, jusqu'en 1930, bien après l'introduction de l'indigo des Indes, et même de son substitut synthétique (...). » (D. Cardon, *Guide des teintures naturelles*, 1990, p. 149).

*** Le pastel fut concurrencé, au XVIe s. par l'arrivée, dans les ports européens, de l'indigo des Indes. La richesse représentée par les activités annexes à la culture du pastel étant alors considérable, une véritable guerre à l'indigo (la "teinture du diable") fut déclarée : lois et édits contre l'emploi de cette teinture furent instaurés, sous peine de mort. Cette guerre, perdue d'avance, se poursuivra jusqu'à la fin du XVIIe s. (D'après D. Cardon, *Guide des teintures naturelles*, 1990, pp. 149-151).

PASTEL[2]

[P. réf. à la couleur claire du pastel[2], poudre de couleur agglomérée en pâte servant à préparer des crayons. De l'italien *pastello :* « bâtonnet coloré » ; p. métaph. de *pastello :* « gâteau » (le pastel étant une pâte colorée et durcie), du b. lat. *pastellus*, de *pastillus*]

A. – 1. *Adj., parfois inv., mod.* (1932, *infra*). [En parlant d'une couleur, d'une tonalité] D'une nuance de pastel[2], claire, douce, délicate, veloutée. *Couleur, coloris, tons pastel(s).* « Pour faire plaisir à Molly, tout de suite, j'ai été acheter avec ses dollars un beau complet beige pastel (...) comme c'était la mode au printemps de cette année-là. » (L.-F. Céline, *Voyage au bout de la nuit,* 1932, p. 285). « On a été accueillis par la taulière elle-même, sans façon, dans son salon douillet... Toutes les tentures, les rideaux, les fauteuils dans les teintes Louis XV... pastel, rose bonbon. » (A. Boudard, *Mourir d'enfance,* 1995, p. 164).

1. « La vaisselle, dessinée par le styliste italien Titorelli, fut réalisée dans des **tons pastels** – **ivoire, jaune pâle, vert d'eau, rose tendre, mauve léger, saumon, gris clair, turquoise**, etc. – dont l'emploi était déterminé par les caractéristiques des mets préparés qui eux-mêmes s'organisaient autour d'une couleur fondamentale, à laquelle étaient également assortis le linge de table et la tenue des serviteurs. » (G. Pérec, *La Vie mode d'emploi,* 1978, p. 424).

2. « Aujourd'hui les papiers hygiéniques peuvent être de toutes sortes de couleurs s'exprimant le plus souvent par des **tons pastels : rose**, **lavande, pervenche**, **parme, mauve**, **lilas** et même **gris perle**. Ces tonalités ont remplacé les anciennes **teintes écrues**, **beiges** ou **bistres**, utilisées autrefois, pour des motifs tout autant économiques (...) que symboliques (les zones et les matières qu'ils étaient destinés à essuyer étant fort peu nobles et s'inscrivant dans la gamme des **bruns.** Pourquoi, lorsque l'on a décidé de faire plus soigné et plus séduisant cet outil de la vie quotidienne, n'est-on pas passé de ces teintes **beiges** ou **bistres** à la seule et unique **couleur blanche**, la plus pure et la plus salubre ? Probablement parce que fabriquer du papier **blanc** coûte plus cher et est plus compliqué que de fabriquer du papier **rose**, **mauve** ou **bleu ciel**. D'où la valorisation du papier hygiénique **blanc**, qui représente aujourd'hui le haut de gamme. (...) Ce **blanc** immaculé est un luxe que l'on n'a l'occasion de s'offrir que dans les maisons et les hôtels de prestige. Ailleurs, on se contente des **couleurs pastels,** tellement utilisées, sur tous supports depuis le début de notre siècle pour connoter la fraîcheur et la propreté qu'elles finissent par avoir du mal à remplir ce rôle. Loin de s'associer aux notions de fraîcheur et de propreté, les **tons pastels** suscitent désormais des impressions souvent désagréables évoquant quelque chose de pauvre, de triste, de "**pisseux**" (le comble pour du papier hygiénique !) ou de pas frais. D'autant que ces tons vieillissent mal. »
(*Pastoureau-Dict. des couleurs 1992*, pp. 145-146).

2. *Subst. masc.* Couleur claire, douce, délicate, veloutée. « (...) si votre idolomanie ne dépasse pas le stade de la raquette, composez vous-même votre look. À l'honneur, tous les pastels (...) et le blanc, qui reste le plus flatteur pour les bronzés du quick. » (*Le Nouvel Observateur,* 31. 5. 1985, p. 50, c. 2).

3. « Les **pastels** par petites touches. **Rose fondant, bleu pâle, vert tendre :** sur le bois, le rotin, la céramique ou les tissus, des nuances suaves de fleurs qui rappellent les aquarelles romantiques pour assortir un décor à la lumière des beaux jours. »
(*Madame Figaro,* 18. 6. 1983, p. 86).

B. – *Au fig., adj. inv., mod.* (1981, *infra*). [En parlant d'une personne, de son comportement, d'un sentiment, de relations humaines, etc.] Doux, en demi-teinte ; modéré, nuancé ; tendre. « Pourtant Bedos n'est pas de ceux qui s'endorment sur leur coussin. Il perd ses accents "layettes" et son vocabulaire pastel quand il s'agit de tout ce qui menace sa paix (...). » (*Elle,* 12. 1. 1981, p. 26, c. 1 - A. Chabrol). « J'aime les rencontres "pastel" et la couleur bleue. Le crépuscule et l'aube sont mes heures... » (*Libération,* 4. 4. 1987, Petites annonces, p. 43, c. 4).

* *Pastel*[2], modificateur de couleur, peut qualifier toutes couleurs, notamment le bleu ; aussi, lorsque *pastel* n'est pas apposé à un terme de couleur précis (v. ex. de Boudard et de *Libération*), une certaine ambiguïté demeure et *pastel* peut désigner toute nuance de couleur claire (*pastel* [2]) ou le bleu clair (*pastel*[1]).

◊ PASTELLISÉ, ÉE

[De *pastel* [2], + *suff. -é, ée*]

Adj.

A. – *Mod.* (1978, *infra*). Qui a une teinte de pastel^2 (→ **pastel^2**). *Teinte pastellisée.* **Pastellisé de** + *subst.* (désignant une couleur). « Côté tenue [de tennis], la couleur est permise. Souvenez-vous d'Arthur Ashe pastellisé de jaune poussin (...). » (*Elle,* 25. 9. 1978, p. 51, c. 2 - A. Chabrol).

– *Empl. subst. masc., rare.* Teinte claire, douce, délicate. « (...) entre le délavé et le pastellisé, la frontière est floue puisqu'elle passe dans les deux cas par la désaturation de la couleur. » (M. Pastoureau, *L'Étoffe du diable,* 1991, p. 164).

B. – *Au fig., mod.* (1984, *infra*). [En parlant d'une chose abstraite] Qui est doux, tendre. « On aura compris qu'il s'agit là [dans le film "Les parents ne sont pas simples cette année"] d'un rêve pastellisé pour les enfants qui rêvent en technicolor des choses simples et adorables. » (*VSD,* 9. 2. 1984, p. 34, c. 3 - C. Klotz).

◊ PASTELLISER

[De *pastel* ^{2}, + *dés. -er*]

Verbe. trans. Donner une teinte pastel^2, claire, douce, délicate, à qqc. *Mod.* (1980, *infra*). « Le système Cokin est un événement dans la prise de vue en couleur. (...) ça marche sur tous les reflex, munis d'une focale à peu près "normale", ça coûte 34 F et ça permet de loger trois filtres (on ne sait jamais). (...). Pour les naïfs : tout pour diffuser et pastelliser la lumière, comme Hamilton ; tout pour la réfracter, comme Hidalgo. » (*Le Nouvel Observateur,* 2. 8. 1980, p. 37, c. 2).

* À noter, au XIXe s., un *emploi pronom* (*à valeur passive*) : prendre des teintes claires, douces, délicates. « Tout ce paysage d'or pâlit, se transfigure, s'évapore, se féérise et se pastellise comme dans un feu de Bengale vague et s'évanouissant dans un rêve. » (E. de Goncourt, *Journal*, 1864, p. 103).

PENSÉE

[P. réf. à la couleur bleu violet ou violet pourpre, nuancé de parme, des fleurs de l'espèce la plus commune de pensée]

A. – **Bleu de pensée**, *loc. adj. inv. littér.* Bleu violet, bleu pourpre. [En parlant d'un élément naturel]

1. « Deux nuages et si frais, si neufs, gonflés de **blancheur**, voyagent au-dessus de ces monts d'un **bleu de pensée** qui sont vers le nord. Après la nuit affreuse, les cris, les coups, dans le **rougeoiement** de l'enfer, la course à travers le **noir** et la folie, sur les plateaux sauvages, c'est le jour. »
(H. Pourrat, *Les Vaillances, forces et gentillesses de Gaspard des Montagnes, La Tour du Levant,* 1931, p. 298).

B. – *P. ell., plus rare.* **Couleur pensée**, *loc. adj. inv.*, ou **pensée**, *adj.* [En parlant d'un vêtement, d'une étoffe] Bleu violet ou violet pourpre. *Satin pensée.* « (...) couleur de pensée. » (*Ac. 1935*).

2. « (...) tandis qu'il débitait quelque histoire à Mme Swann dont flottait jusque sur un genou du baron le magnifique manteau **couleur pensée**, les yeux errants de M. de Charlus, pareils à ceux d'un marchand en plein vent qui craint l'arrivée de **la Rousse**, avaient certainement exploré chaque partie du salon et découvert toutes les personnes qui s'y trouvaient. »
(M. Proust, *Le Côté de Guermantes 1,* in *À La recherche du temps perdu,* 1920, p. 270).

* *Pensée* fait partie du lexique des couleurs des catalogues-VPC 1985-2003.

** La pensée et sa couleur bleu violet ou violet pourpre a pour signification emblématique : « Pensée affectueuse » et pour lang. symbolique : « Mes pensées sont à vous ». (*Lar. Univ. 1923,* s. v. *fleur*). Elle est, plus que les autres fleurs bleues ou d'un bleu violet, l'emblème du souvenir. (v. les sens *fig.* de → **bleu** et **violet**).

Pers, perse

[Du b. lat. *persus :* « de couleur jacinthe » : violet, bleu foncé, de *persicus :* « persan », la Perse (appelée de nos jours Iran) étant le pays d'où l'on croyait être importées les étoffes bleues, dites persanes (en réalité originaires des Indes) ; peut-être aussi p. réf. à l'origine perse de divers objets colorés en bleu, en particulier les faïences, ainsi que les cocons nécessaires à la fabrication des vêtements de soie, très fréquemment teints de bleu foncé. *Pers* a autrefois signifié [en parlant du visage] « blême, décoloré, livide »]

Adj., vieilli ou *littér.* Bleu tirant sur une autre couleur : gris, violet, etc., le plus souvent vert (avec une idée de reflets).

– [En parlant de l'eau, du ciel, parfois d'un vêtement] *Mer perse.* « Une avenue enclose de peupliers géants était droite et fraîche sous un ciel pers. » (P. Adam, *L'Enfant d'Austerlitz,* 1902, p. 447). « Un chaperon de couleur perse ». (*Ac. 1935*).

– [Le plus souvent en parlant des yeux] « (...) une grande et forte beauté du Nord, avec des yeux pers, de la couleur d'une eau de glacier, et des cheveux presque jaunes. » (P. Bourget, *Le Beau rôle,* 1920, p. 97). « (...) Il s'appelle ta peau, il s'appelle ton sexe. Ton ventre chaud et tes yeux pers. – C'est quoi, pers ?... » (A. Page, *Tchao Pantin,* 1982, p. 191).

1. « C'est une **blonde paille**, aux cheveux plats. Le soleil la teint en **rouge** harmonieux, un beau **rouge** égal, qui envahit sa peau de **blonde** et voue au **bleu,** tout l'été, ses **yeux pers**. »
(Colette, *La Naissance du jour,* 1928, p. 25).

* *En particulier*

• **La déesse aux yeux pers**, *loc. nom. fém., cliché poét.* Athéna ou Minerve. « – Mais c'est tout simple, répondit Marcelline sans l'ombre d'une gêne. "Athéna la déesse aux yeux pers..." c'était gentil, cela, n'est-ce pas ? Vous avez de beaux yeux... Laure rougit, absurdement. » (Daniel-Rops, *Mort où est ta victoire ?,* 1934, p. 107).

– *En appos.* à un terme de couleur – le plus souvent *bleu* et *gris* – pour indiquer une nuance particulière, se situant entre le bleu, le violet, le gris ou le vert (avec une idée de reflets). « Ses claires prunelles bretonnes, d'une couleur presque pareille à celle des yeux gris pers de sa cousine, brûlaient d'une flamme. Mais ce n'était pas la fièvre heureuse de la vie. » (P. Bourget, *Le Sens de la mort,* 1915, p. 42). « Ciel fantasque, où sur le fin bleu pers les nuages affairés couraient. » (R. Rolland, *L'Âme enchaînée,* 1925, p. 120).

* L'emploi de *pers* s'est peu à peu fortement valorisé et tend à se cantonner à la qualification des yeux.

Persan

[P. réf. au bleu intense caractéristique des faïences originaires de la Perse (appelée de nos jours Iran) (→ **Chine, Delft, faïence, Nevers, porcelaine, Rouen, Sèvres**)]

Bleu persan, *loc. adj.* ou *loc. nom. inv. ART* [*CÉRAMIQUE*]. Bleu fin, intense, brillant (obtenu en teintant l'émail stannifère avec du cobalt), caractéristique des faïences persanes, d'inspiration chinoise, qui inspirèrent les faïences de Nevers et de Rouen. V. → ***lapis (-lazuli)*** ex. 1.

1. « À Nevers entre 1630 et 1640, le décor floral persan représente : – un bouquet **jaune** et **blanc** sur

fond **bleu,** – un bouquet **blanc** sur fond **bleu,** – un bouquet **bleu** et **blanc** sur fond **jaune,** – et rarement un bouquet en camaïeu **vert**. Un bouquet d'œillets et de tulipes accompagné le plus souvent d'oiseaux est peint en **blanc** fixe et dans deux tons de **jaune :** **jaune citrin** et **jaune ocré,** le **blanc** fixe n'est pas réalisé à l'aide d'un oxyde métallique mais avec de l'émail dilué. Le même bouquet peut être peint uniquement en **blanc** fixe ; il se détache sur un fond **bleu** intense, appelé **bleu persan,** brillant, parfaitement nappé, obtenu par l'émail teinté dans la masse. Des fleurs, des feuillages stylisés, des oiseaux dans une composition plus ou moins aérée, disposés parfois dans des cartels, sont peints en **blanc** fixe sur le fond **bleu persan.** »
(Cl. Dauguet et D. Guillème-Brulon, *Reconnaître les origines des faïences,* 1983, p. 27).

PERVENCHE

[P. réf. à la couleur bleu clair des fleurs de l'espèce la plus commune de Pervenche]

A. – Bleu clair légèrement mauve.

1. Bleu de pervenche, bleu pervenche, *loc. adj.* ou *loc. nom. inv.* V. → ***aigue-marine*** ex. 2, ***bleu*** ex. 64.

– [En parlant d'un élément naturel, en particulier du ciel, de l'eau] « Quand il fut las de marcher, il se coucha dans les bois. Les arbres étaient à demi défeuillés, le ciel bleu de pervenche. Christophe s'engourdit dans une rêverie, qui prit bientôt la teinte de la douce lumière tombant des nuages d'octobre. » (R. Rolland, *Jean-Christophe, La Foire sur la place,* 1908, p. 792). « Le vent avait complètement cessé. Le ciel, tout entier découvert, était maintenant d'un bleu de pervenche. » (A. Camus, *L'Exil et le royaume,* 1957, p. 1567).

1. « Le **rose** traîna un peu partout, pendant un quart d'heure. Puis les autres couleurs survinrent, les unes après les autres, sur les morceaux de fer, sur les rochers, au centre des nuages, à la base des touffes d'herbes. Les **bruns vernis**, les **acajous**, les **jaune paille**, les **bleu pervenche,** les **mauves,** les **noirs,** les **gris souris,** les **verts Véronèse.** Insensiblement, comme cela, au cours des minutes, les points bigarrés se mirent à naître, à rutiler. Le **rose** dominait encore, mais si on le regardait bien, on voyait les autres teintes s'y agiter, s'y débattre, roulant pêle-mêle. Pendant quelque temps encore, la terre, le ciel et la mer furent une gigantesque confiserie. Alors le soleil franchit la ligne d'horizon, et le paysage devint une boucherie. »
(J.-M. G. Le Clézio, *Le Déluge,* 1966, pp. 152-153).

– [En parlant des yeux] « C'était une blonde adolescente, maigre et charmante, aux fins cheveux ondulants comme de petits flots (...) les yeux d'un bleu de pervenche, un nez délicat aux narines palpitantes (...). » (R. Rolland, *Jean-Christophe, Les Amies,* 1910, p. 1103). V. → ***bourrache*** ex. 1, ***myosotis*** ex. 1.

2. *P. ell., plus rare.*

a) (Couleur) De pervenche, *loc. adj. inv.*

– [En parlant d'un élément naturel, en particulier du ciel, de l'eau] « Peut-être entendait-on le clapotement de l'eau, couleur de pervenche sous les gros saules à branchages jaunâtres. » (H. Pourrat, *Les Vaillances, forces et gentillesses de Gaspard des Montagnes, La Tour du Levant,* 1931, p. 129).

– [En parlant des yeux] *Yeux de pervenche.* « Te voici donc, mon petit marchand de guano, mon milliardaire aux yeux couleur de pervenche ? s'écria l'Assunta. » (V. Larbaud, *A. O. Barnabooth,* 1913, p. 198).

b) (Couleur) Pervenche

α) *Loc. adj.* ou *adj. inv.* (1900, *infra*)

– [En parlant d'un vêtement, d'une étoffe] « Ma robe est en lainage crème. – Moi, annonce Marie Belhomme, à qui on ne demande rien, c'est de la mousseline blanche, et les rubans couleur pervenche, d'un bleu mauve, très joli ! » (Colette, *Claudine à l'école,* 1900, p. 254). « Robe de drap pervenche. » (*Fémina,* 15. 9. 1909, p. 466, in *DDL 16*). V. → ***pastel²*** ex. 2, ***véronique*** ex. 2.

– [Le plus souvent en parlant des yeux] *Regard pervenche.* « Devenu grand, Olivier se souviendrait d'une présence diffusant l'apaisement, de beaux yeux pervenche, d'un sourire confiant et d'une énergie dans les traits qui donnait du courage. » (R. Sabatier, *David et Olivier,* 1985, p. 85).

2. « Bébé l'Ange vient aussi de recevoir le Bon Dieu. Sans problème, on le lui donne sans confession... Pourtant ce beau môme à la chevelure **blonde** bouclée, la bouche en cœur, les yeux **pervenche**, un vrai petit pastel XVIIIe a tué père et mère. Et ce n'est pas une clause de style... Exactement le pourquoi il est ici. »
(A. Boudard, *Les Enfants de chœur,* 1982, p. 54).

β) *Subst. masc.* Cette couleur ; bleu clair légèrement mauve. V. → ***bleu*** ex. 59, ***poème*** ex. 1.

3. « Le **rose** de confiseur, le **bleu argenté** des clairs de lune de carte postale, le **jacinthe** et le **pervenche** des aquarelles. »
(A. Arnoux, *Paris-sur-Seine,* 1939, p. 243).

* *Bleu pervenche* ou *p. ell. pervenche* fait partie du lexique des couleurs des catalogues-VPC 1985-2003.
***Pervenche* et *pervenche foncé* sont attestés dans *The Pantone® Book of Color.*
*** La pervenche et son bleu clair légèrement mauve a pour signification emblématique : « Mélancolie » et pour langage symbolique : « Je ne rêve qu'à vous ». (*Lar. Univ. 1923,* s. v. *fleur*). (v. les sens *fig.* de → **bleu**).

B. – *P. méton.* [En parlant d'une personne ; p. réf. à la couleur bleu clair de son uniforme] **Pervenche**, *subst. fém., fam. mod.* (1978, *infra*). Auxiliaire féminine de la police parisienne, chargée notamment de contrôler le stationnement des véhicules ; contractuelle (→ **aubergine, gauloise, marinette**). « D'autant que les Pervenches veillent sérieusement au grain. Elles sont mille deux cent vingt-quatre dont cent vingt-deux surveillantes-chefs, très accortes dans leur uniforme. Elles ont le papillon facile et l'indulgence comptée puisqu'elles dressent dix contraventions par place et par mois (...). » (*Le Nouvel Observateur,* 13. 10. 1980, p. 83, c. 1 - A. Silber).

4. « D'**aubergine**, Aimée Chandelaire venait de passer **pervenche** ou plutôt **Gauloise bleue**, comme on dit à Dax. »
(Bernheim et Cardot, *Mersonne ne m'aime,* Éd. des Autres, 1978, in *Colin-Mével 1990*).

5. « Les **pervenches** ont chassé les **aubergines.** (...) Si l'habit ne fait pas le moine, sa vertu majeure est de permettre d'identifier au premier coup d'œil le pèlerin. Prenons les charmantes auxiliaires de police : jusqu'en 79, elles ont sévi en **aubergine.** Depuis qu'elles arborent les couleurs de la ville – tailleur pimpant d'un **bleu** qui claque assorti d'un chemisier **blanc** à raies **rouges** et **bleues** et surmonté d'un breton à pointe – elles sont dix fois plus repérables qu'avant et de plus loin. »
(*Le Nouvel Observateur,* 22. 4. 1983, p. 50, c. 1 - M. Fort).

– *P. ext., au fig., hapax.* **Pervenche de qqc.** Personne chargée de contrôler l'utilisation légale de quelque chose « 9 % des Français ne paient pas leur redevance. La traque aux "téléspectateurs parasites". (...) Les fichiers des hebdomadaires télévisés seraient sans doute la source d'information la plus fiable pour les pervenches de la mire... *Télé Z,* auquel notre lecteur est abonné, nous a assuré ne pas vendre ses fichiers. À *Télé 7 jours,* en revanche, l'adresse se commercialise à 1,20 franc (...). » (*Télé Obs.,* 26. 2. 1994, p. 5, c. 3).

PÉTROLE

[P. réf. à la couleur d'un bleu gris verdâtre, plus ou moins foncé, du pétrole raffiné, huile minérale naturelle accumulée en gisements et utilisée comme source d'énergie]

A. – Bleu(-)pétrole, *loc. adj.* ou *loc. nom. inv., mod.* (1962, *Rob. 1990*) Bleu tirant légèrement sur le vert et nuancé de gris. V. → ***bleu*** ex. 64.

– [En parlant d'une chose quelconque, d'un objet fabriqué, le plus souvent d'un tissu, d'un vêtement] *Voiture bleu pétrole.* « Et puis on regarde le mec. Encore un merlan. Dans un costard bleu pétrole. Coupé fantoche. » (B. Blier, *Les Valseuses,* 1972, p. 404). « Dès que sa femme apparut au portillon, Antoine abandonna la peinture des volets ("ce vert épinard, berque. Bleu pétrole, mon chou cabus"). Ils se précipitèrent dans la chambre, sur le lit, avec une fougue de ruée vers l'or. » (B. Beck, *Stella Corfou,* 1988, p. 37).

1. « (...) un cercle s'était formé autour d'un joueur de banjo aveugle, assis sur un pliant, tandis que sa femme, coiffée à la Damia, un haut-parleur à la main, chantait d'une voix cassée les succès du jour en présentant aux badauds des feuillets où les portraits des vedettes se détachaient sur des impressions monochromes **violines**, **bois de rose**, **bleu pétrole** ou **gris de fer**. »
(R. Sabatier, *Les Allumettes suédoises,* 1969, p. 168).

* *P. méton.* Vêtement de cette couleur. « Au moment de choisir un costard dans la penderie, aussi, j'ai mesuré à quel point on pouvait varier en un rien de temps. Mes bleu-pétrole, mes Prince-de-Galles, mes fil-à-fil, qui excitaient tant d'envie chez les barbiquets, ils me semblaient soudain détestables. J'en avais un brusque dégoût. Ce soir, il me paraissait recommandé de donner dans la sobriété. » (A. Simonin, *Touchez pas au grisbi !,* 1953, p. 201).

2. « Les préparatifs à compléter, sans savoir exactement ce que je dois prendre... Je te demande : Quel costume faut-il emballer ? le **gris**, le **bleu pétrole**, le prince de Galles, tu hausses les épaules et tu me laisses agir... si au déballage je te sors le **gris**, tu me feras la moue en disant que tu aurais préféré avoir le **bleu**... Je supporterai encore ta mauvaise humeur à cause de mon choix... et pourtant je n'y serai pour rien... »
(R. Giraud, *La Coupure,* 1966, pp. 171-172).

– [En parlant des cheveux] « Babette (...). Crête de tifs bleu pétrole. Un nez retroussé plein de taches de rousseur. Une bouille ronde. Pas vraiment jolie, mais elle a toujours une frite pas possible. » (Fr. Lasaygues, *Vache noire, hannetons et autres insectes,* 1985, p. 11).

B. – *P. ell.* **Pétrole**, *adj. inv., rare, mod.* (1951, *infra*). *MODE.* D'une nuance intermédiaire entre le bleu, le gris et le vert. *Couleur, nuance pétrole.* « Pantalon gabardine pure laine (...) coloris pétrole. » (*Catalogue Bon Marché,* 1951, p. 12).

* Certains dict. attestent aussi **vert(-)pétrole**, absent de notre corpus XXe s.
** *Bleu pétrole* et *p. ell. pétrole* fait partie du lexique des couleurs des catalogues-VPC 1985-2003. *Bleu pétrole* désigne un bleu plus ou moins clair, *pétrole* une nuance intermédiaire entre le bleu et le vert, un vert bleu clair ou un vert clair.
*** V. aussi *or noir* [P. réf. à la couleur du pétrole non raffiné].

◊ PÉTROLÉ, ÉE

[De *pétrole,* + *suff. -é, ée*]

Adj. MINÉRALOGIE. [En parlant d'un diamant] Qui n'est pas parfaitement transparent et présente des reflets bleu pétrole, brun ou jaune. (*Rob. 1990*).

◊ PÉTROLÉEN

[De *pétrole,* + *suff. -éen* (*-ien*)]

Adj. [Chez Pennac]. « (...) ce bouquin définitivement infirme pour être resté une semaine entière ouvert sur la tranche, cet autre prétendument protégé par une immonde couverture de plastique transparent à reflets pétroléens... » (D. Pennac, *Comme un roman,* 1992, p. 142).

PISCINE

[P. réf. à la couleur bleue des eaux de piscine, bassin artificiel destiné à la baignade, à la natation, etc. (v. les termes chromatiques ayant pour réf. l'eau, notamment → **Californie, eau (de mer), fjord, glacier, lagon, marin, mer, mer Égée, mers du Sud, océan, ultramarin/ultra-marin**)]

A. – Bleu piscine, *loc. adj.* ou *loc. nom. inv., mod.* (1981, *infra*). *littér.* Bleu clair.

– [En parlant d'une étendue d'eau] « Dans le miroir bleu piscine du Golfe, les villas des richards du naphte n'en reviennent pas de la tête qu'elles se voient, et il y a de quoi : soutien-gorge géant sous lequel vit le chef du protocole princier, ruches gigantesques où les reines ne butinent qu'à l'intérieur (...). » (*Le Monde sans visa,* 19. 9. 1987, p. 12, c. 1).

– [En parlant des yeux ; chez Hanska] « (...) il est facile de peindre l'huile australienne, Robin Corner, en une espèce de Prince Charmant qui aurait abusé de la musculation. Son œil bleu piscine, à première vue, me prit pour Blanche-Neige et se posa sur moi comme la "Croix Vitafor". Pas spécialement pressée de passer à la casserole, j'entretenais cette image de marque avec des sourires hypocrites. » (E. Hanska, *Les Amants foudroyés,* 1984, p. 167).

* [Parfois dans un contexte *métaphorique*] « Dans ce bar enfumé (...) Billie Holiday blues pour moi toute seule. Un blue lagun, les yeux bleu piscine de Charlie. Rien d'autre désormais que ce chagrin d'outremer collant au fond des verres. » (E. Hanska, *Fascination,* 1986, p. 7).

1. « Manille se souvenait des premières fois avec Charlie. Avant qu'il ne lui apprenne à boire, elle considérait l'amour comme la meilleure des dopes. Mais en ce temps-là l'ivresse venait de lui. L'alcool ne comptait pas. Elle y touchait doucement. Seul le grand plongeon au fond des yeux **bleu piscine** de Charlie. Raz-de-marée qui la bouleversa totalement. » (E. Hanska, *Fascination,* 1986, p. 56).

– [Dans *Actuel*, *bleu* et *piscine* ne fonctionnent pas comme *loc.* : « des bleus piscine »]

2. « Regardez la pochette [du disque de D. Dekker] et vous avez tout compris : un éclaboussement de couleurs pimpantes, des **roses fluo,** des **verts chewing-gum,** des **jaunes tropicaux** et des **bleus piscine**. »
(*Actuel,* oct. 1981, p. 42, c. 2).

B. – *P. ell.* **Piscine**, *adj. inv., littér., rare, mod.* (1980, *infra*). Bleu clair. « Des yeux piscine pétillants d'intelligence, des mains d'aristocrate, la distinction bronzée, il [Fabrice Émaer] rentre de Tanger. » (*Le Nouvel Observateur,* 26. 7. 1980, p. 3, c. 2 - M. Grisolia).

* Reprise de la métaphore courante des yeux (en particulier bleus), éléments dans lesquels on plonge et se perd.

POÈME

[P. réf. aux valeurs *fig.* du bleu qui évoque le romantisme, la poésie, l'idéal (→ **rêve**)]

Bleu poème, *loc. adj.* ou *loc. nom. inv. MODE.* Bleu très pâle.

1. « Nos préférences iraient aux couleurs suivantes : **feuille de rose**, (...) **gris argent**, (...) **opale**, (...) **bleu poème** (extrêmement pâle), (...) **Nil, champagne, ambre** (**gris poussière**), **bleu lin**, **pervenche**, **crème**, **blanc**. N'oublions pas le **jaune maïs**. »
(*La Mode illustrée,* 1902, p. 521, in *DDL 33, s.v. Algue marine*).

POLAIRE

[P. réf. à la lumière pâle et bleutée qui règne aux pôles, avec allusion à la rigueur, la rudesse du climat]

Bleu polaire, *loc. adj.* ou *loc. nom. inv.* [Chez Duhamel ; en parlant des yeux, *p. méton.*, en parlant du regard ; avec une connotation de froideur, de dureté de l'expression (→ **acier, métallique, métallisé**)]. Bleu clair, brillant. « Cécile était, de nouveau, fort calme. Pourtant, elle montrait son regard Pasquier, un regard d'un bleu polaire et qui n'annonçait pas la paix. » (G. Duhamel, *Vue de la terre promise,* in *Chronique des Pasquier,* t. 3, 1934, p. 109).

1. « Rohner avait l'air irrité ; son regard, d'un **bleu polaire**, lui pâlissait les joues. Il soufflait dans sa moustache et tirait sur ses doigts comme s'il eût voulu les arracher. Les membres du comité sont arrivés l'un après l'autre et, tout de suite, le vieux a commencé de tempêter à voix couverte. »
(G. Duhamel, *Les Maîtres,* in *Chronique des Pasquier,* t. 6, 1937, p. 230).

PRUSSE

[P. réf. à la couleur bleu foncé du *bleu de Prusse* [appelé encore *bleu de Berlin, bleu de Paris, bleu Milori* (du nom du chimiste fr. qui fut le 1er à le fabriquer) ou *prussiate de fer*, matière colorante à base d'acide prussique (*cyanhydrique.* V. *TLF*)]. De *Prusse,* ancien état d'Allemagne du Nord où fut découverte cette matière colorante (Berlin, début du XVIIIe s.]

Bleu de Prusse, *loc. adj.* ou *loc. nom. inv. TECHNOLOGIE* [*CHIMIE, TEINTURE*, etc.] Bleu foncé obtenu de la matière colorante de ce nom ; *p. ext.,* bleu qui le rappelle. V. → ***bleu*** ex. 64.

– [En parlant d'un élément de la nature, du ciel, d'une fleur, etc.] « Il y a une lumière toute différente de celle de Paris, qui pourrait très bien remettre en marche mon usine à peindre. Je sais par exemple que, selon une certaine orientation et une certaine force du soleil, la balustrade en fer de mon balcon produit sur le sol de ma chambre une ombre d'un bleu soutenu, proche du bleu de Prusse, qui me fait souvent venir l'eau à la bouche. » (J. Dutourd, *Pluche ou l'amour de l'art,* 1967, p. 117).

1. « (...) j'examinai la petite pièce encore déserte et silencieuse où l'art de 1900 avait dessiné ses arabesques les plus aventureuses. Au-dessus du reps **grenat** des banquettes généreusement semées de pivoines **bleu de Prusse,** brillaient les parois de glace sur lesquelles courait un extravagant lacis **vert d'eau** qui emprisonnait dans l'agitation de ses courbes des fragments circulaires *ou ovales du même cabinet vus par réflexion.* »
(J. Green, *Journal,* t. 2, 1939, pp. 125-126).

* [Avec allusion au fait que les Prussiens, soldats de la Confédération de l'Allemagne du Nord (présidée par la Prusse) et, à partir de 1871, du IIe Reich, furent longtemps les ennemis de la France] « 11 Octobre. Le comble du patriotisme : fuir un ciel bleu de Prusse. » (J. Renard, *Journal,* 1910, p. 6).

– [En parlant d'un produit fabriqué, d'un vêtement, d'une étoffe, etc.] « J'ai de sérieuses raisons de penser que chaque année à la Saint-Urbain, grand-père, catholique, asthmatique converti à l'usure, achète avec mon argent des louis d'or à la banque de France, les glisse à l'intérieur d'un bas de soie bleu de Prusse, lequel est contenu dans un coffret de bronze enterré au nord-est de Torlu (...). » (R.-V. Pilhes, *La Rhubarbe,* 1965, p. 214).

2. « Des vitraux modernes dressaient, dans le haut de ce mur, leurs lames droites de verre, enduites de personnages dont les nuances étaient à la fois criardes et molles. L'on discernait, lorsque le temps n'était pas trop couvert, notre Seigneur et sa mère, habillés d'étoffes tubulaires d'un **rouge** acide **de groseille** et d'un **bleu de Prusse,** dur ; puis Saint Bénigne de Dijon, coiffé d'un pain de sucre **couleur de potiron** et affublé d'une chasuble **oseille.** »
(J.-K. Huysmans, *L'Oblat,* 1903, p. 37).

3. « Il n'est pas un seul de ces villages français qui ne soit enlaidi par des inscriptions de couleurs brutales et par la chaîne **écarlate** des distributeurs d'essence. En Provence où tout est si doucement unifié, terre, murs et toitures, par la **blondeur** de la lumière, on voit tout à coup éclater sur le pignon d'un mas ou sur la tour d'un vieux moulin des lettres **vermillon** ou **bleu de Prusse** qui hurlent dans le murmure des couleurs. »
(A. T'Serstevens, *L'Itinéraire espagnol,* 1933, p. 30).

– [En parlant des yeux ; *p. méton.*, en parlant du regard] « Elle me regardait attentivement, je voyais le bleu de prusse de ses yeux assombris par l'attention, le reproche. Et je compris que jamais elle ne penserait à me questionner, à me délivrer parce que l'idée ne l'effleurerait pas et qu'elle estimait que cela ne se faisait pas. » (Fr. Sagan, *Bonjour Tristesse,* 1954, p. 88). « – Chez un homme ce n'est déjà pas beau la graisse, dit ce dernier en prenant le policier à témoin, mais chez une femme, c'est vraiment pas un spectacle... Schneider le fusilla d'un regard bleu de Prusse. Tout ce qui touchait les femmes le rendait vindicatif. » (J. Vautrin, *Bloody Mary,* 1979, p. 75).

* *Bleu de Prusse* fait partie du lexique des couleurs des catalogues-VPC 1985-1996.

◊ PRUSSIEN

Bleu prussien, *loc. adj.* ou *loc. nom. inv. Synon.* de → **bleu de Prusse**. «J'étale le jaune cadmium, le sépia, le vermillon, l'ocre cramoisi, le sienne brûlé, le bleu prussien, et je brosse à tour de bras.» (R. Lalonde, *Le Monde sur le flanc de la truite,* 1999, p. 155).

RÊVE

[P. réf. aux valeurs *fig.* du bleu qui évoque le romantisme, la poésie, l'idéal (→ **poème**)]

Bleu(-)rêve, *loc. adj.* ou *loc. nom. inv., rare.* Bleu pâle [avec une connotation valorisante d'idéal atteint]. « Pourvu qu'on ait l'ivresse... Surtout avec cette flûte à champagne d'un bleu-rêve. » (*Femme Pratique,* déc. 1987, p. 28).

ROI

[P. réf. à la couleur bleue des armoiries des rois de France, puis des vêtements royaux (→ **bleu** 1re SECTION. *ADJECTIF*. I. A. 2. b) β)]

Bleu(-)de(-)roi, bleu(-)roi, *loc. adj.* ou *loc. nom. inv.* Bleu vif. *Synon.* → **bleu de France**.

A. – *Loc. adj. inv.*

– [En parlant d'un élément de la nature, en particulier du ciel, de l'eau] « (...) les premiers bleuets, (...) sous la chaleur persistante (...) prirent lentement une teinte bleu pâle, puis bleu de roi, enfin bleu violet (...). » (L. Hémon, *Maria Chapdelaine,* 1916, p. 70). « (...) la mer était à nouveau bleu de roi (...). » (J. Giraudoux, *Suzanne et le Pacifique,* 1921, p. 157). « Les lumières de la ville brillent encore dans un crépuscule bleu de roi. Un grand nuage noir emmitoufle la crête des montagnes, sur un ciel blême et froid comme l'acier. » (A. T'Serstevens, *L'Itinéraire espagnol*, 1933, p. 128).

– [Le plus souvent, en parlant d'un vêtement, d'une étoffe] *Robe, velours bleu de roi, bleu(-)roi.* « Le flot bleu de roi des manteaux des cadets nobles montait lentement, mangé par les casaques grises de Hollande... On ne passait point... Cela dura près d'une demi-heure, après quoi tous étaient morts ou blessés, en gais fils de Gaule. » (G. Bernanos, *Premiers écrits,* 1907, p. 108). « (...) un portier en livrée bleu de roi, avec des galons d'or (...). » (P. Morand, *Londres,* 1933, p. 150). « Elle était toujours habillée en bleu de roi ; elle n'en voulait pas démordre. » (H. de Montherlant, *Pitié pour les femmes,* 1936, p. 1085). « Un enfant se tient assis près d'elle, sur la banquette ; il porte comme sa mère un manteau gris, mais ce sont ses vêtements à elle que Régis détaille : le col est ajusté par une laine bleu roi et la robe, les chaussures blanches, (...) les gants sont bordés de la même couleur. » (I. Monesi, *Nature morte devant la fenêtre,* 1966, p. 254).

* [*P. méton.*, en parlant d'une personne] Qui porte des vêtements de cette couleur.

2. « Là, défilent des fusiliers à plastron **jonquille**, là des Bavarois **bleu-de-roi,** que leur vivandière accompagne dans un chariot enguirlandé de saucisses. Ailleurs, la peinture fait voir un écossais accueilli sur un torrent par une sensible épouse dont l'écharpe voltige. » (H. Pourrat, *Les Vaillances, forces et gentillesses de Gaspard des Montagnes, À la belle bergère,* 1925, pp. 224-225).

B. – *Loc. nom. inv.* Cette couleur ; bleu vif. « La couleur du saphir dépend de son lieu d'origine ; celui du cachemire, devenu très rare, est d'un bleu-roi velouté ; les gemmes de Ceylan, abondantes, sont pâles et un peu nébuleuses (...). » (N.-A. Metta, *Les Pierres précieuses*, 1960, pp. 74-75). « Le bleu roi ou bleu de roi évoque l'azur des grandes armes de France. » (M. Lis et M. Barbier, *Dict. du gai parler,* 1980, p. 76).

* La forme *vieillie bleu roy* semble être cantonnée, de nos jours, au vocabulaire très particulier de la mode et se trouve encore fréquemment attestée dans les catalogues-VPC 1985-2003, conjointement aux formes *bleu royal,* et *p. ell. roy.* Ces diverses formes sont absentes de notre corpus d'auteurs ; seul *bleu roy* est mentionné, dans un compte rendu de mode du début du siècle : « La nuance est choisie parmi cette brillante palette de teintes nouvelles où l'on trouve les rouges amaranthe (...), les bleus roy (...). » (*La Mode illustrée*, 1905, p. 606, in *DDL 33*).
** *Bleu royal* est aussi attesté dans *The Pantone® Book of Color.*

ROUEN

[P. réf. à la couleur bleue des décors des faïences de style persan, fabriquées à Rouen (ville de France, département de la Seine-Maritime) (→ **Chine, Delft, faïence, Nevers, persan, porcelaine, Sèvres**)]

Bleu de Rouen, *loc. adj.* ou *loc. nom. inv. ART* [*CÉRAMIQUE*]. Bleu (obtenu en teintant l'émail stannifère avec du cobalt), caractéristique des décors sur fond blanc des faïences de Rouen, inspirées des faïences de Delft, légèrement laiteux et moins intense que le bleu de Nevers.

1. « Est-ce Nevers qui inspira le style persan de Rouen ? L'exécution en est bien différente. Le fond **bleu de Rouen** ne ressemble nullement au fameux **bleu de Nevers.** Très doux, un peu **ardoisé**, il tend vers un **gris laiteux ;** il est décoré de fleurs **jaunes**, **blanches** et **vertes**, et de quadrillés rappelant la production de Guillibaud. »
(G. Fontaine, *La Céramique française,* 1965, p. 43).

2. « Rouen (...) imite le style persan de Nevers sans en atteindre la finesse et l'intensité du **bleu**. Le **bleu de Rouen** appelé **"bleu empois"** est plus pâle, un peu **laiteux** et moins brillant. »
(Cl. Dauguet et D. Guillème-Brulon, *Reconnaître les origines des faïences,* 1983, p. 29).

SAPHIR

[P. réf. à la couleur bleue intense d'une variété de saphir (pierre précieuse utilisée en joaillerie) : le *Saphir oriental*]

Bleu intense et lumineux.

A. – Bleu(-)saphir, *loc. adj. inv.*

– [En parlant des yeux] « Sa figure, calme et triste, était éclairée par de superbes yeux bleu saphir, trop à fleur de tête et qui me semblèrent, à ce moment-là, sans aucune expression. » (Gyp, *Souvenirs d'une jeune fille,* t. 2, 1928, p. 24).

– [En parlant d'un objet fabriqué] *Rare*. «... premières lampes bleu-saphir, premières nuits de black-out... voitures-fantômes, fenêtres, portes-cochères complices... balles traversant la nuit, cadavres... des morts, des héros. » (E. Triolet, *Le Premier accroc coûte deux cents francs,* 1945, p. 355).

B. – *P. ell.*

1. De saphir, *loc. adj. inv.*

– [En parlant d'un élément de la nature, en particulier du ciel, de l'eau] « Le soleil, en train de mourir derrière la montagne, peignait de rose les graviers des allées, et de rouge sanglant le flamant hiératique posé, une patte en l'air, au bord du petit lac de profond saphir. » (P. Benoit, *L'Atlantide,* 1919, pp. 177-178). « Laure était tout à coup seule, à la proue d'une barque, en route vers un horizon de saphir et de diamant noir. » (G. Duhamel, *La Nuit de la Saint-Jean,* in *Chronique des Pasquier,* t. 4, 1935, p. 195). « Rappelle-toi, Clarisse. Ma tarte aux prunes de saphir ! Mon beau feuillage ! » (J. Audiberti, *Théâtre,* t. 1, 1948, pp. 42-43). V. → ***lapis (-lazuli)*** ex. 1, ***turquoise*** ex. 1.

1. « Mais comme il n'a pas de drame en lui, comme il a de la vie une vision extérieure et formelle – la plus colorée, il est vrai, la plus lumineuse, la plus splendide qui fût jamais – il n'est pas lui, il subit Tintoret ou Titien quand il voit des mers sombres, des mers tragiques, un air traversé de fulgurations. À lui les mers pulvérulentes, **grises**, les mers **d'émeraude** et **de saphir** voilés, les ciels d'un **rose** si lointain qu'on n'en voit comme celui-là qu'aux plumes de la gorge de quelques oiseaux **blancs,** à lui la liberté du large où le vent fait voler l'écume en poussière, l'espace sans borne que la vibration des molécules emplit d'**argent** diffus. »
(E. Faure, *Histoire de l'art. L'Art renaissant,* 1914, p. 451).

2. Saphir.

a) *Adj. inv.*

– [En parlant d'un vêtement, d'une étoffe] *Rare*. « Le gilet de tricot cachou (...) disparaît sous un dolman saphir. » (Colette, *L'Envers du music-hall,* 1913, p. 174).

– [En parlant des yeux] « Zoé s'assit sur le tapis de sol et pressa ses mains sur ses oreilles trop grandes pour son minois de bébé. Ses vastes yeux saphir au regard peu humain et guère enfantin malgré la puérilité de son comportement suivaient dans l'air un invisible point mobile. » (B. Beck, *Stella Corfou,* 1988, p. 59).

– *P. ext.* [En parlant des cheveux] *Rare.* Noir à reflets d'azur, bleutés. « Il avait le visage gras et fortement construit, une peau de la couleur du carry éventé, des cheveux à reflets saphir, comme les élytres de certains scarabées. » (G. Duhamel, *La Passion de Joseph Pasquier,* in *Chronique des Pasquier,* t. 10, 1945, p. 33).

b) *Subst. masc.* Cette couleur ; bleu intense et lumineux.

– [En parlant d'un élément de la nature, en particulier du ciel, de l'eau] V. → ***azur*** ex. 7.

2. « Arbre, grand arbre, ombre des cieux,
Irrésistible arbre des arbres,
Qui dans les faiblesses des marbres,
Poursuis des sucs délicieux,
Toi qui pousses tels labyrinthes
Par qui les ténèbres étreintes
S'iront perdre dans le **saphir**
De l'éternelle matinée,
Douce perte, arome ou zéphir,
ou colombe prédestinée (...) ».
(P. Valéry, *Œuvres,* 1922, p. 145).

– [En parlant des yeux] « (...) tous trois ressemblaient un peu à l'éphèbe dont la forme, installée dans le saphir qu'étaient les yeux de M. De Charlus, donnait à son regard ce quelque chose de si particulier qui m'avait effrayé le premier jour à Balbec ? » (M. Proust, *Le Temps retrouvé,* in *À la recherche du temps perdu,* 1922, p. 818).

– [En parlant d'un vêtement, d'une étoffe] *Rare.* V. → ***lavande*** ex. 2.

* *Saphir* fait partie du lexique des couleurs des catalogues-VPC 1985-2003.

** *Saphir, saphir bleu* sont attestés dans *The Pantone® Book of Color.*

*** « Pierre céleste par excellence, le saphir reconduit toute la symbolique de l'Azur. Selon le Lapidaire de Louis IX la méditation sur cette pierre amène l'âme à la contemplation des cieux (...). La justice divine étant en lui, on lui attribuera des pouvoirs aussi variés que de prévenir la pauvreté, de protéger de la colère des Grands, de la trahison et des mauvais jugements, d'augmenter le courage, la joie, la vitalité, de dissiper les humeurs, de renforcer les muscles (...). Dans le christianisme, le saphir symbolise à la fois la pureté et la force lumineuse du royaume de Dieu. Comme toutes les pierres bleues, le saphir est considéré en Orient comme puissant talisman contre le mauvais œil. » (*Dict. des Symboles 1982*). « La couleur bleue était autrefois une couleur sacrée, que portaient les prêtres pour montrer leur lien avec le ciel. Au Moyen Âge, le saphir devint ce symbole de l'union du prélat et du ciel et orna les bagues d'évêques. Pour cette raison, la couronne impériale d'Autriche réalisée en 1602 sur ordre de Rodolphe II de Habsbourg est surmontée d'un saphir, qui symbolise cette union du ciel et de l'empereur considéré comme pontife. De même, la couronne impériale d'Angleterre comporte en son sommet, au centre d'une croix de diamants, le Saphir de saint Édouard (...). » (P. Bariand et J.-P. Poirot, *Larousse des pierres précieuses,* 1985, s.v. *saphir*, p. 214).

SARCELLE

[P. réf. aux reflets bleutés du plumage de certaines espèces de petits canards, les sarcelles (famille des *Anatidés)* comprenant notamment la *sarcelle d'hiver,* la *sarcelle d'été,* la *sarcelle à ailes bleues* caractérisée par des marques bleues sur les ailes, appelées «miroirs»]

Bleu sarcelle, *loc. adj.* ou *loc. nom. inv.* Bleu vert foncé. «La lumière reste longtemps dans les pins absolument immobiles, une lueur de sang au bas du ciel bleu sarcelle.» (R. Lalonde, *Le Monde sur le flanc de la truite,* 1999, p. 74).

1. «*Mon Canada*
par Bonnie Burnard
Mon canada commence ici, à cette fenêtre. Devant moi, le lac Huron, tel un miroir tout le matin durant, dans la lumière pure de l'été, sous un ciel pratiquement sans nuages. **Blanches** d'écume, des vaguelettes déferlent sur le sable fin du rivage. À l'horizon, l'eau est **bleu sarcelle**. Mais plus près de la plage, le sable tourbillonne dans l'eau et lui donne naturellement un aspect **brun clair**.»
(in *http://www.prod.esso.ca/francais/thisis/publications/review/438moncanada.htm*).

– [Dans un contexte commercial]

* [En parlant d'un vêtement] *T-shirt enfant bleu sarcelle.* «Coupe-Vent D'Uniforme. 100% polyester, 2 poches. Vert, brun, bleu marin, bleu royal, gris ou bleu sarcelle.» (*Uniplus : une division de W. Gradinger,* in *http://www.uniplus.ca/manteaux-fr.htm*).

2. «*Les tendances de couleurs de 2003/2004*
Rouges, orangés, jaunes, tons neutres chaleureux, **bleu-vert, violets** et tons neutres froids. Qu'est-ce qui est à la mode et qu'est-ce qui influence la palette de couleurs actuelle?
LE BLEU - Tournez-vous au **bleu sarcelle** pour une touche de regain et de sophistication. Les **bleu vert** suggèrent les lagunes de Tahiti et les pensées du Sud du Pacifique. Les **bleus** procurent de la stabilité et des qualités rassurantes, lesquelles sont d'une grande importance durant les temps de contrainte. Le **bleu** (...)est une sorte de pivot. Les prévisions pour les **bleus** vont du **bleu lavé** et atmosphérique au bleu classique et **marine**. Recherchez les **bleus** pour l'expansion... équilibrant la dominance de la chaleur dans d'autres parties de la palette.»
(in *http://www.cilpaint.com/fr/ideas_colour_trends.html*).

* [En parlant d'une voiture] «À vendre: Honda Civic 1999, bleu sarcelle, automatique. Garantie Honda Global Plus jusqu'en juin 06 ou 160 000 km.» (in *www.ville.saint-alexandre.qc.ca/flambeau/ du_cote_du_cercle_de.html*).

* *Bleu sarcelle* est particulièrement fréquent au Québec.

SÈVRES

[Par réf. à la couleur bleu foncé des décors de certaines porcelaines, d'inspiration chinoise, traditionnellement fabriquées à la manufacture nationale de Sèvres (ville de France. Départ. des Hauts-de-Seine) (→ **Chine, Delft, faïence, Nevers, persan, porcelaine, Rouen**)]

A. – *ART* [*CÉRAMIQUE*]. **Bleu de Sèvres**, *loc. nom. inv.* Bleu foncé caractéristique des décors sur fond blanc des porcelaines de Sèvres.

1. « À Sèvres, de nos jours, la porcelaine, c'est (...) le **Bleu de Sèvres** revu à la Fiorini, ou les assiettes-tableaux de Poliakoff. Et c'est toujours éternellement Sèvres, le luxe de la porcelaine de luxe. »
(J. Divis et M. Ernould-Gandouet, *L'Art de la Porcelaine en Europe,* 1983, p. 7).

B. – *Littér.* ou *MODE.* **Bleu de Sèvres**, *loc. adj.* ou *loc. nom. inv.* Bleu rappelant le bleu de Sèvres. V. → ***bleu*** ex. 65 et ***centaurée*** ex. 1.

– *P. ell., rare.* **Sèvres/sèvres**, *adj.* V. → ***horizon*** II. ex.

SOIR

[P. réf. à la lumière bleutée du soir, de la tombée du jour, du coucher du soleil]

Bleu soir, *loc. adj. inv., littér., rare.* Bleu gris.

1. « "Juana ? Tu as remarqué ? En ce moment les yeux de Caroline sont exactement de la couleur de la mer. Ou plutôt ils sont bleus comme le soir."
Juana m'a examinée d'un air grave et, comme toujours, a approuvé son frère. Elle a simplement un peu rectifié : "Plutôt **bleu crépuscule** que **bleu soir.**" Une perfectionniste cette Juana. C'était la poésie qui voulait ça.
"Tu as raison, a fait Salvator, Caro a les yeux **bleu crépuscule.** En tout cas c'est joli."
Je savais pas s'il avait dit ça rapport à l'expression qu'ils avaient trouvée ensemble, lui et sa sœur, ou rapport à mes yeux. N'importe comment je m'en fichais parce que moi, d'entendre tout ça, je vous dis pas le choc. Shootée, propulsée, sidéralisée direct en zone planante j'ai été. »
(Fr. Séguin, *L'Arme à gauche,* 1990, p. 119).

TEMPS

[Peut-être p. réf. à la couleur bleue du ciel diurne, par beau temps ou p. réf. à des valeurs plus symboliques et anciennes du bleu]

Couleur du temps, *loc. adj. inv.* [En parlant en particulier d'une robe dans la tradition des contes de fées] Bleu foncé. « J'ai vu sept femmes très belles, vêtues de robes d'or et d'argent et de manteaux couleur de soleil, couleur de la lune et couleur du temps, qui pendaient égorgées à la muraille et leur sang coulait à flots sur le pavé de marbre blanc (...). Mélanie me demanda, en se moquant, s'il était vraiment possible que j'eusse vu tant de choses en si peu de temps. » (A. France, *Le petit Pierre,* 1918, p. 111).

1. « Il est utile d'ajouter que dans la science hermétique, le **bleu** est assimilé au **noir ;** que le corbeau (corps beau), d'où vient le juron familier **corbleu,** qui symbolise la putréfaction, a le plumage d'un **noir bleu.** On comprendra mieux, dès lors, que Peau d'âne ait exigé, successivement, du roi, son père indigne, la voulant comme épouse, trois robes d'immense richesse, dont la première était **couleur du temps** (**bleu sombre**), la seconde, **couleur de la lune** (**blanche**) et la troisième **couleur du soleil** (**rouge**). Le roi, dans le plus grand luxe, satisfait aux trois demandes, accédant même à la dernière qui n'avait pour objet, rien moins que la dépouille sanglante, devant bientôt servir à la fuite de la princesse. Son père n'hésita donc pas à tuer l'âne incomparable, qui d'écus d'or, sans cesse, emplit sa bourse (...). »
(E. Canseliet, *Alchimie. Études diverses de symbolisme hermétique et de pratique philosophale,* 1942, pp. 98-99).

TOUAREG

[P. réf. à la couleur bleue des vêtements (en particulier des voiles) de cette tribu berbère et à l'empreinte bleuâtre que laissent ces vêtements déteints sur la peau. V. → *hommes bleus*]

Bleu Touareg / touareg, *loc. adj.* ou *loc. nom. inv., mod.* (1972 ; *infra*). Le plus souvent *ART* [*PEINTURE*], *COSMÉTIQUES*, *MODE.* Bleu très foncé. « On redécouvrait le blue-jean, la salopette, la peau de mouton et le bleu touareg. L'élégance gantée et emperlousée ne tentait plus que les présidentes en tournée de bienfaisance ou les speakerines de la télévision. » (*Le Nouvel Observateur,* 11. 9. 1972, p. 49 - M. Righini). « Eye liner et super mascara bleu touareg. » (*Femme actuelle,* 4. 2. 1985, p. 26). V. → ***Matisse*** ex. 3.

1. « Les noms inscrits sur les tubes de couleur fine font rêver. On imagine leurs nuances : (...) **Rose Bengale, Rouge Turc, Rose Tyrien** (...), **Bleu Touareg** (...), **Vert Véronèse** (...). »
(J. Régnier, *Les Couleurs,* 1994, p. 21).

Turquin

[De l'italien *turchino :* « bleu, bleu fonçé, bleu turquin », dér. de *turco :* « turc », le bleu étant considéré comme la couleur favorite des Turcs]

Bleu foncé, mat.

A. – Bleu(-)turquin, *loc. adj.* ou *loc. nom. inv.* « Taffetas bleu turquin. Drap bleu turquin. » (*Ac. 1935*). « Les faïences brillaient toujours de leur bleu turquin délicat. » (P. Morand, *Parfaite de Saligny. Le Dernier jour de l'Inquisition,* 1947, p. 293).

1. « Plus loin, les murailles, quand elles n'étaient pas percées ou agrémentées de coupoles où des gens-fruits se balançaient sur des hamacs ronds, étaient veinées, jaspées, grenées, variant sans cesse dans des tons **vert d'Egypte**, **bleu turquin** ou **rouge antique.** Les onyx, les porphyres, les brocatelles, les gypses étaient les mêmes que sur la Terre, mais ici les carrières les dispensaient à foison. De plus ces marbres étaient parfumés et de l'un à l'autre on parcourait tout le clavier des odeurs suaves et douces comme des notes de clavecin. » (R. Sabatier, *Les Enfants de l'été,* 1978, p. 134).

B. – *P. ell.*

1. De turquin, *loc. adj. inv.* « La nuit était laiteuse et claire : une belle nuit de turquin. » (G. Duhamel, *La Nuit de la Saint-Jean,* in *Chronique des Pasquier,* t. 4, 1935, p. 113).

2. Turquin

a) *Adj. inv.* « (...) les wagons-lits s'y épanouissent [À Barcelone] au terminus de leur tige en des hôtels qui sont des fleurs d'acajou et de velours turquin. » (P. Morand, *Ouvert la nuit,* 1922, p. 35).

– *MINÉRALOGIE*

• **Marbre turquin**, *loc. nom. masc.* Marbre de Mauritanie, bleu, veiné de blanc. « Un tapis épais, gris de lin, semé de bouquets bleus, recouvre le sol. Les meubles, en palissandre, rappellent ceux du Moyen Âge. Sur la cheminée, en marbre turquin, luisent des porcelaines de Saxe. » (Ch. Kunstler, *L'Art au* XIX*e siècle en France,* 1954, p. 33).

b) *Subst. masc.* Cette couleur ; bleu foncé, mat. « Un turquin très foncé ». (*Nouv. Lar. ill.*). V. → ***azur*** ex. 6.

Turquoise

[P. réf. à la couleur bleu clair à vert clair de la pierre précieuse de ce nom. Ainsi appelée, à cause de sa provenance turque - en réalité, la Turquie n'en était pas productrice mais revendait aux Occidentaux la turquoise d'Iran]

Bleu lumineux, tirant sur le vert.

A. – Bleu de turquoise, bleu(-)turquoise, *loc. adj.* ou *loc. nom. inv.* « Je voyais derrière les vitres le sable jaune pâle et la mer d'un bleu de turquoise, quand j'ai entendu au fond de moi-même quelque chose me dire d'aller sur la plage à nuit tombée. » (J. Green, *Journal,* t. 2, 1939, p. 97). V. → ***bleu*** ex. 64, 65.

– [Chez Dorival, *bleu* et *turquoise* ne fonctionnent pas comme *loc. :* « des bleus turquoise »] « Sa palette [de Bonnard] qui s'était complue depuis 1893 dans les noirs et les gris, s'éclaire alors (...) et des roses, des verts, des bleus turquoise, des jaune-thé apparaissent dans ses toiles. » (Dorival, *Les Peintres du* XX*e s.,* 1957, p. 27).

B. – *P. ell.*

1. (Couleur) De turquoise, *loc. adj. inv.*

– [En parlant d'un élément de la nature, en particulier du ciel, de l'eau] *Mer de turquoise.* « Au soleil couchant, je me suis promené au bord du golfe du Mexique. Le ciel vert pâle était éclaboussé de feu. À mes pieds, de petites vagues tranquilles, couleur de flamme et de turquoise. » (J. Green, *Journal,* t. 1, 1934, p. 192).

1. « Il s'est accoudé sur ce pont pour regarder la rivière recueillir un ciel **d'argent** trouble où courent des frissons **de turquoise** et **de saphir**. »
(E. Faure, *Histoire de l'art. L'Art moderne,* 1921, p. 224).

* **De turquoise morte**, *loc. adj. inv.* [P. réf. à une variété particulière de turquoise, la *turquoise morte*, de moindre qualité, pouvant, par imprégnation de graisse d'ours, gagner en couleur, laquelle vire ensuite bientôt au vert (d'après Bariand-Poirot, *Les Pierres précieuses,* 1985)] Bleu sombre tirant légèrement sur le vert. [Chez Montherlant] « Au-dessus des bois sombres (...) seule une haute crête restait éclairée par le faible soleil, une bande de sol à vif, bouleversé, couleur de lion, avec des troncs nus, par places, semblables à des mâts dans un port. On ne savait pas si c'était une chose toute proche, à une heure de marche, ou bien un songe (...) qui va s'envoler dans le ciel de turquoise morte. On ne savait pas si c'était une lèpre, une maladie du monde, cette plaque de cicatrices et de verrues, ou bien le lieu pur, brûlé par l'esprit, le sommet d'élection que toute la montagne soulevait, offrait toujours plus haut. » (H. de Montherlant, *Le Songe,* 1922, p. 33). « Midi dormait sur les eaux. Midi dormait sur les pierres pâles et la mer de turquoise morte. » (H. de Montherlant, *Encore un instant de bonheur,* 1934, p. 712).

– [En parlant des yeux ; *p. méton.*, en parlant du regard] *Yeux de turquoise.* « Cécile arrête sur moi son large regard de turquoise. Elle secoue la tête de droite à gauche et de gauche à droite, avec impatience. » (G. Duhamel, *Vue de la Terre promise,* in *Chronique des Pasquier,* t. 3, 1934, p. 163).

2. (Couleur) Turquoise.

a) *Loc. adj.* ou *adj. inv., rare.*

– [En parlant d'un élément de la nature, en particulier du ciel, de l'eau] *Ciel turquoise.*

2. « Dans toute la partie de la ville que dominent les tours du Trocadéro, le ciel avait l'air d'une immense mer (...) qui se retire, laissant déjà émerger toute une ligne légère de rochers **noirs,** peut-être même de simples filets de pêcheurs alignés les uns après les autres, et qui étaient de petits nuages. Mer en ce moment **couleur turquoise** et qui emporte avec elle, sans qu'ils s'en apercoivent, les hommes entraînés dans l'immense révolution de la terre, de la terre sur laquelle ils sont assez fous pour continuer leurs révolutions à eux, et leurs vaines guerres (...). »
(M. Proust, *Le Temps retrouvé,* in *À la recherche du temps perdu,* 1922, p. 762).

– [En parlant d'un vêtement, d'une étoffe] *Ensemble, tricot turquoise.* « Vous portiez un pantalon de la couleur de votre foulard, c'était la même tache turquoise qui m'avait tiré après vous durant le jour. » (S. Japrisot, *La Dame dans l'auto avec des lunettes et un fusil,* 1966, p. 292). « (...) Maud avait revêtu une robe habillée, une de celles achetées jadis à la Cuttoli. Le modèle n'était plus tout à fait à la mode. Cependant encore assez chic. C'était une robe fourreau en satin turquoise. » (P. Combescot, *Les Filles du Calvaire,* 1991, p. 324). V. → ***paon*** ex. 2.

– [En parlant des yeux] « Avec ses yeux turquoise superbement fardés, ses créoles dorées aux oreilles, son long cou laiteux, elle ressemblait à une extraterrestre, à une pharaonne. » (A. Francos, *Sauve-toi, Lola !,* 1983, p. 20).

* *Au fig. Opération turquoise,* ou *p. ell. Turquoise.* Opération militaire à but humanitaire qui a consisté à envoyer des contingents de *Casques bleus* français au Rwanda, lors des massacres des Tutsis par les Hutus, en 1994. « Les militaires de l'opération turquoise sont de

retour dans leurs casernes et les caméras des journaux télévisés sont parties pour d'autres cieux. C'est à peine si le Rwanda fait encore parler de lui. En France, le ronron du nombrilisme hexagonal est en passe de faire lui aussi sa rentrée. Il y a tout à parier que Turquoise ne sera bientôt plus qu'un argument parmi d'autres dans le catalogue des hommes politiques en campagne électorale. Après tout, cette opération humanitaire a eu son succès médiatique. (...) En fait, Turquoise devra son succès médiatique au choléra. Alors que la communauté internationale n'avait pas bronché pour le génocide des Tutsis – les Casques bleus quittant lamentablement le pays –, elle allait se mobiliser contre le choléra à Goma. » (*Télé Obs.,* 21. 9. 1994, p. 8, c. 1 - L. Bijard).

b) *Subst. masc.* Cette couleur. « Cette année le turquoise est à la mode. » (*Rob. 1964*).

∗ Parfois au fém. V. → ***électrique*** ex. 1.

c) *Subst. fém. ENTOMOLOGIE.* Petit papillon d'Europe (le *Procris slatices*) aux ailes bleu-vert. « La Turquoise (...) est totalement recouverte (sauf les ailes inférieures qui sont d'un gris brunâtre) d'un somptueux manteau de satin vert doré. » (P.-A. Robert, *Les Insectes,* 1946, p. 140).

∗ *Bleu turquoise* et *p. ell. turquoise* fait partie du lexique des couleurs des catalogues de mode-VPC 1985-1996. *Turquoise* désigne une nuance pouvant varier du bleu plus ou moins clair, au bleu vert clair et au vert clair. Le terme *turquoise* pouvant être qualifié par un adj. : *turquoise clair.*

∗∗ *Turquoise bleue, turquoise pastel, turquoise rose* sont attestés dans *The Pantone® Book of Color* pour désigner un bleu vert clair.

∗∗∗ *Turquoise,* nuance marginale entre le bleu et le vert, défini par les dict. comme un bleu vert clair, semble, de nos jours, exprimer une nuance à l'intersection du bleu et du vert (bleu-vert), basculant parfois dans le champ du vert, comme en témoignent les catalogues-VPC et les enquêtes effectuées auprès des locuteurs de langue française (H. du Bois des Lauriers, *Secondaire ou fondamental ? Du statut indécis de certains termes de couleur en français,* 1992).

Turquoise a un statut particulier et indécis par rapport aux véritables termes de couleur de base, les termes fondamentaux, et par rapport aux termes de couleur secondaires. Terme secondaire exprimant une nuance marginale entre le bleu et le vert, dans l'état actuel de notre langue, il n'est toutefois pas impossible de « (...) concevoir que le terme *turquoise* puisse un jour acquérir un statut fondamental en français. Il est vrai que les propriétés distributionnelles sont limitées, mais la langue évolue et les formes qui nous paraissent irréalisables maintenant pourraient devenir acceptables. L'intersection bleu-vert aurait ainsi un terme qui lui est propre. Actuellement, *turquoise* ne peut accéder au statut fondamental. » (H. du Bois des Lauriers, *Secondaire ou fondamental ? Du statut indécis de certains termes de couleur en français,* 1992, p. 340). ∗∗∗∗ « (...) la turquoise, dont les couleurs variées (du bleu pâle au vert) évoquent à la fois le bleu du ciel et la couleur de l'eau ou des végétaux, fut, pour les Anciens, symbole de vertus magiques auxquelles certains de nos contemporains croient toujours. En effet, le bleu a joué de tout temps un rôle important, synonyme de paradis pour les Chinois, couleur des dieux Amon et Isis pour les Égyptiens, couleur des robes des prêtres hébreux, talisman pour les aborigènes du sud-ouest des États-Unis. Le bleu est en Orient un talisman contre le mauvais œil : les animaux de trait (chevaux, chameaux, ânes, etc.) portent toujours des perles de céramique bleue qui les préserverait de la fatigue et des accidents. (...) En Europe, des vertus occultes furent attribuées à la turquoise, et, de nos jours encore, des bagues ornées de turquoise, dénommées "ne m'oublie pas", transcription du mot "myosotis" en anglais, sont offertes en cadeaux. » (P. Bariand et J.-P. Poirot, *Larousse des pierres précieuses,* 1985, s. v. *Turquoise*, pp. 242-243).

VACANCES

[P. réf. à la couleur bleue du ciel d'été, par beau temps]

Bleu vacances, *loc. adj. inv., mod.* (1976, *infra*). Bleu intense. « Il lève les yeux : le ciel est bleu vacances, le bleu des affiches de publicité pour les clubs nautiques. Il sort une Gauloise, l'allume et ferme les yeux, savourant la journée poivrée. » (P. Cauvin, *Monsieur papa,* 1976, p. 214). [Parfois p. réf. aux valeurs *fig.* du bleu qui évoque la douceur de vivre] V. → ***bleu*** ex. 78.

VERMEER

[P. réf. au bleu caractéristique de l'œuvre de Vermeer, peintre hollandais (Delft, 1632-1675)]

Bleu de Vermeer, *loc. nom. inv. ART* [*PEINTURE*]. Bleu lumineux et semblant immatériel, caractéristique de l'œuvre de Vermeer.

1. « (...) l'univers domestique de Pieter De Hoogh est presque aussi mystérieux que celui de Vermeer : mais dans ce presque il y a un monde ; il ne s'en faut pas de très peu, ni d'une lacune inassignable, ni d'une différence déterminée telle que, par exemple, la différence entre le **rouge** de Pieter De Hoogh et le **bleu** *sui generis,* l'incomparable **bleu de Vermeer ;** ou plutôt il s'en faut, justement, de presque rien, mais ce presque-rien est une immensité ; mais ce (...) *nescioquid* est, comme le divin lui-même, un partout-et-nulle part ; seul un seul qualificatif permettrait de compenser la différence infiniment infinie, quoique infinitésimale, dont le mystère d'ubiquité est le principe. (...) Pas plus que l'"air de famille", qui est une ressemblance pneumatique, le charme n'a de support assignable. Pour fixer les idées nous concentrons cette aura de poésie, ce charme trans-spatial dans le **bleu de Vermeer**... ou dans les cadences plagales de Fauré, et nous nous étonnons de ne trouver à la place désignée qu'une couleur banale, une formule comme toutes les formules, une chose comme toutes les choses. »
(V. Jankélévitch, *Le je-ne-sais-quoi et le presque rien,* 1957, p. 83).

* Les éléments déterminants de l'œuvre de Vermeer « sont la lumière et la couleur, qui est souvent limitée aux rapports jaune et bleu. » (*Lar. des grands peintres, 1976*). La touche de Vermeer est faite de « points » bleus et jaunes scintillant comme des brillants. Certains spécialistes d'art affirment que l'extrême luminosité des tableaux de Vermeer serait due à l'usage que le peintre, comme beaucoup d'artistes de son temps, aurait fait de la « camera obscura » portative, véritable ancêtre de la chambre photographique. Captés par l'objectif, les faisceaux lumineux traversent les deux chambres coulissantes et frappent un miroir incliné à 45° qui les renvoient sur un verre dépoli horizontal situé sur le dessus de la deuxième boîte. Ils y forment, à l'ombre du volet incliné, l'image de leur source, que l'on peut décalquer. Vermeer aurait tiré parti de l'observation des effets colorés, du contraste de l'ombre et de la lumière, du halo ou des distorsions qui apparaissent sur le verre dépoli. Là serait le secret de la luminosité de ses couleurs, en particulier du bleu. (D'après J. Beauchesne, *Paris-Match,* « Ce miroir magique est le secret de son génie », 29. 2. 1996, p. 80).

VÉRONIQUE

[P. réf. à la couleur bleue tirant sur le mauve des fleurs de l'espèce la plus commune de véronique]

Bleu clair tirant sur le mauve.

A. – Bleu(-)véronique, *loc. adj. inv.* (1933, *infra*). [En parlant des yeux ; *p. méton. ;* en parlant du regard] V. → ***nocturne*** ex. 3.

1. « Il est évident qu'au physique je suis un Pasquier. C'est indiscutable, indiscuté. Ma mère me l'a dit deux cent mille fois. Elle aimait de proclamer ainsi la défaite évidente de son sang et n'a jamais admis la revanche de ce même sang dans l'ordre moral. Comme tous les Pasquier, j'ai donc les yeux **bleu-véronique**. Ce **bleu,** qui, chez mon père, était, même

dans le sourire, incompréhensiblement froid, est chez moi... mettons "sensible, avec une nuance de naïveté". C'est le cliché, c'est ce qu'on dit dans mon clan. Je le répète sans commentaires. »
(G. Duhamel, *Le Notaire du Havre,* in *Chronique des Pasquier,* t. 1, 1933, p. 10).

– *Au fig., p. méton.* [En parlant du sourire ; la couleur bleue des yeux étant souvent associée à la tendresse, la bienveillance, l'amour envers autrui ; v. aussi → **azurin**)]. [Chez Duhamel] Qui exprime la bienveillance, la tendresse. « Il s'efforçait encore de garder ce ton léger qui nous avait toujours déroutés et séduits. – Père, j'ai changé d'avis. Nous allons parler de Paula. Le sourire bleu véronique venait de virer au clair. – C'est la deuxième fois, dit-il, que je tombe dans un tel piège. A l'avenir, je me méfierai. »
(G. Duhamel, *Vue de la terre promise,* in *Chronique des Pasquier,* t. 3, 1934, pp. 219-220).

B. – *P. ell., plus rare.* **(Couleur) Véronique,** *loc. adj.* ou *adj. inv.*

– [En parlant d'un vêtement, d'une étoffe]

2. « Une robe légère (...) portant des lys **violet** sur un fond **véronique,** sous laquelle on voyait sa combinaison **pervenche.** »
(P. Vialar, *La Mort est un commencement, Le Petit jour,* 1947, p. 436).

– [En parlant des yeux] « Rose de timidité, Olivier parcourut du regard ce grand corps athlétique, cambré, tout en musculature souple, et vit un visage avenant et gai, éclairé par des yeux couleur véronique d'une étonnante candeur. » (R. Sabatier, *Les Noisettes sauvages,* 1974, p. 13).

* La véronique et son bleu mauve a pour signification emblématique : « Fidélité » et pour langage symbolique : « Ayez confiance en moi ». (*Lar. Univ. 1923,* s.v. *fleur*). (V. les sens *fig.* de → **bleu**).

Vidéo

[P. réf. à la couleur bleue des écrans de visualisation sur lesquels sont retransmises les images enregistrées par les appareils vidéo, notamment les écrans de la télévision ou des ordinateurs (1960 ; de l'anglais *video,* du lat. *video* : «je vois», de *videre* : «voir»)]

Bleu vidéo, *loc. adj.* ou *loc. nom. inv. Mod.* (Années 1990 ; 1996 , *infra*). Bleu moyen, très lumineux. «Weezer. Pinkerton. La pochette du (...) groupe photographié sur fond bleu vidéo, louchait du côté de «Crazy Rhythms» des Feelies, mention college band, les répétitions dans le garage à Tonton et le bal de fin d'année organisé par les parents d'élèves.(...)». (Rock Sound n°40, octobre 1996, in *http://wma.weezernation.com/199610rocksound.html*). «L'ensemble du mobilier est peint en bleu vidéo, la salle restant telle qu'elle est ordinairement, simplement obturée de toute lumière extérieure.» (*Artifices 1,* Scénographie, octobre 1999 - J.-L. Boissier et Ph. Délis in *http://www.ciren.org/artifice/artifices_1/jlbdelis.html*).

1. «*Viktor et Rolf.*
Musée de la Mode et du Textile.
Les deux surdoués de la mode, les Hollandais Viktor Horsting et Rolf Snoeren, investissent la totalité des espaces du musée pour y célébrer leurs dix années de création. Dans leurs installations, performances et apparitions, Viktor et Rolf ne cessent de surprendre : vous avez sûrement en mémoire "Miniature Doll" (qui singeait en version lilliputienne le petit monde de la mode, en 1996). Quant à leurs défilés, ils tissent une sorte de fil d'Ariane : du **noir Black Hole** (automne-hiver 2001), on passe à l'immaculé **White** (printemps-été 2002), puis au **bleu vidéo** de **Bluescreen** (automne-hiver 2002).»
(Viktor et Rolf, in *http://www.leclubparis.com/french/art/FenetreArt.asp?Nom=ViktoretRolf*).

* V. aussi sous → **Klein**: « canal vidéo "bleu Klein" ».

VIERGE

[P. réf. à la couleur bleu clair du manteau de la Vierge Marie]

Bleu(-)vierge, *loc. adj. inv., rare.* [En parlant d'un vêtement, d'une étoffe] Bleu clair. « Des gants lavables (...). Même des bleu-vierge, qu'il y en a. » (Colette, *Julie de Carneilhan*, 1941, p. 144).

* *Bleu madone* est attesté dans les catalogues-VPC 1985-2003.

– VAR.

◊ SAINTE VIERGE

Bleu Sainte Vierge, *loc. adj. inv. Synon.* de → **bleu Vierge**. «Il me fallait tenir un calendrier serré et avoir à portée de main une sacoche bourrée de tubes dont la couleur bleu Sainte Vierge semblait annoncer l'innocuité.» (J. Carrière, *Le Prix d'un Goncourt*, 1974, p. 175).

VOLUBILIS

[P. réf. aux fleurs bleues, en entonnoir, de la variété la plus commune de volubilis, variété d'*Ipomée ornementale*, appelée parfois *liseron*]

Bleu de volubilis, *loc. adj. inv.* ou *p. ell.* **volubilis**, *adj.* ou *subst. masc. inv.* (1902, *infra, s.v. centaurée*). *MODE* ou *littér.*, *rare.* Bleu clair, lumineux. « (...) les chats attaqueront par bonds verticaux les phalènes, dans l'air de dix heures bleu de volubilis. » (Colette, *La Naissance du jour,* 1928, p. 7). V. → ***centaurée*** ex. 1.

Abréviations et signes conventionnels

I. Abréviations

a. fr.	ancien français
abrév.	abréviation
absol.	absolument
abstr.	abstrait, abstraitement
ac.	académie, académique
adapt.	adaptation
adj.	adjectif, adjectival, adjectivement
adv.	adverbe, adverbial
all.	allemand
allus.	allusion
anal.	analogie, analogique
angl.	anglais
anglic.	anglicisme
anton.	antonyme, antonymie, antonymique
appos.	apposition, appositionnel
arg.	argot, argotique
avr.	avril
b. lat.	bas latin
c.	colonne
cf.	confer
ch.	chapitre
coll.	collectif
compar.	comparaison
compl.	complément, complémentaire
compos.	composition
concr.	concret
contemp.	contemporain
corresp.	correspondance, correspondant, correspondre

cour.	courant
déc.	décembre
dénigr.	dénigrement
dér.	dérivé
dés.	désinence
dict.	dictionnaire
didact.	didactique
éd.	édité, éditeur, édition
élém.	élément
ell.	ellipse, elliptique, elliptiquement
empl.	emploi
empr.	emprunté
encyclop.	encyclopédie, encyclopédique
en mauv. part	en mauvaise part
euphém.	euphémisme
ex.	exemple
ext.	extension
fam.	familier
fasc.	fascicule
fém.	féminin
févr.	février
fig.	figure, figuré
fr.	français
gén.	général, généralement
hist.	historique
hyper.	hyperbole
ibid.	ibidem
id.	idem
ill.	illustration, illustré
inan.	inanimé
indir.	indirect
interj.	interjection
interr.	interrogatif
intrans.	intransitif
introd.	introduction, introduire, introduit
inv.	invariable
iron.	ironie, ironique
it.	italique
janv.	janvier
journ.	journalisme, journalistique
juill.	juillet
lang.	langue, langage

lat.	latin
lég.	légende
littér.	littéraire
loc.	locution
loc. adj.	locution adjective
loc. adv.	locution adverbiale
loc. conj.	locution conjonctive
loc. nom.	locution nominale
loc. verb.	locution verbale
maj.	majuscule
m. angl.	moyen anglais
masc.	masculin
méd.	médical
médiév.	médiéval
mén.	ménager
métaph.	métaphore, métaphorique, métaphoriquement
m.fr.	moyen français
milit.	militaire
mod.	moderne
n°	numéro
N. B.	nota bene
n.sc.	nom scientifique
nom.	nominal
nomencl.	nomenclature
notam.	notamment
nouv.	nouveau
nov.	novembre
n. p.	non paginé
obj.	objet
oct.	octobre
oppos.	opposition
p.	page
p. allus.	par allusion
p. anal.	par analogie
p. antiphr.	par antiphrase
p. assoc.	par association
p. comp.	par comparaison
p. ell.	par ellipse
p. euphém.	par euphémisme
p. ex.	par exemple
p. exagér.	par exagération
p. ext.	par extension

p. hyperb.	par hyperbole
p. métaph.	par métaphore
p. méton.	par métonymie
p. oppos.	par opposition
p. plaisant.	par plaisanterie
p. réf.	par référence
part.	participe
partic.	particulier, particulièrement
part. passé	participe passé
part. prés.	participe présent
péj.	péjoratif
pers.	personne
phys.	physique, physiquement
physiol.	physiologie, physiologique
plais.	plaisant, plaisamment
plaisant.	plaisanterie
plur.	pluriel
poét.	poétique, poétiquement
pop.	populaire
pp.	de la page... à la page
prép.	préposition
préf.	préfixe, préfixal
prés.	présent
prob.	probablement
pron.	pronom
pronom.	pronominal, pronominalement
propr.	proprement
prov.	proverbe
psychol.	psychologique, psychologiquement
pub.	publicité
qq.	quelque
qqc.	quelque chose
qqf.	quelquefois
qqn	quelqu'un
réf.	référence, référent
région.	régional, régionalisme
REM.	rubrique remarque
s.	siècle
s. d.	sans date
s. l.	sans lieu
s. l. n. d.	sans lieu ni date
s. n.	sans nom

s. v.	sub verbo, sub voce
sc.	scientifique
sept.	septembre
sing.	singulier
spéc.	spécial, spécialement, spécialisation
subj.	subjonctif
subst.	substantif, substantivation, substantivement
suff.	suffixe
suj.	sujet
superl.	superlatif
suppl.	supplément
symb.	symbole, symbolique, symboliquement
synon.	synonyme, synonymique
synt.	syntagme
syst.	système
t.	tome
tr.	trimestre
trad.	traduction
trans.	transitif
v.	voir
VAR.	variante
var.	variante orthographique
vol.	volume
VPC	vente par correspondance
vulg.	vulgaire
vx	vieux

II. SIGNES CONVENTIONNELS

• – Introduit une locution.

* – Introduit un complément d'information plus ou moins encyclopédique. Lorsque ces compléments d'information sont multiples, ils sont signalés par un ordre croissant de * : * 1er complément,** 2e complément , *** 3e complément, etc.
Des renvois peuvent être faits à ces divers compléments.

→ – Renvoie à un article de couleur du dictionnaire.

v. → – Renvoie à l'exemple d'un article de couleur du dictionnaire.

[ ] Les informations données entre [ ] :
– Donnent des indications sur l'étymologie du terme ou sur le référent du terme chromatique (après la vedette ou la mention de la loc. adj., nom., adv., verb.)
– Signalent certaines conditions d'emplois du terme étudié, ou certaines connotations.

« » – Délimite un exemple dont la référence, entre parenthèses, suit.

◊ – Introduit un dérivé.

Division des articles :

1re SECTION. ...
I. ...
A. ...
1. ...
a) ...
α) ...
–
*
♦

[Dans une même sous-division, pour noter plusieurs sens : ♦, ♦ ♦, etc. ; pour introduire un complément d'information : *, **, ***.]

BIBLIOGRAPHIE

I. OUVRAGES, ARTICLES DE RÉFÉRENCE

I.1. DICTIONNAIRES DU XXe ET XXIe SIÈCLE, ARTICLES, OUVRAGES

I.1.1. Dictionnaires généraux du XXe et XXIe siècle

[*Ac. 1932 - 1935*] :
Dictionnaire de l'Académie française, 8e éd., 2 vol., Paris, Hachette, 1932-1935.

[*Ac. 1986*] :
Dictionnaire de l'Académie française, fasc. 1 : A - Enz, Paris, Imprimerie Nationale, 1992. [1986, A - Barattage, Paris, éd. Julliard].

[*Davau-Cohen 1972*] :
DAVAU (M.), COHEN (M.) et LALLEMAND (M.), *Dictionnaire du français vivant,* Paris-Bruxelles-Montréal, Bordas, XVII, 1972.

[*DECFC*] :
[Sous la direction de CLAS (A.) et MEL'CUK (I.)], *Dictionnaire explicatif et combinatoire du français contemporain. Recherches lexico-sémantiques,* 3 vol., Les Presses de l'Université de Montréal, groupe de recherche en sémantique, lexicologie et terminologie, t. 1 : 1984 ; t. 2 : 1988 ; t. 3 : 1992.

[*Delas Anal. 1989*] :
DELAS (D.) et DELAS-DEMON (D.), *Dictionnaire des idées par les mots*, Paris, Aubin imprimeur, Les Usuels du Robert, 1989 [1979].

[*DG*] :
HATZFELD (A.) et DARMESTETER (A.), avec le concours de THOMAS (A.), *Dictionnaire général du commencement du XVIIe siècle jusqu'à nos jours. Précédé d'un traité de la formation de la langue,* 2 vol., 9e éd., Paris, Delagrave, 1952, réimpression intégrale, 1964 [1re éd. : 1889-1901].

[*Dub.*] :
DUBOIS (J.), LAGANE (R.), NIOBEY (G.) et CASALIS (D.), *Dictionnaire du français contemporain,* Paris, Larousse, 1967 et 1970.

[*Dub. 1980*] :
DUBOIS (J.), *Dictionnaire du français contemporain illustré,* Paris, Larousse, 1980.

[*GDEL*] :
DUBOIS (Cl.), *Grand dictionnaire encyclopédique Larousse,* 10 vol., Paris, Larousse, 1982-1985.

[*Hachette 1980*] :
Dictionnaire Hachette, Paris, Hachette, 1980.

[*Lar encyclop.*] :
Grand Larousse encyclopédique en 10 volumes, Paris, Larousse, 1960 -1968.

[*Lar. encyclop. Suppl. 1968*] :
Grand Larousse encyclopédique, 1er suppl., Paris, Larousse, 1960.

[*Lar. encyclop. Suppl. 1975*] :
Grand Larousse encyclopédique, 2e suppl., Paris, Larousse, 1975.

[*Lar. 20e*] :
[Sous la direction de AUGÉ (P.)], *Larousse du XXe siècle en six volumes,* Paris, Larousse, 1928-1933.

[*Lar. 20e Suppl. 1953*] :
[Sous la direction de AUGÉ (P.)], *Larousse du XXe siècle en six volumes,* Supplément complétant les éditions antérieures à 1945, Paris, Larousse, 1953.

[*Lar. Lang. Fr.*] :

[Sous la direction de GUILBERT (L.), LAGANE (R.) *et alii*], *Grand Larousse de la Langue Française,* Paris, Larousse , 1971-1978.

[*Lar. univ.*] :

[Sous la direction de AUGÉ (Cl.)], *Larousse Universel en 2 volumes*, Paris, Larousse, 1922-1923.

[*Lexis*] :

[Sous la direction de DUBOIS (J.)], *Lexis. Dictionnaire de la langue française,* Paris, Larousse, 1975, 1979, 1986.

[*Littré*] :

LITTRÉ (É.), *Dictionnaire de la langue française,* 7 vol., éd. intégrale, Paris, Gallimard-Hachette, 1959-1961, 1964-1965 et 1967-1968. [1re éd., 5 vol., Hachette, 1873-1883].

[*Logos*]

GIRODET (J.), *Logos. Grand dictionnaire de la Langue Française,* 3 vol., Bordas, 1976.

[*Nouv. Lar. ill.*] :

[Sous la direction de AUGÉ (Cl.)], *Nouveau Larousse illustré.* Dictionnaire universel encyclopédique, 8 vol., Paris, Larousse, 1897-1907.

[*Nouv. Lar. ill. Compl.*] :

[Sous la direction de AUGÉ (Cl.)], *Nouveau Larousse illustré. Complément.* Dictionnaire universel encyclopédique. Complément, Paris, Larousse, 1907.

[*Nouv. Lar. ill. Suppl.*] :

[Sous la direction de AUGÉ (Cl.], *Nouveau Larousse illustré. Supplément.* Dictionnaire universel encyclopédique. Supplément, Paris, Larousse, 1907.

[*Nouv. Pt. Rob. 1993*]

Le Nouveau Petit Robert, dictionnaire alphabétique et analogique de la langue française, texte remanié et amplifié sous la direction de REY-DEBOVE (J.) et REY (A.). Paris, Le Robert.

[*Pt. Lar. 1906*] :

[Sous la direction de AUGÉ (Cl.)], *Petit Larousse illustré,* nouveau dictionnaire encyclopédique, Paris, Larousse, 1906.

[*Pt. Rob. 2003*] :

ROBERT (P.), *Le Petit Robert, dictionnaire alphabétique et analogique de la langue française,* nouv. éd. revue, corrigée, mise à jour pour 1981, Paris, Le Robert, 2003.

[*Quillet*] :

[Sous la direction de MORTIER (R.)], *Dictionnaire encyclopédique Quillet,* 7 vol., Paris, Quillet, 1965 et 1971.

[*Quillet Suppl. 1971*] :

[Sous la direction de MORTIER (R.)], *Dictionnaire encyclopédique Quillet, Supplément,* Paris, Quillet, 1971.

[*Rob.*] :

ROBERT (P.), *Dictionnaire alphabétique et analogique de la langue française.* Les mots et les associations d'idées, 6 vol., Société du Nouveau Littré, 1958-1964, Paris, 1964.

[*Rob. 1985*] :

ROBERT (P.), *Dictionnaire alphabétique et analogique de la langue française,* 2e éd. entièrement revue et enrichie par REY (A.), Paris, Le Robert, 1985.

[*Rob. 1990*] :
ROBERT (P.), *Dictionnaire alphabétique et analogique de la langue française,* 3e éd. entièrement revue et enrichie par REY (A.), Paris, Le Robert, 1990.

[*Rob. Suppl. 1970*] :
ROBERT (P.), *Dictionnaire alphabétique et analogique de la langue française.* Les mots et les associations d'idées. Supplément. Rédaction dirigée par REY (A.) & REY-DEBOVE (J.), Paris, Société du Nouveau Littré, 1970.

Thésaurus Larousse. Des idées aux mots, des mots aux idées [sous la direction de PÉCHOIN (D.)], Paris, Larousse, 1992 [1991].

[*TLF*] :
[Sous la direction de IMBS (P.) : vol. 1 à 7, puis de QUEMADA (B.) : vol. 8 à 16], *Trésor de la Langue Française. Dictionnaire de la langue du XIXe et du XXe siècle,* 16 vol., Paris, Klincksieck (vol. 1 à 8) puis Gallimard, 1971-1994.

I.1.2. Dictionnaires, articles, ouvrages du XXe et XXIe siècle, traitant d'un aspect ou d'un thème plus particulier

[Langue familière, populaire, argotique ou régionale ; anglicismes ; néologismes ; expressions, proverbes ; domaines scientifiques, techniques...]

- Langue familière, populaire ou argotique

[*Bernet-Rézeau 1989*] :
BERNET (Ch.) et RÉZEAU (P.), *Dictionnaire du français parlé*, Paris, Le Seuil, 1989.

[*Bernet-Rézeau 1995*] :
[Sous la direction de BERNET (Ch.) et RÉZEAU (P.), Équipe Usages et Marges du français CNRS, INaLF], *Richesses lexicales du français contemporain,* Paris, Klincksieck, 1995.

[*Car-Argot 1977*] :
CARADEC (Fr.), *Dictionnaire du français argotique et populaire,* Paris, Larousse, Les dictionnaires de l'homme du XXe siècle, 1977.

[*Car-Argot 1988*] :
CARADEC (Fr.), *N'ayons pas peur des mots : Dictionnaire du français argotique et populaire,* Le Souffle des mots, Paris, Larousse, 1988.

CASSAGNE (J.-M.)
Le Dictionnaire de l'argot militaire, Paris, Zélie, 1994.

[*Cellard-Rey*] :
CELLARD (J.) et REY (A.), *Dictionnaire du français non conventionnel,* Paris, Hachette, 1991 (1980).

[*Colin-Mével 1990*] :
COLIN (J.-P.), MÉVEL (J.-P.) et [LECLÈRE Cl.], *Dictionnaire de l'argot,* Paris, Larousse, 1990.

[*Doillon*]
DOILLON (A.), *Les Cahiers des Amis du Lexique Français,* Paris (*Les Amis du Lexique Français* comprend plusieurs séries : *Les mots en liberté* (1974-1978) ; *Dictionnaire permanent du Français en liberté* (1974-1988) ; *Lexique dernière* (1975-1976) ; *Dico Plus* (1977→)).

[*ESN 1965*] :
ESNAULT (G.), *Dictionnaire historique des argots français,* Paris, Larousse, 1965.
[*France 1907*] :
FRANCE (H.), *Dictionnaire de la langue verte. Archaïsmes, néologismes, locutions étrangères, patois*, Paris, Librairie du Progrès, 1907.
[*La Rue 1954*]
LA RUE (J.), *Dictionnaire d'argot et des principales locutions populaires,* nouv. éd., Paris, Flammarion, 1954 [1re éd. 1894].
LHERMINA (J.) et LÉVÊQUE (H.)
Dictionnaire thématique du Français Argot, éd. de Paris, 1991.
LIS (M.) et BARBIER (M.)
Dictionnaire du gai parler (4500 expressions traditionnelles et populaires), Paris, éd. Mengès, 1980.
MERLE (P.)
Dictionnaire du français branché [suivi du] *Guide du français tic et tac*, Paris, Le Seuil, Point Virgule, 1986.

RICHARD (J.-M.)
Dictionnaire des expressions paillardes et libertines de la littérature française, Paris, Filipacchi, 1993.
[*Sandry-Carr.*]
SANDRY (G.) et CARRÈRE (M.), *Dictionnaire de l'argot moderne*, Paris, éd. du Dauphin, 6e éd.,1963 [1953, 1re éd.]

- **Régionalismes**

[*Bél. 1957*]
BÉLISLE (L.-A.), *Dictionnaire général de la langue française au Canada*, Québec, Bélisle, 1957.
BOULANGER (J.-Cl.) [Sous la direction de]
Dictionnaire québécois d'aujourd'hui, dict; Le Robert, Paris-Montréal, 1992.
[*Canada 1930*] :
Glossaire du parler français au Canada, Société du parler français au Canada, Québec, 1930.
[*Canadian. 1969*] :
Canadianismes de bon aloi, Québec, 1969.
DEPECKER (L.)
Les mots de la francophonie, Paris, Belin, 1990.
DULON (G.)
Dictionnaire des canadianismes, Septentrion, Montréal, 1999 1989]
LANHER (J.) et LITAIZE (A.)
Dictionnaire du français régional de Lorraine, Paris, Bonneton, 1990.
MARTIN (Fr.)
Le Parler de chez nous en Lorraine, Christmann, Essey-Les-Nancy, 1995.
MENEY (L.)
Dictionnaire québécois-français, Montréal, 1999.

NICOLLIER (A.)
Dictionnaire des mots suisses de la langue française, mille mots inconnus en France usités couramment par les Suisses, Genève, éd. GVA. SA., 1990.
POIRIER (J.-Cl.) [Sous la direction de]
Dictionnaire du français québécois. Monographies lexicographiques de québécismes [par l'équipe du *Trésor de la langue française* au Québec], Presses de l'Université Laval, Sainte-Foy, 1998.
RÉZEAU (P.)
Le Français du Québec à travers la presse écrite, Actes du Colloque de Trèves du 26 au 28 sept. 1985, Tübingen, Niemeyer, 1987.

- **Anglicismes, traduction**

HÉRAIL (R.-J.) et LOWATT (E.- A.)
Dictionnaire français-anglais de l'argot / Dictionary of modern colloquial French, Routledge & Kegan P., London-Boston-Melbourne & Heuley, 1984.
[*HÖFLER Anglic. 1982*] :
HÖFLER (M.), *Dictionnaire des anglicismes,* Paris, Larousse, 1982.
[*Rey-Gagnon Anglic. 1982*] :
REY-DEBOVE (J.) et GAGNON (G.), *Dictionnaire des anglicismes. Les mots anglais et américains en français,* 2e éd., Paris, Le Robert, 1982.

- **Expressions, proverbes**

BOLOGNE (J.-Cl.)
Les allusions bibliques, dictionnaire commenté des expressions d'origine biblique, Paris, Larousse, 1991.
DOURNON (J.-Y.)
Le Dictionnaire des proverbes et des dictons de France, Paris, Hachette,1986.
DUNETON (Cl.)
La Puce à l'oreille. Anthologie des expressions populaires avec leur origine, Paris, Balland, Le Livre de poche, 1990 (Nouv. éd. revue et augmentée). [Stock 1978, Balland 1985]
DUNETON (Cl.) et CLAVAL (S.)
Le bouquet des expressions imagées. Encyclopédie thématique des locutions figurées de la langue française, Paris, éd. du Seuil, 1990.
GERMA (P.)
Dictionnaire des expressions toutes faites (leurs origines, leurs créateurs, leurs usages), Paris, Hermé, Libre Expression, 1986.
GUIRAUD (P.)
Les locutions françaises, Paris, PUF, 1962.
LAFLEUR (B.)
Dictionnaire des expressions, Paris, Bordas, éd. du Renouveau Pédagogique INC, 1984 [1979, Ottawa, Canada, éd. du Renouveau pédagogique INC].

RAT (M.)
Dictionnaire des locutions françaises, Paris, Larousse, 1957.
[*Rey-Chantr. 1993*] :
REY (A.) et CHANTREAU (S.), *Dictionnaire des expressions et locutions,* Paris, Les Usuels du Robert, 1993 [1979].
VIGERIE (P.)
La symphonie animale. Les animaux dans les expressions de la langue française, Le Souffle des mots, Paris, Larousse, 1992.

- **Histoire des mots, datations ; néologismes ; orthographe, etc.**

BLOIS (J.)
« Les néologismes dans l'hebdomadaire *L'Express* », 4e tr. de 1977, n° 1369 à n° 1381 *(Présentation des termes ne figurant pas dans le Pt. Larousse illustré 1978, Lexis, Pt. Rob. 1978),* in *Néologie en marche,* n° 18, 1980).
BOISSY (J.) et HUMBLEY (J.)
Cahier de Termes nouveaux, Paris, éd. du CNRS (CTN. Centre de terminologie et de néologie, Conseil international de la Langue Française), 1990.
BRUNET (S.)
Les mots de la fin du siècle, Paris, Belin, 1996.
[*Colin 1971*] :
COLIN (J.-P.), *Nouveau dictionnaire des difficultés du français,* Paris, Hachette - Tchou, 1971.
[*Cottez 1980*]
COTTEZ (H.), *Dictionnaire des structures du vocabulaire savant. Éléments et modèles de formation,* Paris, Le Robert, les Usuels du Robert, 1980.
[*DDL*] :
[Sous la direction de QUEMADA (B.) puis de RÉZEAU (P.)], *Datations et documents lexicographiques*, Matériaux pour l'histoire du vocabulaire français [2e série, CNRS, INaLF, Paris, Klincksieck, 1970 →...]
DUCHESNE (A.) et LEGUAY (T.)
L'obsolète. Dictionnaire des mots perdus, Le Souffle des mots, Paris, Larousse, 1989 [1988].
La Surprise. Dictionnaire des sens perdus, Le Souffle des mots, Paris, Larousse, 1991.
[*FEW*]
WARTBURG (W. von), *Französisches etymologisches Wörterbuch.* Eine Darstellung des des gallo-romanischen Sprachschatzes. Tübingen, J. C. B. Mohr, puis Basel, Helbing und Lichtenhahn, 1946. 26 vol + rédaction en cours. Réimpression de la 1re éd. 1922 ->...
GAGNIÈRE (Cl.)
Des Mots et Merveilles, Paris, R. Laffont, 1994.
[*Gilb. Mots contemp. 1980*] :
GILBERT (P.), *Dictionnaire des mots contemporains,* Les Usuels du Robert, Paris, 1980.
JOUET (J.)
Les mots du Corps dans les expressions de la langue française, Le Souffle des mots, Paris, Larousse, 1990.

MERLE (G.), PERRET (R.), VINCE (J.), JUILLARD (C.)
Les mots nouveaux apparus depuis 1985, La Vie des mots, Paris, P. Belfond, 1989. [Contenu identique à celui de *Néologie Lexicale,* 2, 1987]
[*MNC*] *:*
[Sous la direction de QUEMADA (B.)], *Mots nouveaux contemporains. Matériaux pour l'histoire du vocabulaire français,* CNRS, INaLF, Paris, Klincksieck, 1993-1995.
[*Mots rares 1965*]
Dictionnaire français-français des mots rares et précieux, Paris, Seghers, 1965.
[*Nouv. dict. étymol. Lar.*]
Nouveau Dictionnaire étymologique Larousse, 1953.
[*Rey-Hist. 1992*] :
REY (A.), *Dictionnaire historique de la langue française,* Paris, Le Robert, 1992.
[*Rheims 1969*] :
RHEIMS (M.), *Dictionnaire des mots sauvages* (écrivains des XIXe et XXe siècles), Paris, Larousse, 1969.

- Vocabulaires particuliers, domaines scientifiques, techniques, etc.

[*Bader - Th. 1962*] :
BADER (O.), THÉRET (M.), *Dictionnaire de métallurgie,* 2e éd., Paris, Eyrolles, 1962.
BARIAND (J.-P.) et POIROT (P.)
Larousse des pierres précieuses - fines, ornementales, organiques, Paris, Larousse, 1985.
BRENOT (Ph.)
Les mots du corps. Dictionnaire des clins d'œil populaires, Paris, Le Hameau, 1987.
CHATELAIN-COURTOIS (M.)
Les mots du vin et de l'ivresse, Le Français retrouvé, Paris, Belin, 1984.
COLIN (J.-P.)
Trésor des mots exotiques, Le Français retrouvé, Paris, Belin, 1986.
Les derniers mots, Paris, Belfond, 1992.
COURTOIS (M.)
Les mots de la mort, Le Français retrouvé, Paris, Belin, 1991.
[*Duval 1959*] :
Dictionnaire de la chimie et de ses applications, 2e éd., revue et augmentée, Paris, Presses Sc. Internat., 1959.
GALISSON (R.) et ANDRÉ (J.-Cl.)
Dictionnaire des noms de marques courants. Essai de lexiculture ordinaire, Paris, Didier Érudition, 1998.
GUILLEMARD (C.)
Les mots d'origine gourmande, Le Français retrouvé, Paris, Belin, 1986.
Les mots du costume, Le Français retrouvé, Paris, Belin, 1991.
[*Lar. comm. 1930*] :
CLÉMENTIE (E.) [TORO M. (de)], *Larousse commercial illustré,* Paris, Larousse, 1930.

[*Lar. mén. 1926*] :
[Sous la direction de CHANCRIN (E.)], *Larousse ménager illustré,* Paris, Larousse, 1926.
[*Lasnet 1970*]
LASNET DE LANTY (H.), *Dictionnaire de la cuisine,* Paris, Larousse, Les dictionnaires de l'homme du 20e siècle, 1970.
[*Mont. 1967*] :
MONTAGNÉ (P.), *Nouveau Larousse Gastronomique,* Paris, Larousse, 1967, éd. revue et corrigée par COURTINE R.J., 1967 [1re éd. 1952].
[*Sc.*] :
Dictionnaire illustré des sciences, Paris, Seghers, 1962.
TRIQUET (R.)
Dictionnaire des termes canins, Robert Thienlot éd., 1990.

- Symbolisme

[*Bible 1912*] :
VIGOUROUX (F.), *Dictionnaire de la Bible,* 2e éd., Paris, Detouzey & Ané, 1912 [1re éd. 1891].
[*Dict. des Symb. 1982*] :
CHEVALIER (J.) et GHEERBRANT (A.), *Dictionnaire des Symboles,* Paris, R. Laffont & éd. Jupiter, éd. revue et corrigée [1969, Paris, R. Laffont & éd. Jupiter ; 1974, Paris, Seghers].
[*Oester.- Mol. 1992*] :
OESTERREICHER-MOLLWO (M.), *Dictionnaire des symboles* [trad. et mis à jour par BROZE (M.) et TALM (P.)], Brepols, 1992 [éd. originale Lexikon Symbole, Verlag Herder, 1990].

I.2. DICTIONNAIRES, ARTICLES, OUVRAGES (PARFOIS SPÉCIALISÉS) PLUS PARTICULIÈREMENT AXÉS SUR LE VOCABULAIRE OU LE THÈME DE LA COULEUR

Il s'agit là d'une liste non exhaustive. Le thème de la couleur étant un champ d'investigation multiple, pluridisciplinaire, une classification thématique, par discipline, n'a pu être établie, un article, un ouvrage pouvant faire appel à plusieurs de celles-ci : physique, physiologie de la vision, chimie des matières colorantes, colorimétrie, art, histoire, ethnologie, anthropologie, philosophie, linguistique, symbolique...

De nombreuses références entrent dans le courant de recherches inspirées de la thèse de BERLIN et KAY (1969 : *Basic Color Terms. Their Universality and Evolution*). On trouvera, notamment, dans la bibliographie, le plus souvent dans le cadre des recherches sur l'universalité et l'évolution des termes de couleur de base, mention de certaines études sur le vocabulaire chromatique dans d'autres langues et cultures. Bien que le *Dictionnaire des mots et expressions de couleur. XXe et XXIe siècle* ne puisse toujours prendre en compte, au cœur des articles, ces multiples travaux de recherches, aux conclusions parfois contradictoires, la mention de ceux-ci, toujours d'actualité, m'a semblée indispensable pour guider le lecteur dans les recherches complémentaires qu'il souhaiterait peut-être entreprendre.

I.2.1. Dictionnaires du XXe et XXIe siècle, ouvrages spécialisés, techniques

[*Bég. Peinture*] :
BÉGUIN (A.), *Dictionnaire technique de la Peinture,* 6 vol., Béguin éd., 1978-1984.
DUROZOI (G.)
Dictionnaire de l'art moderne et contemporain, Hazan, 1992.

[*Furetière-Wajsbrot 1997*]
FURETIÈRE, *Les Couleurs*, articles choisis et présentés par C. WAJSBROT, Cadeilhan, Zulma, 1997.
[*Guillemard-Dico couleur 1998*]
GUILLEMARD (C.), *Le Dico des mots de la couleur*, Paris, éd. du Seuil, Les dicos de Point Virgule, 1998.
[*Janneau 1980*] :
JANNEAU (G.), *Dictionnaire des termes d'art,* éd. Garnier Frères, 1980.
[*Lar. des grands peintres*] :
LACLOTTE (M.) [Sous la direction de], *Le Larousse des grands peintres,* Paris, Larousse, 1976.
[*Les Muses*] :
[Collectif] *Les Muses, Encyclopédie des Arts*, 15 vol., La Grange Batelière, Paris, Istituto géografico de agostini, Novare, 1969-1974.
MOLLARD-DESFOUR (A.)
1998 - *Dictionnaire des mots et expressions de couleur du XXe siècle. Le Bleu*, Paris, CNRS Éditions, coll. Dictionnaires.
2000 - *Dictionnaire des mots et expressions de couleur du XXe siècle. Le Rouge,* Paris, CNRS Éditions, coll. Dictionnaires.
2002 - *Dictionnaire des mots et expressions de couleur du XXe siècle. Le Rose,* Paris, CNRS Éditions, coll. Dictionnaires.
MAILLARD (R.) [Sous la direction de]
Dictionnaire universel de la Peinture, SNL, Paris, Le Robert, 6 vol., 1975.
[*The Pantone® Book of Color*]
EISEMAN (L.) et HERBERT (L.), *The Pantone® Book of Color,* New York, éd. Harry N. Abrams Inc., 1990. [Répertoire dénominatif multilingue d'origine américaine et collection d'échantillons ; termes traduits littéralement en diverses langues, dont le français]
[*Pastoureau-Dict. des couleurs 1992*]
PASTOUREAU (M.), *Dictionnaire des couleurs de notre temps. Symbolique et société,* Paris, Bonnetton, 1992 [Réédité en 1999, et en 2003, sous le titre *Les Couleurs de notre temps*].
KORNERUP (A.) et WANSCHER (J.-H.)
Petit lexique des couleurs - 1440 nuances et 600 noms de couleurs -. Trad. franç. 1973, éd. Musterschmidt-Verlag-Zurich-Göttingen. [1961, KORNERUP (A.) et WANSCHER (J. H.), Politikens Forlag, Copenhague].

I.2.2. Articles, ouvrages, revues (ayant pour thème la couleur), sites

ACHARD (P.)
1978 - « Des mots et des couleurs en français. Promenade linguistique entre le proverbe et le plan du métro », in TORNAY 1978, pp. 139-166.

AGULHON (M.)

1990 - « Les couleurs dans la politique française », in *Ethnologie française*, XX, 4, *Paradoxes de la couleur*, pp. 391-398.

ALLOTT (R. M.)

1974 - « Some Apparent Uniformities between Linguages in Colour-Naming », in *Language and Speech,* 17, pp. 377-403.

ANDRÉ (J.)

1949 - *Étude sur les termes de couleur dans la langue latine,* Paris, Klincksieck.

1957 - « Sources et évolution du vocabulaire des couleurs en latin », in MEYERSON 1957, pp. 327-338.

ARCAINI (E.)

1993 - « Universaux chromatiques et relativisme culturel. Analyse contrastive : domaines français et italien », in *Studia Romanica Posnaniensia,* XVII, pp. 7-56.

(Art absolument) - Les cahiers de l'art d'hier et d'aujourd'hui, «Sur la couleur...» [Forum sur la couleur, sa nomination, ses rapports à la peinture, juin 2003, pp. 40-52.

AUMONT (J.)

1994 - *Introduction à la couleur : des discours aux images,* Cinéma et Audiovisuel, Paris, Armand Colin.

BATTIG (W.) et MONTAGUE (W.)

1969 - « Category Norms for verbal items in 56 categories : a Replication and Extension of the Connecticut Category Norms », in *Journal of Experimental Psychology,* Monograph 80, 3, 2.

BENNETT (T. J. A.)

1981 - « Translating Colour Collocations », in *Meta,* 26, pp. 272-280.

1988 - *Aspects of English colour collocations and idioms,* Carl Winter, Heidelberg.

1994 - « Colour Collocations in prospectuses and advertising material », in *Terminologie & Traduction,* 2, pp. 123-132.

BERLIN (Br.)

1970 - « A Universalist Evolutionary Approach in Ethnographic Semantics », Current Directions in Anthropology, éd. FISHER (A.), in *Bulletins of the American Anthropologycal Association,* 3. 3. 2, Washington.

[*Berlin & Berlin 1975*] :

BERLIN (Br.) et BERLIN (E. A.), « Aguaruna color categories », in *American Ethnologist,* 2, pp. 61-87.

[*Berlin-Kay 1969*] :

BERLIN (Br.) et KAY (P.), *Basic Color Terms. Their Universality and Evolution,* Berkeley-Los Angeles, University of California Press.

BETTELHEIM (B.)

1976 - *Psychanalyse des contes de fées,* Paris, éd. R. Laffont.

BIDU-VRANCEANU (A.)

1970 - « Esquisse de Système lexico-sémantique : les noms de couleur dans la langue roumaine contemporaine », in *Revue Roumaine de Linguistique,* XV, pp. 129-140, 141-156, 267-278.

1973 - « L'Expression de l'appréciation chromatique dans le style scientifique du roumain littéraire », in *Revue Roumaine de Linguistique,* XVIII, pp.19-133.

1976 - *Systématique des noms de couleurs. Recherche de méthode en sémantique structurale,* Bucarest, éd. Academiei Republicii Socialiste Romània.

BLEYS (O.)
2000 - *Pastel,* Paris, Le Seuil.
BLOEMEN (J.) et TASMOWSKI (L.)
1982-1983 - « Les Noms de couleur en français : catégories et focus », in *Linguistica Antverpiensia,* XVI-XVII, pp. 221-241.
BOIS DES LAURIERS (H. du)
1992 - « Secondaire ou fondamental ? Du statut indécis de certains termes de couleur en français », in *Meta,* 37, 2, pp. 331-341.
BOLL (M.) et DOURGNON (J.)
1948 - *Le secret des couleurs,* Paris, PUF.
BONNIER (A.)
1980 - « En guise d'avertissement, petites réflexions et citations sur la couleur », in *Information Couleur,* 11, 4e tr., pp. 9-13.
BORNSTEIN (M. H.)
1973 - « Color Vision and Color Naming : a Psycho-Physiological Hypothesis of Cultural Difference », in *Psychological Bulletin,* 80, pp. 257-285.
1975 - « The Influence of Visual Perception on Culture », in *American Anthropologist,* LXXVII, pp. 774-798.
BOULOGNE (D.) et JACOB (H.)
1985 - *Les Raisons de la couleur (dans les espaces de vie et de travail),* Paris, éd. Alternatives, 1985.
BOURGUIGNON (J.)
1981 - Compte rendu de KRISTOL (A. M.), *Color. Les Langues romanes devant le phénomène de la couleur,* in *Revue de Linguistique romane,* 45, pp. 237-241.
BOUVEROT (D.)
1981 - « Le Vocabulaire de la mode », in *Histoire de la Langue Française, 1880-1914,* vol. 24 [Sous la direction de ANTOINE (G.) et MARTIN (R.)], Paris, éd. CNRS, 1985, pp. 193-206.
BROWN (W. P.)
1972 - « Studies in Word listing : "Some Norms and their Reliability" », in *The Irish Journal of psychology,* 1, 3, pp. 117-159.
1978 - « Across national Comparaison of English-Language Category Norms », in *Language and speech,* 21, pp. 50-68.
BRUSATIN (M.)
1986 - *Histoire des Couleurs,* Paris, Flammarion [trad. de l'italien : *Storia dei colori,* Giulio Einaudi editores, p. a., Turin, 1983].
BURNHAM (R. W.), HANES (R. M.) et BARTLESON (J. C.)
1963 - *Color : A guide to Basic Facts and Concepts,* New York-Wiley.

BUSSUTIL-CÉSAR (St.)
2000 - *Red,* Paris, éd. Assouline.
CARDON (D.)
1978 - *Pratique de la teinture végétale,* Paris, Fleurus.
1990 - *Guide des Teintures naturelles. Plantes, lichens, champignons, mollusques et insectes,* Neuchâtel-Paris, Delachaux & Niestlé.
1994 - « Sensibilité aux couleurs des teinturiers d'autrefois. Manifestations, implications techniques et scientifiques », *in* PASTOUREAU 1994, pp. 17-26.

CASSIRER (E.)

1933 - « Le Langage et la Construction du monde des objets », in *Journal de Psychologie Normale et Psychologique,* 30, pp. 18-44.

CENCIG (E.)

1990 - « United Colours : Colour Terms in Contempory Fashion », in *Fachsprache,* 12, pp. 3-4.

CENTRE FRANCAIS DE LA COULEUR, site www.cf-couleur.org/

CHAMBARET (J.-P.)

1984 - «La lumière dans tous ses états», in *La couleur,* Paris, éd. Centre expérimental du Spectacle. Art-Science.

CHEVREUL (E.)

1839 - *De la loi du contraste simultané des couleurs,* Paris, Pitois-Levrault.

1861 - *Exposé d'un moyen de définir et nommer les couleurs (d'après une méthode précise et expérimentale, avec l'application de ce moyen à la définition et à la dénomination des couleurs d'un grand nombre de corps naturels et artificiels)*, Paris, Firmin-Didot, Mémoires de l'Institut de France, Académie des sciences.

CHROMA, site Internet *http://www.pourpre.com/chroma.*

CNRS INFO - Lettre d'information destinée aux médias :

Sept. 1998 - «Une couleur dans tous ses états. Le dictionnaire du bleu», n°363.

Mai-juin 2000- «Voyage au cœur du rouge», CNRS-INFO, n°384,.

Mars 2001- Dossier Science et Couleurs». V. notamment «Les mots de la couleur. De la science et la technique au symbolique et à la poésie», n° 391.

COLLIER (G. A.)

1973 - [Rezension zu Berlin-Kay 1969], in *Language,* 49, 1973, pp. 245-248.

COLLIER (G. A.) et alii.

1976 - « Further Evidence for Universal Color Categories », in *Language,* 52, 4, pp. 884-890.

CONKLIN (H. C.)

1955 - « Hanunóo Color Categories », in *Southwestern Journal of Anthropology,* XI, 4, pp. 339-344.

1973 - « Color Categorization » *(Review article of Berlin & Kay, Basic Color Terms, 1969),* in *American Anthropologist,* LXXV, 4, pp. 931-942.

CONTAMINE (Ph.)

1983 - « Le drapeau rouge des rois de France », in *L'Histoire,* 61, nov., pp. 54-63.

CORBET(G.) et MORGAN (G.)

1988 - « Colour terms in Russian : reflections of typological contraints in a single language », in *Journal of Linguistics,* 24, pp. 31-64.

CORNSSWETT (T. W.)

1970 - *Visual Perception,* New York, Academic Press.

COSERIU (E.)

1964 - « Pour une sémantique diachronique structurale », in *Travaux de Linguistique et de Littérature,* II, 1, pp. 139-186.

CRAWFORD (T. D.)

1982 - « Defining "Basic Color Terms" », in *Anthropological Linguistics,* 24, 3, pp. 338-343.

CRESSOT (M.)

1930 - « De l'expression littéraire des sensations colorées », in *Revue de Philologie Française,* Paris, éd. Champion, 42, pp. 49-59.

CRUSE (D. A.)

1986 - *Lexical Semantics,* Cambridge University Press.

CULIOLI (M. A. L.)
1966 - « Les Noms de couleur en corse du sarthenais (résumé d'un exposé) », in *Bulletin de la Société de Linguistique de Paris,* LV, pp. 7-9.
DELAMARE (Fr.) et GUINEAU (B?),
1999 - *Les Matériaux de la couleur*, Paris, Gallimard, coll. Découvertes.
DÉRIBÉRÉ (M.)
1968 - [1955] *La Couleur dans les activités humaines,* Paris, Dunod, 3e éd.
1969 - *La Couleur dans la publicité et dans la vente,* Paris, Dunod.
1975 - [1964] *La Couleur,* Que sais-je ?, n° 220, Paris, PUF.
Dictions du prisme. Les couleurs : désignations et valeurs, Littérature Orale Arabo-Berbère, dialectologie, ethnologie, collectif, éd. EHESS/ CNRS, 16-17, 1985-1986.
DIONNE (H.) [Dir.]
Infiniment bleu, Montréal, éd. Fides, coll. images de sociétés, 2003.
DOUGHERTY (J. W. D.)
1975 - *A Universal analysis of Variation and Change in Color Semantics,* thèse, University of California, Berkeley.
1978 - « On the Signifiance of a Sequence in the Acquisition of Basic Colour Terms », in CAMPBELL (R.) & SMITH (P.), *Recent Advances in the Psychology of Language,* New York, London.
DURBIN (M.)
1972 - « Basic Terms - Off color ? », in *Semiotica,* 6, 3, pp. 257-278.
ELLIS (H.)
1900 - « The Psychology of Red », in *Popular Science Monthly,* 57, pp. 365-375, 517-526.
EMBER (M.)
1978 - « Size of Color Lexicon : Interaction of Cultural and Biological Factors », in *American Anthropologist,* 80, 2, 1978, pp. 364-367.
Ethnologie Française, 20, 1990, 4, *Paradoxes de la couleur,* [Coordinatrices Jaoul (M.) / Pouchelle (M.-Chr.). Revue publiée par le *Centre d'Ethnologie Française*, Armand Colin.
EVANS (R. M.)
1948 - *Introduction to Color,* New York, Wiley.
FAGOT (Ph.)
1993 a) - « Évolution récente des termes et concepts de couleur dans les lexiques scientifiques et dans les lexiques communs », in *Sémantique lexicale,* 2, CNRS, Didier Érudition, pp. 123-135.
1993 b) - « La Couleur, vecteur de métamorphose », in *Couleurs et Élan vital, Hymne à l'Élan vital,* 3 fasc., Boots Pharme, pp. 20-22.
FAGOT (Ph.) et MOLLARD-DESFOUR (A.)
1993 - « Couleurs contemporaines et société. Observation des lexiques chromatiques dans des situations de commercialisation : le cas des catalogues de vente par correspondance », in *Le Langage et l'Homme,* XXVIII, 4, spécial socioterminologie, pp. 273-287.
FER (E.)
1958 - [1953] *Solfège de la couleur* (préf. Y. Legrand), Paris, Dunod, 1958.
FILLIOZAT (J.)
1957 - « Classement des couleurs et des lumières en sanskrit », in MEYERSON 1957, pp. 296-303.
FORBES (I.)
1976 - *Structural Semantics with particular Reference to the Colour Vocabulary of Modern Standard French,* thèse, University of Edimburgh.

1979 - « The Terms *brun* and *marron* in Modern Standard French », in *Journal of Linguistics,* 15, 2, pp. 295-305.

1986 - « Variation and Change in the Basic Colour Vocabulary of French », in *Sigma,* 10, pp. 81-103.

GALISSON (R.)

1987 - « Accéder à la culture partagée par l'entremise des mots à CCP », in *Études de Linguistique appliquée,* n° 67, juillet-sept., pp. 119-140.

GARMADI LE CLOIREC (J.)

1976 - « La Dénomination des couleurs en arabe tunisien et en français. Essai d'étude contrastive », in *La Linguistique,* 12, 2, pp. 55-86.

GEFFROY (A.)

1988 - « Étude en rouge. 1789-1798 », in *Cahiers de Lexicologie*, 51, pp. 119-148.

GEOFFROY (J.)

1875 - « De la connaissance et de la dénomination des couleurs dans l'Antiquité », in *Mémoires de la Société d'Anthropologie,* t. 2, 2e série, Paris, Librairie Masson, pp. 281-313.

GERNET (J.)

1957 - « L'Expression de la couleur en chinois », *in* MEYERSON 1957, pp. 295-302.

GERNET (L.)

1957 - « Dénomination et perception des couleurs chez les Grecs », *in* MEYERSON 1957, pp. 313-326.

GIAUQUE (G.)

1957 - « Toward a history of old French vair », in *Semasia*, 4, 1977, pp. 25-33.

GOETHE (J.W.)

1973 - [1810 : *Zur Farbenlehre*] *Le Traité des Couleurs,* 3e éd. [traduction Bideau (H.), Paris, Triades.

GOSSIP (C. J.)

1987 - « Molière et les Couleurs », in *Studi Francesi,* rivista quadrimestrale fondata da Franco Simone, 31, 1, pp. 70-77.

GROSS (G.)

1986 - « Sur un emploi particulier de certains adjectifs de couleur », in *Studia Romanica posnaniensia*, 12, Poznan, pp. 3-9.

GROSSMANN (M.)

1977 - « Semantica Strutturale diacronica. Il campo lessicale dei termini di colore in catalano », in *XIV Congresso Internazionale di Linguistica e Filologia Romanza*, Napoli, 15-20 April 1974, Atti, Napoli, Amsterdam, pp. 489-513.

1994 - « Colori e lessico », in *Terminologie & Traduction,* 2, pp. 203-233.

GROSSMANN (M.) et MAZZONI (B.)

1972 a) - « Analiza semanticâ a termenilor de culoare in italiana standard », in *Studii si cercetari linguistic,* XIII, pp. 271-285.

1972 b) - « Motivato/v/immotivato. Tipi di denominazione dei termini di colore in italiano », in *Festschrift Wilhelm Giese,* Hamburg, pp. 65-69.

GRUNT (L.-O.)

1972 - « Études sur l'adjectif invarié en français », in *Études Romanes,* 2. (en partic. pp. 249-259).

HABER (R. N.) et HERSHENSON (M.)

1973 - *The Psychology of Visual Perception,* New York, Holt, Rinehart and Winston.

HAGE (P.) et HAWKES (K.)
1976 - « Binumerian Color categories », in *Ethnology,* 14, pp. 287-300.
HAGÈGE (Cl.)
1978 - [Compte rendu de LYONS 1977], in *Bulletin de la Société de Linguistique de Paris,* 73, pp. 91-95.
HANG (B.)
1994 a) - « Warum es unterschiedliche Farbterminologien in den einzelnen Sprachen gibt - Überblick über die verschiedenen Erklärungsversuche », in *Terminologie & Traduction,* 2, pp. 9-28.
1994 b) - « Phraseologismen mit Farbwörtern im Französischen und Deutschen », in *Terminologie & Traduction,* 2, pp. 69-122.
HAYS (D. G.) et alii.
1972 - « Color Term Salience », in *American Anthropologist,* 74, 5, pp. 1107-1121.
HEINERMANN (T.)
1947 - « Die grünen Augen », in *Romanische Forschungen,* 58-59, pp. 18-40.
HEISIEG (K.)
1980 - « "Blaues Blut" : Adel ? Ein semanticher Versuch », in *Muttersprache,* 90, pp. 181-184.
HELLER (E.)
1989 - *Wie Farben wirken,* Hambourg, Reinbeck B.
HICKERSON (N. P.)
1971 - [Compte rendu de *Berlin-Kay 1969*], in *International Journal of America Linguistics,* vol. 37, 4, pp. 257-270.
HOEPFFNER (E.)
1923 - « *Pers* en ancien français », in *Romania,* 49, pp. 592-597.
HURVITCH (L. M.) et JAMESON (D.)
1957 - « An oppenent-process Theory of Color Vision », in *The Journal of the Psychological Review,* 64, 4, pp. 384-404.
HUYGHE (R.)
1955 - *Dialogue avec le visible,* Paris, Flammarion.
PARRA (Fr.)], Paris, 4 n^{os} par an, 1977-1990.
INDERGAND (M.)
1984 - *Bibliographie de la couleur*, Paris, éd. Société des amis de la Bibliothèque Forney.
1988 - «Des teintes et des couleurs», Paris, Musée des Arts et Traditions Populaires, avant-propos de l'exposition *Des teintes et des couleurs.*
1989 - «Couleurs : les mots pour les dire», in *Design et Packaging*, Paris.
1991 a) - «Le noir, le chic absolu», in *Couleurs et lumières*, n°3, Paris, éd. Chanel.
1991 b) - «Suivi stratégique de l'image-couleur des produits», Paris, Institut Français de l'Emballage et du Conditionnement, IFEC.
1993 - «Couleur, matière, substance, interprétation», in *La peau dans tous les sens du derme*, pp. 183-200, Actes du colloque organisé par Ruth Scheps à Millau, les 17, 18 avril 1993.
1994 - « De l'expérience matérielle à l'expérience immatérielle de la couleur. Manière d'agir, manière de penser, évolutions et ruptures », *in* PASTOUREAU 1994, pp. 7-17.
INFORMATIONS COULEUR, revue du *Centre Français de la Couleur* (*CFC*), [Directeur de la publication PARRA (Fr.)], Paris, 4 n° par an, 1977-1990.
ITTEN (J.)
1986 - *Art de la couleur,* Paris, Dessain et Tolra [éd. abrégée].

JACOBS (W.) et JACOBS (V.)
1958 - « The color blue : its use as metaphor and symbol », in *American Speech*, 33, 1, pp. 29-46.
JAOUL (M.) *et alii.*
1988 - *Des teintes et des couleurs,* Paris, éd. de la Réunion des Musées nationaux.
JACQUEMIN (Fr.)
2000 - *Histoire du bleu,* Paris, éd. Noesis, 2000.
JARMAN (D.)
2003 - [Chroma. A book of colors. June '93, Londres, Century, 1994] ; *Chroma. Un livre de couleurs* [Tr. MELLET J.-B.] , éd. de l'Éclat.
JODIN (A.)
1903 - *Étude comparative sur les noms de couleur,* Paris, A. Chevallier-Marescq.
JUDD (D. B.)
1951 - « Basic correlates of the Visual Stimulus », in *Handbook of Experimental Psychology,* New-York, Wiley, pp. 811-867.
KANDINSKY (W.)
1954- *Du Spirituel dans l'art et dans la peinture en particulier*, Paris, éd. de Beaune.
KAY (P.)
1971 - « Taxonomy and Semantic Contrast », in *Language,* 47, pp. 866-887.
[*Kay 1975*]
1975 - « Synchronic Variability and Diachronic Change in Basic Color Terms », in *Language in Society,* 4, pp. 257-270.
KAY (P.), BERLIN (Br.) et MERRIFIELD (W.)
1991 - « Biocultural implications of systems of color naming », in *Journal of Linguistic Anthropology*, 1, pp. 12-25.
KAY (P.) et KEMPTON (W.)
1986 - « What is the Sapir-Whorf Hypothesis ? », in *American Anthropologist,* 1, pp. 65-79.
KAY (P.) et Mc DANIEL (Ch.)
1978 - « The Linguistic Signifiance of the Meanings of Basic Color Terms », in *Language,* 54, 3, pp. 610-646.
KIKUCHI (A.) et LICHTENBERK (Fr.)
1983 - « Semantic extension in the colour lexicon », in *Studies in Language,* 7, pp. 25-64.
KINNEY (M.)
1919 - « *Vair* and Related Words : A Study in Semantics », in *Romanic Review,* 10, pp. 322-363.
KRISTOL (A. M.)
[*Kristol-Color 1978*] :
COLOR. Les langues romanes devant le phénomène de la couleur, Romanica Helvetica, 88, Francke Berne, Berne.
1979 - « Il colore azzuro nei dialetti italiani », in *Vox Romanica,* 38, pp. 85-99.
1980 - « Color Systems in Southern Italy : A Case of Regression », in *Language,* 56, 1, pp. 137-145.
1994 - « Un champ sémantique en mutation constante : l'expression de la couleur dans les langues romanes », in *Terminologie & Traduction,* 2, pp. 29-52.
LACROIX (J.-Cl.)
1978 - *Notes sur l'emploi des termes de couleur en français, in* TORNAY 1978, pp. 181-206.
LAURIAN (J.-M.)
1983 - « Über die grüne Grenze ou la longue marche des lexies colorées », in *Contrastes,* 7, pp. 79-95.

LECERF (G.)

2003 - «Jardins exotiques, ombres colorées du monde», *Seppia*, 1, pp. 51-61.

LEDUC-ADINE (J.-P.)

1979 - « Rhétorique et néologie : à propos d'un adjectif de couleur », in *Néologie et Lexicologie,* hommage à Louis Guilbert, n° 5, Paris, Larousse, pp. 148-166.

1980 - « Polysémie des adjectifs de couleur », in *Cahiers de Lexicologie,* 37, 2, pp. 67-90.

LENCLOS (J.-P.) et LENCLOS (D.)

Les Couleurs de la France, Maisons et paysages, Paris, éd. Le Moniteur, 1990 [1982].

Les Couleurs de l'Europe : géographie de la couleur, Paris, Le Moniteur, 1995.

LENNEBERG (E. H.) et ROBERTS (J. M.)

1956 - « The Language of Experience : a Study in Methodology », Indiana University Publications, in *Anthropology and Linguistics, Memoir,* 13, *Supplement to International Journal of American Linguistics,* 22, 2.

LE RIDER (J.)

1997 - *Les Couleurs et les mots*, Paris, PUF, Perspectives critiques, .

LÉVI-STRAUSS (C.)

1966 - [1958] *Anthropologie Structurale,* I, Paris, Plon. [Voir en particulier V.]

LÖFFLER-LAURIAN (A.-M.)

1983 - « Fonctionnement des lexies complexes : Cas des lexies contenant des noms de couleur en finnois et en français », in *Contrastes,* 6, pp. 51-68.

1994 - « Des langues et des couleurs : un lieu de rencontre des sciences et de la culture », in *Terminologie & Traduction,* 2, pp. 165-176.

LYONS (J.)

1970 - *Linguistique générale,* Paris, Larousse.

1977 - *Semantics,* Cambridge, London, New York, Melbourne.

MAGNUS (H.)

1878 - [1877 : « Die Entwickelung des Farbensinnes », Jena]. *Histoire de l'évolution du sens des couleurs* [Trad. Soury (J.)], Paris, Reinwald.

MALMBERG (B.)

1944 - « Ancien français *blou, bloi, pou, poi* et questions connexes », in *Romanische Forschungen,* LVIII, pp. 8-17.

1966 - *Les Nouvelles tendances de la linguistique,* Paris, PUF.

MARCU (R.)

1965 - « Note privind vocabularul cromatic în limbile francesâ si românâ », in *Analele Universitâtii Bucuresti, Seria Stiinte Sociale,* Filologie, 14, pp. 283-304.

MARTIN (L.)

1986 - « Eskins words for Snow : a Case Study in the genesis and decay of Anthropological Example », in *American Anthropologist,* 88, pp. 418-423.

MARTIN (R.)

1976 - *Inférence, antonymie et paraphrase. Éléments pour une théorie sémantique,* Paris, Klincksieck.

1978 - *La définition verbale*, Univ. Metz (Analyse syntaxique, p. 18).

MATORÉ (G.)

1958 - « À propos du vocabulaire des couleurs », in *Annales de l'Université de Paris*, XXVIII, 2, pp. 137-150.

MAZZONI (B.) et GROSSMANN (M.)

1976 - « Analisi semantico-strutturale dei termini di colore in italiano », in *Actes du XIIIe Congrès International de Linguistique et Philologie Romanes tenu à l'Université Laval (Québec, Canada) du 29 août au 4 septembre 1971,* Québec, I, pp. 869-890.

Mc NEILL (N. B.)

1972 - « Color and Color Terminology », in *Journal of Linguistics,* VIII, 1, pp. 21-34.

MEILLET (A.)

1912 - *Introduction à l'étude des langues européennes,* Paris, Hachette.

MERLEAU-PONTY (M.)

1945 - *Phénoménologie de la perception*, Paris, Gallimard.

MERRIFIELD (W. R.)

1971 - [Compte rendu de *Berlin-Kay 1969*], in *Journal of Linguistica,* 7, 2, pp. 259-268.

MERVIS (C.) et ROTH (E. M.)

1981 - « The Internal Structure of Basic and Non-Basic Color Categories », in *Language,* 57, pp. 384-405.

MÉTAIS (P.)

1957 - « Vocabulaire et symbolisme des couleurs en Nouvelle-Calédonie », *in* MEYERSON 1957, pp. 349-356.

MEUNIER (A.)

1975 - « Quelques remarques sur les adjectifs de couleur », in *Grammatica,* 11, 4, Annales de l'Univ. de Toulouse-Le Mirail, pp. 37-62.

1978 - « La Couleur et ses termes en français », *in* TORNAY 1978, pp. 167-181.

MEYERSON (I.)

1957 - *Problèmes de la couleur. Exposés et discussions du Colloque du Centre de recherches de psychologie comparative*, tenu à Paris les 18, 19 et 20 mai 1954, réunis et présentés par Meyerson (I.), Paris, E.H.E.S.S.

MICHAELS (D.)

1977 - « Linguistic Relativity and Colour Terminology », in *Language and Speech,* 20, 4, pp. 333-343.

MILLS (C.)

1976 - « Stylistic Applications of Ethnosemantics. Basic Color Terms in Brunanburth and Maldon », in *Language and Style,* 9, 3, pp. 164-170.

MOLLARD-DESFOUR (A.)

1990 - « Problèmes rencontrés dans le traitement lexicographique des termes de couleur (valeur descriptive) », in *Dictionnairique et lexicographie, Autour d'un dictionnaire : « Le Trésor de la Langue Française », témoignages d'atelier et voies nouvelles,* I, Didier Érudition, pp. 69-101.

1993 - «Couleurs contemporaines et société. Observation des lexiques chromatiques dans des situations de commercialisation:le cas des catalogues de vente par correspondance», in *Le Langage et l'Homme,* XXVIII, 4, spécial socioterminologie, pp. 273-287. [En collaboration avec Ph. FAGOT]

2001 a) - «Noir-Caméléon ou comment le noir nous en fait voir de toutes les couleurs.» in *Ultranoir. Les Aveux d'une couleur* - Catalogue d'exposition, Printemps-Haussmans, octobre 2001, pp. 6-7.

2001 b) - «Les couleurs du luxe», in *La Lettre,* 8, journal du *Comité Français de la couleur,* mars 2001, pp. 1-6.

2002.- «Les couleurs de Hugo. Soleil noir d'où rayonne le nuit», in *Nuit du Patrimoine* - Catalogue d'exposition, Service culturel de Nancy, sept. 2002, pp. 18-19.

2003 a) - «Codes couleur et marques de luxe», *Les Cahiers de la Recherche. Luxe-Mode-Art* [Responsable D. Allérès, Université Paris III - Sorbonne Nouvelle], 1, juillet 2003, pp. 21-26 ; et *Les Cahiers de la Recherche. Luxe-Mode-Art,* 2, nov. 2003, pp. 17-29. (V. aussi *http://www.luxe-mode-art.com*),

2003 b) - «Langage des fards en Égypte antique», *Sagascience. Dossier Chimie et Beauté*, rubrique *couleurs,* site du CNRS.

2003 c) - «Codes couleur et lexicologie des fards contemporains». *Sagascience. Dossier Chimie et Beauté*, rubrique *couleurs,* site du CNRS.

2004 a) - «Mots de couleur : sensations, synesthésies, plaisirs...», *Seppia,* 2, janv. 2004.

2004 b) - Les couleurs dans le vêtement et la mode : des codes et un lexique révélateur».

À paraître dans *Les Cahiers de la Recherche. Luxe-Mode-Art* [Responsable D. Allérès, Université Paris III - Sorbonne Nouvelle], n°3. [Article correspondant à communications faites au colloque *«La mode - Ses Significations et sa Représentation Sociale et Symbolique»,* Senat, mercredi 24 sept. 2003.

V. aussi, en collaboration avec CNRS INFO - Lettre d'information destinée aux médias :

- «Une couleur dans tous ses états. Le dictionnaire du bleu» CNRS-INFO, n°363, 15 sept. 1998.
- «Voyage au cœur du rouge», CNRS-INFO, n°384, mai-juin 2000.
- Dossier Science et Couleurs». V. notamment «Les mots de la couleur. De la science et la technique au symbolique et à la poésie», CNRS-INFO, n° 391, mars 2001.

V. aussi *supra*, I. 2. 1. Dictionnaires du XXe et XXIe siècle.

MORGAN (G.)

1993 - « Basic Colour Terms : comparative results for French and Russian », in *French Language Studies,* 3, 1, Cambridge University Press, pp. 1-17.

MORGAN (G.) et CORBETT (G.)

1989 - « Russian Colour Term salience », in *Russian Linguistics,* 13, pp. 125-141.

MORGAN (G.) et MOSS (A. E.)

1988-1989 - « The two blues of Russian : the referents of *sinij* and *goluboj* », in *Die Farbe,* 35-36, pp. 353-357.

MORRIS (K. M.)

1976 - « Blue as a marker of intensification », in *American Speech,* 51, pp. 35-44.

MOSS (A. E.)

1988 - « Russian *blues* and *purple* : a tentative Hypothesis », in *Quinquereme : New Studies in Modern Languages,* 11, pp. 164-177.

1989 a) - « Does Russian have a basic term for *purple* ? », in *Linguistics,* 27, pp. 145-155.

1989 b) - « Basic Color Terms : problems and hypotheses », in *Lingua,* 78, pp. 313-320.

MOSS (A. E.), DAVIS (I.), CORBETT (G.) et LAWS (G.)

1990 - « Mapping Russian basic Colour terms using behavioural measures », in *Lingua*, 82, pp. 313-332.

ORNANO (P. d')

1979 - « Les Couleurs, énergies existentielles », in *Information Couleur,* 7, 2e et 3e tr., spécial architecture et couleur, pp. 4-12.

OTT (A.)

1977 - [1899] *Étude sur les couleurs en vieux français*, Genève, Slatkine Reprints.

PALLA (M.-J.)

1994 - « Se faire beau sur scène, couleur et beauté dans l'œuvre de Gil Vincente. Le corps et le costume ; étude lexicale sur les termes de couleur », *in* PASTOUREAU 1994, pp. 47-62.

PANOFF-ELIET (F.)
1971 - [Compte rendu de *Berlin-Kay 1969*], in *L'Homme,* 2, 4, pp. 100-103.
PASTOUREAU (M.)
1982 - *L'Hermine et le sinople. Études d'héraldique médiévale* [Recueil d'articles], Paris, Le Léopard d'or.
1986 - *Figures et Couleurs. Éudes sur la symbolique et la sensibilité médiévales,* Paris, Le Léopard d'or [Recueil d'articles déjà parus dans diverses revues, v. en particulier :]
1987 - « Vers une histoire de la couleur bleue », in *Sublime Indigo,* Marseille, Fribourg.
1988 - « Tous les gauchers sont roux », in *Le Genre humain,* 16-17, Paris, pp. 343-354.
1989 a) - *Couleurs, images, symboles. Études d'histoire et d'anthropologie.* [Recueil d'articles], Paris, Le Léopard d'or.
1989 b) - [éd.] *Le vêtement. Histoire, archéologie et symbolique vestimentaire au Moyen Âge,* Paris, Le Léopard d'or.
1990 a) - « Une histoire des couleurs est-elle possible ? », in *Ethnologie Française,* 20, 4, *Paradoxes de la couleur,* pp. 368-377.
1990 b) - *Europe, Mémoire et emblèmes,* Paris, pp. 193-197.
1990 c) - « Les Couleurs du stade », in *Vingtième siècle,* Revue d'histoire, 26, pp. 11-18.
1990 d) - « La Couleur et l'historien », in *Pigments et colorants de l'Antiquité et du Moyen Âge,* pp. 21-40.
1991 - *L'Étoffe du diable, une histoire des rayures et des tissus rayés,* La Librairie du XXe siècle, Paris, Le Seuil.
1994 - [éd.], *La Couleur. Regards croisés sur la couleur, du Moyen Âge au XXe siècle,* Actes du colloque organisé par JUNOD (P.) et PASTOUREAU (M.) à l'Université de Lausanne, les 25-27 juin 1992, Paris, Le Léopard d'Or.
2000 - *Bleu. Histoire d'une couleur.* Paris, Le Seuil.
2003 - *Les Couleurs de notre temps* [Nouvelle édition du *Dictionnaire des couleurs de notre temps. Symbolique et Société* (1999 - 1e édition 1992].
PÈLERIN MAGAZINE, « Allez les bleus ! », n°. 6235, 31 mai 2002.
PICOCHE (J.)
1979 - « Voir la lumière et les couleurs : Recherche de quelques structures sémantiques fondamentales du français courant », in *Travaux de Linguistique et de Littérature,* 17, 1, pp. 207-231.
Pigments et colorants de l'Antiquité et du Moyen Âge, [Collectif], Paris, Sciences de l'Homme et de la Société, Département de la chimie, 1990.
PLOUZEAU (M.)
1988 - « Vert heaume : approches d'un syntagme », in *Les Couleurs au Moyen Âge,* Sénéfiance, 24, CUERMA, pp. 591-650.
POHL (J.)
1993 - « Considérations sur les mots de couleur et sur l'emprunt d'après un dictionnaire récent », in *La Linguistique,* 29, 1, pp. 67-77.
PORTAL (Fr.)
1975 - [1837, Paris, Treuttel et Würtz ; 1957, éd. Niclaus]. *Des Couleurs symboliques dans l'Antiquité, le Moyen Âge et les Temps modernes,* Paris, éd. de la Maisnie.
POUR LA SCIENCE, «Couleurs» [Hors série], avril 2000.
RASTIER (Fr.)
1991 - *Sémantique et recherches cognitives,* Paris, PUF.

RAT (M.)
1967 - « Le Rouge et le Noir », in *Vie et Langage,* 188, pp. 645-652.
RAY (V. F.)
1952 - « Techniques and Problems in the Study of Human Color Perception », in *Southwestern Journal of Anthropology,* VIII, 3, pp. 251-259.
1953 - « Human Color Perception and Behavorial Response », in *Transactions. New York Academy of Sciences,* Series 2, 16, pp. 98-104.
RÉGNIER (J.)
1994 - *Les Couleurs, notes et choix de textes d'artistes et d'écrivains,* Paris, éd. Volets verts.
REVAULT (S.);
1999 - *Le Bleu du Nil,* Grignan, éd. Complicité.
RIGAUD (A.)
1967 - « Des Goûts et des Couleurs », in *Vie et Langage,* 188, pp. 653-656.
ROCA GARRIGA (P.)
1956 - *Los termonos de color en la toponimì catalana*, Abadía de San Cugat del vallés.
ROCQUET (Cl.-H.)
1980 - « Couleur des mots », in *Information Couleur,* 11, 4 [e] tr., pp. 6-8.
ROSCH (E.)
1973 - « On the Internal Structure of Perceptual and Semantic Categories », *in* MOORE (éd.), *Cognitive Development and the Acquisition of Language,* New York, San Francisco, London, Academic Press, pp. 111-144.
ROSCH-HEIDER (E.)
1972 - « Universals in Color Naming and Memory », in *Journal of Experimental Psychology,* 93, pp. 10-20.
RUFFINO (P.-G.)
1992 - *Le Pastel, or bleu du pays de cocagne,* Panograc.
SAHLINS (M.)
1976 - « Colors and Cultures », in *Semiotica*, 16, 1, pp 1-22.
1980 - *Au cœur des sociétés. Raison utilitaire et raison culturelle,* Paris, Gallimard, bibliothèque des Sciences Humaines.
SCHÄFER (B.)
1987 - *Texte. Die Semantik der Farbadjektive im Altfranzösischen,* Tübinger Beiträge zur Linguistik, 311, Gunter Narr Verlag, Tübingen.
SCHOPENHAUER (A.)
1986 - [1816, 1re éd. *Ueber das Sehn und die Farben*] *Textes sur la vue et sur les couleurs* [ELIE (M.), introduction, traduction et notes], Paris, Librairie philosophique, J. Vrin.
Science et Vie Junior, dossier hors série : *La Couleur,* 23, janvier 1996.
SEGALL (M. H.), CAMPBELL (D. T.) et HERSKOVITS (M. J.)
1966 - *The Influence of Culture on Visual Perception*, Indianapolis, New york.
SEPPIA - Couleurs et design, 1, «Couleurs gourmandes», éd. du Rouergue, juin 2003.
SÈVE (R.)
1996 - *Physique de la couleur. De l'apparence colorée à la technique colorimétrique,* Physique fondamentale et appliquée, Paris, Masson.
SHIELDS (K.)
1979 - « Indo-European Basic Colour Terms », in *Canadian Journal of Linguistics,* 24, 2, pp. 142-146.

SKULTÉTY (J.)
1979 - « Los sustantivos cromaticos en aposicion », in *XIVe Congresso Internazionale di Linguistica e Filologia Romanza*, Napoli, 15-20 april 1974, Atti, Napoli, Amsterdam, 3, pp. 605-611.
SLODZIAN (M.)
1993 - « Voir et nommer les couleurs », in *Sémiotiques,* 4, pp. 31-44.
SOUDIÈRE (M. de la)
1990 - « Les Couleurs de la neige », in *Ethnologie Française,* 20, pp. 428-438.
SPENCE (N. C. W.)
1989 - « The Linguistic field of Colour Terms in French », in *Zeitschrift für romanische Philologie,* t. 105, pp. 472-497.
STOCKING (G. W.)
1968 - *Race, Culture and Evolution,* New York, The Free Press.
1974 - *The Shaping of American Anthropology, 1883-1911 : A Franz Boas Reader,* New-York, Basic Books.
Sublime indigo [Sous la direction de VIATTE (Fr.), Catalogue de l'Exposition du 22 mars-31 mai 1987 [éd. Musées de Marseille, Office du Livre, 1987].
TEICHROEW (M.)
1985 - « Sens et stéréotypie : le cas de la définition lexicographique », in *Revue de Linguistique française d'Utrecht,* 4, pp. 11-14.
TEPPE (J.)
1966 - « L'Arc en ciel des poètes », in *Vie et Langage,* 170, pp. 266-272.
Terminologie & Traduction, 2, Dossier : « Terminologie des couleurs », CECA-CE-CEEA, Bruxelles, Luxembourg, 1994.
TORNAY (S.)
1978 a) - [éd.] *Voir et nommer les couleurs.* [Recueil d'articles touchant plus partic. à l'ethnolinguistique], éd. Laboratoire d'Ethnologie et de Sociologie comparative, Nanterre.
1978 b) - « De la perception des couleurs à l'aperception symbolique du monde. Réflexion sur une conception cognitive du symbolisme », in *Communications,* Paris, Le Seuil, 29, pp. 119-140.
1985 - « Les Noms de couleurs dans les langues naturelles : déterminisme biologique ou arbitraire culturel ? », in *Information Couleur,* 1re Journée Nationale de la Couleur (jeudi 26 avril 1984), pp. 38-42.
TOURNEMILLE (J.)
1967 - « Au jardin des locutions françaises », in *Vie et Langage,* 184, pp. 400-409.
TOURNIER (M.)
1984 - « Les Jaunes : un mot-fantasme à la fin du 19e siècle », in *Mots,* 8, pp. 125-146.
TREISMAN (A.)
1992 - « L'Attention, les traits et la perception des objets », in *Introduction aux sciences cognitives,* D. Andler, éd., Paris, Gallimard (Folio Essais).
TREISMAN (A.) et SCHMIDT (N.)
1982 - « Illusory conjunctions in the Perception of Objects », in *Cognitive Psychology,* 14, pp. 107-141.
TSHIRCH (F.)
1970 - « Rot/Gelb/Grün - der Verkehr als Schicksal », in *Muttersprache,* 80, pp. 197-200.
VALLIER (D.)
1979 - « Le Problème du vert dans le système perceptif », in *Semiotica,* 26, 1-2, pp. 1-14.
VAMLING (K.)
1986 - « A note on Russian blues », in *Slavica Lundensia,* 10, pp. 225-233.

VARICHON (A.)

2000 - *Couleurs, Pigments et teintures dans les mains des peuples,* Paris, Seuil.

VERBRAEKEN (R.)

1991 - « Coup d'œil sur les termes de couleur », in *Le Langage et l'homme,* 26, 2-3, pp. 173-180.

1994 - « Termes de couleur et traduction à l'exemple du danois et du français », in *Terminologie & Traduction,* 2, pp. 53-67.

1997 - *Termes de couleur et lexicographie artistique : recueil d'essais suivi de quelques articles sur la critique d'art*, Paris, éd. du Panthéon.

VIATTE (Fr.) [dir.]

1987 - *Sublime Indigo* [Ouvrage réalisé à l'oocasion de l'exposition *Sublime Indigo*, Centre de la Vielle Charité], Marseille, éd. Vilo.

VON WATTENWYL (A.) et ZOLLINGER (H.)

1979 - « Color Term Salience and Neurophysiology of Color Vision », in *American Anthropologist,* 81, 2, pp. 279-288.

WILMET (M.)

1981 - « La place de l'épithète qualificative en français contemporain : étude grammaticale et stylistique », in *Revue de Linguistique romane,* 45, 177-178, pp. 17-73.

WITKOWSKI (S. R.) et BROWN (C. H.)

1977 - « An Explanation of Color Nomenclature Universals », in *American Anthropologist,* 79, pp. 50-57.

WITTGENSTEIN (L.)

1984 - [1977, « Bemerkungen über die Farben », G.E.M. Anscombe (manuscrits de 1950-1951)], *Remarques sur les couleurs,* éd. bilingue, allemand-français [traduit de l'allemand par GRANEL (G.)], 3e éd., T.E.R. bilingue.

WOLL (D.)

1975 - « Blau und blond - Zum Ursprung zweier europäischer Farbbezeichnungen », *in* MEIER (éd.), *Neue Beiträge zur romanischen Etymologie,* Heidelberg, pp. 342-367.

ZAHAN (D.)

1990 - « L'Homme et la couleur », in *Histoire des Mœurs, I, Les coordonnées de l'homme et la culture matérielle* [sous la direction de POIRIER (J.)], Gallimard, La Pléiade, pp. 115-180.

ZOLLINGER (H.)

1976 - « A Linguistic Approach to the Cognition of Colour Vision in Man », in *Folia Linguistica,* IX, 1-4, pp. 265-283.

1979 - « Correlations between the neuro biology of colour vision and the psycholinguistics of colour naming », in *Experientia,* XXXV, 1, pp. 1-8.

ZWIMFER (M.)

1992 - [1985. *Farbe : Licht, Sehen, Empfinden*, Berne, Paul Haupt] *Couleur. Optique et perception,* Paris, Dessain et Tolra [trad. fr. de STRASCHITZ (Fr.)].

II. SOURCES TEXTUELLES DES EXEMPLES CITÉS

II.1. ŒUVRES LITTÉRAIRES, ROMANS, POÉSIES, CHANSONS DES XXe ET XXIe SIÈCLES

Le corpus d'étude étant celui de la BASE FRANTEXT (à partir de 1900), on trouvera seulement, ci-après, la liste complémentaire à cette base, liste correspondant à des lectures et dépouillements personnels, aux fichiers complémentaires de l'INaLF – devenu ATILF –, parfois à des textes issus de la base MARGES DU FRANÇAIS, établie au laboratoire par l'Équipe *Usages et Marges du Français.*

Pour la liste des textes issus de la Base FRANTEXT XXe et XXIe siècle, le lecteur en trouvera la bibliographie complète en interrogeant cette base.

AMETTE (J.-P.)
Province, Fiction & Cie, Paris, Le Seuil, 1995.
ARAGON (L.)
Les Yeux d'Elsa, Paris, Seghers, 1950.
AUTIN-GRENIER (P.)
Les Radis bleus, Paris, éd. Le dé bleu, 1990.
AVRIL (N.)
La Disgrâce, Paris, France Loisirs [Albin Michel], 1981.
BAYO (G.)
Au sommet de la nuit, Paris, éd. Saint-Germain-des-prés, Poètes contemporains, 1980.
BÉALU (M.)
Érréros (suivi de *La Rivière*), Fata Morgana, 1983.
BECK (B.)
Une Lilliputienne, Paris, Grasset & Fasquelle, 1993.
BENOZIGLIO (J.-L.)
Tableaux d'une ex., Fiction & Cie, Paris, Le Seuil, 1989.
BENSOUSSAN (Ch.)
Les Eaux du puits, Paris, éd. Caractères, 1981.
BONNIER (H.)
L'Enfant du Mont-Salvat, Paris, Le Livre de poche, 1985 [1980].
BORY (J.-L.)
Ma Moitié d'orange, Paris, Julliard, 1973.
BOUDARD (A.)
Le Café du pauvre, Paris, éd. Table ronde, 1983.
Mourir d'enfance, Paris, éd. Robert Laffont, 1995.
BOUVIER (N.)
Le Poisson-Scorpion, Paris, Payot, 1991.
BREL (J.)
Œuvre intégrale, Paris, Robert Laffont, 1982.
BREST (S.)
L'Objet des ombres, Sud Poésie, Marseille, 1983.
BRETON (A.)
L'Amour fou, Paris, Gallimard, 1949 [1937].

BRETON (J.)

Chair et Soleil, suivi de *L'Été des Corps,* Paris, Le Cherche Midi éd., Points fixes, 1985.

BRION (R.)

Les Roses et la rosée, le sourire et les larmes, Poètes du Temps présent, Paris, éd. Robert Brion et la Pensée Universelle, 1986.

Pour une Vie plus jolie, partons pour l'Éolie, Poètes du Temps présent, Paris, éd. Robert Brion et la Pensée Universelle, 1990.

CADOU (R.-G.)

Un oiseau dans la tête. Choix de poèmes, Paris, éd. Enfance heureuse, 1987 [1973, Seghers]

Poésie, la Vie entière, Paris, Seghers, 1978.

CADOU (R.-G.)

Un Oiseau dans la tête. Choix de poèmes, Paris, éd. Enfance Heureuse, 1987 [1973, Seghers].

CAIL (N.)

Envol de l'Arbre amer, Verdier-Lagrasse, 1985.

CARROLL (J.)

Collection d'automne, Paris, Denoël, 1988.

CAUVIN (P.)

C'était le Pérou, Paris, LGF, 1984 [1980, Le Livre de poche, J. C. Lattès].

CHÂTELET (N.)

La Femme coquelicot, Paris, éd. Stock, 1997.

La Dame en bleu, Paris, Stock, 1996.

CLAUDEL (P.)

Conversations dans le Loir-et-Cher, in *Oeuvres en prose,* Paris, Gallimard, 1965 [1935].

COCTEAU (J.)

Le Foyer des artistes, Paris, Plon, 1947.

COMBESCOT (P.)

Les Filles du Calvaire, Paris, Grasset & Fasquelle, 1991.

La Sainte Famille, Paris, Grasset & Fasquelle, 1996.

Le Songe de Pharaon, Paris, Grasset & Fasquelle, 1998.

DECOIN (D.)

La Promeneuse d'oiseaux, Paris, Le Seuil, 1996.

DELERM (Ph.)

La Première Gorgée de bière et autres plaisirs minuscules, Paris, Gallimard, L'Arpenteur, 1997.

Il avait plu tout le dimanche, Paris,1998,

DUHAMEL (G.)

Récits des Temps de guerre, Paris, Mercure de France, 1949.

ÉLUARD (P.)

L'Amour, la Poésie, Paris, Gallimard, 1993 [1929].

FERRÉ (L.)

Léo Ferré, Les Poètes d'aujourd'hui, Paris, éd. P. Seghers, 1962.

La Mauvaise Graine, Paris, éd. n°. 1, 1993.

FOLY (L.)

Blue notes, Virgen France S.A., 1990.

GIBSON (W.)

Neuromancien, Paris, éd. J'ai lu, 1988.

GROULT (B.)
Les Trois quarts du temps, Paris, Grasset et Fasquelle, 1983.
HANSKA (E.)
Les Raouls ou la vie comme au ciné, Paris, Olivier Orban, 1976.
La Mauvaise graine, Paris, Olivier Orban, 1978.
Fascination, Paris, Mercure de France, 1986.
JORIF (R.)
Le Navire argo, Paris, France Loisirs, 1988 [1987, Fr. Bourin].
Le Secret des couleurs, CDrom, collect. Science pour tous, Chimagora, 1997.
KLEIN (J.-Cl.)
Florilège de la chanson française, Paris, Bordas, 1990 [1989].
LA VARENDE
Amours, Monaco, éd. du Rocher, 1949 [1944]
LANG (L.)
Mille Six Cents Ventres, Paris, Fayard, 1998.
LANOUX (A.)
La Classe du matin, Paris, Fayard, 1949.
LALONDE (R.)
Le Monde sur le flanc de la truite, Boréal, 1999.
LÉOTARD (Ph.)
Pas un Jour sans une ligne, Paris, Les Belles Lettres, 1992.
MAULPOIX (J.-M.)
Une Histoire de bleu, Paris, Mercure de France, 1992.
PARIS (G.)
Papa et Maman sont morts, Paris, Le Seuil, 1991.
PENNAC (D.)
Comme un roman, Paris, Gallimard, 1992.
PERRET (J.)
Bande à part, Paris, Le Livre de poche, 1966 [1903].
PICOULY (D.)
Le Champ de personne, Paris, Flammarion, 1995.
Fort de l'Eau, Paris, Flammarion, 1997.
PLANTIER (T.).
Jusqu'à ce que l'enfer gèle, Paris, Pierre Jean Oswald, 1974.
PRÉVERT (J.)
Choses et Autres, Paris, Gallimard, La Pléiade, 1972.
QUEFFÉLEC (Y.)
Le Charme noir, Paris, Gallimard, 1983.
QUENEAU (R.)
Le Vol d'Icare, Paris, Gallimard, 1968.
RENARD (J.)
Journal, Paris, Gallimard, 1937 [1935].
ROUANET (M.)
Nous les filles, Paris, Payot, 1990.
ROUD (G.)
Le Langage des fleurs, 1945, in *Les Fleurs et les Saisons,* Genève, La Dogana, 1991.

ROUX (G.-L.)
Témoignages, René Char, hôte de Céreste, in *René Char,* Paris, Gallimard, La Pléiade, 1983.
SABATIER (R.)
Les Enfants de l'été, Paris, Albin Michel, 1997.
SCHULL (J.-J.)
Ingrid Caven, Paris, Gallimard, 2000.
SIMON (Y.)
La Dérive des sentiments, Paris, Grasset & Fasquelle, 1992.
TAHAR BEN JELLOUN
Les Yeux baissés, Paris, Le Seuil, 1991.
TEULÉ (J.)
Les Boutiques de notre enfance, Paris, First, 1991.
TRÉNET (Ch.)
Tombé du ciel, l'intégrale, Paris, Plon, 1993.
VAUTRIN (J.)
Patchwork, Paris, L.G.F., Le Livre de Poche, 1992 [1983, éd. Mazarine].
Vie (La), tu parles : 160 lettres du courrier des lecteurs de Libération, 1973-1983, Paris, [collectif], Le Seuil, Points Actuels, 1984 [1983].
VINCENOT (H.)
Mémoires d'un enfant du rail, Paris, Hachette, 1980.
VOLKOFF (V.)
Le Bouclage, Paris, Le livre de poche, 1992 [1990, éd. de Falloix, L'Âge d'homme].

II. 2. TEXTES (LE PLUS SOUVENT SPÉCIALISÉS) PORTANT SUR DES THÈMES PARTICULIERS EN RAPPORT AVEC LES TERMES DE COULEUR

[Utilisés pour la définition ou l'illustration d'un sens plus ou moins technique (terme général, syntagme particulier, etc.)]

ALLAINES (Cl. d')
La Chirurgie du cœur, Que sais-je ?, n° 1258, Paris, PUF, 1967.
BARATTO (A.) et JACQUEMIN (P.)
Les Papillotes, Colmar, éd. SAEP, 1993.
BARDA (J.), DUSANTER (O.) et NOTAISE (J.)
Dictionnaire du Multimédia. Audiovisuel, informatique, Télécommunications, AFNOR, 1955.
BARRY (M.)
Faïences d'azur, Paris, Imprimerie Nationale, 1995.
BOLOGNA (G.)
Les Oiseaux du monde, Paris, Solar, Guide vert, 1980 [1978, *Ucelli*, Milan], trad. VERSINI D.
CANTALOUBE-FERRIEU (L.)
Chanson et poésie des annnées 30 aux années 60, Paris, A. G. Nizet, 1981.
Cent ans de souvenirs et d'évènements. 1900-2000, Paris, Sélection du Reader's Digest, 1997.
CARACALLA (J.-P.) et CARS (G. des)
Le Train bleu et les grands express de la Riviera, Denoël, 1988.
CARLES (Ph.) , CLERGEAT (A.) et COMOLLI. (J.-L.)
Dictionnaire du jazz, Paris, Robert Laffont, 1988.

CHANTELAT (J.-Cl.)
Les Oiseaux de France, Paris, Solar, Guide vert, 1989.
CIBOIS (Ph.)
« Une Méthode post-factorielle : Tri-Deux. Application à l'évolution de la couleur des yeux de 1810 à 1940 », in *Histoire et mesure,* 1, éd. CNRS, 1986.
COCHE (J.-P.), et RENAULT (J.-Fr.)
Judo, Technique, Tactique, Entraînement, Paris, Robert Laffont, Sports pour tous, 1989.
DAUGUET (Cl.) et GUILLÈME-BRULON (D.)
Reconnaître les origines des faïences, C. Massin, 1983.
DIVIS (J.) [Trad. KAREL (J. et R.), adaptation fr., préface et lég. ERNOULD-GANDOUET (M.)]
L'Art de la porcelaine en Europe, 2e tirage, Paris, Gründ, 1986 [1983, Prague, Artia ; 1984, Paris, Gründ]
DUCROCQ (A.)
La Chaîne bleue, Paris, Éditions n° 1, 1979.
FONTAINE (G.) et TOMASINO (A.)
Chimie, 2e, programme 1987, Paris, Nathan, 1987.
GISCARD D'ESTAING (V.-A.) [Sous la direction de]
Le Livre mondial des inventions, Paris, éd. Cie 12- Fixot, 1990.
GREIMAS (A. J.)
La Mode en 1830. Essai de description du vocabulaire vestimentaire d'après les journaux de modes de l'époque, Thèse pour le doctorat ès-lettres présentée à la Faculté des lettres de l'Université de Paris, 1948.
HABERDETZER (R.)
Judo pratique [Adaptation fr. de INOGAÏ (T.)], Encyclopédie des Arts Martiaux, dirigée par HABERSETZER, Paris, éd. Amphora, 1987.
HANNIET (J.-P.)
Paroles bleues, Grafipoèmes, Les Adex, [Aquarelles de Cl. LAROSA] 2001.
JANNEAU (G.)
Les Arts du Feu, Que sais-je ?, n° 45, Paris, PUF, 4e éd., 1967 [1942, PUF].
KELLEY (K. W.) [trad. CORNELINS J.]
Clairs de terre, Paris, Bordas, 1988.
LEGRAND (J.)
Chroniques de la France, Paris, éd. Chronique, 1987.
LENCLOS (J.-Ph.) et LENCLOS (D.)
Les Couleurs de la France, Maisons et paysages, Paris, Le Moniteur, 1990 [1982].
Les Couleurs de l'Europe : géographie de la couleur, Paris, Le Moniteur, 1995.
MARTIN (C.)
La laine, Que sais-je ?, n° 464, Paris, PUF, 1951.
ROBINSON (A.)
Tableaux choisis, Picasso au musée Picasso, Scala, 1991.
ROURÉ (J.)
Sète. Port en ville, Barbentane, Éd. Équinoxe, 1999.
TRIQUET (R.)
Dictionnaire encyclopédique des termes canins, Robert Thienlot éd., 1990.
WEITEMEIER (H.)
Yves Klein, 1928-1962. International Klein Blue, Benedikt Taschen, 1995.

II.3. JOURNAUX ET PÉRIODIQUES

[Base BORNÉO (AFC : Archives du Français Contemporain, CNRS-INaLF, Villetaneuse, Base de néologismes) et dépouillements personnels]

Action
Actuel
Amateur d'art (L')
Ami des Jardins et de la Maison (L')
Arts et loisirs
Atmosphères
Biba
Byzance
Camif (La) (1985-1996)
Canard enchaîné (Le)
Chasseur français (Le)
CNRS Info
Cosmopolitan
Croix (La)
Damart (1985-1996)
Elle
Équipe (L')
Est Magazine (L') [Supplément de *l'Est Républicain* du dimanche]
Est Républicain (L')
Événement du Jeudi (L')
Express (L')
F Magazine
Fashion Daily News
Fémina
Femme actuelle
Femme pratique
Figaro (Le)
Figaro littéraire (Le)
Figaro Magazine (Le)
France Soir
Globe
Grands Reportages
Humanité (L')
Humanité Dimanche (L')
Information (L')
Jazz Magazine
Journal des Textiles (Le-)
Libération
Loisir et culture
Madame Figaro
Maison et Jardin

Maison Madame Figaro
Marie-Claire
Midi Libre
Monde (Le)
Monde Aujourd'hui (Le)
Monde de la Musique (Le)
Monde économique (Le)
Monde Loisirs (Le)
Monde sans visa (Le)
Monde Sciences et médecine (Le)
Nouvel Observateur (Le)
Nouvelle République du Centre-Ouest (La)
Nouvelle revue Française
Nouvelles de Sophia Antipolis
Œuvre (L')
Paris Match
Pays et Gens de France
Pélerin Magazine (Le-)
Point (Le)
Première
Prima
Quelle (1985-1996)
Quo
Réalités
Redoute (La) (1985-1996)
Rustica
Salama
Sauvage (Le)
Sciences et nature
Sud-Ouest
Télé 7 jours
Télé Hebdo
Télémagazine
Télé Obs.
Télérama
Télé star
Veillées des chaumières (Les)
Vie (La)
Vie du Collectionneur (La)
Vie du rail (La)
Vital
Vogue
VSD
3 Suisses (Les) (1985-1996)
7 à Paris
20 ans

INDEX DES TERMES
ET LOCUTIONS DE COULEUR

Les caractères gras signalent un terme faisant l'objet d'un article (vedette ou dérivé). Dans le cas des locutions, le caractère gras indique leur localisation.

Les termes qui n'appartiennent qu'au lexique des couleurs des catalogues de VPC et ne font donc pas l'objet d'une vedette mais d'une simple remarque sous un autre article, sont signalés par des caractères italiques.

A

Acier, 148
Acier (bleu(-)-), 147
Acier (bleu d'-), 147
Acier (couleur d'-), 148
Acier (gris(-)-), 147
Acier (gris d'-), 147
Aigue-marine, 148
Aigue-marine (couleur d'-), 149
Amiral, 191, 193
Ange bleu, 72
Aqua, 166
Aqua (*bleu* -), 166
Ardoise (bleu -), 96 ; → vol. GRIS.
Ardoisé (bleu -), 96 ; → vol. GRIS.
Argent (bleu(-) -), 96 ; → vol. GRIS.
Argenté (bleu -), 96 ; → vol. GRIS.
Assemblée rose(-)**horizon**, 173
Association **bleue**, 88
Atoll, 166
Au **bleu**, 92
Avoir le **bleu**, 83
Avoir les **bleus**, 109
Azur, 149-153
Azur (bleu(-)-), 149
Azur (bleu d'-), 149
Azur (d'-), 149
Azur (la Côte d'-), 150
Azur (dos d'-), 150
Azur (numéro -), 151
Azur (Ile-de-France), 150
Azurage, 155
Azurant/ Azureur, 155-156
Azuré, ée, 153-154
Azurée (plaine -), 153
Azurée (voûte -), 153
Azuréen, éenne, 154
Azurer,155
Azureur, 156
Azurin, ine, 156
Azurite, 72, 153

B

Bailler **bleu**, 92
Ballet **bleu**, 78
Baltique (*bleu* -), 193
Banane **bleue** (la -), 74
Barbe **bleue**, 82
Barbeau (bleu(-)-), 156
Bas(-)**bleu**, 71
BBR, 119
Belle **bleue** (la), 109-110
Bibliothèque **bleue**, 67
Bifteck **bleu**, 86
Big **Bleu**, 136
Big **Blue**, 101, 135
Billet **bleu**, 64
Black denim, 180
Black lavé, 180
Black neige, 180
Black snow, 180
Black stone, 180
Blanc (-) de (-) **lune**, 187 ; → vol. BLANC.
Blaue Reiter (Der -), 63, 64
Blanchi, 180
Bleached, 180
Bleached jean, 180
Bleu, bleue, 53-114
Bleu (-) **acier**, 147
Bleu aqua, 166
Bleu(-)**ardoise**, 96 ; → vol. GRIS.
Bleu **ardoisé**, 96 ; → vol. GRIS.
Bleu(-) **argent**, 96 ; → vol. GRIS.
Bleu **argenté**, 96 ; → vol. GRIS.
Bleu(-)**azur**, 149
Bleu Baltique, 193
Bleu(-)**barbeau**, 156
Bleu blanc beur, 119
Bleu(-)blanc(-)rouge, 117
Bleu bleached, 180
Bleu **bourrache**, 157
Bleu cadillac, 63
Bleu **Californie**, 157

Bleu **canard**, 62, 96 ; → vol. VERT.
Bleu Caraïbes, 193
Bleu cassé, 95
Bleu **céleste**, 157
Bleu **cendre**, 96 ; → vol. GRIS.
Bleu **cendré**, 96 ; → vol. GRIS.
Bleu **cendreux**, 96 ; → vol. GRIS.
Bleu **cerise,** 107; → vol. ROUGE.
Bleu **céruléen**, 159
Bleu **Chagall**, 160
Bleu chambray , 180
Bleu **chardin**, 160
Bleu **charrette / charron,** 160
Bleu **chartrain**, 161
Bleu(-)**ciel**, 162
Bleu citron, 74 ; → vol. JAUNE.
Bleu **cobalt,** 163
Bleu **corbeau**, 62, 63, 96, 106 ; → vol. NOIR.
Bleu **crépuscule**, 163
Bleu curacao, 183
Bleu cyan, 164
Bleu d'**acier**, 147
Bleu d'architecte, 99
Bleu d'Auvergne, 99, 105
Bleu d'**azur**, 149
Bleu (d') **encre**, 97 ; → vol. NOIR.
Bleu d'**hyacinthe**, 174
Bleu d'**Inde**, 176
Bleu d'**indigo**, 176
Bleu d'**ingénieur**, 99
Bleu d'**opale**, 96 ; → vol. BLANC.
Bleu d'**outremer** / d'**outre-mer**, 200
Bleu de Bercy, 99
Bleu de Bresse, 99
Bleu de **Chartres**, 161
Bleu de **chauffe**, 101, 161
Bleu de **Chine**, 162
Bleu de **ciel**, 162
Bleu de **cobalt**, 188
Bleu de **Delft**, 164
Bleu de **faïence**, 168
Bleu (-)de(-)**France**, 169
Bleu de Gascogne, 105
Bleu (de) **lessive**, 97, 185
Bleu de **lin**, 186
Bleu de **lune**, 188
Bleu de Matignon, 99
Bleu de **mer**, 193
Bleu de **méthylène**, 97, 104
Bleu de minuit, 198
Bleu de **myosotis**, 195
Bleu de Nanterre, 105
Bleu de **Nevers**, 197
Bleu(-)de(-)**nuit**, 198
Bleu de **paon**, 201
Bleu de **pastel**, 202
Bleu de **pensée**, 204
Bleu de **pervenche**, 206
Bleu de Picardie, 105
Bleu de **Prusse**, 210
Bleu(-)de(-)**roi**, 212
Bleu de **Rouen**, 212
Bleu de Saxe, 168
Bleu de **Sèvres**, 215
Bleu de **travail,** 101
Bleu de **turquoise**, 217
Bleu de **Vermeer**, 220
Bleu de **volubilis**, 222
Bleu délavé, 180
Bleu **Delft**, 164
Bleu denim, 180
Bleu des Causses, 99
Bleu des **mers du sud**, 194
Bleu déteint, 96
Bleu **drapeau**, 165
Bleu du Maine, 105
Bleu **égée**, 166
Bleu **égéen**, 167
Bleu **électrique**, 167
Bleu **éléphant**, 62, 96 ; → vol. GRIS.
Bleu et blanc, 98
Bleu (-)**faïence**, 168
Bleu **fanal**, 169
Bleu **fjord**, 169

Bleu France, 169
Bleu (de) **fumée**, 96 ; → vol. GRIS.
Bleu **gauloise**, 170
Bleu **gendarme**, 170
Bleu **Gitane(s) / gitane(s)**, 170
Bleu (-)**glacier**, 171
Bleu(-)**héliotrope**, 172
Bleu **hirondelle**, 65, 96, 106 ; → vol. NOIR.
Bleu(-)**horizon**, 172
Bleu **hussard,** 174
Bleu **IBM**, 175
Bleu **indigo**, 176
Bleu **jacinthe**, 178
Bleu **javel**, 179
Bleu **jean**, 179
Bleu(-)**jonquille**, 107 ; → vol. JAUNE.
Bleu(-)**Klein,** 180-181
Bleu **lagon**, 182
Bleu **laiteux**, 97 ; → vol. BLANC.
Bleu **lapis**, 183
Bleu **lavande**, 184
Bleu lavé, 180
Bleu **layette**, 184
Bleu(-)**lin,** 186
Bleu madone, 222
Bleu **marin**, 91
Bleu(-)**marine**, 189-190
Bleu maritime, 193
Bleu **Matisse**, 191
Bleu **méditerranée**, 192
Bleu **métallique**, 96 ; → vol. GRIS.
Bleu métallisé, 96 ; → vol. GRIS.
Bleu **Ming**, 194
Bleu(-)**myosotis**, 195
Bleu(-)**Nattier / nattier**, 196
Bleu **nocturne**, 197
Bleu(-)**nuit**, 198
Bleu **océan**, 199
Bleu(-)**outremer / Outre-mer**, 200
Bleu **paon**, 201
Bleu(-)**pastel**, 202
Bleu **perroquet**, 62, 96 ; → vol. VERT.
Bleu **persan**, 205
Bleu **pervenche**, 206
Bleu(-)**pétrole**, 208
Bleu **piscine**, 209
Bleu **poème**, 210
Bleu **polaire**, 210
Bleu **porcelaine**, 96 ; → vol. BLANC.
Bleu profond, 95
Bleu **prussien**, 211
Bleu(-)**rêve**, 211
Bleu(-)**roi**, 211-212
Bleu roy, 212
Bleu royal, 212
Bleu **Sainte Vierge**, 222
Bleu(-)**saphir**, 213
Bleu **sarcelle**, 214
Bleu sky, 163, 180
Bleu snow, 180
Bleu **soir**, 215
Bleu stone, 180
Bleu stone bleached, 180
Bleu stone washed, 180
Bleu **Touareg / touareg,** 216
Bleu(-)**turquin**, 217
Bleu (-)**turquoise**, 217
Bleu used, 180
Bleu **vacances**, 219
Bleu(-)**véronique**, 220
Bleu **vidéo**, 221
Bleu **vierge**, 222
Bleu **zinc**, 96 ; → vol. GRIS.
Bleuâtre, 120
Bleubite, 117
Bleu-bite / Bleubite, 117
Bleuet, ette / Bluet, ette, 122
Bleuetière, 123
Bleueur, 123
Bleueuse, 123
Bleui, ie, 124
Bleuir, 125 ; v. aussi 100
Bleuissage, 128
Bleuissant, ante, 128

Bleuissement, 129
Bleuissoir, 128
Bleuité, 130
Bleus à l'âme, au cœur, 106
Bleusaille, 130
Bleusaillon, 131
Bleuse, 87
Bleuté, ée, 131
Bleuter, 133
Bleuterie, 134
Bloudgine(s), 137
Bloudjinnzes, 137
Blue, 134
Blue black , 180
Blue/black , 180
Blue bleached, 180
Blue/blue, 180
Blue chip, 135
Blue(-)grass, 135
Blue-jean(s), 136
Blue jeaner, 137
Blue-jeanien, ienne, 137
Blue lagun, 182
Blue(-)note, 138
Blue-noter, 138
Blue stone , 180
Blue tonic, 135
Blues, 138
Blues-blanc-rouge, 119
Blues-man, 142
Blueser, 141
Bluesman / Blues-man, 142
Blueswoman, 143
Bluesy, 142
Bluet, ette, 122
Bluette, 122
Bourrache (bleu -), 157
Bourrache (couleur-), 157
Brûle-blue-**jeans** (À -), 137

C

Cadillac (*bleu* -), 63
Californie (bleu -), 157
Canard (bleu -), 62, 96 ; → vol. VERT.
Capote **bleue**, 75
Caraïbes, 193
Caraïbes (*bleu* -), 193
Carte **bleue**, 64 / avoir / posséder la carte **bleue** de qqc., 65
Carte **pastel,** 202
Carton **bleu**, 69
Cascade, 166
Casque(s) **bleu(s)**, 74
Cassé (**bleu -**), 96
Cavalier **bleu** (Le), 63
Ceinture **bleue**, 79
Céleste (bleu -), 157
Céleste (eau -), 158
Cendre (bleu -), 96 ; → vol. GRIS)
Cendré (bleu -), 96 ; → vol. GRIS.
Cendreux (bleu -), 96 ; → vol. GRIS.
Centaurée, 158
Cerise (bleu -), 107 ; → vol. ROUGE.
Cérulé, ée, 158
Céruléen, éenne, 159
Céruléen (bleu -), 159
Céruléinité, 159
Chagall (bleu -), 160
Chambray, 180
Chambray bleu , 180
Chambray ciel, 180
Chambray délavé, 180
Chambre bleu(-)**horizon**, 173
Chardin (bleu -), 160
Chardon, 62
Charrette / charron (bleu -), 160
Chartres (bleu de -), 161
Chartrain (bleu -), 161
Chauffe (bleu de -), 82, 161
Cheveux **bleus**, 82
Chine (bleu de -), 162

Chloré, 180
Ciel délavé, 180
Ciel, 162-163
Ciel (bleu(-) -), 162
Ciel (bleu de -), 162
Ciel (couleur de -), 162
Ciel **bleu**, 55
Cobalt, 162-163
Cobalt (bleu -), 163
Cobalt (bleu de -), 163
Col(-)**bleu**, 76, 77
Colère **bleue**, 85
Compteur **bleu**, 66
Conte **bleu**, 67
Corbeau (bleu-), 62, 63, 96, 106 ; → vol. NOIR.
Cordon **bleu**, 78
Cosmos, 162
Côte d'**azur** (La -), 150
Couleur **bourrache**, 157
Couleur d'**acier**, 148
Couleur d'**aigue-marine**, 149
Couleur d'**eau de mer**, 165
Couleur d'**infini**, 176
Couleur de **ciel**, 162
Couleur de **jacinthe**, 177
Couleur de **lune**, 186
Couleur de **myosotis**, 191
Couleur de **nuit**, 199
Couleur de **paon**, 197
Couleur de **pervenche**, 201
Couleur de **turquoise**, 212
Couleur du **temps**, 216
Couleur **layette**, 182
Couleur **myosotis**, 196
Couleur **pensée**, 200
Couleur **pervenche**, 201
Couleur **turquoise**, 212
Couleur **véronique**, 215
Couleur vert d'**eau**, 165
Cracher **bleu**, 92
Crédit **bleu**, 65
Crépuscule (bleu -), 163
Cri **bleu**, 82
Croix(-)**bleue**, 90
Curacao (bleu -), 180
Cyan, 164
Cyan (*bleu* -), 164
Cyan-, cyani-, cyano-, 164
Cyané, ée / cyanique, 164
Cyanique, 164

D

D'**acier**, 148
D'**azur**, 149
D'**hyacinthe**, 175
D'**indigo**, 175
D'**outremer**/D'**outre-mer**, 195
Danse **bleue**, 91
Danube **bleu** (Le), 58
De **faïence**, 168
De **lapis**, 183
De **lin**, 187
De **lune**, 187
De **myosotis**, 195
De **pervenche**, 206
De **saphir**, 213
De **turquin**, 217
De **turquoise**, 218
De **turquoise** morte, 218
Deep Blue, 136
Delft (bleu de -), 164
Delft (bleu -), 164
Déesse aux yeux **pers** (La -), 205
Denim, 180
Denim bleu, 180
Denim brut, 180
Denim indigo, 180
Denim stone washed, 180
Devenir / Être / rester **bleu** (de qqc), 85
Diables **bleus** (souffrir les -), 90
Discourir dans le **bleu**, 108

Dos d'**azur**, 149
Double stoned, 180
Drapeau (bleu -), 165
Drapeau **bleu**, 74
Drapeau **bleu(-)blanc(-)rouge**, 118 ; v. aussi 73

E

Eau ((couleur) vert d' -), 166
Eau (vert d'-), 166
Eau de mer (couleur d' -), 166 ; v. aussi 58
Eau **céleste**, 158
Écran **bleu** (de la mort), 65, 67-68
Égée (bleu -), 166
Égée (mer -), 167
Égéen (bleu -), 167
Électrique (bleu -), 167
Éléphant (bleu -), 65, 96 ; → vol. GRIS.
Encre (bleu (d') -), 96 ; → vol. NOIR.
Enfant **bleu**, 85
Entrer / Être / Nager / Voyager dans le **bleu,** 107
Époque/ période **bleue**, 64, 179
Être dans le **bleu**, 107
Europe **bleue**, 60

F

Faïence, 168
Faïence (bleu de -), 168
Faïence (bleu -), 168
Faïence (de -), 168
Faïencé, ée, 168
Faire **bleu**, 92
Faire la **bleue** (se -), 111
Fanal (bleu -), 169
Fil **bleu**, 88
Fjord (bleu -), 169
Fleur **bleue** (Petite -), 64, 86-87 / Chercher / Cueillir / Cultiver la (petite) fleur **bleue**, 88
Fleur-de-lin, 186
Fleuve **bleu** (le -), 58
France (bleu(-)de(-) -), 169
France (bleu -), 169
Fumée (bleu-), 96 ; → vol. GRIS.

G

Gauloise, 170
Gauloise (bleu -), 170
Gauloise bleue, 170
Géant **bleu**,
Gendarme (bleu -), 170
Gitane(s) / gitane(s) (bleu -), 170
Gitane, 170
Glacier (bleu -), 171
Glacier, 171
Grand **bleu** (le -), 101, 110 → IBM
Grande **bleue** (la -), 110
Gris(-)**acier**, 147
Gris d'**acier**, 147
Gris de **lin**, 187
Gros(-)**bleu**, 98, 101, 171 → **Big Blue**
Gros **bleu** (qui tache), 106
Gros vin **bleu**, 86
Guide(s) **bleu(s)**, 70

H

Habit **bleu**, 76
Heure **bleue**, 69
Heavy stone, 180
Héliotrope, 172
Héliotrope (bleu(-) -), 172
Hirondelle ((bleu-), 65, 96, 106 ; → vol. NOIR.
Homme au petit manteau **bleu** (l'-), 77
Hommes **bleus** (les -), 70
Horizon, 172
Horizon (bleu -), 172
Horizon (assemblée rose(-) -), 173
Horizon (chambre bleu(-) -), 173

Houille **bleue**, 59
Hussard (bleu -), 174
Hyacinthe, 174-175
Hyacinthe ((bleu) d' -), 174

I

IBM (bleu -), 175
IKB, 178-179
Il fait **bleu**, 92
Île-de-France (**Azur-**), 150
Inde, 176
Inde (bleu d'-), 176
Indigo, 176
Indigo (bleu d' -), 176, 177
Indigo (bleu -), 176
Indigo (d' -), 176
Indigo blanchi, 180
Indigo bleached, 180
Indigo délavé, 180
Indigo foncé, 180
Indigo lavé, 180
Indigo neige, 180
Indigo snow, 180
Indigo stone bleached, 180
Indigo stone washed, 180
Indigo stone, 180
Indigo vieilli, 180
Infini (couleur d' -), 178
International **Klein** Blue, 180

J

Jacinthe, 177
Jacinthe (bleu -), 177
Jacinthe (couleur de -), 177
Javel (bleu -), 177
Jean (bleu -), 177
Jean, 177-178
Jean neige , 178
Jeans (à brûle-blue-), 137
Jonquille (bleu(-) -), 107 ; → vol. JAUNE.
Jour **bleu**, 69, 88

K

Klein (bleu(-) -), 180
Klein (International - Blue), 180

L

Lagon, 182, 190
Lagon (bleu -), 182
Lagon (vert -), 182
Lagon bleu, 182
Lagune, 182
Laiteux (bleu -), 96 ; → vol. BLANC.
Lapis (**-lazuli**), 183
Lapis (bleu -), 183
Lapis (de -), 183
Lavande, 184
Lavande (bleu -), 184
Lavé, 180
Layette (bleu -), 185
Layette (couleur -), 185
Layette (rose -), 185
Lazurite, 153 ; v. aussi 73
Lessive (**bleu** (de) -), 98, 185
Light stone, 180
Ligne **bleue** (la -) de + *subst.* (*concr.*)), 54 / La ligne **bleue** (des Vosges), 55 / L'œil / Le regard / Les yeux fixé(s) / braqué(s) sur la ligne **bleue** de (qqc.), 55 ;
Lin (bleu de **-**), 186
Lin (bleu **-**), 186
Lin (de **-**), 187
Lin (gris de **-**), 187 ; → vol. GRIS.
Livide, 85, 95 ; → vol. BLANC.
Livre **bleu**, 66
Livret **bleu**, 65

Lune (blanc (-) de (-) -), 187 ; → vol. BLANC.
Lune (bleu de -), 188
Lune ((couleur) de -), 188
Lune d'eau, 188 ; → vol. BLANC.
Lune (pierre de -), 188 ; → vol. BLANC.

M

Madone (*bleu-*), 222
Maison **bleue**, 103
Maladie **bleue**, 84
Manteau **bleu** (le petit -), 77
Marbre **turquin**, 211
Marin (bleu -), 191
Marine, 189, 190
Marine (bleu(-) -), 189, 190
Marinette, 191
Maritime (bleu -), 190
Matisse (bleu -), 191
Méditerranée (bleu -), 192
Menton **bleu**, 83
Mer, 193
Mer (bleu de -), 193
Mer (vert de -), 193 ; → vol. VERT.
Mer (vert(-) -), 193 ; → vol. VERT.
Mer **Égée**,
Mère au **bleu**, 108
Mers du Sud (bleu des -), 194
Métallique (bleu -), 96 ; → vol. GRIS.
Métallisé (bleu -), 96 ; → vol. GRIS.
Méthylène (**bleu** de -), 98, 194
Ming (bleu -), 194
Minuit, 198
Minuit (*bleu de* -), 198
Musique **bleue**, 90
Myosotis, 195
Myosotis (bleu de -), 195
Myosotis (bleu(-) -), 195
Myosotis ((couleur) (de) -), 196

N

Nager dans le **bleu**, 107
Nattier (bleu (-) -), 196
Nattier, 197
Navy , 193
Nevers (bleu de -), 197
Nocturne, 197
Nocturne (bleu -), 197
Nocturne (noir -), 197
Noir **nocturne**, 197
Note **bleue**, 90
Nuit (bleu(-)de(-) -), 198
Nuit (bleu(-) -), 198
Nuit (couleur de -), 199
Nuit **bleue**, 57
Numéro **azur**, 151

O

Océan, 199
Océan (bleu -), 199
Océan (vert -), 199
Oiseau **bleu**, 87
Opale (bleu d' -), 97 ; → vol. BLANC.
Opération **turquoise**, 218
Or **bleu**, 60
Outremer / Outre-mer, 199-201
Outremer / Outre-mer (bleu d' -), 200
Outremer / Outre-mer (d' -), 200
Outremer / Outre-mer (bleu -), 200

P

Pacifique, 199 ; → vol. VERT.
Pacifique (*vert* -), 199
Paon (bleu (de) -), 65, 201
Paon (couleur de -), 201
Paon (vert(-) -), 201 ; → vol. VERT.
Papier **bleu**, 66, 68

Paradis **bleu**, 90
Passer (le linge) au **bleu** (de lessive), 97 / Passer (qqc.) au **bleu**, 97 ; Faire passer au **bleu**, 98 ; Qqc. passe au **bleu**, 98 ; Qqn passe au **bleu** / Passer (qqn) au **bleu**, 98
Pastel, 201-203
Pastel (bleu de -), 202
Pastel (bleu(-) -), 202
Pastel (carte -), 202
Pastellisé, ée, 203
Pastelliser, 204
Pavillon **bleu**, 58
Pays **bleu**, 56, 89
Pensée, 204
Pensée (bleu de -), 204
Pensée (couleur -), 204
Période **bleue**, 66, 69
Perroquet (bleu -), 62, 96 ; → vol. VERT.
Pers, perse, 205
Pers (la déesse aux yeux -), 205
Persan (bleu -), 205
Pervenche, 206-207
Pervenche (bleu (de) -), 206
Pervenche ((couleur) (de) -), 206
Peste **bleue**, 61
Petit **bleu,** 99, 100, 107
Pétrole, 208
Pétrole (bleu(-) -), 208
Pétrolé, ée, 208
Pétroléen, 209
Peur **bleue**, 86
Picardie (**bleu** de -), 105
Pierre de **lune**, 188 ; → vol. BLANC.
Piscine, 209
Piscine (bleu -), 209
Piste **bleue**, 70
Plaine **azurée** (La -), 153
Plan **bleu**, 59, 66
Planète **bleue** (La -), 53
Poème (bleu -), 210
Polaire (bleu -), 210
Porcelaine (bleu -), 96 ; → vol. BLANC.
Profond (**bleu -**),
Prusse (bleu de -), 210-211
Prussien (bleu -), 211

R

Radio **bleue**, 91
Régate, 193
Rêve (bleu(-) -), 211
Roi (bleu(-)(de)(-) -), 211
Rose(-)**horizon** (assemblée -), 173
Rose **layette**, 183
Rouen (bleu de -), 212
Route **bleue**, 59
Roy (bleu -), 207
Royal (bleu -), 207
Ruban **bleu**, 78 / Détenir (Tenir) le ruban **bleu** en / de (qqc.), 78
R(h)ythm and **blues** / Rytm'n'**blues**, 140

S

Sainte Vierge (bleu -), 222
Sang(-)bleu, 81, 85 ; Avoir du sang **bleu** / Être de sang **bleu** / De sang **bleu**, 81, 85 ; v. aussi 111 (*infra* Jurons).
Saphir, 213-214
Saphir (bleu(-) -), 213
Saphir (de -), 213
Sarcelle (bleu -), 214
Saxe (bleu de -), 167
Semaine **bleue**, 89
Sèvres / sèvres, 215
Sèvres / sèvres (bleu de -), 215
Sky, 162, 180
Sky (bleu -), 163, 180
Sky blue, 162, 180
Snow, 180
Snow (bleu -), 180
Snow jean, 180

Snow washed , 180
Soir (bleu -), 215
Son **bleu**, 82
Souffrir les diables **bleus,** 90
Sourire **bleu**, 81
Stone, 180
Stone black, 180
Stone bleached, 180
Stone bleu, 180
Stone blue, 180
Stone délavé, 180
Stone jean, 180
Stone washed, 180
Stoned, 180
Stonewashed, 180
Super stone, 180
Superstone, 180
Superstone délavé, 180
Superstoned, 180

T

Tapis **bleu**, 89
Tarif bleu, 69
Teint **bleu**, 83
Temps (couleur du -), 216
Torrent, 166
Touareg (bleu -), 216
Train **bleu**, 60
Triple stone, 180
Trois couleurs. **Bleu**, 73
Turquin, 217
Turquin (bleu(-) -), 217
Turquin (de -), 217
Turquin (marbre -), 217
Turquoise, 217-219
Turquoise (bleu / couleur de -), 217
Turquoise (bleu(-) -), 217
Turquoise (de -), 218
Turquoise (opération -), 219
Turquoise morte (de -), 218

U

Ultramarin / Ultra-marin, ine, 191
Usé, 180
Used, 180

V

Vacances (bleu -), 219
Vent **bleu**, 57
Vermeer (bleu de -), 220
Véronique, 220
Véronique (bleu(-) -), 220
Vert d'**eau**, 166 ; → vol. VERT.
Vert de **mer**, 193 ; → vol. VERT.
Vert eau, 166
Vert **lagon**, 182 ; → vol. VERT.
Vert(-)**mer**, 193 ; → vol. VERT.
Vert **océan**, 199 ; → vol. VERT.
Vert pacifique, 199 ; → vol. VERT.
Vert(-)**paon**, 201 ; → vol. VERT.
Viande **bleue**, 86
Vidéo (bleu -), 221
Vie en **bleu** (La -), 108
Vierge (bleu -), 222
Vignette **bleue**, 68
Vin bleu, 86
Visage **bleu**, 83
Voir **bleu**, 92
Voir de(s) **bleues** (En -), 91
Voir la vie en **bleu**/Voir tout en **bleu,** 108
Voir que du **bleu** (N'y -), 109
Vol **bleu**, 68
Volubilis (bleu de -), 222
Vouer au **bleu** / Être voué au **bleu,** 100
Voûte **azurée** (La -), 153
Voyager dans le **bleu**, 107

Y

Yeux **bleus**, 80

Z

Zinc (Bleu (de) -), 96 ; → vol. GRIS.
Zone **bleue**, 69

Dénominations de couleur particulières à *The Pantone® Book of Color* :

Acier bleu, 148
Arctique, 199
Baltique, 193
Bleu canal, 166
Bleu capitaine, 191, 193, 199
Bleu chinois, 162
Bleu de crèche, 72
Bleu de l'air, 163
Bleu des anges, 72
Bleu du Danube, 58, 166
Bleu du lac, 166
*Bleu fluvia*l, 166
Bleu garconnet, 185
Bleu Gobelin, 63
Bleu hollandais, 168
Bleu lac argenté, 166
Bleu Lyon, 168
Bleu majolique, 168
Bleu maritime, 193
Bleu matinal, 56
Bleu mosaïque, 168
Bleu patriote, 191
Bleu provincial, 163
Bleu zéphyr, 57
Brouillard bleu, 56
Céramique, 168
Champ de glace, 170
Cloisonné, 168
Éthéré, 163
Fond de l'eau, 166
Fond de la mer, 193
Geai, 63
Glace bleue, 170
Golfe de Gascogne, 166, 199
Hydro, 166
Joie, 88
Lac sombre, 166 ; → vol. VERT.
Lagune, 182
Liberté, 191
Limoges,168
Lune bleue, 188
Marécage bleu, 166 ; → vol. VERT.
Marina, 193
Matin gris, 56
Matin velouté, 56
Mer du Nord, 193 ; → vol. VERT.
Nautique, 193
Navy, 199
Niagara, 166
Port de mer, 193
Régate, 193, 199
Renard bleu, 63
Riviera, 166
Ruisseau des prés, 166
Saphir bleu, 209
Souffle, 57
Stratosphère, 163
Tapisserie, 63
Turquoise bleue, 219
Turquoise pastel, 219
Turquoise rose, 219
Vapeur matinale, 56

V. aussi , sous *bleu*, les divers jurons par déformation de *Dieu* en *bleu* :

Corbleu, 111
Jarnibleu / Jernibleu, 111
Morbleu, 111, Par la morbleu, 112
Palsambleu / Sambleu / Sang-bleu, 112 ; v. aussi 81
Parbleu, 112 ; v. aussi 81
Sacrebleu, 112
Sambleu / Sang-bleu, 112
Ventrebleu, 112

Mise en page, photogravure : Exegraph, 31380 Villariès

Imprimerie Moderne de Bayeux
ZI, 7, rue de la Résistance - 14400 Bayeux
Achevé d'imprimer en Février 2004
Dépôt légal : 13547

Imprimé en France